广州亚运城太阳能水源热泵可再生能源研究与工程示范

广州市重点公共建设项目管理办公室
中　国　建　筑　设　计　研　究　院　主编

中国建筑工业出版社

图书在版编目（CIP）数据

广州亚运城太阳能水源热泵可再生能源研究与工程示范/广州市重点公共建设项目管理办公室等主编．—北京：中国建筑工业出版社，2012.8
ISBN 978-7-112-14443-3

Ⅰ.①广… Ⅱ.①广… Ⅲ.①太阳能-水源热泵-再生能源-工程技术-广州市 Ⅳ.①TK515

中国版本图书馆 CIP 数据核字（2012）第 139548 号

本书从技术层面对本项目的设计施工、使用等全过程进行了较为深入的总结，包括太阳能设计关键参数的分析与取值；太阳能与建筑一体化；住宅集中热水能耗全面分析与优化设计；住宅各不同用途能耗分析；水源热泵设计关键技术分析；亚运期间太阳能水源热泵项目实地检测与测试分析等，全面诠释了亚运城太阳能水源热泵的关键技术。

本书可供从事建筑供热和空调的技术人员使用，也可为从事地热能利用、可再生能源利用、水文地质等专业的研究人员和大专院校热能专业研究生参考。

* * *

责任编辑：于 莉 田启铭
责任设计：董建平
责任校对：王誉欣 刘 钰

广州亚运城太阳能水源热泵可再生能源研究与工程示范

广州市重点公共建设项目管理办公室
中国建筑设计研究院 主编

*

中国建筑工业出版社出版、发行（北京西郊百万庄）
各地新华书店、建筑书店经销
霸州市顺浩图文科技发展有限公司制版
北京云浩印刷有限责任公司印刷

*

开本：787×1092毫米 1/16 印张：18½ 字数：460千字
2012年9月第一版 2012年9月第一次印刷
定价：**66.00**元
ISBN 978-7-112-14443-3
（22508）

主 编 单 位： 广州市重点公共建设项目管理办公室

中国建筑设计研究院

协 编 单 位： 江苏河海新能源有限公司

北京工业大学

项目建设单位： 广州市重点公共建设项目管理办公室

项目设计单位： 中国建筑设计研究院

总 承 包 单 位： 江苏河海新能源有限公司

运营管理单位： 广州大学城能源发展有限公司

编 委 会

前　　言

“节能低碳、绿色环保”已成为全人类的共识。从《联合国气候变化框架公约》到《京都议定书》，再到哥本哈根世界气候大会被喻为“拯救人类的最后一次机会”，建设、管理绿色建筑是降低碳排放量的重要组成部分。然而，从某种程度上说，建设绿色建筑与经济投入似乎是一对矛盾体。如何兼顾节能环保与投资运行的经济合理性，是现阶段建筑工程建设亟待解决的问题，也是低碳建筑、低碳经济的精髓所在。

“‘绿色亚运’是我们对世界的承诺，也是人民群众的强烈心声”；作为广州迄今为止承办的规模最大、最具国际影响力的大型赛事，亚运会是广州向世界展示城市形象、反映城市发展水平的重要窗口，而亚运城及配套设施则是承办城市形象最直观生动的体现。

从2010年亚运会花落羊城那一刻起，“绿色亚运”的理念就为这届盛会定下浓浓的绿色基调。亚运城配套同步实施9大节能、环保新技术，包括太阳能-水源热泵系统、真空垃圾收集系统、雨水收集再生利用系统、综合管沟、数字化智能家居、三维虚拟现实仿真系统等节能环保新技术。其中太阳能一水源热泵系统是其中核心技术之一，并列入2008年度国家建筑可再生能源节能示范项目，获得国家专项节能资金支持。在亚运会、亚残会期间，太阳能-水源热泵项目高质量完成了运动会热水供应的需求，项目体现绿色示范、低碳实践的理念，表达我们对城市的关注、对“以人为本”生态住宅的关注，使入住者、参观者能亲身体验到生态技术与日常生活密切相关，临场感受到先进节能技术对改善人们生活质量具有重要的意义，工程项目的实施得到各国运动员、政府官员、新闻媒体的广泛好评。亚运会、亚残会期间，工程项目组组织了专业团队对该项目进行了全面跟踪测试；该项目于2011年4月顺利通过了由住房和城乡建设部、广东省住房和城乡建设厅组织的建筑可再生能源节能示范项目的验收，得到与会专家的一致好评。

设计中以三个村落住宅建筑为基体，兼顾赛时、赛后工况，坚持技术先进、实施可行、经济合理的技术原则，充分利用当地太阳能和地表水资源，在满足赛时需求的同时，充分体现赛后节能的最大化，太阳能-水源热泵在广州亚运城的成功应用，不但贯彻了绿色亚运的建设理念，更为太阳能、热泵在将来的发展，提供了一个更为广阔的平台。

“创新是时代主题，创新是发展需要”，我们创造新技术、应用新技术，展现创新进步的求知精神。从2008年至2011年，先后完成了技术研究、工程设计、施工安装、亚运保障、实地测试等各阶段工作，为反映该项目的技术和成果，本书从技术层面对该项目的设计施工、运行管理等全过程进行了较为深入的总结，包括太阳能设计关键参数的分析与取值；太阳能与建筑一体化；住宅集中热水能耗全面分析与优化设计；住宅各不同用途能耗分析；水源热泵设计关键技术分析；亚运期间太阳能-水源热泵项目实际运行管理及项目运行口实地检测与测试分析等，全面诠释了亚运城太阳能水源热泵的关键技术。期待该项目的节能低碳实践为建筑机电节能提供有益的借鉴。

前　言

广州市重点公共建设项目管理办公室是亚运城项目的策划者、建设者，在本项目的实施过程中全面有序地组织管理技术设计、施工管理、亚运保证等各项工作，保障了本项目高质量、高标准的顺利实施。本项目的实施得到了住房和城乡建设部、广东省住房和城乡建设厅、广州市相关政府管理部门、广东省各大设计院和相关专家的大力支持和帮助，在此向关心、支持帮助过本项目的各位领导、专家、同仁致以衷心的感谢。

目　录

前言

第 1 章　项目背景 …… 1

1.1　亚运城规划建设要求 …… 1

1.2　我国能源背景 …… 1

1.3　亚运城集中热水供应系统采用新能源的必要性及可行性分析 …… 5

第 2 章　亚运城新能源集中热水供应系统的技术方案 …… 14

2.1　方案设计依据、条件 …… 14

2.2　方案设计 A …… 16

2.3　方案设计 B …… 20

2.4　方案 A、B 的比较 …… 22

第 3 章　亚运城集中热水供应系统设计计算 …… 24

3.1　冷热负荷计算 …… 24

3.2　太阳能集热系统设计计算 …… 31

3.3　水源热泵系统设计计算 …… 47

3.4　一级能源站设计计算 …… 57

3.5　二级能源站设计 …… 91

3.6　热水供水管道系统设计 …… 93

3.7　空调系统的设计计算 …… 115

3.8　系统运行控制 …… 120

第 4 章　主要设备管道的施工、安装 …… 127

4.1　太阳能集热系统的设备、管道施工与安装 …… 127

4.2　室内及管廊热水管道安装及保温 …… 133

4.3　室外管道敷设、安装及保温 …… 135

4.4　能源站机房设备安装 …… 137

第 5 章　媒体村供热水管网热动力学数值模拟分析 …… 139

5.1　媒体村供热水管网系统介绍和数值模拟的必要性分析 …… 139

5.2　Hysys 管网分析功能简介及热动力学模拟基础 …… 139

5.3　Hysys 管网模拟建模过程和操作步骤 …… 142

5.4　模拟结果与分析 …… 147

5.5　小结 …… 154

第 6 章　太阳能与水源热泵系统测试与分析 …… 155

6.1　前期准备阶段 …… 155

6.2　广州亚运城前期综合演练测试 …… 157

6.3　亚、残运会期间运动员村太阳能集热系统测试分析 …… 163

6.4　亚、残运会期间水源热泵系统测试 …… 170

6.5　媒体村热水供水管网性能测试 …… 179

6.6　亚运会期间运动员村用水量实测及分析 …… 186
6.7　亚运城太阳能与水源热泵热水系统的问题及优化措施 …… 192
第7章　亚运城太阳能与水源热泵热水系统工程总结与分析 …… 214
7.1　太阳能集热系统关键技术参数分析与取值 …… 214
7.2　广州亚运城与北京、广州、上海等地住宅能耗的对比分析 …… 220
7.3　热水管网设计特点及热损失分析 …… 229
7.4　大型集中生活热水系统几个值得重视的问题 …… 233
7.5　住宅太阳能热水系统设计的特点和难点 …… 237
7.6　工程技术难点 …… 238
7.7　工程创新 …… 244
第8章　工程技术与管理 …… 246
8.1　项目管理特点 …… 246
8.2　太阳能与水源热泵系统工程施工安全质量管理 …… 247
8.3　项目的运营管理 …… 253
附录1　该项目相关工程图纸 …… 259
附录2　国家可再生能源建筑应用示范项目测评报告 …… 274
附录3　相关单位的函件 …… 276
附录4　该项目相关照片 …… 286
参考文献 …… 288

第1章 项目背景

1.1 亚运城规划建设要求

第16届亚运会于2010年在中国广州举办。为把广州亚运会办成具有“中国特色、广东风格、广州风采”的祥和、精彩的体育文化盛会，广州市政府借鉴国内外规划设计先进经验，决定在广州南拓发展的未来卫星城——广州新城中“高标准、高水平、高质量、高效率”地建设亚运城，广州亚运城是亚运会的重要配套设施。

《第16届广州亚运会亚运城规划建设亚运要求》（第16届广州亚运会组织委员会2007年07月05日）报告书中有关亚运城节能和清洁能源建设的要求如下：

（1）节能与新技术的应用重在优化组合而不应无节制堆砌，须采用较为可靠适用的节能与新技术，在合理的成本目标之下，进行全生命周期成本的计算，以达到在建筑运营生命内的最小耗费。

（2）充分利用场地的自然资源条件，开发利用可再生能源，如太阳能、水能、风能以及通过热泵等先进技术取自自然环境（如大气、地表水、污水、浅层地下水、土壤等）的能量。

（3）清洁能源的利用。充分利用各种可再生能源如太阳能、风能等，降低能源消耗，优化能耗结构，最大限度地减少建设对常规能源的消耗。可考虑使用液化天然气和清洁煤利用核心技术，节能环保，保证建设的可持续发展。

（4）居住建筑的空调节能设计。居住建筑的空调应优先选用能耗低、效能比高、具有节能性能的独立空调设备。当采用集中空调时，应设计分室（户）温度控制及分户冷量计量设施，集中空调系统的水泵、风机宜采用变频调速节能技术，集中冷源机组的性能应符合现行有关标准的规定。

（5）选取科学合理的节能措施和新技术。亚运城的规划建设需要切实地从广州市的气候条件和现有的技术水平出发，选取科学合理的节能措施和新技术加以应用，同时可以尝试一些较高水平的新技术。

（6）当前可供选择的其他主要的节能与新技术。亚运城的规划视情况可以选择热泵技术、蓄热蓄冷技术、用能系统的管理、热电冷三联供技术、集中供冷供热、中水循环回用、雨水回收再生利用、智能化、温湿度独立控制空调新风系统、光热技术建筑一体化运用、光伏发电技术和太阳能热水器热水供应系统等新技术。

1.2 我国能源背景

1.2.1 能源紧缺

能源不足是我国目前面临的一个严重问题。我国人口众多，人均占有资源相对贫乏。

政府部门的统计资料显示，我国人均剩余可开采石油储量仅为3.0t，约为世界平均水平的1/9，石油对外依赖度已经超过50%；煤炭、天然气和森林资源的人均拥有量分别仅为世界平均值的约1/2、1/23和1/6。按照现有用能速度，我国目前已探明的石油资源只能使用20年，而煤炭作为我国的主要能源资源也只能使用100年。另一方面，根据2006年国际权威部门相关资料，我国目前的人均能源消耗水平仅为经济合作与发展组织OECD（Organization of Economic Cooperation and Development）的27.6%，约为美国人均能源消耗水平的16.7%，其增长潜力巨大。一边是能源存量短缺，另一边是能源消耗快速增长，我国能源形势十分严峻。图1-1为2006年度我国与其他国家能源消费量的比较。

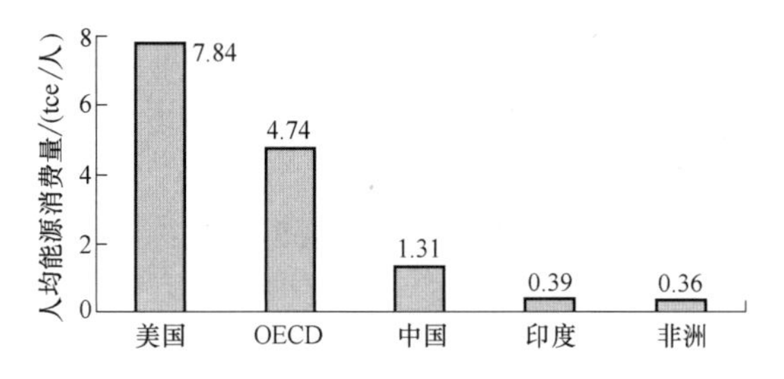

图1-1 2006年世界一些国家（地区）人均能源消费量比较

我国城乡建筑每年都要消耗大量的能源。根据统计，到2006年，我国建筑总面积为395亿m^2，总商品能源消耗量约5.63亿tce（吨标煤），占当年社会总能耗的23.1%，呈逐年稳步增长趋势。一方面，我国正处在高速建设期，每年城乡房屋建筑竣工面积约为22.36亿m^2；另一方面，我国单位建筑面积能耗高，单位面积采暖能耗达到气候条件相近的发达国家的三倍以上。大量的高能耗建筑的投入使用必将导致建筑能耗总量快速上升。以我国现有建筑能耗水平计算，到2020年建筑能耗将达到10.89亿tce，为2006年的2倍，也就是说，差不多相当于2006年全国能源总消耗量的一半。图1-2为我国建筑能耗发展趋势图。

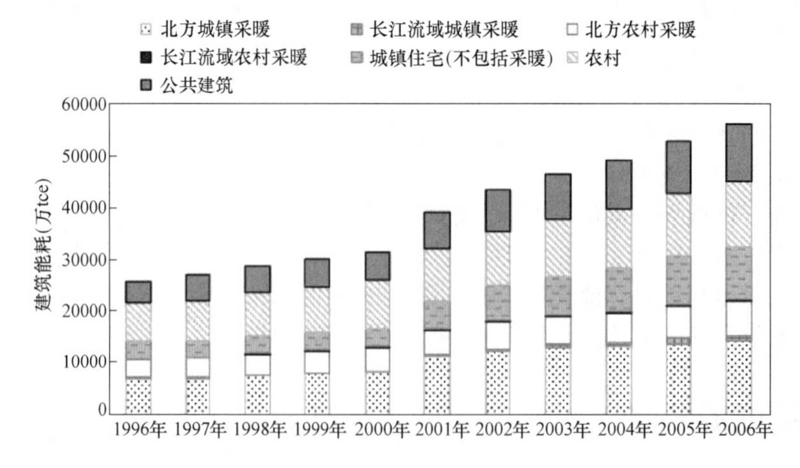

图1-2 1996～2006年我国各类建筑能耗发展变化情况

从图1-2可以看出，随着我国城市化进程的推进、经济的发展，我国建筑能耗总量呈持续增长态势，十年内几乎翻了一番，并且增长速度有越来越快的趋势。如果任由建筑能耗照此速度增长，必然给我国能源供应安全带来极大的压力，建筑节能势在必行。

1.2.2 环境污染

环境污染是我国面临的另一大问题。2002 年燃煤造成的二氧化硫和烟尘排放量约占排放总量的 70%～80%；SO_2 排放形成的酸雨面积已占国土面积的 1/3；CO_2 排放量约 9.0 亿 t，约占全球排放总量的 13%。中国主要污染物排放总量均居世界第一位。城市热岛效应也日益严重。科学观测表明，地球大气中 CO_2 的浓度已经从工业革命前的 280ppmv 上升到了目前的 379ppmv（见图 1-3），全球平均气温也在近 120 年内升高了 0.74℃（见图 1-4）。

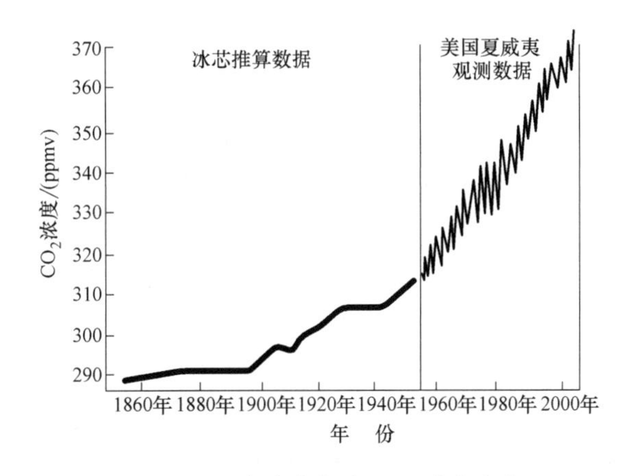

图 1-3 140 年来大气中 CO_2 浓度变化

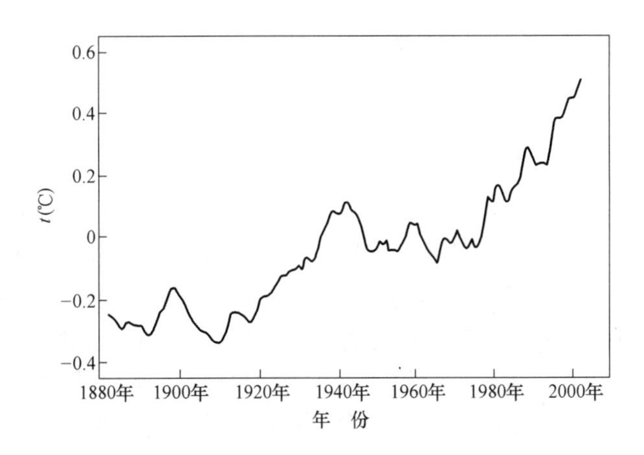

图 1-4 近 120 年全球平均气温变化

根据世行报告（2007），中国由于污染所造成的经济损失达到了 10%GDP。每年因环境污染造成的损失达到 2830 亿元，其中，仅水污染一项，估计一年造成经济损失约 500 亿元。大气污染造成的经济损失约为 200 亿元，由于城市燃煤、工厂排放废气及汽车尾气污染，大气中二氧化硫、一氧化碳等有毒悬浮微粒弥漫在城市上空，空气污染导致许多城市肺癌死亡率增至万分之二，所有这些损失加起来约等于 200 亿元。

1.2.3 国家相关政策

毋庸讳言，能源问题已经成为制约我国经济增长、实现到2020年国内生产总值在2000年的基础上翻两番的国民经济发展战略目标的瓶颈因素。为此，中央提出建设节约型社会、构建资源节约型和环境友好型社会的战略目标，从而促进能源、环境和经济社会的协调、和谐、可持续发展。

建筑节能引起了各级政府部门的高度重视。国家发展和改革委员会编制了“中长期节能专项规划”，建筑节能被列为重点节能领域之一，建筑节能工程成为十大节能工程之一，建筑节能工程包括：新建建筑全面严格执行50%节能标准，四个直辖市和北方严寒、寒冷地区实施新建建筑节能65%的标准，并实行全过程严格监管。建设低能耗、超低能耗建筑以及可再生能源与建筑一体化示范工程，对现有居住建筑和公共建筑进行城市级示范改造，推进新型墙体材料和节能建材产业化。建设部制定了“建设部建筑节能‘九五’计划及2010年规划”、“建设部建筑节能‘十五’计划纲要”、“建设部建筑节能技术政策”、“民用建筑节能管理规定”、“关于固定资产投资工程项目可行性研究报告节能篇（章）编制及评估的规定”等一系列政策、规定。

2008年7月23日国务院第18次常务会议通过《民用建筑节能条例》（以下简称《条例》），并与同年10月1日施行。《条例》第四条规定：国家鼓励和扶持在新建建筑和既有建筑节能改造中采用太阳能、地热能等可再生能源。在具备太阳能利用条件的地区，有关地方人民政府及其部门应当采取有效措施，鼓励和扶持单位、个人安装使用太阳能热水系统、照明系统、供热系统、采暖制冷系统等太阳能利用系统。

《条例》第二十条规定：对具备可再生能源利用条件的建筑，建设单位应当选择合适的可再生能源，用于采暖、制冷、照明和热水供应等；设计单位应当按照有关可再生能源利用的标准进行设计。建设可再生能源利用设施，应当与建筑主体同步设计、同步施工、同步验收。

1.2.4 太阳能、热泵等应用现状

我国是世界上太阳能集热器总安装量最大的国家，到2006年年底，我国太阳能热水器的消费量和年产量已占世界总量的一半以上，太阳能集热器安装面积已达1亿m^2，年产量达到2000万m^2，比2005年增长了20%。预计到2010年我国太阳能集热器安装面积将达到1.5亿m^2。截止2005年底，世界总安装量为111GW，欧洲已建成87座大型区域太阳能供热水水厂，涉及生活热水、采暖、空调。目前最大的太阳能供热水水厂为丹麦的Marstal District Heating，太阳能集热器安装量为13MW，集热面积为18300m^2，可满足1420人的生活热水和采暖需要。

欧洲的太阳能应用处于世界领先水平，拥有世界上先进的技术和产品，具有较强的系统整合技术能力，供水系统多为集中型（集热器集中、储水箱集中、供一栋或几栋建筑物热水）、集中—分散型（集热器集中、储水箱分散、供一栋建筑物热水），代表着太阳能热水系统的发展方向，技术要求较高、控制复杂、造价较贵。我国拥有世界最大的太阳能集热器安装量、制造能力，但产品良莠不齐，多为单户分散式、小规模集中热水使用，尤其是系统集成能力有待提高，限制了太阳能集中热水系统的发展。

20 世纪 30 年代，地表水源热泵系统问世，是地源热泵中最早使用的热泵系统形式之一。1939 年，瑞士苏黎世议会大厦安装了欧洲第一台大型热泵，以河水作为热源，输出热量为 175kW；20 世纪 50 年代，初建成的伦敦皇家节日音乐厅、苏黎世市的联邦工艺学院采用地表河水作为热源；20 世纪 80 年代，瑞典和日本开始大规模应用以地表水、地下水、城市污水和工业废水为低位热源的大型热泵站，瑞典成为世界上应用大型地表水源热泵站的代表国家之一。截至 1987 年，瑞典有 100 座热泵站投入运行，总供热能力达 1200MW。

近年来，我国也十分重视热泵技术的发展。1997 年 11 月，科技部和美国能源部签署的《中美能源效率及可再生能源合作议定书》中专门设有有关地源热泵的发展战略。此后，在 2001 年颁布的《夏热冬冷地区居住建筑节能设计标准》和《建设部建筑节能“十五”计划纲要》中都明确指出要大力发展和应用热泵技术。2005 年 11 月，我国颁布了《地源热泵系统工程技术规范》GB 50366—2005，并自 2006 年 1 月 1 日起正式实施。

我国各地政府也积极大力推广地源热泵技术。其中，北京市规定可以给予利用地源热泵项目每平方米 50 元的财政补贴。在 2008 年北京奥运会项目中，地源热泵技术得到了大规模的应用。重庆市计划将长江、嘉陵江的水源用于建筑新能源的利用，青岛市在研究海水源热泵替代供热站，大连市被住房和城乡建设部评为全国水源热泵规模化应用示范城市。

目前我国水源热泵应用技术与国际先进水平还有一定差距，但随着国内研发、国外引进和国际领先热泵制造商进入我国，我国水源热泵技术在不断进步，与国际水平差距在不断缩小。

1.3　亚运城集中热水供应系统采用新能源的必要性及可行性分析

1.3.1　项目概况

亚运城用地位于广州新城的东北部，在城市建设分区中属于密度四区。用地临近莲花山水道，河涌密布，用地内有三纵一横共四条河涌流经亚运城规划区。三条南北向河涌自北向南汇集到南面的东西向河涌，再通往东面的莲花水道。南北向河涌自西到东分别名为官涌、南派涌和丰裕涌，南面的东西向河涌名为三围涌。在规划方案中，东西向的三围涌在主干道以西段暂名为莲花湾，主干道以东段以及其他三条河涌继续沿用原名。规划方案以规划主干道和用地中部规划的景观湖莲花湾（暂名）作为各功能分区的划分界线，结合亚运城的使用功能，分为运动员村、媒体村、技术官员村、后勤服务区、体育馆区及亚运公园六大部分。

用地范围包括京珠高速公路（轨道交通四号线）以东，清河路以南，莲花山水道、砺江河和小浮莲山以西，规划中的长南路（轨道交通三号线，赛时未开通）以北，规划总用地面积约 2.73723km^2。规划净用地面积 1986086m^2。

亚运城赛时规划根据亚运要求而定，赛时总建设量：计入容积率的建筑面积约为 104 万 m^2，总建筑面积约 140 万 m^2（含地下室和架空层面积）。亚运村结构示意如图 1-5 所示。

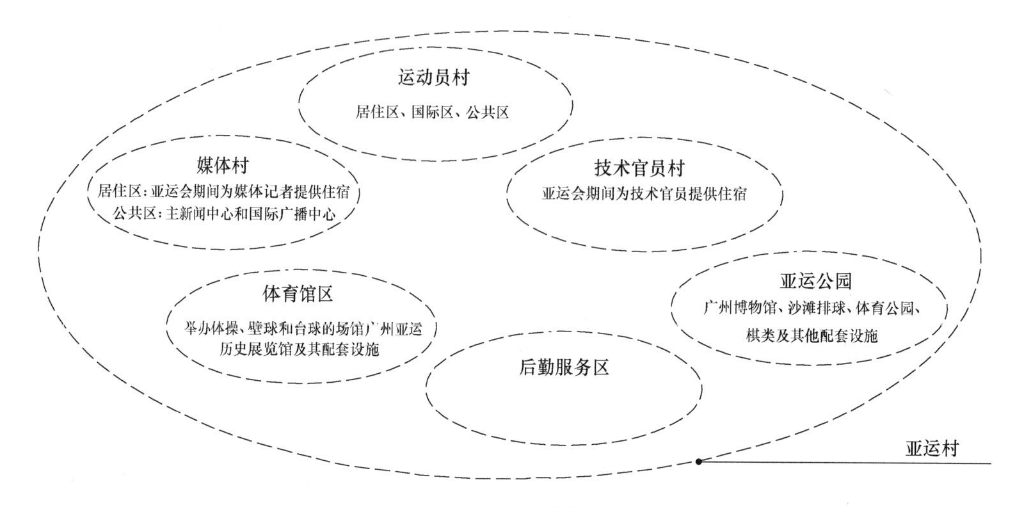

图 1-5　亚运村结构示意

1.3.2　水源热泵采用地表水源的可行性

亚运城新能源——太阳能及水源热泵综合利用项目在经济、环保和安全等方面的综合效益均优于常规能源系统，属于国家鼓励支持的节能、环保新能源技术，符合国家节能减排的产业政策。该项目的建设为亚运城住宅、场馆提供制备生活热水的热源和部分空调冷源。项目使用的太阳能集热器和热泵联用技术在广州地区具有得天独厚的优势，具有较高的节能效率和良好的经济效益和社会效益。项目取水基本符合取水河段水功能区划目标，符合《水功能区管理办法》的规定，在基本不影响区域水资源量和水质的同时提高了当地水资源利用率，符合区域水资源开发利用和管理的基本要求。

1.3.3　利用新能源的自然条件

1. 太阳能

广州市中心位于北纬 23°06′32″，东经 113°15′53″，地处中国大陆南部，广东省中南部，珠江三角洲北缘。濒临南海，邻近香港特别行政区和澳门特别行政区，是中国通往世界的南大门。广州属丘陵地带，地势东北高，西南低，北部和东北部是山区，中部是丘陵、台地，南部是珠江三角洲冲积平原。中国的第三大河——珠江从广州市区穿流而过。

广州地处北温带与热带过渡区，横跨北回归线，年平均温度 22℃，最热月（7 月）平均气温 28.5℃，最冷月（1 月）平均气温 13.3℃，极端最低温度 0℃，最高温度 39.1℃。属南亚热带季风气候，气候宜人，是全国年平均温差最小的大城市之一，广州地区典型年逐日干球温度如图 1-6 所示。

由于广州市地处低纬，北回归线在其中部偏北穿过，太阳高度角较大，太阳辐射总量较高，日照时数比较充足。年太阳辐射总量在 4400～5000MJ/m^2 之间，年日照时数在 1700～1940h 之间，地域分布均呈现自东南向西北递减趋势。太阳能资源分布按“中国太阳能资源区划”，属于Ⅲ类地区。

亚运城位于广州番禺区，按现有资料，太阳能资源属资源一般区。然而，广州日温差变化小、纬度较低，太阳直射较多，有利于太阳能光热利用。根据国家标准《太阳能资源

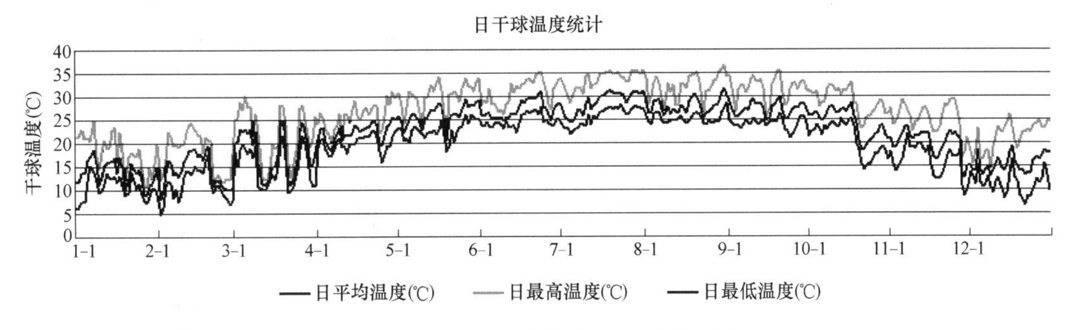

图 1-6 广州地区典型年逐日干球温度

等级——总辐射》，应从量、质两个方面，选择总量等级、辐射形式等级两个指标，对太阳能资源进行分级评定的要求。广州太阳能资源较好，在广州利用太阳能制备生活热水有着较好的技术条件。广州地区太阳逐月辐射量如图 1-7 所示。

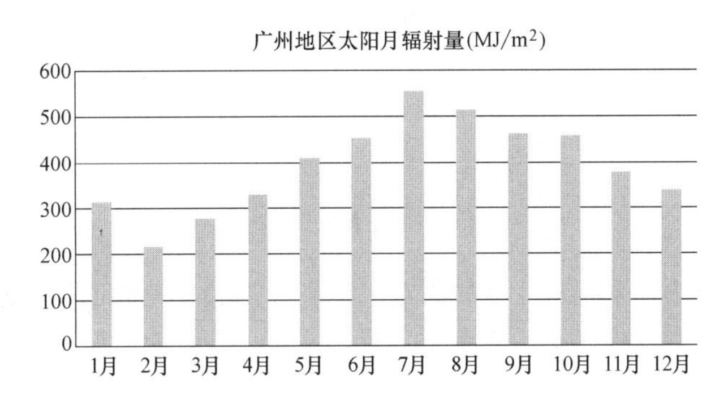

图 1-7 广州地区全年各级太阳散射辐射强度频数

广州地区典型年太阳日总辐射变化如图 1-8 所示。

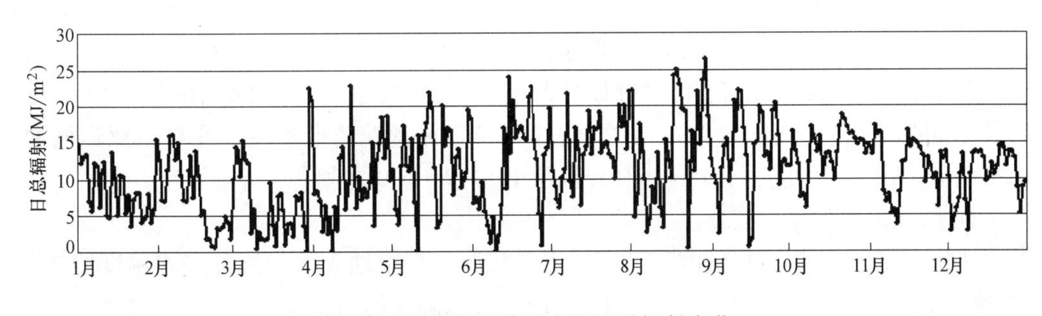

图 1-8 广州地区典型太阳日总辐射变化

2. 地表水源

(1) 地表水源概况

广州亚运城场地位于北回归线以南，珠江三角洲的中北部，纬度低，海拔低，距海近，属南亚热带海洋季风型气候，海洋性气候特征明显。区内降雨量充沛，但季节变化大，一般年降水量为 1200～2000mm，夏季占 46％，春季占 33％，秋季占 17％，冬季占 4％。

亚运村地块内水系交错纵横，且与地块外的珠江和部分河涌相连接，如图1-9所示。该地块总占地面积约274hm²，其中景观水体占地面积约14.95hm²，占总用地面积的5.46%。

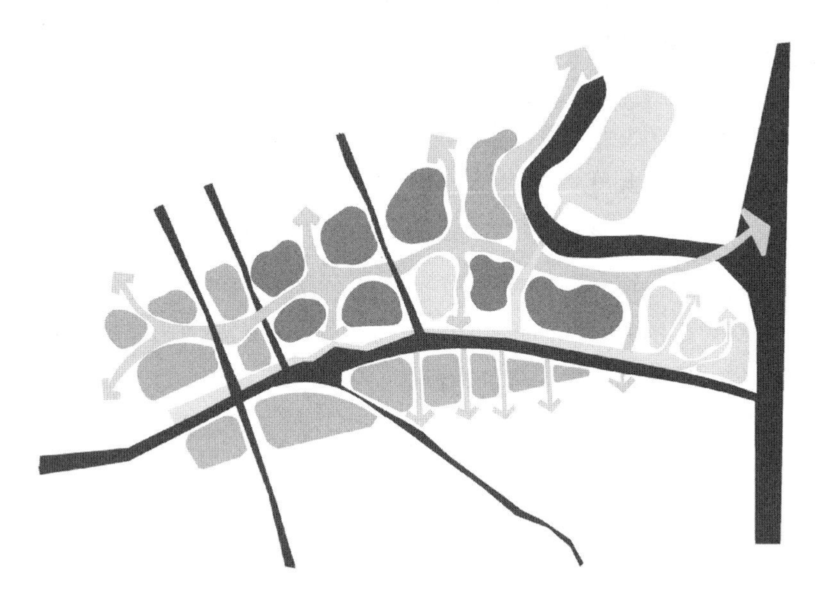

图1-9 亚运村水系示意

该项目地表水源热泵系统从亚运城附近水体砺江河和莲花湾取地表水作为水源热泵机组的冷热源。设3个专供冷热源的能源站，规划1号、2号能源站水源为砺江河，3号能源站水源为莲花湾（三围涌）。

经计算，1号、2号能源站砺江河最大小时取水量2100m³，最大日取水量为2.92万m³（其中，1号能源站最大小时取水量1000m³、最大日取水量1.60万m³，2号能源站最大小时取水量1100m³、最大日取水量1.32万m³），年取水量419.06万m³；3号能源站莲花湾最大小时取水量为900m³，最大日取水量为1.08万m³，年取水量为173.27万m³。

1号、2号能源站砺江河取水口设在靠近亚运城技术官员村的东南侧，位于桩位LJYR0+997.74和LJYR1+997.74之间；3号能源站莲花湾取水口设在靠近亚运城迎宾广场的东南侧，位于桩位H1410+50和桩位H1410+100之间。

(2) 砺江河水的水温变化

根据水资源论证报告提供的珠江河口水温状况，夏季地表水最高月平均温度约31℃，冬季地表水最低月平均温度约17℃，11月份地表水温度约为23℃。

由于缺乏该项目拟取水段水温资料，参照珠江河口水温确定地表水温度。按照砺江河流域潮汐特征。考虑水温垂直梯度的影响，夏季按水面2m以下水温30℃，冬季按浅表水温15℃作为该方案设计地表水取水温度。

(3) 砺江河水的水质

近年来，广东省境内河流、海域水资源均受到不同程度污染，而且水污染日趋严重。珠江水系上、中游河流流经广州、佛山、惠州、东莞等重要工业城市和中小城镇时，携带这些工业城镇排放到河流中的有毒有害物质入境，加上番禺境内排放的污水、废水，致使河流各种污染物满布。每天两次潮水涨落，又将污染物冲入到河涌内。除夏秋汛期有洪水冲走外，冬春枯水期水源污染非常严重。根据《2005年广州市水资源公报》，2005年沙湾水道、顺德水道、横门水道、紫泥河、李家沙水道、洪奇沥水道、上横沥、下横沥、西樵涌、骝岗水、黄沙沥水道等水质较好，全年除枯水期外，基本达到Ⅳ类水标准；黄埔水道、三枝香水道、莲花山水道水质较差；水质极差的有后航道、大石涌、平洲水道等。超标河段主要污染物为溶解氧、氨氮、耗氧有机物、石油类、粪大肠杆菌和总磷。虎门、洪奇沥和蕉门三大口门水质汛期多为Ⅲ类标准，枯水期受污水排放水量减少影响，水质下降。市桥水道、大石水道、屏山河、四七涌和石楼涌的综合污染指数为0.522～0.767，属于中度污染，而化龙镇水道和砺江河的综合污染指数分别达到1.258和1.333，属于重度污染。

（4）砺江河水的水位与水量

利用砺江河水作为亚运城住宅提供制备生活热水热源，并在空调季节为住宅和场馆提供空调冷源。水源热泵对水源的原则要求水量应当充足够用，能满足用户制热负荷或制冷负荷的要求。根据《城市给水工程规划规范》GB 50282—98及考虑其重要性，本次用水保证率赛时按100%、赛后按95%考虑。

该项目所处的番禺区的当地水资源量为7.68亿m^3/a，过境客水为1355.5亿m^3/a，河口涨潮量为2746.1亿m^3/a，水资源属于丰富地区。现状番禺区年供水量约19.75亿m^3，水资源开发利用程度约为1.45%（含过境水），水资源状况属于丰沛。该项目取水用后排回河道，几乎不消耗水资源，对区域水资源和第三者影响轻微。

砺江河流域规划区内外河网密布，外接河道主要有珠江和莲花山水道，两者均汇入狮子洋；规划区内河涌众多，纵横交错，形成水网。砺江河流域上段以化龙运河、四沙涌和七沙涌为主干，贯穿整个化龙镇，其他主要河涌如二涌、三沙涌、五涌、六涌、天围涌等自西向东与之连通，最后汇集流入珠江。砺江河流域下段以砺江河、石楼河为主干，沿程其他河涌与之汇集，自北向南流入莲花山水道。规划区水系由水道和河涌组成，约94.99km，其中水道总长25.52km；河涌31条，总长69.47km，水域总面积2.77km^2，现状水面率11.9%。各河涌宽度多在4～150m，深浅不一。广东省水利厅于2002年6月以粤水资［2002］40号文“关于颁布西、北江下游及其三角洲网河河道设计洪潮水面线成果（试行）的通知”颁布了《西、北江下游及其三角洲网河河道设计洪潮水面线（试行)》，该成果对三角洲河网区考虑了“以洪水为主、潮水相应”和“以潮水为主、洪水相应”两种洪潮组合，计算了各水道现状洪潮水面线。本次规划依据的设计洪潮水面线即采用该成果，详见表1-1。

取水河段位于珠江三角洲网河区，外连珠江主干河道，来水量同时受径流量和潮流量的影响，外江河道宽阔，涨落潮水量丰富。

该项目取水河道砺江河、莲花湾外连水道属感潮河道，汛期受北江、西江、东江的洪水影响，又受到来自伶仃洋潮汐影响，洪潮混杂，水流流态十分复杂。在枯水季，则以潮流作用为主。

该项目1号、2号能源站取水点拟设于砺江河亚运城段，距砺江河口约2.5km，属石楼河农业用水区，主导功能为渔业、工用和农用。根据现场调查，现状取水点附近河段主要为航运用水。由于取水点处河口附近，整治后其用水主要为航运和景观生态用水。另一

砺江河流域外江水道设计洪潮水面线成果表（m） 表1-1

水道	断面名称	设计洪潮频率(P)						
		0.33%	0.50%	1%	2%	5%	10%	20%
后航道（含黄埔水道）	新造	7.7	7.65	7.56	7.47	7.32	7.21	7.07
		7.69	7.63	7.54	7.44	7.3	7.19	7.05
		7.67	7.62	7.53	7.42	7.29	7.17	7.03
		7.66	7.61	7.52	7.41	7.27	7.16	7.02
前航道（含黄埔水道、狮子水道、洋水道）	大盛	7.66	7.61	7.51	7.41	7.27	7.15	7.02
		7.65	7.6	7.51	7.4	7.26	7.14	7.01
	黄埔新港	7.65	7.6	7.5	7.39	7.26	7.14	7
		7.64	7.59	7.49	7.38	7.24	7.12	6.99
		7.63	7.58	7.48	7.37	7.24	7.12	6.98
莲花山		7.63	7.58	7.48	7.37	7.24	7.12	6.98
	莲花山	7.63	7.58	7.48	7.37	7.23	7.11	6.97
		7.62	7.57	7.47	7.36	7.22	7.1	6.97

处能源站取水位于莲花湾，莲花湾是为配合亚运城水景观建设而新开挖的景观湖，连接裕丰涌和南派涌。根据《广州新城控制区水系规划》和亚运城建设规划，莲花湾建设后主要作为景观湖，其用水主要为景观用水。

现状取水条件分析：砺江河取水河段河宽约150m，河涌淤积，边滩高程约－2.00～0.00m，河槽高程约－2.5～－4.5m，河槽宽约60m。根据砺江河取水头部平面位置图，取水头部河床低高程约－1.23m，取水头局部开挖（按45m×56m，深－3.0m）。根据三沙口站潮位资料统计，三沙口站多年平均低潮位为 －1.62m，最低潮位－1.84m（1956年2月17日），以多年平均低潮位和昀低潮位估算取水头部蓄水量约2923～3478m^3，蓄水有限。由于河涌河道短、集水面积小而自身产水量小，涌内水量（特别是枯水季节）主要靠外江涨落潮而带来。因此，现状条件下取水河段在低潮位情况下不能满足取水要求。

莲花湾属配套亚运城水景观建设而开挖、连通裕丰涌和南派涌的人工湖，莲花湾水体开挖后才能建设取水。

在实施砺江河、莲花湾整治，水闸联合调度情况下，在涨、落潮纳潮换水期间，该项目拟从砺江河取水流量为0.58m^3/s、莲花湾取水流量为0.25m^3/s，分别占其取水河段流量比例为0.38%和0.43%，取水流量比例很小；内河涌关闸蓄水期间，该项目在砺江河取水占河道槽蓄水量比例为2.00%～2.78%，在莲花湾取水占河道槽蓄水量比例为8.39%～10.06%，取水比例不大。且该项目取水用后几乎等量排回取水河道，可重复使用。综上所述，该项目取水是有保证的。

根据《广州市新城控制规划区水系规划》，为了适应广州新城规划控制区经济社会发展和水系建设的需要，同时为配合亚运会工程建设，广州市规划近期对新城控制区（包括亚运城部分）内河涌进行水环境整治，新建砺江水闸、裕丰水闸和南派水闸等，规划通过水闸联合调控，借助潮汐动力，调控河涌水位，调活河涌水体，实施纳潮换水，并安排在亚运会前完工，为实施本方案提供了保证。

取水河段整治后岸滩稳定，最低控制水位情况下均有 2～3m 水深，基本满足本方案取水要求。

3. 空气源

广州地区的全年室外空气温度曲线如图 1-10 所示，广州地区全年气温几乎都在 5℃以上，所以，在广州地区使用空气源热泵几乎可以不考虑北方地区、甚至长江中下游地区使用中经常出现的结霜问题。

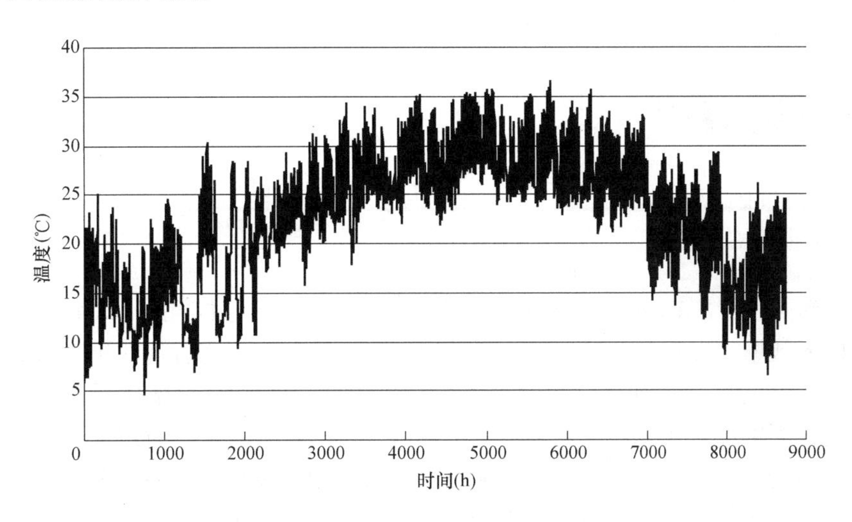

图 1-10 广州地区的全年室外空气温度曲线

但由于空气源热泵交换工质为空气，空气的质量直接影响空气源热泵的热交换器效率，空气质量较差，会在交换器叶片上沉积污物，当清洗不及时，将降低空气源热泵的性能。

1.3.4 亚运城能耗特点

2006 年我国普通城镇住宅除采暖外能耗状况分析见图 1-11。

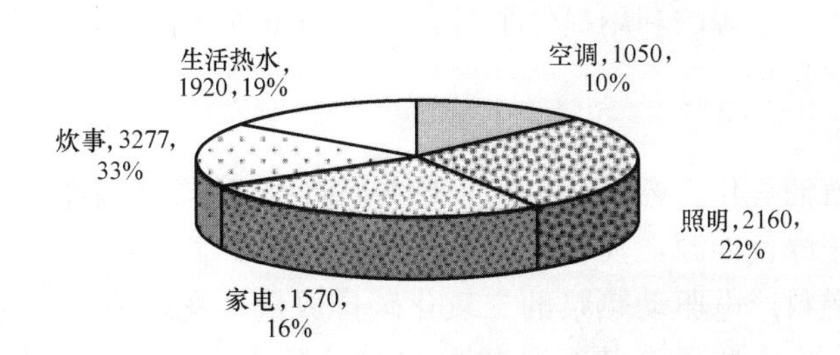

图 1-11 按用能项目计算的 2006 年我国城镇住宅总能耗（除采暖外）（单位：万 tce）

（1）空调：2006 年我国城镇住宅空调总电耗为 310 亿 kWh，折合 1050 万 tce，占住宅总能耗的 10.5%，全国住宅单位建筑面积平均的空调能耗为 2.7kWh/(m^2·a)。

（2）照明：2006 年我国城镇住宅照明总电耗为 630 亿 kWh，折合 2160 万 tce，占住宅总能耗的22%，全国住宅单位建筑面积平均的照明能耗为5.6kWh/(m^2·a)。

(3) 家电：2006年我国城镇住宅家电总电耗为460亿kWh，折合1570万tce。占住宅总能耗的16%，全国住宅单位建筑面积平均的家电能耗为4.1kWh/(m^2·a)。

(4) 炊事：2006年我国城镇住宅炊事总能耗折合3277万tce，占住宅采暖外总能耗的33%，全国住宅单位建筑面积平均的炊事能耗为2.9kgce/(m^2·a)。

(5) 生活热水：2006年我国城镇住宅生活热水总能耗折合1920万tce，占除采暖外住宅总能耗的19%，全国住宅单位建筑面积平均的生活热水能耗为1.7kgce/(m^2·a)。

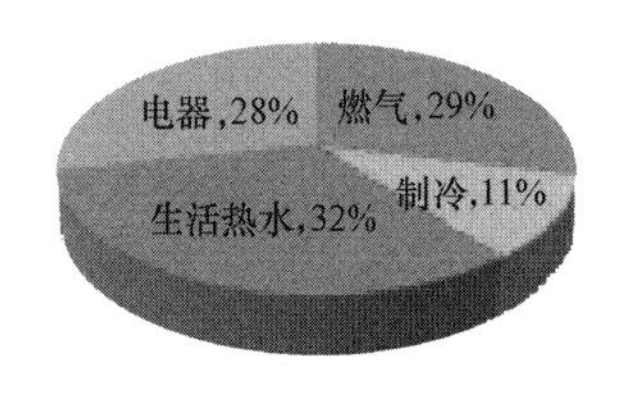

图1-12 广州亚运城住宅总能耗比例分析

2010年广州亚运城住宅能耗分析及用能特点：亚运城住宅能耗分析测算如图1-12所示。

(1) 空调：2010年亚运城住宅空调能耗占住宅总能耗的10.6%。

(2) 电器：2010年亚运城住宅各类用电器（除去空调用电量）能耗占住宅总能耗的28.3%。

(3) 炊事：2010年亚运城住宅炊事能耗占住宅总能耗的28.7%。

(4) 生活热水：2010年亚运城住宅生活热水能耗占住宅总能耗的32.4%。

对比以上数据，发现亚运城住宅生活热水能耗所占比例，与普通建筑生活热水能耗比例存在差异，分别为19%和32.4%。亚运城住宅生活热水能耗明显高于普通住宅。这主要由以下几方面决定：亚运城住宅采用集中热水系统，且为保证赛时用水的特殊工况，管网计算管径偏大，户外管网系统存在较大热量损失，导致生活热水能耗偏高；建筑地处低纬度热带地区，居民生活热水用量高于全国平均生活热水用水量。

1.3.5 应用新能源的分析

1. 节能

采用新能源作为集中热水系统、空调系统冷热源，替代锅炉、制冷机及冷却塔等传统冷热源。太阳能集热系统直接收集太阳能加热生活热水；水源热泵机组汲取存在于江河水中低品位热能，将大量存在于环境中的低品位热能提升至高品位热能，供应生活热水、建筑制冷。广州地区具有稳定、较丰富的太阳能资源，有可靠的江河水资源；无需考虑结霜问题的空气热源，为新能源的利用提供了得天独厚的条件，保证新能源系统高效率运行，实现新能源系统节能目标。

2. 环保

无需使用煤、石油等化石燃料，新能源基本不向大气排放污染物，运行过程基本不会产生污染，因此属于绿色能源，其利用具有深远的环境效益。通过比较燃煤锅炉，二氧化碳排放量与用相同燃料产电驱动热泵的二氧化碳排放量，发现使用热泵平均可减少30%的二氧化碳排放量，在一些场合甚至可减少50%。随着《中华人民共和国节约能源法》的颁布、国家“十一五”规划纲要单位GDP能耗降低20%左右、主要污染物排放总量减少10%目标的提出，广州亚运城作为大型公共建筑物，创新性的合理使用新能源，具有重要的节能减排、环保示范意义。

我国“十一五”规划中已将节约资源、合理地利用资源作为一项基本国策。所以亚运城的建设不仅要体现广州市的经济实力及技术水平，而且有必要在城区规划、能源规划与服务水平上有新的突破和创新，充分体现广州市政府对社会承诺的“绿色亚运、绿色广州”的建设目标，因此减少能源消耗，减少环境污染已经成为能否转变经济增长方式的重要问题。在这样的大环境下，低能耗、低污染、高效率的区域性能源服务系统将显示出其强大的生命力，并有着非常广阔的发展前景。

第2章　亚运城新能源集中热水供应系统的技术方案

2.1　方案设计依据、条件

2.1.1　设计依据

1. 建设单位提供的资料

(1)《2010年亚运会（广州）亚运村修建性详细规划》报告书；

(2)《广州亚运村及亚运场馆节能环保新技术应用专项研究》报告书；

(3)《2010年广州亚运城新能源—太阳能热水及水源热泵综合利用专项研究》报告书；

(4)《2010年广州亚运城新能源—太阳能热水及水源热泵综合利用项目建议书》报告书；

(5)《2010年广州亚运城新能源—太阳能热水及水源热泵综合利用可行性研究》报告书；

(6)《广州亚运城太阳能热水和水源热泵勘察设计招标文件》。

2. 太阳能集热器的相关规范

(1)《太阳能热利用术语》GB/T 12936—2007；

(2)《全玻璃真空太阳集热管》GB/T 17049—2005；

(3)《真空管型太阳能集热器》GB/T 17581—2007；

(4)《平板型太阳能集热器技术条件》GB/T 6424—1997；

(5)《平板型太阳能集热器热性能试验方法》GB/T 4271；

(6)《玻璃-金属封接式热管太阳能集热管》GB/T 19775—2005；

(7)《铜及铜合金拉制管》GB/T 1527—2006。

3. 太阳能热水系统相关规范

(1)《民用建筑太阳能热水系统应用技术规范》GB 50364—2005；

(2)《住宅建筑太阳热水系统一体化设计、安装与验收规程》DGJ 32/T08—2005；

(3)《太阳热水系统设计、安装及工程验收技术规范》GB/T 18713—2002；

(4)《太阳热水系统性能评定规范》GB/T 20095。

4. 标准图集

(1)《太阳能集中热水系统选用及安装》06SS128；

(2)《热泵热水系统选用与安装》06SS127。

5. 给水排水设计规范

(1)《室外给水设计规范》GB 50013—2006；
(2)《室外排水设计规范》GB 50014—2006；
(3)《建筑给水排水设计规范》GB 50015—2003（2009年版）；
(4)《小区集中生活热水供应设计规程》CECS 222：2007；
(5)《城镇直埋供热管道工程技术规程》CJJ/T 81—98；
(6)《公共建筑节能设计标准》GB 50189—2005；
(7)《城镇直埋供热管道工程技术规程》CJJ/T 81—98；
(8)《城市热力网设计规范》CJJ 34—2002；
(9)《给水排水管道工程施工及验收规范》GB 50268—97；
(10)《给水用聚乙烯管材》GB/T 13663—2000；
(11)《埋地聚乙烯排水管管道工程技术规程》CECS 164：2004；
(12)《埋地聚乙烯给水管道工程技术规程》CJJ 101—2004；
(13)《给水排水仪表自动化控制工程施工及验收规范》CECS 162：2004；
(14)《流体输送用不锈钢无缝钢管》GB/T 14976—2002；
(15)《无缝钢管尺寸、外形、重量及允许偏差》GB/T 17395—1998；
(16)《建筑给水排水及采暖工程施工质量验收规范》GB 50242—2002；
(17)《高密度聚乙烯外防护管聚氨酯泡沫塑料预制直埋保温管》CJ/T 114。

6. 空调及水源热泵设计规范

(1)《采暖通风与空气调节设计规范》GBJ 19—87（2001年版）；
(2)《水源热泵设计规范》GB 50176—93；
(3)《水源热泵机组》GB/T 19409—2003。

7. 各建筑单体设计单位建筑和有关工种提供的条件图及设计资料

8. 各有关单体设计单位提供的设计图纸、机电专业设计参数等设计资料

(1) 广州市设计院提供的国际区热水最高日用水量、耗热量；最大小时用水量、耗热量；设计秒流量；设计压力值。国际区初步设计图纸。

(2) 广东省建筑设计研究院提供的体操馆、博物馆和综合馆的热水最高日用水量、耗热量；最大小时用水量、耗热量；设计秒流量；设计压力值。媒体中心设计图纸。

(3) 中信华南（集团）建筑设计研究院提供的技术官员村热水最高日用水量、耗热量；最大小时用水量、耗热量；设计秒流量；设计压力值。技术官员村施工图设计图纸。

(4) 广州珠江外资建筑设计院提供的媒体村热水最高日用水量、耗热量；最大小时用水量、耗热量；设计秒流量；设计压力值。媒体村施工图设计图纸。

(5) 广州市城市规划勘察设计研究院提供的运动员村热水最高日用水量、耗热量；最大小时用水量、耗热量；设计秒流量；设计压力值。运动员村施工图设计图纸。

(6) 广州市市政工程设计研究院提供的市政道路、管沟（廊）、管线施工图设计图纸。

2.1.2 亚运城设计规模及人数

亚运城赛时规划根据亚运会的要求而定，赛时总建设量：计入容积率的建筑面积约104万m^2，总建筑面积约140万m^2（含地下室和架空层面积）。赛后总建筑面积：约274万m^2；规划人口控制：赛后居住用地总建设量为174万m^2，按每100m^2住宅建筑面积为

一标准户及每标准户 3.2 人估算，规划总人口大约为 56000 人。

作为广州新城建设的启动区，定位为配套完善的中高档居住社区及区域服务中心，2010 年作为第 16 届亚运会亚运村使用，会后部分改造为亚残村供第 1 届亚残会使用。

2.2　方案设计 A

采用太阳能集中热水系统，水源热泵为辅助热源的供热方式，集中集热、集中供热，供热范围涵盖亚运城各主体建筑；部分建筑集中供冷，系统原理如图 2-1 所示。

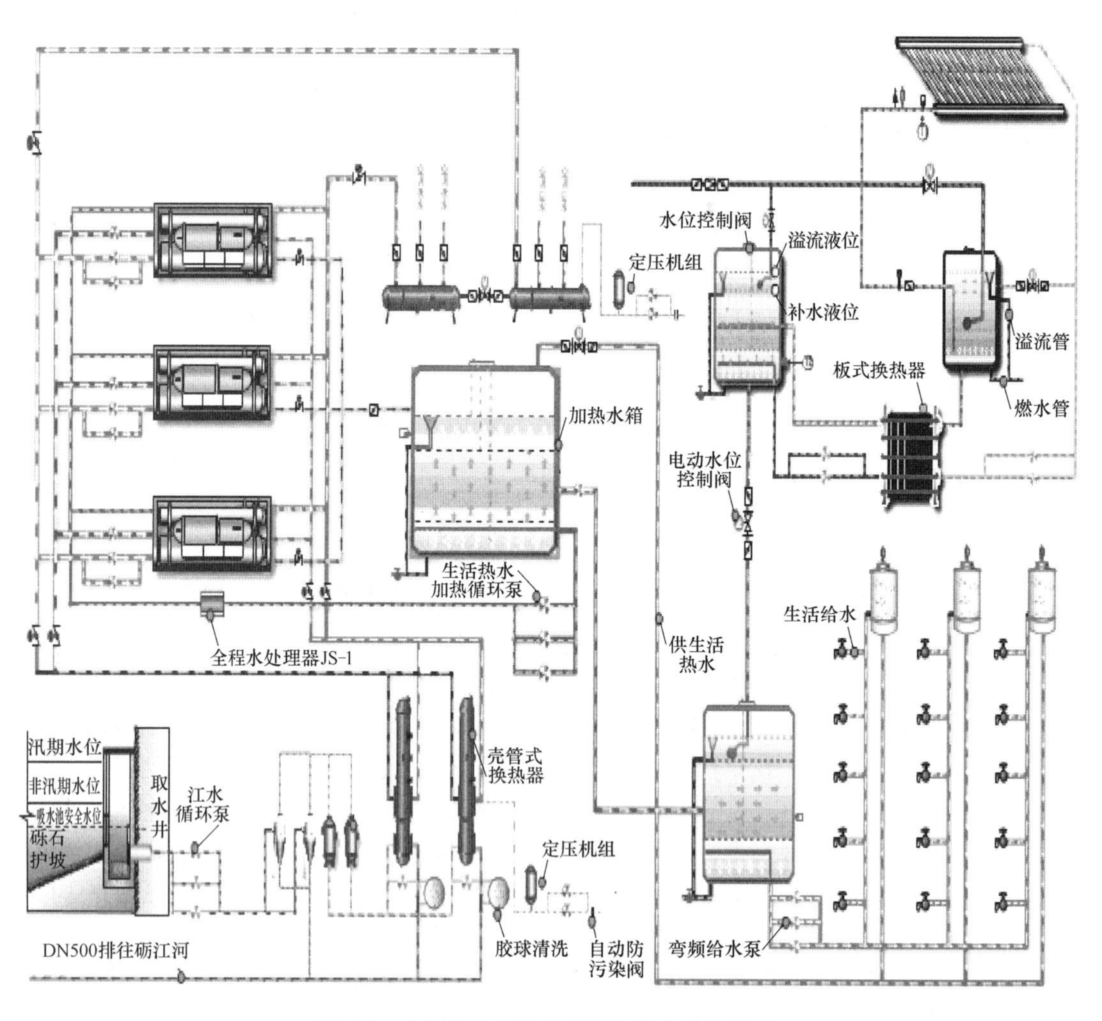

图 2-1　太阳能＋水源热泵集中热水系统原理

2.2.1　设计范围及界面划分

1. 设计范围

该项目设计为太阳能和水源热泵集中供应生活热水、部分单体建筑空调冷源工程，设计范围为技术官员村、运动员村（包括体能恢复中心、国际区）、媒体中心、体育场馆区的下列内容（但不包括赛后新增建筑及规划区域的太阳能集热器、赛后单体建筑物室内外生活热水、赛后空调冷源管网等）：

（1）太阳能集热器及管网系统；

（2）1号、3号能源站室勘察；

（3）1号、3号能源站建筑、结构、机电设计；

（4）水源热泵取水、退水土建工程及管网设计；

（5）热水系统的二级站室生活热水系统设计、室外热水管网设计；

（6）空调冷源系统的室外干线设计；

（7）生活热水及水源热泵工程自动控制系统设计；

（8）配合亚运城建筑单体生活热水管线、室外总平面管网、市政工程设计。

2. 集中热水供水范围

太阳能和水源热泵集中热水只供永久性建筑物，不供应所有临时建筑物，具体供水范围如下：

（1）1号能源站室：赛时技术官员村住宅；热水主干管预留赛后住宅热水管道接口。

（2）2号能源站室：赛时运动员村住宅、体能恢复中心、国际区；热水主干管预留赛后住宅热水管道接口。

（3）3号能源站室：赛时媒体村住宅、体育场馆；热水主干管预留赛后住宅热水管道接口。

水源热泵集中空调冷水范围：

（1）1号能源站室：技术官员村6号住宅；综合医院医技楼。

（2）2号能源站室：国际区。

（3）3号能源站室：体育场馆配套服务用房、博物馆。

3. 设计界面

（1）市政给水设计与一级站站室给水工程设计界面：以一级站室室外计量总表为界线划分；表后（包括水表井）管网由站室设计单位负责，表前所有管网及相关设施由市政设计单位设计。

（2）市政排水设计与一级站站室排水管线的设计界面：站室设计单位负责1号、3号一级站站室的室内排水至室外市政管道检查井；室外雨水排水由市政设计单位设计。2号一级站站室排水管道至室外第一个检查井的管线由站室设计单位负责，其他由国际区设计单位负责。

（3）取水、退水头部包括取水池（回水口）、管道和相关设备的土建工程设计。

（4）市政管沟（廊）内热水管道及热水系统自控信号线路由中国建筑设计研究院配合广州市政工程设计研究院完成施工图设计，管道平面布置、断面设计由广州市市政工程设计研究院负责；并按中国建筑设计研究院要求预留相关的管道出入口。

（5）市政管沟（廊）外的热水管道、空调冷水管道、河水取（退）水管道工程设计：广州市政工程设计研究院负责管线综合，并提供综合后的管线平面位置、管线标高；管线交叉、穿越构筑物、穿越河涌的设置要求，中国建筑设计研究院负责上述管道的工程设计。

（6）屋面太阳能系统包括太阳能集热器、热水管道、水箱、循环泵、自动控制的设计：太阳能集热器支架、屋面水箱间由相应单体设计单位负责设计。屋面热水管道进入单体楼内的管线、太阳能系统自动控制线路由相应单体设计单位负责设计。

（7）二级站室内的给水设备、热水管道、水箱、循环泵、动力和自动控制的设计：二级站站室内的常规给水排水、消防、通风、照明由相应单体设计单位负责设计。

（8）二级站室至各单体的热水管道分界面为进入各单体建筑的室外阀门井，阀门井之前的热水管道和自动控制线路由中国建筑设计研究院负责设计；阀门井之后及楼内管道及附件设备由相应单体设计单位负责设计。

（9）空调冷水管线的设计界面：1 号能源站至技术官员村 6 号楼阀门井、1 号能源站至综合医院建筑红线；3 号能源站至体育场馆区建筑红线的室外管线由中国建筑设计研究院负责设计；室内及其他室外管线均由相应单体设计单位负责设计。

（10）市政电力与一级站室的设计界面：由亚运村中心变电所引入各一级站室变电所一路 10kV 高压电源，电源设计分界点为 10kV 高压进线柜。

（11）土建设计的设计界面：1 号、3 号一级能源站由中国建筑设计研究院负责设计；2 号能源站土建设计由国际区单体设计单位负责。

（12）2 号能源站内常规给水排水、通风、照明、消防设计均由国际区单体设计单位负责。

2.2.2　设计原则

（1）优先使用太阳能的原则：整个集中热水供应系统在热回收工况下，单用太阳能热源即可保证生活热水供应。

（2）确保赛时用水安全原则：赛时人员集中，用水量较大，采用集中热水系统可有效保证赛时大流量用水特点，保证用水的可靠性和舒适性。

（3）新能源利用最大化原则：采用水源热泵作为太阳能的辅助热源，按赛时热水的最高日用水量进行设计，即太阳能集热量为 0 时，仍能满足赛时亚运城的热水负荷需求，确保亚运会赛时用水。并对公建和部分住宅提供冷源，实现太阳能与水源热泵的综合利用，高效节能，实现新能源充分利用。

（4）投资合理、运行经济的原则：采用“以热定冷”，合理确定生活热水的供热量，根据总热量确定供冷范围的冷负荷总量，总投资不超过政府主管部门批准的项目总投资及建安费用。

2.2.3　热水系统设计参数

1. 亚运城赛时工况热水系统参数

（1）热水用水量参数

最高日生活热水用水量：3198m^3/d；最高日生活热水耗热量：156209kW；

最大小时热水用水量：360m^3/h；最大小时生活热水耗热量：18782kW。

（2）水源热泵制备能力

赛时按热回收工况运行，小时制热量：14865kW；

满足最高日生活热水耗热量的运行时间：10.5h。

2. 亚运城赛后（包括规划住宅面积）工况热水系统参数

（1）热水用水量参数

冬季：最高日生活热水用水量：5496m^3/d；最高日生活热水耗热量：315437kW；

最大小时热水用水量：566m^3/h；最大小时生活热水耗热量：37579kW；

夏季：最高日用水量：5496m^3/d；最高日生活热水耗热量：234900kW；

最大小时热水用水量：566m^3/d；最大小时生活热水耗热量：27985kW。

（2）水源热泵制备能力

赛后单制热工况（非空调季节）运行，小时制热量：15789kW；满足最高日生活热水耗热量的运行时间：12h。

3. 冷水、热水计算温度

亚运城采用地表水为水源，冬季冷水计算温度为13℃；赛时冷水计算温度为20℃；热水耗热量热水计算水温为60℃。

2.2.4 能源站室设计

1. 太阳能集热系统

技术官员村、运动员村为中高层住宅，屋面适合布置太阳能集热器，因此根据住宅组团的设计，每个组团设置热水分站室（二级热站），在二级热站周边组团的住宅屋面上铺设太阳能集热器。屋面为屋顶花园，考虑到屋顶花园的功能和景观要求，太阳能集热器架空布置，采用屋面满铺。

媒体村为高层住宅，屋面不适合集中布置太阳能集热器，因此媒体村所需要的太阳能集热器布置在媒体中心屋面，媒体村住宅组团不设二级站室，太阳能贮热水箱、热水供水泵组均设在一级热站室。

2. 一级能源站、二级热站设计

（1）一级能源站设计

共设3个一级能源站室，1号能源站为地下独立式建筑，设于技术官员村西南公共绿地内；2号能源站设在国际区东端地下室内，3号能源站为地下独立式建筑，设于迎宾广场西南部。1号、2号能源站室水源热泵用水均由砺江涌抽水，水源热泵回水至砺江涌；3号能源站室水源热泵用水由莲花湖抽水，回水至莲花湖。

三个水源热泵站室联合运行，联通管道设在市政管沟内，赛时运动员村用水量较大，1号、3号能源站的富余热水水量供给运动员村使用，可有效保证赛时热水供应。赛后根据实际入住率可有效选择水源热泵或能源站室的开启数量，确保技术、经济的合理性。

（2）二级热站站室设计

技术官员村2个；运动员村4个。媒体村住宅组团不设二级站站室。热水站站室设变频给水泵供各住宅生活热水，变频给水泵抽吸太阳能贮热水箱的热水。

3. 太阳能和水源热泵的联用

一级能源站室设水源热泵制备生活热水，作为太阳能热水系统的辅助热源，按生活热水耗热量100%备用进行设计，一级热站设水源热泵、加热水箱和恒温水箱。水源热泵加热水箱与水源热泵循环加热，加热后的水温达到55℃后进入恒温水箱。

4. 热水计量

为保证热水资源的合理利用，系统设计时，设分户计量水表。为评估热水系统的节能效益，在太阳能集热水箱补水管、二级站室水箱、一级站室加热水箱补水管装设计量水表和温度计；水源热泵回水管装设计量水表和温度计，用于计量、计算实际使用和制备的热量。

2.3　方案设计 B

太阳能集热器集中集热，空气源热泵分散辅助供热。供热采用分散或集中的方式。

2.3.1　方案概述

(1) 赛时技术官员村、运动员村、媒体村采用集中-分散式供热水系统，屋顶设置太阳能集热器，集中集热每户分散式设置储热水箱加热、贮热，采用空气源热泵做辅助热源。空气源热泵按 100%用热量配备。

(2) 体能恢复中心、综合医院、公建区屋顶设置太阳能集热器、贮热水箱，集中集热、贮热，采用空气源热泵作辅助热源，各单体建筑热水自成系统。空气源热泵按 100%用水量配备。与方案一相应建筑物的热水系统相同。

(3) 与方案 A 的不同点：2 号、3 号能源站保留，1 号能源站取消。

2.3.2　集中-分散式太阳能热水系统设计说明

(1) 系统说明：楼宇单元集中-分散式太阳能热水系统采用强制循环系统，循环热水贮水罐采用内置盘管换热器，充分保证水质安全卫生。太阳能集热器集中设置于各住宅建筑物的屋面；热水贮水罐分散设于住宅每户室内。

(2) 楼宇集中-分散式太阳能供热水系统原理如图 2-2 所示。

(3) 户内系统：结合楼宇（单元）集中-分散式太阳能热水系统，每户设小型（家用型）空气源热泵作为辅助热源，天气晴朗、太阳光较好时充分利用太阳能制备生活热水，阴雨天气或太阳能不足时利用空气源热泵制备生活热水。太阳能与空气源热泵合用一个承压式贮水箱，内设双盘管，均为间接式加热，保证水质，户内自来水直接供水加热，较好地解决了冷热水压力平衡、水费计量等问题，供水稳定、可靠，系统原理如图 2-3 所示。

2.3.3　主要设计计算参数

由于赛时热水耗热量是赛后耗热量的 1.8 倍，若按照赛时工况选用配置机组，一方面增加了初投资，另一方面造成赛后资源的浪费。如按赛后工况选用配置机组，则必须复核是否满足赛时用水量的要求。本方案空气源热泵是按 100%赛后耗热量进行配置，太阳能保证率按 40%赛后耗热量进行设计，赛时为 11 月份，11 月份多年平均降雨日数为 3.6 天，因此基本确定 11 月份太阳能保证率较高，实际空气源热泵和太阳能综合提供热水总量为赛后耗热量的 1.4 倍，但仍不能十分可靠地保证赛时用水量。

为保证赛时热水用水量的可靠性，采取增加贮水容积的技术措施，一般住宅每户按用水量标准采用 200L 贮水罐即可满足使用要求，本方案拟按赛时用水量标准采用 300L 贮水罐，按赛时每套单元入住 4～6 人，用水量标准按 120L/(人·d) 计算，即小型容积式换热器，确保赛时用热水的可靠性。

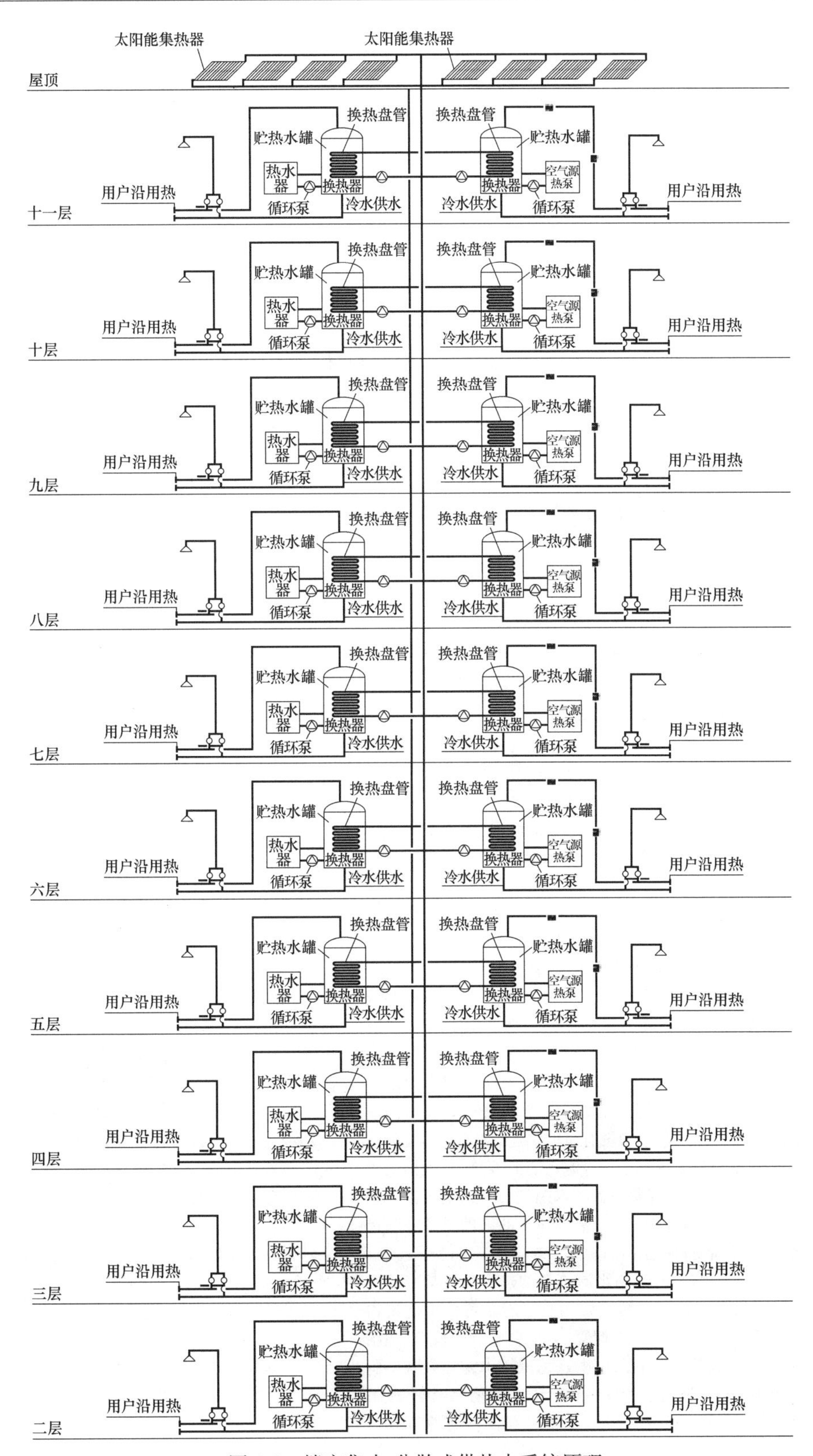

图2-2 楼宇集中-分散式供热水系统原理

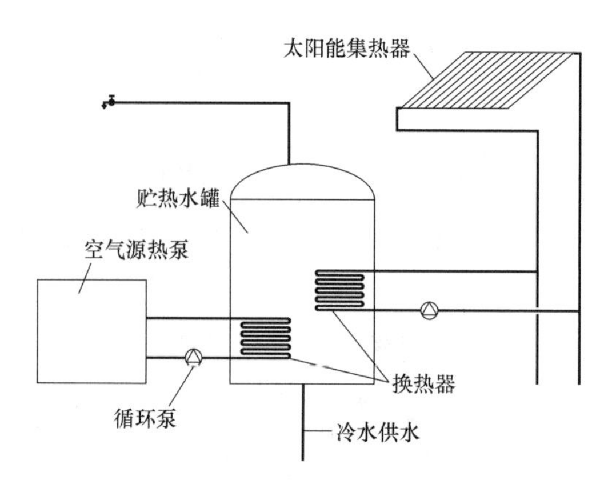

图 2-3　空气源热泵与太阳能联用系统原理

2.4　方案 A、B 的比较

方案 A 与方案 B 的比较如表 2-1 所示。

热水方案的综合比较表　　表 2-1

比较项目	方案 A(太阳能和水源热泵集中供应热水方案)	方案 B(太阳能和空气源热泵集中-分散式热水方案)
优点	1. 供水量大,较好地满足亚运城赛时用水量要求; 2. 供水可靠性高,具有较好的舒适性,较好地满足高标准的热水用水要求; 3. 建筑物室内不需要其他设备,避免了空气源热泵的噪声,很好地满足了亚运城高标准的居住环境要求; 4. 充分利用水源热泵的制热和制冷能力,水源热泵全年综合效率较高,实现节约能源的最大化; 5. 住宅类建筑用水高峰集中在晚上,这恰好符合太阳能热水系统需要白天集热的要求;实际需求与太阳能集热器获得的最佳温度相吻合;太阳能配以水源热泵后,完全可以提供稳定的热水; 6. 根据广州地区的自然条件,大规模利用太阳能和热泵技术具有得天独厚的优势;开创性地将太阳能集热器和水源热泵系统有机的结合,提供规模化的集中热水供应系统和空调冷源系统的冷热源;根据工程实际状况,太阳能集热器和水源热泵系统既可独立运行,也可将热泵作为太阳能集热器的辅助热源并联运行,系统各自独立; 7. 太阳能集热器与水源热泵的热量负荷具有较好的适配性;同时,水源热泵的富裕冷量可作为建筑物空调冷源,广州地区冬暖夏热,空调季节较长,空调用电占建筑物总能耗的比例较大,采用水源热泵既供应热水,也可制冷,一举多得,水源热泵具有较高的COP,太阳能集热器和热泵联用具有较高的节能效果,具有良好的经济效益和社会效益	1. 系统简单,避免了敷设室外太阳能集热管网、热水供水管网、热水循环加热管网,避免了室外管网保温、防水、防腐等许多技术难题,节省了管网投资;减轻了室外管网的综合施工难度; 2. 减少了取水、回水设施和管网投资; 3. 减少了水处理及运行维护等费用; 4. 较好地解决了冷热水压力平衡问题; 5. 管理维护费用较低

续表

比较项目	方案 A(太阳能和水源热泵集中供应热水方案)	方案 B(太阳能和空气源热泵集中-分散式热水方案)
缺点	1. 系统复杂,敷设室外太阳能集热管网、热水供水管网、热水循环加热管网,需解决室外管网保温、防水、防腐等技术难题; 2. 室外管网的综合施工难度较大; 3. 需要增加取水、回水设施和管网投资; 4. 水处理及运行维护等费用较高; 5. 需要采取措施解决冷热水压力平衡问题; 6. 热水管网能耗较大	1. 生活热水的供水可靠性、舒适性不如方案A;不能满足亚运城高标准的设计定位要求; 2. 空气源热泵散热器易受空气尘埃污染,换热效率降低,导致空气源热泵的综合节能效率降低; 3. 空气源热泵国产设备噪声较大,不能很好地满足亚运城高标准的居住要求;噪声较小的进口空气源热泵造价较高; 4. 较大容积的贮热罐、空气源热泵在室内布置困难,阳台布置设备存在影响建筑立面景观等综合问题; 5. 空气源热泵综合 COP 值约 2～3,节能效率小于水源热泵; 6. 公共建筑制冷设水源热泵,未能充分利用水源热泵的制热能力,造成水源热泵全年综合效率降低,不能实现节约能源的最大化
自动控制	温控阀、液位控制器、压力传感器等为常规控制,控制系统可采用国产设备	热量表、热量分配阀、温控阀、液位控制器等,控制要求严格,应采用进口设备
工程实践	太阳能和水源热泵分别用于住宅类供应集中热水工程实例较多	国内用于住宅热水系统的案例较少,国外一般用于 5 层以下或别墅类住宅
投资经济性	一次性投资较小	一次性投资较大

第3章　亚运城集中热水供应系统设计计算

3.1　冷热负荷计算

3.1.1　热水负荷计算

1. 赛时热水供热负荷及耗热量

亚运城赛时热水量、耗热量如表3-1所示

2. 赛后建筑物热水供热负荷及耗热量计算

亚运城赛后（已建住宅）热水量、耗热量如表3-2所示。

3. 赛后包括规划建筑物热水供热负荷及耗热量计算

（1）亚运城赛后冬季（包括规划住宅）热水量、耗热量如表3-3所示。

（2）亚运城赛后夏季（包括规划住宅）热水量、耗热量如表3-4所示。

3.1.2　空调冷负荷计算

1. 空调设计负荷计算

（1）空调设计参数

夏季大气压力为100450Pa；

冬季大气压力为101950Pa；

夏季空调室外计算干球温度为33.5℃；

夏季空调室外计算湿球温度为27.7℃；

夏季通风室外计算温度为31.0℃；

夏季通风室外计算相对湿度为67%；

夏季室外平均风速为1.8m/s；

冬季室外空调计算温度为5℃；

冬季室外空调计算相对湿度为41%；

冬季室外通风计算温度为13℃；

冬季室外平均风速为2.4m/s；

夏季空调室内温度为22～25℃。

广州干、湿球温度分布如图3-1所示。

（2）系统冷负荷的计算

空调系统的计算冷负荷，应根据所服务的空调建筑中各分区的同时使用情况、空调系统类型及控制方式等的不同，综合考虑下列各分项负荷，通过焓湿图分析和计算确定：系

技术官员村（1号能源站室）赛时热水量、耗热量表 表 3-1

序号	项目	数量	单位	定额[L/(人·d)]	使用时间(h)	使用系数	小时变化系数	最高日用水量(m^3/d)	最大时用水量(m^3/d)	平均日用水量(m^3/d)	平均时用水量(m^3/d)	冷水温度(℃)	热水温度(℃)	最大时耗热量(kW)	平均日耗热量(kW)	最高日耗热量(kW)
1	媒体村住宅	10000	人	120	24	0.9	2.6	1080.00	117.00	648.00	27.00	20	60	5443.10	30146.40	50241.60
2	运动员村住宅	14700	人	120	24	0.9	2.6	1587.60	171.99	952.56	39.69	20	60	8890.40	49239.12	73855.15
3	技术官员村住宅	2800	人	120	24	0.9	2.6	302.40	32.76	181.44	7.56	20	60	1693.41	9378.88	14067.65
4	体育场馆	60	个	200	10	1	2	12.00	2.40	7.20	0.72	20	60	465.22	3349.60	558.24
5	配套服务	18000	人	20	12	0.6	2	216.00	36.00	129.60	10.80	20	60	1395.67	10048.80	10048.32
6	小计							3198.00	360.15	1918.80	85.77			17887.79	102162.80	148770.96
7	未预见水量			5%	24			159.90	18.01	95.94	4.29			894.39	5108.14	7438.55
8	合计							3198.00	360.15	1918.80	85.77			18782.18	107270.94	156209.51

亚运城赛后（已建住宅）热水量、耗热量表 表 3-2

序号	项目	数量	单位	定额[L/(人·d)]	使用时间(h)	使用系数	小时变化系数	最高日用水量(m^3/d)	最大时用水量(m^3/d)	平均日用水量(m^3/d)	平均时用水量(m^3/d)	冷水温度(℃)	热水温度(℃)	最大时耗热量(kW)	平均日耗热量(kW)	最高日耗热量(kW)
1	媒体村住宅	11208	人	90	24	0.85	2.6	857.41	92.89	514.45	21.44	13	60	5077.50	28121.54	46867.00
2	运动员村住宅	12593	人	90	24	0.85	2.6	963.36	104.36	578.02	24.08	13	60	6711.69	37172.46	52658.47
3	技术官员村住宅	2744	人	90	24	0.85	2.6	209.92	22.74	125.95	5.25	13	60	1462.47	8099.84	11474.22
4	体育场馆	60	个	200	10	1	2	12.00	2.40	7.20	0.72	13	60	546.64	3935.78	655.93
5	配套公建	3000	人	10	12	0.6	2	18.00	3.00	10.80	0.90	13	60	136.66	983.95	983.90
6	小计							2060.69	225.39	1236.42	52.39			13934.96	78313.56	112639.51
7	未预见水量			5%	24			103.03	11.27	61.82	2.62			696.75	3915.68	5631.98
8	合计							2060.69	225.39	1236.42	52.39			14631.71	82229.24	118271.49

技术官员村赛后（包括规划住宅）热水量、耗热量表 表 3-3

序号	项目	数量	单位	定额[L/(人·d)]	使用时间(h)	使用系数	小时变化系数	最高日用水量(m^3/d)	最大时用水量(m^3/d)	平均日用水量(m^3/d)	平均时用水量(m^3/d)	冷水温度(℃)	热水温度(℃)	最大时耗热量(kW)	平均日耗热量(kW)	最高日耗热量(kW)
1	媒体村住宅	17956	人	90	24	0.85	2.6	1373.63	148.81	824.18	34.34	13	60	8134.51	45052.68	75084.21
2	运动员村住宅	17799	人	90	24	0.85	2.6	1361.62	147.51	816.97	34.04	13	60	9486.34	52539.71	74427.70
3	技术官员村住宅	20245	人	90	24	0.85	2.6	1548.74	167.78	929.25	38.72	13	60	10789.98	59759.90	84655.81
4	体育场馆	60	个	200	10	1	2	12.00	2.40	7.20	0.72	13	60	546.64	3935.78	655.93
5	配套公建	15000	人	100	24	0.8	2	1200.00	100.00	720.00	30.00	13	60	6832.95	49197.25	65593.20
6	小计							5496.00	566.50	3297.60	137.82			35790.42	210485.32	300416.86
7	未预见水量			5%	24			274.80	28.33	164.88	6.89			1789.52	10524.27	15020.84
8	合计							5496.00	566.50	3297.60	137.82			37579.94	221009.58	315437.70

运动员村赛后（包括规划住宅）热水量、耗热量表 表 3-4

序号	项目	数量	单位	定额[L/(人·d)]	使用时间(h)	使用系数	小时变化系数	最高日用水量(m^3/d)	最大时用水量(m^3/d)	平均日用水量(m^3/d)	平均时用水量(m^3/d)	冷水温度(℃)	热水温度(℃)	最大时耗热量(kW)	平均日耗热量(kW)	最高日耗热量(kW)
1	媒体村住宅	17956	人	90	24	0.85	2.6	1373.63	148.81	824.18	34.34	25	60	6057.61	33549.87	55913.77
2	运动员村住宅	17799	人	90	24	0.85	2.6	1361.62	147.51	816.97	34.04	25	60	7064.29	39125.32	55424.88
3	技术官员村住宅	20245	人	90	24	0.85	2.6	1548.74	167.78	929.25	38.72	25	60	8035.09	44502.05	63041.56
4	体育场馆	60	个	200	10	1	2	12.00	2.40	7.20	0.72	25	60	407.07	2930.90	488.46
5	配套公建	15000	人	100	24	0.8	2	1200.00	100.00	720.00	30.00	25	60	5088.37	36636.25	48846.00
6	小计							5496.00	566.50	3297.60	137.82			26652.44	156744.39	223714.68
7	未预见水量			5%	24			274.80	28.33	164.88	6.89			1332.62	7837.22	11185.73
8	合计							5496.00	566.50	3297.60	137.82			27985.06	164581.60	234900.41

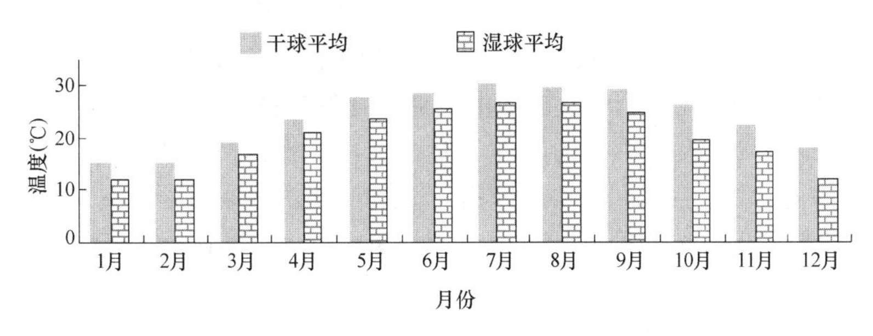

图 3-1 广州地区各月干、湿球温度比较

统所服务的空调建筑的计算冷负荷；该空调建筑的新风计算冷负荷；风系统由于风机、风管产生温升以及系统漏风等引起的附加冷负荷；水系统由于水泵、水管、水箱产生温升以及系统补水引起的附加冷负荷；当空气处理过程产生冷、热抵消现象时，尚应考虑由此引起的附加冷负荷。该项目各能源站冷负荷详表如表 3-5 所示。

各能源站冷负荷详表 **表 3-5**

站名	供冷能力	供冷范围
1 号能源站	2715kW	提供一个住宅作为示范工程，7000m²，冷负荷为 350kW；医院医技楼空调冷源，冷负荷为 2700kW
2 号能源站	3411kW	供应国际区空调冷源，国际区赛后需冷量为 3760kW
3 号能源站	2505kW	供应体育场馆配套服务、历史博物馆空调冷源，需冷量为 2674kW

2. 该工程集中空调的供应范围

根据亚运城赛时的特点，大部分配套公建为临时建筑，亚运会期间是 11 月份，空调负荷要求不高，因此赛时利用水源热泵的冷源原则上不供应临时建筑。配套小型公建面积较小，用冷量较小，原则上由单体设计单位根据业主要求自行进行空调方式的设计，不集中供应冷源。即赛时临时建筑、小型公建由单体设计单位根据业主要求确定空调冷源方式。为合理利用水源热泵的冷量，提高能源利用效率，集中空调冷源供应范围如下：

(1) 1 号能源站：技术官员村 6 号住宅，作为示范工程；其他冷量供应赛后医院。

(2) 2 号能源站：供应国际区。

(3) 3 号能源站：供应体育场馆配套服务等赛后具有稳定冷负荷的场所。

(1) 负荷估算

该项目区域占地范围广，区域内建筑数量多，建筑功能复杂，如按照统一负荷指标进行估算，则会产生一定的设计误差，导致系统配置不合理及投资的浪费。因此，按照详细规划中对各地块单体建筑的使用功能分类，利用 HDY-SMAD 暖通空调负荷计算及分析软件 V2.1 模拟计算出各典型单体建筑的负荷指标，利用模拟计算得到的负荷指标及同时使用系数这两个重要数据，估算区域典型建筑的冷负荷及整个空调建筑的总冷负荷。

建筑物全年负荷是在不断变化的，要计算出能源系统的全年运行费用，必须要知道不同负荷率占总运行时间的比例。通过能耗模拟软件 DeST，模拟出各典型建筑全年逐时耗冷量，进而计算出不同负荷率占全年运行时间的比例以及各时间段供冷量、运行费用等，为技术方案分析提供详细而准确的数据基础。技术官员村的全年负荷通过能耗模拟软件 DeST 进行模拟计算。

建筑热环境设计模拟分析软件 DeST 是由清华大学建筑技术科学研究院开发的建筑热环境设计模拟分析软件包，采用状态空间法为模拟算法，采用典型的室外气象条件来模拟分析建筑热环境。DeST 可进行全年 8760h 空调能耗的模拟计算。

DeST 与其他传统的模拟系统的区别主要在于，该软件按建筑物全年逐时基础室温，进行全年逐时负荷计算，因而可以准确掌握建筑物一年内不同时间的空调能耗，并对此做出分析。该软件计算时需先建立建筑模型，因而更接近工程实际。

（2）技术官员村总冷量及最大冷负荷模拟计算结果

夏季供冷期为 4 月 15 日～11 月 15 日，共 240d。以 6 号楼、7 号楼为计算对象，计算结果如表 3-6 和表 3-7 所示。

技术官员村建筑总冷量结果统计表　　表 3-6

	面积(m^2)	连续空调（kW/a）	间歇空调（kW/a）
第 6 栋住宅 2～11 层	7954	545321	395280
第 7 栋住宅 2～12 层	8076	586880	427457
技术官员村	105800	8151847	5430064

建筑最大冷负荷结果统计表　　表 3-7

	面积(m^2)	连续空调(kW)	间歇空调(kW)
第 6 栋住宅 2～11 层	795.41(每层面积)	334.24	529.11
第 7 栋住宅 2～12 层	807.65(每层面积)	355.09	666.30

注：1. 间歇空调状况的空调开放时间如下：

主卧室的空调开放时间为：中午 12：00～14：00，晚上 19：00～次日早上 8：00；

次卧室的空调开放时间为：中午 12：00～14：00，晚上 19：00～次日早上 8：00；

单人卧室的空调开放时间为：中午 12：00～14：00，晚上 19：00～次日早上 8：00；

客厅和餐厅的空调开放时间为：早上 7：00～8：：00，中午 11：00～12：00，晚上 18：00～23：00；

书房空调开放时间为：晚上 18：00～24：00。

2. 技术官员村全年冷负荷按间歇空调状况进行计算。

（3）连续空调状况负荷率统计

1）第 6 栋住宅楼连续空调运行状况及空调负荷情况如图 3-2、表 3-8 和图 3-3 所示。

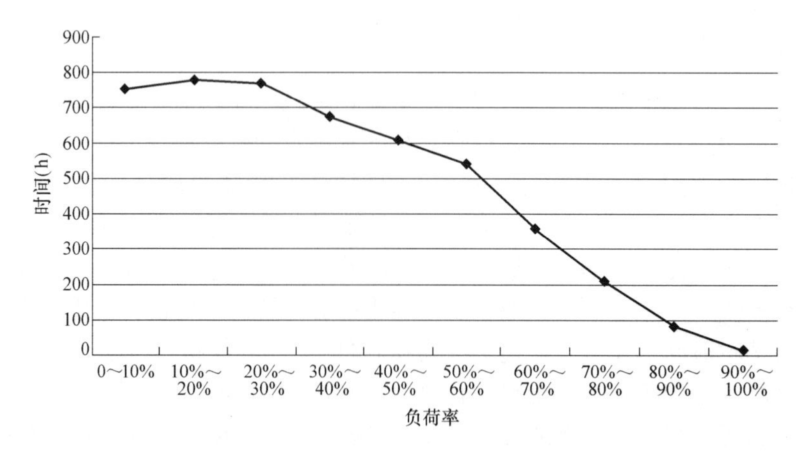

图 3-2　第 6 栋住宅楼运行时间比例

第 6 栋住宅建筑连续冷负荷统计 表 3-8

总计算小时数(h)	4795			
负荷分区	0～25%	25%～50%	50%～75%	75%～100%
小时数(h)	1912	1675	1016	192

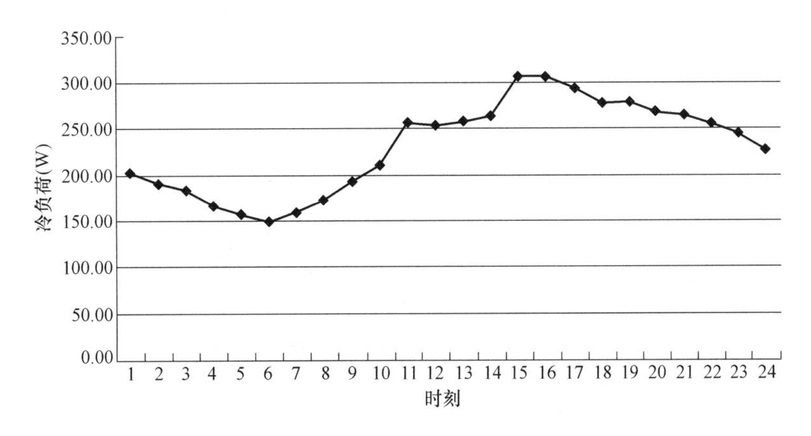

图 3-3 第 6 栋住宅楼夏季典型日连续空调状况建筑冷负荷曲线

2）第 7 栋住宅楼连续空调运行状况及空调负荷情况如图 3-4、表 3-9 和图 3-5 所示。

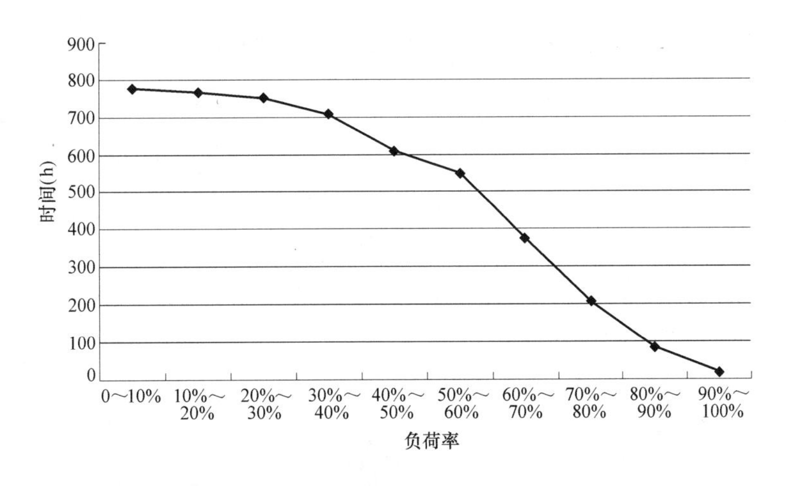

图 3-4 第 7 栋住宅楼不同负荷率占供冷季运行时间比例

第 7 栋住宅建筑连续冷负荷统计 表 3-9

总计算小时数(h)	4840			
负荷分区	0～25%	25%～50%	50%～75%	75%～100%
小时数(h)	1897	1709	1043	191

（4）间歇空调状况负荷率统计

1）第 6 栋住宅楼间歇空调运行状况及负荷情况如图 3-6、表 3-10 和图 3-7 所示。

2）第 7 栋住宅楼间歇空调运行状况及负荷情况如图 3-8、表 3-11 和图 3-9 所示。

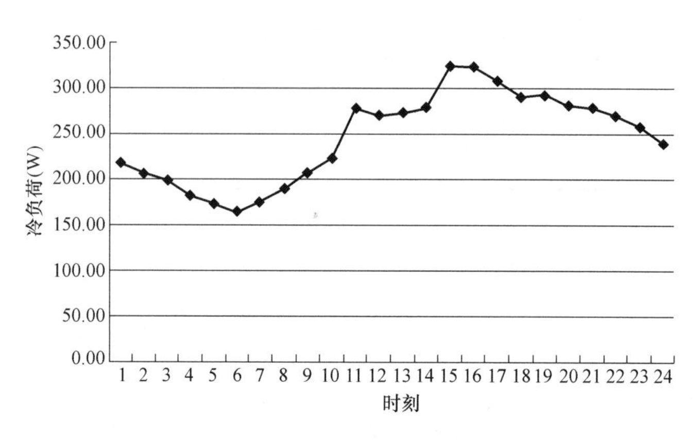

图 3-5　第 7 栋住宅楼夏季典型日连续空调冷负荷曲线

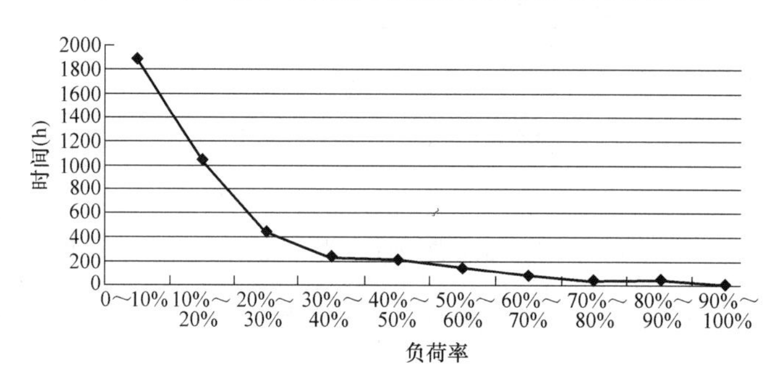

图 3-6　第 6 栋住宅楼不同负荷率占供冷季运行时间比例

第 6 栋住宅建筑间歇冷负荷统计　　表 3-10

总计算小时数(h)	4125			
负荷分区	0～25%	25%～50%	50%～75%	75%～100%
小时数(h)	3197	620	245	63

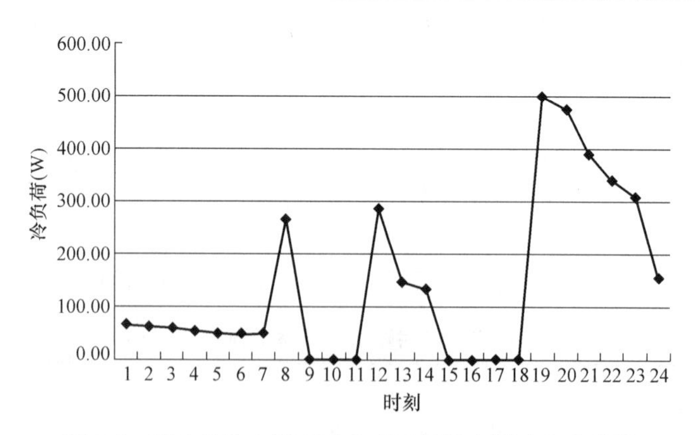

图 3-7　第 6 栋住宅楼夏季典型日间歇空调冷负荷曲线

第 7 栋住宅楼间歇冷负荷统计　　表 3-11

总计算小时数(h)	4012			
负荷分区	0～25%	25%～50%	50%～75%	75%～100%
小时数(h)	3245	597	136	34

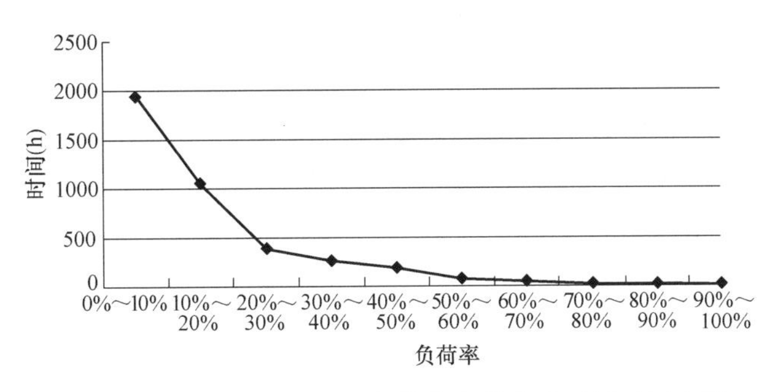

图 3-8 第 7 栋住宅楼不同负荷率占供冷季运行时间比例

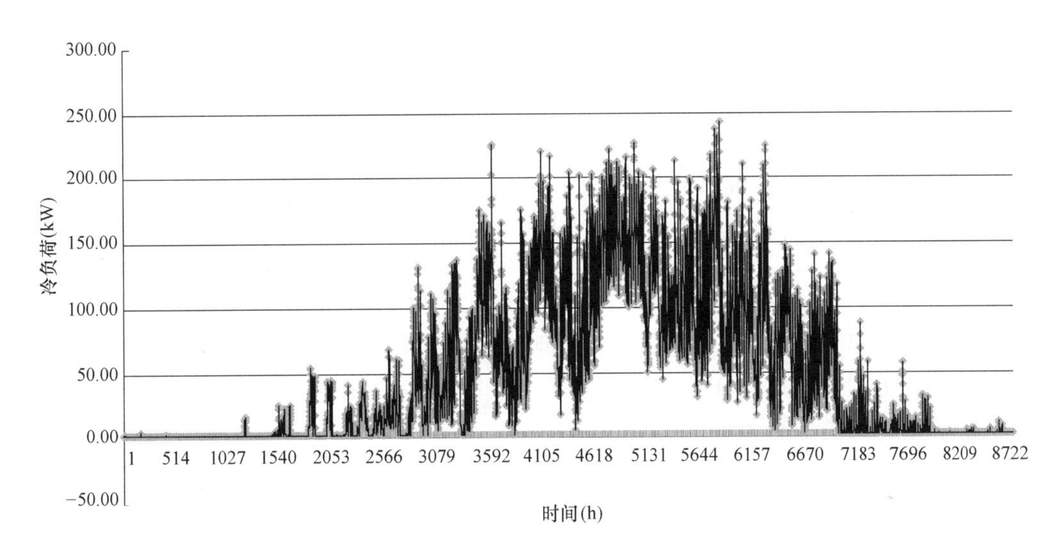

图 3-9 第 7 栋住宅楼建筑全年冷负荷逐时分布

3.2 太阳能集热系统设计计算

3.2.1 集热器形式的选择

1. 类型

太阳能集热器是吸收太阳能量并将产生的热能传递到传热工质的一种装置。它是太阳能光热利用的关键部件。

(1) 按集热器的传热工质类型分类

1) 液体集热器。液体集热器是用液体如水作为传热工质的太阳能集热器。

2) 气体集热器。气体集热器是使用气体如空气作为传热工质的太阳能集热器。

(2) 按进入采光面的太阳能辐射是否改变方向分类

1) 聚光型集热器。聚光型集热器是利用反射器、透镜或其他光学器件将进入采光面的太阳能辐射改变方向并汇聚到吸热体上的太阳集热器。

2）非聚光型集热器。非聚光型集热器是进入采光面的太阳辐射不改变方向，也不集中射到吸热体上的太阳集热器。

（3）按集热器是否跟踪太阳分类

1）跟踪集热器。跟踪集热器是以绕轴或双轴旋转方式全天跟踪太阳运动的太阳集热器。

2）非跟踪集热器。非跟踪集热器是全天都不跟踪太阳运动的太阳集热器。

（4）按集热器内是否有真空空间分类

1）平板型集热器。平板型集热器是吸热体表面基本为平板形状的非聚光型集热器。

2）真空管集热器。真空管集热器是采用透明管（通常为玻璃管）、管壁和吸热体之间有真空空间的太阳集热器。其中吸热体可以由一个内玻璃管组成，也可以由另外一种可以转移热能的元件组成。

（5）按集热器的工作温度分类

1）低温集热器。工作温度在100℃以下的太阳能集热器。

2）中温集热器。工作温度在100～200℃之间的太阳能集热器。

3）高温集热器。工作温度在200℃以上的太阳能集热器。

以上分类的各种太阳集热器实际上是互相交叉重叠和关联的。

（6）常见太阳能集热器分类

国内目前主要的分类形式如图3-10所示。根据国际能源组织的划分办法，按照传热工质的不同，太阳能集热器分为水媒型和气媒型两大类，一般将水媒型的有盖板和无盖板统称为平板型，分类如图3-11所示。

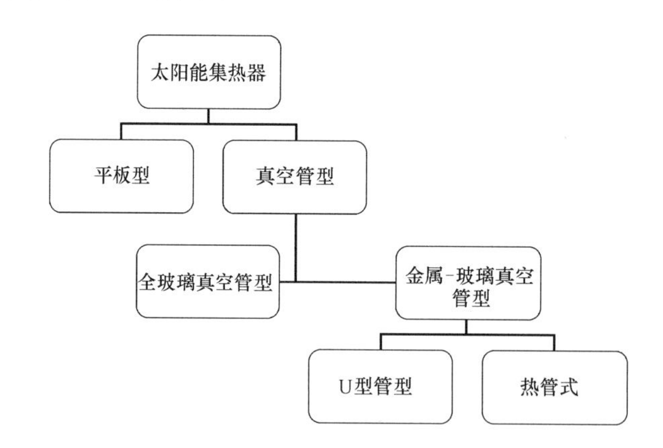

图3-10　国内太阳能集热器分类

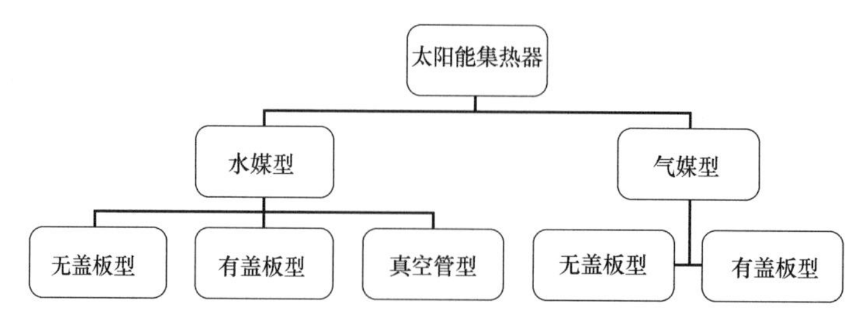

图3-11　国际能源组织太阳能集热器分类

2. 集热器选型

（1）各种不同类型太阳能集热器结构、性能简介、优缺点分析：

1）平板型集热器。

① 平板型集热器的结构如图 3-12 所示。

② 平板型集热器的优缺点。

优点：能承压使用、安装简单方便、易维护、安全性能高、集热效率中等、使用寿命在 15 年以上；与建筑的适配性较强，可以作为屋面板、墙板，成为建筑构配件使用，放置位置灵活，安装维修简单；结构简单、材料为金属材料，结构强度高，维修量少，适用于大面积安装使用；热水温度较低，不易结垢，适用于集中热水供应系统。

缺点：保温性能相对较差，因此在冬天寒冷结冰地区使用需采用防冻措施。

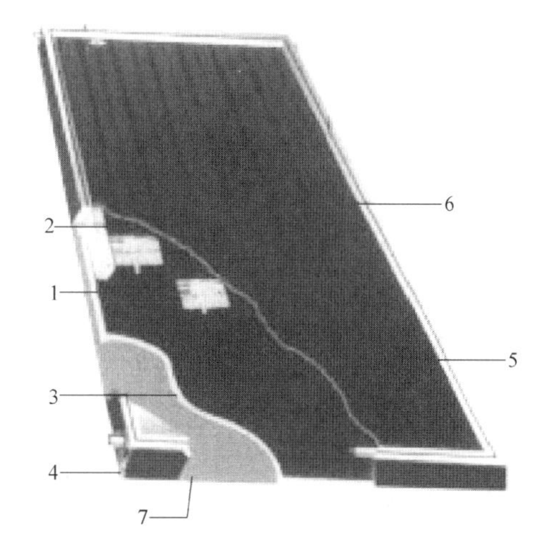

图 3-12 平板太阳能集热器剖面

1—吸热板芯；2—选择性吸收涂层；3—保温处理；4—密封垫圈；5—高透过率玻璃；6—专用铝合金边框；7—背板

平板型太阳能集热器在国外太阳能市场占有份额达 90%以上。如德国、美国、日本、以色列等发达国家均采用平板型太阳能集热器，且在寒冷北欧地区也采用防冻间接循环的平板型太阳能集热器，但高质量的平板型集热器价格较真空管集热器高。

2）全玻璃真空管太阳能集热器。

全玻璃真空管太阳能集热器俗称为拉长的保温瓶，内胆外壁有太阳能吸收涂层，内胆装水，内外玻璃层为高真空度，起到保温隔热作用。

① 全玻璃真空管太阳能集热器的结构如图 3-13 所示。

② 真空管集热器的优缺点。

优点：紧凑一体式全玻璃真空管太阳能集热器具有较好的成熟性、经济性，热效率较高；有一定的抗冻能力，适合在冬天气温为 0～－20℃的地区使用。

缺点：不承压；使用时不能缺水空晒，否则容易爆裂玻璃管；且内外层受冷热应力不均衡时也易损坏；在水质硬度较高的使用条件下，管内水结垢现象严重，影响热能吸收；全玻璃真空管用于集中热水系统，采用水泵动力循环，承受一定压力，在夏季过热状态下压力瞬间较大，真空管及连接部位容易损坏。当某一支损坏时，系统运行面临瘫痪。

全玻璃真空管太阳能集热器主要用于单台热水器，对于大面积热水工程，这种非承压式集热器存在很多问题，如一根管子破裂，影响整个系统，如图 3-14 所示。

“○”形橡胶密封圈易老化，漏水，寿命较短。“○”形橡胶密封圈在家用太阳能中可以使用是因为系统压力较小。对于工程集中采热系统而言，需要用加压泵强制循环，短时承压较大，这种工况很容易造成“○”形漏水、老化，如图 3-15 所示。

系统热效率低，由于真空管的自身存水无法循环到水箱，在冬季此部分的太阳能又被白白散失掉，同时循环管网散热、循环泵耗能，使整个系统效率下降明显。这在家用机并不明显，但在集中系统中是存在严重影响。

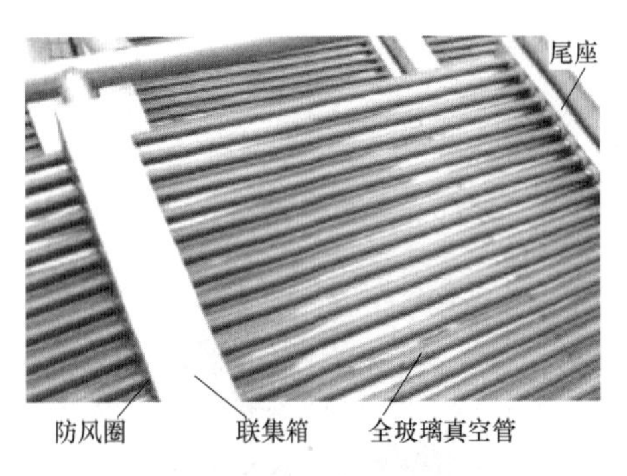

图 3-13　全玻璃真空管集热器

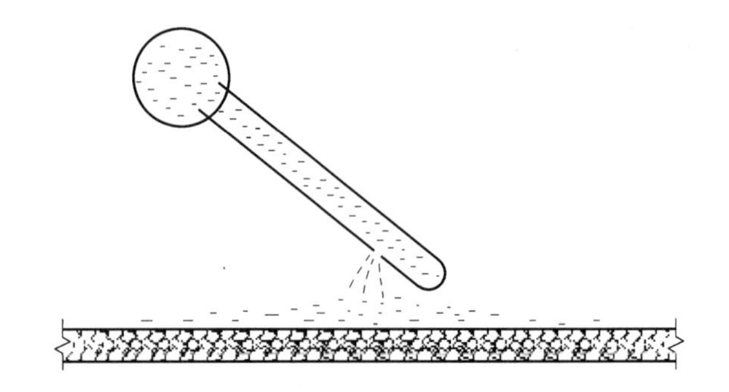

图 3-14　全玻璃真空管集热器破损示意

采热系统分区较小，循环电耗大。由于非承压系统分区不宜过大，分区越细，循环量资源共享性差，温差循环所耗的电能就更大。系统分区复杂，联动困难。采热系统过于复杂，每个子系统均要联动，需要使用大量的电动阀门，管理困难。

3）金属-玻璃真空管型。

① 热管真空管集热器如图 3-16 所示。

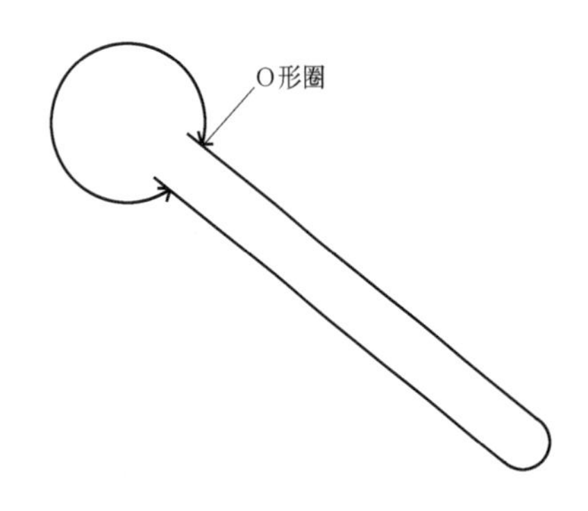

图 3-15　真空管集热器 O 形圈示意

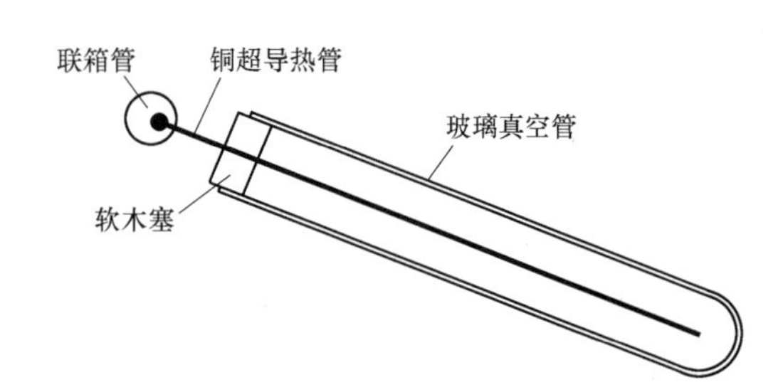

图 3-16　热管式真空管集热器

热管真空管集热器是一种真空集热管，管内无水而代之以金属热管传递太阳热能给水箱中的水加热的集热器，是由带平板镀膜肋片的热管蒸发段封接在真空玻璃管内，其冷凝端以紧密配合方式插入导热块内或插入联箱，并将所获太阳能传递给联箱的水，通过循环管路，将热量送入储热水箱。

由于热管的换热性能存在逐年衰减，其制作工艺复杂，热管内真空度难以持久保持，长期使用其换热性能的稳定性有待于进一步验证。且热管容易结垢，一旦结垢换热效果大大降低，影响使用。

② U 形管真空管集热器如图 3-17 所示。

U 形真空管集热器以工质或直接以水作为传递热能的集热器产品。U 形管走水，而真空管中不走水，既使真空管破裂，系统也不受影响。

优点：承压能力强，加热温度高、防冻性能好；无炸管漏水现象。抗冻、抗风载及抗冰雹冲击能力强。安装维护方便。

缺点：U 形管焊点较多，大型系统阻力平衡困难，存在气堵现象；阻力损失较大，水泵能耗较大，集热原理为水-水二次换热，全年集热效率较低。

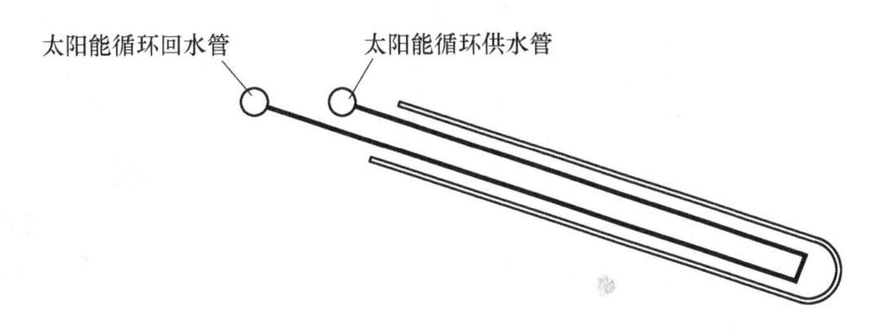

图 3-17 U 形管真空管集热器

③ 直流管真空管集热器如图 3-18 所示。

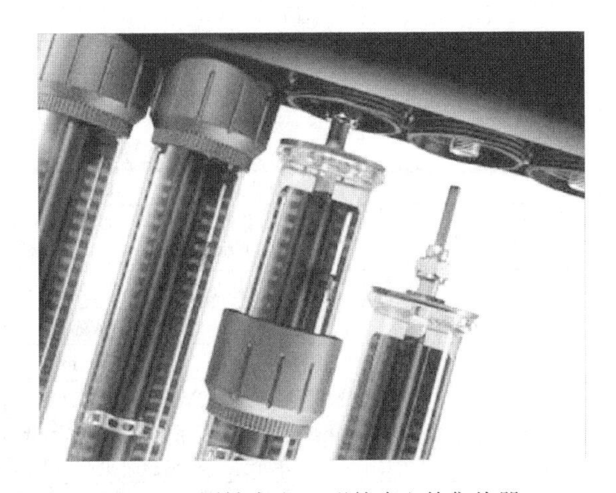

图 3-18 同轴直流 U 形管真空管集热器

带配水三通的直流管真空管集热器具有 U 形管、热管型真空管集热器的优点，采用单玻璃真空管、内置平板翅片，可实现水与太阳能直接换热；可根据不同地区、不同布置形式进行集热平板翅片的角度调整，提高了全年太阳能集热效率。

单玻璃真空管：透光率高、选择性涂层涂在内置金属翅片上，同时玻璃管内为真空状态，具有了真空管的特点，避免了空气传热的缺点，因此具有较高的太阳能吸收转换率。

集热器内管道布置：每个集热模块 20 根管，每 5 根管为串联，与另 3 组为并联，采用了特殊的集热横联管和水流三通，提高了集热效率，减小了管道阻力，解决了配水阻力平衡问题，具有较高的科学性和先进性。带配水三通的直流管真空管集热模块内部实现串并联结构，直流管流体大幅度减少了阻力损失，多组集热模块串联后阻力损失较小，有效克服了 U 形管真空管集热器阻力平衡困难的问题，是较好的太阳能集热器，适合中、大型太阳能集热系统。

（2）太阳能集热器集中布置在屋面，存在系统复杂、管线布置困难、集热半径大、热损失较大等一系列问题，但亚运城综合建设标准、室外景观要求较高，不允许在室外绿地、停车等地面集中布置太阳能集热器，因此只能布置在屋面。U 形管或热管承压式真空管太阳能集热器可不带箱板，太阳能集热器透光、透雨，同时结合屋顶绿化、屋顶花园的设计，可较好地解决集热器布置在屋面带来的问题，并有效预防台风造成的安全问题。具体安装形式可根据景观要求灵活布置。因此，该项目作屋顶绿化及屋顶花园的屋面建议采用U形管或热管承压式真空管太阳能集热器。

（3）平板型集热器与建筑的适配性较强，可以作为屋面板、墙板，成为建筑构配件使用，放置位置灵活，安装维修简单。平板型集热器结构简单、材料为金属材料，结构强度高，维修量少，适用于大面积安装使用。平板型集热器热水温度较低，不易结垢，适用于集中热水供应系统。因此，根据广州的气候特点，综合考虑平板式集热器的优点和经济性能等各方面因素，屋面功能单一、不作屋顶绿化和屋顶花园时建议采用平板式集热器。

3. 太阳能集热器产品控制技术指标

太阳能集热器控制技术指标如表3-12所示。

太阳能集热器控制技术指标　　表3-12

一、真空管集热器技术参数要求	
考核项目名称	指 标 参 数
真空层内的气体压强	单层玻璃管真空度≤10^{-3}Pa
	双层玻璃管真空度≤5×10^{-2} Pa
真空管壁厚及太阳透射比	ϕ70真空管壁厚≥ 2.0mm； 且太阳透射比率≥0.90
	ϕ58真空管壁厚1.8～1.9mm； 且太阳透射比≥ 0.90
选择性吸收涂层	吸收比：≥ 90%
空晒性能参数	Y≥195m² · ℃/kW
真空管平均热损系数	平均热损系数U_{LT}≤0.90W/(m² · ℃)
集热器平均热损系数	平均热损系数U≤3.0W/(m² · ℃)(无反射器)
系统集热效率	同类型集热器实际工程系统集热效率不低于45% (太阳能热水单个系统集热器面积不小于1000m²)
集热器压力降落	模块内最小串联管数量≥5根管，且单模块集 热器循环流量≥0.04L/s时的额定压降≤3kPa
集热器基于采光 面积的瞬时效率截距	集热器的瞬时效率截距η≥0.80
二、平板型集热器技术参数要求	
吸热体材质与构造	全铜材质；管板式；激光焊、超声波焊
吸热体涂层吸收比	≥92%
集热板隔热体热导率	≤0.035W/(m · K)
集热器瞬时效率截距	集热器的瞬时效率截距η≥0.72
集热器平均热损系数	平均热损系数≤3.8W/(m² · ℃)
壳体防腐性能	采用金属材质不需要涂防腐层，金属材质本体耐腐蚀性极高
盖板	透射比≥0.90；采用低含铁量回火玻璃，且为压花玻璃
集热器压力降落	单块集热器循环流量≥0.04L/s时的额定压降≤1.0kPa
系统集热效率	同类型集热器实际工程系统集热效率不低于 45%(太阳能热水单个系统集热器面积不小于200m²)
物理性能指标	净重：30～45kg
	总重：33～50kg
	工作压力≥0.6MPa
	试验压力≥0.9MPa
壳体	防腐要求：金属本体防腐、集热器支架采用铝型材
内置金属管 材料性能参数	材质：紫铜管、符合GB/T 1527—2006要求
	管外径、壁厚(以实际产品型号为准)

太阳能集热器具体选型安装量参见第 3.2.3 节。

3.2.2 集热面积计算

1. 总集热面积计算公式

按照国家现行规范计算集中供应热水系统的集热器面积：

直接制备供给热水时，其集热器总面积按下式计算：

$$A_c=\frac{q_{rd}C\rho_r(t_z-t_c)f}{J_T\eta_{cd}(1-\eta_L)} \tag{3-1}$$

式中 A_c——直接式集热器总面积，m^2；

C——水的比热，$C=4187J/(kg\cdot℃)$；

f——太阳能保证率，无量纲，根据系统使用期内的太阳幅照、系统经济性及用户要求等因素综合考虑后确定；

η_L——集热系统热量损失率；

q_{rd}——设计日用热水量，L/d；

ρ_r——热水密度，kg/L；

t_z——热水温度，℃；

t_c——冷水温度，℃；

η_{cd}——集热器年或月平均集热效率；

J_T——当地集热器总面积上年平均日或月平均日太阳辐照量，kJ/m^2。

2. 计算参数

（1）冷水温度与环境温度

式（3-1）中集热器平均集热效率、太阳辐照量等均为年平均值，因此水的初始温度（冷水温度）也应为年平均温度，而不是以当地最冷月平均水温资料确定。亚运城自来水为地表水源，供水温度与大气温度变化相一致，可根据年平均气温的气象资料取得，依据相关资料，本系统冷水温度取年平均气温为 22℃。

（2）热水温度与热水日均用水量标准

一般而言，热水日均用水量可按热水最高日用水定额的 50%计算，此时水温按 60℃计算。因此，该项目采用热水用水比例数确定年日均用水量的方法，综合考虑了不同季节水温的变化、用水量的变化，综合考虑各种因素，该项目年日均用水量取值为 45L/(d·人)。

（3）入住率

计算集热器总面积需要计算热水总耗热量，因此需要总使用人数；住宅总使用人数是较难确切确定的。目前，一般太阳能热水用量按住宅户数与每户人数、用水量标准乘积计算，计算值偏大。该项目引入住宅入住率的设计概念，用以计算住宅的实际日用水量、耗热量，力求使计算结果接近实际状况。该项目太阳能相关计算按实际入住率为 70%，目的是降低太阳能集热系统热水总需求量，减少集热器总面积，使太阳能系统物尽其用、经济技术性能最佳化。

(4) 太阳能保证率

太阳能保证率本质上是一个经济指标，理论上太阳能可以有较高的保证率，但不经济；由于生活热水与太阳能资源呈负相关关系，夏天用热少，但太阳能较多。因此，盲目提高保证率，在夏季晴热天气，产生的太阳能热量过多，不仅不能有效被利用，还会造成集热器过热、升压、爆管等问题，影响集热器的寿命。综上所述，该项目太阳能保证率设计为 40%，一是符合规范规定的广州地区技术参数要求；二是满足国家节能示范项目申报书的要求；三是符合本项目使用要求和经济投资估算的要求。

(5) 集热器效率

集热器平均集热效率是指在某一时间段（日、月、年）的一个集热器平均集热效率；相关资料规定年或月集热器平均集热效率取值 0.25～0.50，在其他条件均相同的前提下，最高限值是最低限值的 2 倍，取值的随意性较大。在相关资料中，集热器平均集热效率取 0.40～0.50，但没有区分平板集热器、真空管集热器在不同地区差异性，因此仍不完善。

集热器全年平均集热效率资料中要求按企业实际测试数值确定，据调查目前阶段这是不可能的，一方面国家没有这样的实验室；另一方面没有一家企业从经济上能够承受做到进行全年测试。该项目集热器平均集热效率单组平板型集热器年平均集热效率按 $\eta_{cd}=0.654$，单组真空管集热器年平均集热效率按 $\eta_{cd}=0.480$ 计算。

3. 集热面积计算

(1) 技术官员村

使用户数：680 户；使用人数：680×3.5＝2380 人；入住率 70%；实际使用人数：2380×0.7＝1666 人；$A_c=1247m^2$；实际面积：$1253m^2$。

(2) 运动员村

使用户数：3598 户；使用人数：3598×3.2＝11514 人；入住率 70%；实际使用人数：11514×0.7＝8060 人；$A_c=4525m^2$；实际面积：$5153m^2$。

(3) 媒体村

使用户数：3800 户；使用人数：3800×3.0＝11400 人；入住率 70%；实际使用人数：11400×0.7＝7980 人；$A_c=4481m^2$；实际面积：$4848m^2$。

3.2.3　太阳能集热器选型及布置

1. 太阳能集热器的选型

(1) 技术官员村、运动员村太阳能集热器选型

技术官员村、运动员村采用金属-玻璃真空管集热器，单层玻璃罐内内置金属流道直流管，玻璃真空管分 20 根、15 根两种，产品详细说明如图 3-19、图 3-20 和表 3-13 所示。

集热器由集热器头部、真空直流管和底部横杆及背杆组成，供水与回水连接口位于集热器头部的两端。

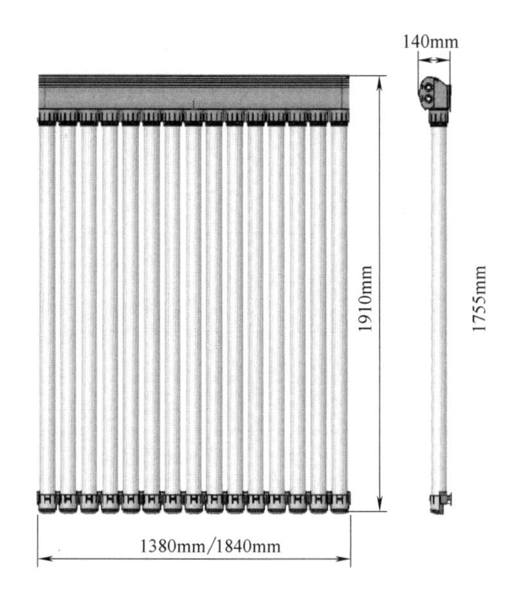

图 3-19 太阳能集热器产品说明（一）

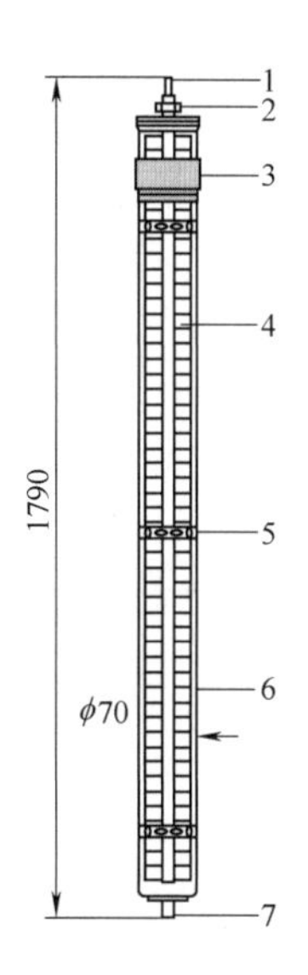

图 3-20 太阳能集热器产品说明（二）

1—同轴管道系统；2—带螺纹的连接装置；3—真空直流管锁紧盖；4—涂有可选性吸收涂层的铝制吸热器；5—支撑片；6—玻璃管；7—防护帽

真空管集热器产品技术参数表 **表 3-13**

模块	AURON 20 DF
真空直流管数量	20
吸热器有效面积(m^2)	2.0
轮廓采光面积(m^2)	2.11
集热器外形尺寸(mm)	1840×1910
总面积(m^2)	3.51
含真空直流管的集热器重量(空)(kg) ——平屋顶,平铺(不含压载重量和防风暴压载重量)	90
集热器头部介质输送装置	黄铜
集热器头部外壳	铝制,黑色涂层,隔热绝缘
集热器容量(含直流管)(L)	5.7
集热器连接接口(供水与回水)	3/4″内部螺纹面密封
热传输介质	预 Tyfocor LS 传热介质
最大运行压力(bar)	6
最大机械荷载(分散荷载)(kg/m^2)	350
压力损失[80L/(m^2·h 流量)]	约 30
[按照德国工业标准 12975 的性能特点(参考:吸热器有效面积/轮廓采光截面)](%)	83.5/79.2
k_1[W/(m^2·K)]	2.79/2.65

续表

模块	AURON 20 DF
k_2[W/(m^2·K)]	0.01/0.009
热能力(材料规格书中的德国工业标准 12975)[kJ/(m^2·K)]	16.6
最小安装角度(°)	0
安装方向	垂直/水平
真空直流管	EDF
空晒温度(℃)	230°
最小安装角度(°)	0
真空直流管材料	硼硅酸盐玻璃
外径(mm)	70
长度(mm)	1790
热绝缘	高真空
热传递	直接流通
吸热器表面材料	铝,选择性吸收涂层
吸热器表面净面积(m^2)	0.1
管道材料	铜
重量(kg)	2.5

(2) 媒体中心太阳能集热器选型

采用平板型太阳能集热器，采用真空磁控溅射金属陶瓷（CERMET）镀膜带，全铜板管间实现激光焊接，流道从镀膜带背面焊接，边框采用加厚铝合金，厚度大于 1.8mm，盖板采用 PPG 超白钢化玻璃盖板，全光谱透光率达 92%～94%，8 个流道，流道材质为高纯度无氧纯铜，集热器隔热体采用优质超细玻璃棉厚 50mm，产品经过 SOLAR KEY MARK、CE 等认证（见图 3-21）。

平板型集热器性能参数如表 3-14 所示，布置数量如表 3-15 所示。

图 3-21　平板型太阳能集热器

平板型集热器产品技术参数表 表 3-14

产品型号	P-G/0.6-T-2.0-2
尺寸(长×宽×厚)	2000mm×1000mm×95mm
结构	全铜激光整板焊接管板式
采光面积	2.0m^2
工作压力	≥0.6MPa
试验压力	≥0.9MPa
集热板芯铜集管	(TP2)ϕ22×0.75mm
集热板芯铜支管	(TP2)ϕ10×0.6mm
集热器盖板	低铁布纹钢化玻璃,投射比≥0.90
集热器边框	氧化哑光(银白/古铜色/珍珠黑色,可选)铝合金
集热器背板	优质热镀锌板或氧化铝板
集热器保温	24K 锡箔纸贴面耐老化超细玻纤棉毡,保温层厚度 50mm
集热器密封	耐高温抗老化密封胶条
净重	39kg
集热器顺势效率截距	η=0.79
涂层	磁控溅射太阳光谱选择性吸收涂层(德国技术)
涂层吸收比	≥0.93
涂层红外发射率	≤0.07

太阳能集热器面积及布置数量一览表 表 3-15

区域	序号	楼面	AURON20B	AURON20E	AURON15B	AURON15E	安装毛面积(m^2)	安装面积(m^2)	集热器数量(块)
运动员村 1 区	1	运动员村 1 区 4 栋太阳能集热器排布	20	23	20	23	264.02	290.77	132.00
	2	运动员村 1 区 5 栋太阳能集热器排布	20	24	20	24	270.16	304.00	132.00
	3	运动员村 1 区 6 栋太阳能集热器排布	20	20	20	20	245.60	270.48	132.00
	4	运动员村 1 区 7 栋太阳能集热器排布	20	23	20	23	264.02	290.77	129.00
小计			80	90	80	90	1043.80	1156.01	525.00
运动员村 2 区	5	运动员村 2 区 6 栋太阳能集热器排布	16	16	20	20	217.52	239.57	111.00

续表

区域	序号	楼面	AURON20B	AURON20E	AURON15B	AURON15E	安装毛面积（m^2）	安装面积（m^2）	集热器数量（块）
	6	运动员村2区7栋太阳能集热器排布	16	16	18	18	207.00	227.98	111.00
	7	运动员村2区9栋太阳能集热器排布	27	27	27	27	331.56	365.15	222.00
	8	运动员村2区10栋太阳能集热器排布	20	26	20	26	282.44	311.05	147.00
小计			79	85	85	91	1038.52	1143.74	591.00
运动员村3区	9	运动员村3区4栋太阳能集热器排布	20	23	20	23	264.02	290.77	147.00
	10	运动员村3区5栋太阳能集热器排布	35	40	35	40	460.50	507.15	255.00
	11	运动员村3区7栋太阳能集热器排布	26	33	26	33	362.26	398.96	180.00
	12	运动员村3区8栋太阳能集热器排布	22	26	22	26	294.72	324.58	162.00
小计			103	122	103	122	1381.50	1521.45	744.00
运动员村4区	13	运动员村4区4栋太阳能集热器排布	26	33	26	33	362.26	398.96	165.00
	14	运动员村4区5栋太阳能集热器排布	15	21	15	21	221.04	243.43	117.00
	15	运动员村4区7栋太阳能集热器排布	25	31	25	31	343.84	378.67	156.00
	16	运动员村4区11栋太阳能集热器排布	25	29	25	29	331.56	365.15	156.00
小计			91	114	91	114	1258.70	1386.21	594.00

续表

区域	序号	楼面	AURON20B	AURON20E	AURON15B	AURON15E	安装毛面积（m^2）	安装面积（m^2）	集热器数量(块)
国际区	17	国际区太阳能集热器排布	22	22	22	22	270.16	297.53	156.00
小计			22	22	22	22	270.16	297.53	156.00
技术官员村	18	技术官员村 1 栋太阳能集热器排布	17	17	17	17	208.76	229.91	114.00
	19	技术官员村 4 栋太阳能集热器排布	17	17	17	17	208.76	229.91	114.00
	20	技术官员村 7 栋太阳能集热器排布	25	25	25	25	307.00	338.10	168.00
	21	技术官员村 11 栋太阳能集热器排布	29	29	29	29	356.12	392.20	198.00
小计			88	88	88	88	1080.64	1190.11	594.00
媒体中心		媒体中心					4848.00	4848.00	2424.00

2. 屋面太阳能集热器的布置

（1）真空管集热器布置：技术官员村、运动员村分设在不同住宅屋面，由于住宅屋面需要设置屋顶花园，并考虑太阳能建筑一体化，因此采用屋面架空水平布置方式，集热器布置如附图 1-5 所示。采用钢结构主骨架，设置检修马道。

（2）平板集热器布置：媒体村为高层建筑，屋面较小，不适合设置太阳能集热器；且热水管线输送距离较长，媒体中心具有较大的屋面面积，平板集热器适合大型集中太阳能热水系统，因此平板集热器集中布置在媒体中心屋面。平板型集热器布置倾斜角度为 10°。集热器布置如附图 1-6 所示。

3. 太阳能集热系统及机房设计

（1）屋面太阳能集热系统的集热器组与集热循环水箱之间的上、下循环管路采用同程布置。设计采用闭式循环系统，板式换热器换热，理由如下：

一是采用的真空管集热器需要闭式运行，以避免空晒造成真空管损坏，同时可提高出水温度，提高集热效率；

二是减少生活热水被二次污染的几率，保证水质安全；

三是亚运城高质自来水硬度较低，水质较好，且无结冰危险，运行成本较低。

太阳能集热器及管网内循环水采用高质自来水，屋顶热水机房设太阳能集热水箱和热水循环泵，采用定温放水模式运行，当温度满足 55℃（可调节）热水进入到能源站热水箱，二级站水箱贮存太阳能制备的热水。真空管太阳能集热系统原理图如附图 1-7 所示，平板集热器系统原理图如附图 1-4 所示。

（2）集热器循环管路设 0.3％的坡度；系统的管路中设流量计和压力表。

（3）太阳能集热器循环管路上设有压力安全阀和压力表，每排集热器组的进出口管道应设控制阀门。

（4）板式换热器选用 304 不锈钢材质，传热系数 $K \geqslant 3000 W/(m^2 \cdot ℃)$。

（5）水箱选用 304 不锈钢材质，焊接组装。

（6）机房布置平面图如附图 1-8 所示。

（7）屋面集热器部件及机房设备材料表如表 3-16 所示。

屋面集热器部件及屋面机房设备材料表　　表 3-16

序号	项目名称	计量单位	工程数量	备注
1	太阳能集热循环水泵组（$Q=17.1m^3/h, H=15m, N=2.2kW$）	套	2	
2	太阳能集热循环水泵组（$Q=17.4m^3/h, H=15m, N=2.2kW$）	套	14	
3	太阳能集热循环水泵组（$Q=18m^3/h, H=10m, N=1.2kW$）	套	2	
4	太阳能集热循环水泵组（$Q=19.5m^3/h, H=15m, N=2.2kW$）	套	6	
5	太阳能集热循环水泵组（$Q=19.6m^3/h, H=15m, N=2.2kW$）	套	2	
6	太阳能集热循环水泵组（$Q=23.1m^3/h, H=15m, N=2.2kW$）	套	2	
7	太阳能集热循环水泵组（$Q=23.2m^3/h, H=15m, N=2.2kW$）	套	6	
8	太阳能集热循环水泵组（$Q=24.9m^3/h, H=15m, N=2.2kW$）	套	2	
9	太阳能集热循环水泵组（$Q=25.6m^3/h, H=15m, N=2.2kW$）	台	2	
10	太阳能集热循环水泵组（$Q=29.7m^3/h, H=15m, N=2.2kW$）	台	2	
11	太阳能集热循环水泵组（$Q=33.6m^3/h, H=15m, N=2.2kW$）	套	2	
12	太阳能集热循环水泵组（$Q=90m^3/h, H=18m, N=7.5kW$）	台	8	
13	热水加热循环水泵组（$Q=17.1m^3/h, H=10m, N=2.2kW$）	套	2	
14	热水加热循环水泵组（$Q=17.4m^3/h, H=10m, N=2.2kW$）	套	14	
15	热水加热循环水泵组（$Q=19.5m^3/h, H=10m, N=2.2kW$）	套	6	
16	热水加热循环水泵组（$Q=18m^3/h, H=10m, N=1.2kW$）	套	2	
17	热水加热循环水泵组（$Q=19.6m^3/h, H=10m, N=2.2kW$）	套	2	
18	热水加热循环水泵组（$Q=23.1m^3/h, H=10m, N=2.2kW$）	套	2	

续表

序号	项目名称	计量单位	工程数量	备注
19	热水加热循环水泵组（Q=23.2m³/h，H=10m，N=2.2kW）	套	6	
20	热水加热循环水泵组（Q=24.9m³/h，H=10m，N=2.2kW）	套	2	
21	热水加热循环水泵组（Q=25.6m³/h，H=10m，N=2.2kW）	套	2	
22	热水加热循环水泵组（Q=29.7m³/h，H=10m，N=2.2kW）	套	2	
23	热水加热循环水泵组（Q=33.6m³/h，H=10m，N=2.2kW）	套	2	
24	热水加热循环水泵组（Q=90m³/h，H=10m，N=7.5kW）	台	8	
25	太阳能集热水箱带保温，304不锈钢热水箱安装V=3m³，尺寸：1m×1.5m×2m	套	22	
26	泄水水箱，304不锈钢热水箱安装V=1m³，尺寸：1m×0.5m×2m	套	22	
27	不锈钢板式换热器，F=2.23m²	套	1	
28	不锈钢板式换热器，F=2.61m²	套	1	
29	不锈钢板式换热器，F=2.64m²	台	2	
30	不锈钢板式换热器，F=2.66m²	套	3	
31	不锈钢板式换热器，F=2.98m²	套	3	
32	不锈钢板式换热器，F=3.21m²	套	1	
33	不锈钢板式换热器，F=3.24m²	台	2	
34	不锈钢板式换热器，F=3.52m²	套	1	
35	不锈钢板式换热器，F=3.55m²	套	3	
36	不锈钢板式换热器，F=3.81m²	套	1	
37	不锈钢板式换热器，F=3.92m²	台	1	
38	不锈钢板式换热器，F=4.62m²	套	1	
39	不锈钢板式换热器，F=5.13m²	套	1	
40	不锈钢板式换热器，F=15.07m²	套	4	
41	太阳能（真空管）集热板带管道、附件（2270mm×1880mm）（甲方供）	组	3204	
42	太阳能板式集热板带管道、附件（1941mm×1027mm）（甲方供）	组	2424	
43	球墨铸铁消声止回阀DN150	个	16	
44	球墨铸铁消声止回阀DN80	个	84	
45	球墨铸铁蝶阀DN150	个	64	
46	球墨铸铁蝶阀DN125	个	1	
47	球墨铸铁蝶阀DN100	个	3	

续表

序号	项目名称	计量单位	工程数量	备注
48	球墨铸铁蝶阀 *DN*80	个	313	
49	球墨铸铁蝶阀 *DN*50	个	8	
50	电动阀 *DN*150	个	4	
51	电动阀 *DN*125	个	1	
52	电动阀 *DN*100	个	1	
53	电动阀 *DN*80	个	21	
54	电动阀 *DN*50	个	20	
55	太阳能安全阀 *DN*25	个	50	
56	太阳能放气阀 *DN*25	个	50	
57	铜截止阀 *DN*25	个	755	
58	铜截止阀 *DN*32	个	342	
59	铜截止阀 *DN*50	个	4	
60	球墨铸铁截止阀 *DN*65	个	1	
61	球墨铸铁截止阀 *DN*80	个	26	
62	球墨铸铁截止阀 *DN*80	个	21	
63	球墨铸铁截止阀 *DN*100	个	1	
64	压力仪表 *P*=0～1.6MPa 带 *DN*15 表阀	套	216	
65	温度仪表 0～100℃ 带钢保护套	套	83	
66	不锈钢金属软管 *DN*15	根	1984	
67	不锈钢金属软管 *DN*20	根	576	

4. 太阳能集热系统的控制

（1）屋面太阳能集热器每个循环系统设 2 台循环泵，一用一备；采用温差自动循环，当集热器模块中水温高于太阳能回水管网水温≥8℃时，启动集热器循循环泵，同时启动集热水箱循环泵。当集热器模块中水温低于太阳能回水管网水温≤2℃时，延时停止循环。

（2）屋面太阳能集热水箱采用定温放水方式，水温达到设计温度 55℃（可设定不同温度值），定温放水阀开启，热水输送到二级站室太阳能贮热水箱；达到水箱低水位时，开启水箱冷水进水电动阀补水，达到水箱高水位时停止。

能源站贮热水箱容积按储存全天太阳能制备热水量设计，定温放水阀开启温度可根据气候条件、用水量综合确定，夏季晴热天气，太阳能充足，开启温度可设为 60～65℃；冬、春季太阳能不足，开启温度可设为 48～50℃。

（3）系统中使用的控制元件应具有国家质检部门出具的控制功能、控制精度和电气安全等性能参数的质量检测报告。集热器用传感器应能承受集热器的最高空晒温度，精度为±2℃；贮热水箱用传感器应能承受 100℃，精度为±2℃；太阳能热水系统中所用控制器的使用寿命应在 15 年以上，控制传感器的寿命应在 5 年以上。

（4）系统控制器应具备显示、设置和调整系统运行参数的功能；系统运行信号均输送到 1 号能源站，1 号能源站应能显示、控制太阳能集热系统的运行。

5. 安全措施及保温

（1）屋面安装太阳能集热器的建筑部位，当太阳能集热器损坏后其部件不应坠落到室外地面。

（2）太阳能热水系统中使用的电器设备应有剩余电流保护、接地和断电等安全措施。太阳能集热器固定应牢固，并具有防雷、抗风、抗震、抗雹等技术措施。

（3）太阳能集热器及管网系统连接严禁漏水，屋面室外管网阀门设置高度不小于2m，防止烫伤事故。

（4）长时间系统停止使用或用水量较小时，采用专用遮阳布遮盖太阳能集热板加以保护。

（5）管材及接口：太阳能集热器热水管道采用304（0Cr18Ni9）不锈钢管道，采用硬泡聚氨酯泡沫塑料预制保温管，外作PE管保护壳，要求PE管抗紫外线并满足景观设计的要求。

3.3 水源热泵系统设计计算

3.3.1 热泵形式的选择

1. 热泵类型

热泵是以消耗一部分高品位能源（机械能、电能或高温热能）为补偿，使热能从低温热源向高温热源传递的装置。由于热泵能将低温热能转换为高温热能，提高能源的有效利用率，因此是回收低温余热、利用环境介质（地下水、地表水、土壤和室外空气等）中储存的能量的重要途径。

根据热泵所利用能源的不同，热泵可作如下分类：

（1）空气源热泵

空气源热泵以空气作为冷热“源体”，通过冷媒作用进行能量转移。目前的产品主要是家用热泵空调器、商用单元式热泵空调机组和热泵冷热水机组。热泵空调器已占到家用空调器销量的40%～50%，年产量为400余万台。热泵冷热水机组自20世纪90年代初开始，在夏热冬冷地区得到了广泛应用，据不完全统计，该地区部分城市中央空调冷热源采用热泵冷热水机组的已占到20%～30%，而且有使用范围继续扩大的趋势。

（2）水源热泵

水源热泵以地表水、地下水作为冷热“源体”，在冬季利用热泵吸收其热量向建筑物供暖，在夏季热泵将吸收到的热量向水源排放，实现对建筑物供冷。虽然目前空气源热泵机组在我国有着相当广泛的应用，但它存在着热泵供热量随着室外气温的降低而减少和结霜问题，而水源热泵克服了以上不足，而且运行可靠性又高，近年来国内应用有逐渐扩大的趋势。

（3）地源热泵

地源热泵是以土壤为冷热“源体”为建筑供应冷热量的技术，冬季通过热泵将大地中的低位热能提取，为建筑供热，同时贮存冷量，以备夏用；夏季通过热泵将建筑物内的热量转移到地下，对建筑进行降温，同时贮存热量，以备冬用。由于其节能、环保、热稳定等特点，引起了世界各国的重视。欧美等发达国家地源热泵的利用已有几十年的历史，特别是供热方面已积累了大量设计、施工和运行方面的资料和数据。

（4）复合热泵

为了弥补单一热源热泵存在的局限性和充分利用低位能量，运用了各种复合冷热源。如空气-空气热泵机组、空气-水热泵机组、水-水热泵机组、水-空气热泵机组、太阳-空气源热泵系统、空气回热热泵、太阳-水源热泵系统、热电水三联复合热泵、土壤-水源热泵系统等。

根据热泵机组采用压缩方式不同，热泵可分为以下几类：

（1）离心式热泵机组：采用离心式压缩机作为完成热泵机组制冷、制热循环工况的热泵机组。

（2）螺杆式热泵机组：采用螺杆式压缩机作为完成热泵机组制冷、制热循环工况的热泵机组。

根据热回收功能的不同，热泵可分为以下几类：

（1）无热回收热泵机组：完全不设置热回收系统的热泵机组。

（2）部分热回收热泵机组：部分利用制冷剂的冷凝热加热生活用水的热泵机组。

（3）全热回收热泵机组：回收利用全部冷凝热，制取生活热水的热泵机组。

根据蒸发器形式的不同，热泵可分为以下几类：

（1）干式蒸发器热泵机组：采用干式蒸发器作为完成热泵机组制冷、制热循环工况的热泵机组。

（2）满液式蒸发器热泵机组：采用满液式蒸发器作为完成热泵机组制冷、制热循环工况的热泵机组。

根据压缩机封闭程度的不同，热泵可分为以下几类：

（1）采用开启式压缩机的热泵机组。

（2）采用半封闭式压缩机的热泵机组。

（3）采用全封闭式压缩机的热泵机组。

2. 热泵选型

（1）不同类型热源的热泵机组优缺点分析

1）根据能源形式的不同

① 空气源热泵

优点：采用空气作为冷热源载体，对生态环境基本不存在影响；热泵机组设置简便，便于分散化设置，适合家庭、小型空调系统使用。

缺点：受地域限制，采用空气作为冷热源载体，冬季室外温度如果低于0℃，运行过程中会发生结霜现象，机组运行过程中将频繁切换至除霜工况，严重影响系统的正常运行，因此空气源热泵多设置于夏热冬暖地区。机组制冷、制热量偏低，空气源热泵机组属中小型机组，目前设备技术难以有效满足大型建筑，高冷热量负荷要求。

② 地源热泵

优点：采用土壤作为冷热源载体，换热盘管直埋于80～100m地层中，节约建筑空间，同时深层土壤全年温度近乎恒定，热泵运行稳定，高效。

缺点：埋地盘管间距设置不合理，容易导致跨季节冷量、热量失衡，导致热泵长期运行工况恶化；埋地盘管需要单独占用地块，不利于在土地稀缺地段使用。

③ 水源热泵

优点：采用水作为冷热源载体，水的贮热性能优良，热泵机组运行稳定，同时可满足大型建筑区块高冷热量负荷。

缺点：受地域限制明显，采用地下水源时需保证回灌，通过相关部门审批难度大；采用地表水源时需保证地表水源充足，长期运行不会对环境产生不利影响，此外对地表水水质有一定要求。

2）根据压缩方式的不同

① 离心式热泵机组

优点：转速高、排气量大、结构紧凑，噪声低，单台制冷量高，适用于写字楼、工厂、展馆等负荷相当稳定，且冷负荷量大的大型建筑。

缺点：体积偏大，不易多台联用，负荷低于40%即会出现喘振现象，不适用于负荷波动量大的场所。

② 螺杆式热泵机组

优点：结构相对简单，单位排气量的体积、重量、占地面积小，可采用多机头联用，多使用在负荷变化较大且部分负荷较低的场所，一台压缩机故障，整个系统仍可运行。

缺点：制冷量比离心式压缩机小，多机头联用间接导致系统部件增加，出现故障的概率增加。

3）根据热回收功能的不同

① 全热回收热泵机组

特点：因回收利用全部冷凝热，热回收量大，可全年制备生活热水，但系统效率随生活热水（通常45℃）出水温度的升高而降低。

② 部分热回收热泵机组

特点：因回收利用部分冷凝热，热回收量小，仅为系统全部热量的15%左右，且过渡季不能制备热水，但制备热水温度高（通常可达到60℃），理论上可无限接近压缩机输出的蒸汽温度。

4）根据蒸发器形式的不同

① 干式蒸发器

优点：润滑油随制冷剂进入压缩机，不存在积油问题；冲灌制冷剂量少。

缺点：换热效率低。

② 满液式蒸发器

优点：结构紧凑，换热效率高，制冷量大。

缺点：需增加液位控制装置，必须解决蒸发器筒体下部积油问题，结构复杂，对冷冻油品质、控制系统控制精度有较高的要求。

5）根据压缩机封闭程度的不同

① 采用开启式压缩机的热泵机组

特点：方便维修，单机COP较高；结构不紧凑，采用轴密封，容易发生泄漏；电机外漏，噪声大。

② 采用半封闭式压缩机的热泵机组

特点：方便维修，无轴封，存在一定程度的泄漏问题，COP不高。

③ 采用全封闭式压缩机的热泵机组

特点：不存在泄漏问题，结构紧凑，噪声小；维修困难，对电机等内置设备质量有较高的要求。

（2）该项目热泵选型

广州亚运城位于广州市番禺区，地块内水系交错纵横，且与地块外的珠江和部分河涌相连，水量丰富；夏季地表水最高月平均温度为31℃，冬季地表水最低月平均温度约17℃，采用地表水水源热泵系统具有较好的地域优势。该项目以供应生活热水为第一功能，同时满足部分建筑群的冷量负荷，最大化地提供机组利用时间，提高机组综合COP，最大化地实现可再生能源的利用。综上考虑，该项目下分3个能源站，采用全封闭螺杆式全热回收水源热泵机组，满足生活热水温度、水量的要求，实现区域供冷、供热的要求。

3. 各能源站水源热泵技术要求

该工程3个能源站内的水源热泵机组既是空调系统的冷源，又是生活热水系统的热源，因此水源热泵机组共有夏季制冷、夏季（包括过渡季）制热、冬季制热和全热回收四种运行工况。

（1）热泵机组性能要求

要求水源热泵机组为螺杆式双冷凝器热泵机组，具备全热回收功能，热泵机组的性能满足上述四种运行工况的要求的同时，还要具备在保证生活热水出水温度为55～60℃的前提下能够连续运行的能力。

水源热泵机组在制冷工况下的综合部分负荷性能系数（IPLV），此系数按下式计算：

$$IPLV=2.3\%\times A+41.5\%\times B+41.6\%\times C+10.1\%\times D$$

（取自GB 50189—2005公共建筑节能设计标准）

式中　A——100%负荷时的性能系数（W/W），冷却水进水温度为30℃；

B——75%负荷时的性能系数（W/W），冷却水进水温度为26℃；

C——50%负荷时的性能系数（W/W），冷却水进水温度为23℃；

D——25%负荷时的性能系数（W/W），冷却水进水温度为19℃。

水源热泵机组的整机寿命不低于25年，水源热泵机组若采用半封闭压缩机，其电机防护等级应不低于IP55，且电机寿命不低于15年。

（2）热泵机组控制功能要求

水源热泵机组配备原厂LCD液晶显示屏（中文菜单参数显示）、控制器、启动柜、通讯模块（RS 422/485接口，支持BACNet、LonTalk通信协议）；配减振器和水流开关。控制系统至少具备以下功能：

1）出水温度控制及负荷调整；

2）压缩机顺序启动和工作时间自动均衡；

3）机组运行控制；

4）保护和故障报警；

5）可远程控制和现场控制；

6）BAS接口。

(3) 1号能源站水源热泵机组主要技术要求(表3-17)

1号能源站水源热泵机组主要技术要求 **表3-17**

内容	设计要求
统一要求	
热泵机组台数	3台
冷媒	R134a
负荷调节方式	无级调节
电源	380V±5%/3PH/50Hz
负荷调节方式	无级调节
噪声值	≤90dB(A)
蒸发器	
工作压力	1.0MPa
污垢系数	0.086m^2·℃/kW
冷凝器	
工作压力	1.0MPa
污垢系数	0.086m^2·℃/kW
噪声值	≤90dB(A)
机组最大外形尺寸	长×宽×高=4800mm×2340mm×2500mm
制冷工况	
制冷量	Q=1515kW(431USRT),不允许负偏差
输入功率	制冷性能系数不应小于4.6
蒸发器(冷冻水)进/出水温度	14/6℃
蒸发器压力降	依据选型计算确定,但不应大于50kPa
蒸发器水流量	163m^3/h
冷凝器(冷却水)进/出水温度	32/37℃
冷凝器压力降	依据选型计算确定,但不应大于60kPa
冷凝器水流量	314m^3/h
夏季制热工况	
制热量	依据选型计算确定,但不应小于1636kW
输入功率	479kW
蒸发器(冷冻水)进/出水温度	23/15℃
蒸发器压力降	依据选型计算确定,但不应大于50kPa
蒸发器水流量	177m^3/h
冷凝器(生活热水)进/出水温度	50/55℃
冷凝器压力降	依据选型计算确定,但不应大于80kPa
冷凝器水流量	365m^3/h
冬季制热工况	
制热量	Q=1736kW,不允许负偏差

续表

内　　容	设 计 要 求
输入功率	463kW
蒸发器(冷冻水)进/出水温度	13/8℃
蒸发器压力降	依据选型计算确定
蒸发器水流量	$224m^3/h$
冷凝器(生活热水)进/出水温度	50/55℃
冷凝器压力降	依据选型计算确定
冷凝器水流量	$303m^3/h$
全热热回收工况	
制冷量	Q=1206kW(343USRT),不允许负偏差
制热量	Q=1636kW,不允许负偏差
输入功率	456kW
蒸发器(冷冻水)进/出水温度	14/6℃
蒸发器压力降	依据选型计算确定
蒸发器水流量	$130m^3/h$
冷凝器(生活热水)进/出水温度	50/55℃
冷凝器压力降	依据选型计算确定
冷凝器水流量	$285m^3/h$
夏季制热工况(生活热水出水温度 60℃)	
制热量	依据选型计算确定
输入功率	479kW
蒸发器(冷冻水)进/出水温度	23/15℃
蒸发器压力降	依据选型计算确定
蒸发器水流量	依据选型计算确定
冷凝器(生活热水)进/出水温度	55/60℃
冷凝器压力降	依据选型计算确定
冷凝器水流量	依据选型计算确定
冬季制热工况(生活热水出水温度为 60℃)	
制热量	依据选型计算确定
输入功率	479kW
蒸发器(冷冻水)进/出水温度	13/8℃
蒸发器压力降	依据选型计算确定
蒸发器水流量	依据选型计算确定
冷凝器(生活热水)进/出水温度	55/60℃
冷凝器压力降	依据选型计算确定
冷凝器水流量	依据选型计算确定

续表

内　　容	设 计 要 求
全热热回收工况（生活热水出水温度为 60℃）	
制冷量	依据选型计算确定
制热量	依据选型计算确定
输入功率	479kW
蒸发器（冷冻水）进/出水温度	14/6℃
蒸发器压力降	依据选型计算确定
蒸发器水流量	依据选型计算确定
冷凝器（生活热水）进/出水温度	55/60℃
冷凝器压力降	依据选型计算确定
冷凝器水流量	依据选型计算确定

（4）2 号能源站水源热泵机组主要技术要求（表 3-18）

2 号能源站水源热泵机组主要技术要求　　表 3-18

内　　容	设 计 要 求
统一要求	
热泵机组台数	4 台
冷媒	R134a
负荷调节方式	无级调节
电源	380V±5%/3PH/50Hz
负荷调节方式	无级调节
蒸发器	
工作压力	1.0MPa
污垢系数	0.086m^2·℃/kW
冷凝器	
工作压力	1.0MPa
污垢系数	0.086m^2·℃/kW
机组最大外形尺寸	长×宽×高=4800mm×2340mm×2500mm
运行重量	≤7120kg
噪声值	≤90dB(A)
制冷工况	
制冷量	Q=1311KW(373USRT)，不允许负偏差
输入功率	制冷性能系数不应小于 4.6
蒸发器（冷冻水）进/出水温度	14/6℃
蒸发器压力降	依据选型计算确定，但不应大于 50kPa
蒸发器水流量	141m^3/h
冷凝器（冷却水）进/出水温度	32/37℃

续表

内　　容	设计要求
冷凝器压力降	依据选型计算确定，但不应大于60kPa
冷凝器水流量	$289m^3/h$
夏季制热工况	
制热量	依据选型计算确定，但不应小于1390kW
输入功率	394kW
蒸发器(冷冻水)进/出水温度	23/15℃
蒸发器压力降	依据选型计算确定，但不应大于50kPa
蒸发器水流量	$153m^3/h$
冷凝器(生活热水)进/出水温度	50/55℃
冷凝器压力降	依据选型计算确定，但不应大于80kPa
冷凝器水流量	$313m^3/h$
冬季制热工况	
制热量	Q=1477kW，不允许负偏差
输入功率	377kW
蒸发器(冷冻水)进/出水温度	13/8℃
蒸发器压力降	依据选型计算确定
蒸发器水流量	$193m^3/h$
冷凝器(生活热水)进/出水温度	50/55℃
冷凝器压力降	依据选型计算确定
冷凝器水流量	$258m^3/h$
全热热回收工况	
制冷量	Q=1041kW(296USRT)，不允许负偏差
制热量	Q=1390kW，不允许负偏差
输入功率	371kW
蒸发器(冷冻水)进/出水温度	14/6℃
蒸发器压力降	依据选型计算确定
蒸发器水流量	$112m^3/h$
冷凝器(生活热水)进/出水温度	50/55℃
冷凝器压力降	依据选型计算确定
冷凝器水流量	$242m^3/h$
夏季制热工况(生活热水出水温度为60℃)	
制热量	依据选型计算确定
输入功率	≤394kW
蒸发器(冷冻水)进/出水温度	23/15℃
蒸发器压力降	依据选型计算确定
蒸发器水流量	依据选型计算确定

续表

内　　容	设计要求
冷凝器(生活热水)进/出水温度	55/60℃
冷凝器压力降	依据选型计算确定
冷凝器水流量	依据选型计算确定
冬季制热工况(生活热水出水温度为60℃)	
制热量	依据选型计算确定
输入功率	394kW
蒸发器(冷冻水)进/出水温度	13/8℃
蒸发器压力降	依据选型计算确定
蒸发器水流量	依据选型计算确定
冷凝器(生活热水)进/出水温度	55/60℃
冷凝器压力降	依据选型计算确定
冷凝器水流量	依据选型计算确定
热回收工况(生活热水出水温度为60℃)	
制冷量	依据选型计算确定
制热量	依据选型计算确定
输入功率	394kW
蒸发器(冷冻水)进/出水温度	14/6℃
蒸发器压力降	依据选型计算确定
蒸发器水流量	依据选型计算确定
冷凝器(生活热水)进/出水温度	55/60℃
冷凝器压力降	依据选型计算确定
冷凝器水流量	依据选型计算确定

(5) 3号能源站水源热泵机组主要技术要求(表3-19)

3号能源站水源热泵机组主要技术要求　　表3-19

内　　容	设计要求
统一要求	
热泵机组台数	3台
冷媒	R134a
负荷调节方式	无级调节
电源	380V±5%/3PH/50Hz
负荷调节方式	无级调节
噪声值	≤90dB(A)
蒸发器	
工作压力	1.0MPa
污垢系数	0.086m²·℃/kW

续表

内　容	设计要求
冷凝器	
工作压力	1.0MPa
污垢系数	0.086m^2·℃/kW
噪声值	≤90dB(A)
机组最大外形尺寸	长×宽×高=4500mm×2340mm×2500mm
制冷工况	
制冷量	Q=1383kW(393USRT)，不允许负偏差
输入功率	制冷性能系数不应小于4.6
蒸发器(冷冻水)进/出水温度	14/6℃
蒸发器压力降	依据选型计算确定，但不应大于50kPa
蒸发器水流量	149m^3/h
冷凝器(冷却水)进/出水温度	32/37℃
冷凝器压力降	依据选型计算确定，但不应大于60kPa
冷凝器水流量	286m^3/h
夏季制热工况	
制热量	依据选型计算确定，但不应小于1467KW
输入功率	427kW
蒸发器(冷冻水)进/出水温度	23/15℃
蒸发器压力降	依据选型计算确定，但不应大于50kPa
蒸发器水流量	161m^3/h
冷凝器(生活热水)进/出水温度	50/55℃
冷凝器压力降	依据选型计算确定，但不应大于80kPa
冷凝器水流量	330m^3/h
冬季制热工况	
制热量	Q=1560kW，不允许负偏差
输入功率	411kW
蒸发器(冷冻水)进/出水温度	13/8℃
蒸发器压力降	依据选型计算确定
蒸发器水流量	202m^3/h
冷凝器(生活热水)进/出水温度	50/55℃
冷凝器压力降	依据选型计算确定
冷凝器水流量	272m^3/h
全热热回收工况	
制冷量	Q=1087kW(309USRT)，不允许负偏差
制热量	Q=1467kW，不允许负偏差
输入功率	405kW

续表

内　容	设计要求
蒸发器(冷冻水)进/出水温度	14/6℃
蒸发器压力降	依据选型计算确定
蒸发器水流量	117m³/h
冷凝器(生活热水)进/出水温度	50/55℃
冷凝器压力降	依据选型计算确定
冷凝器水流量	256m³/h
夏季制热工况(生活热水出水温度为60℃)	
制热量	依据选型计算确定
输入功率	≤427kW
蒸发器(冷冻水)进/出水温度	23/15℃
蒸发器压力降	依据选型计算确定
蒸发器水流量	依据选型计算确定
冷凝器(生活热水)进/出水温度	55/60℃
冷凝器压力降	依据选型计算确定
冷凝器水流量	依据选型计算确定
冬季制热工况(生活热水出水温度为60℃)	
制热量	依据选型计算确定
输入功率	427kW
蒸发器(冷冻水)进/出水温度	13/8℃
蒸发器压力降	依据选型计算确定
蒸发器水流量	依据选型计算确定
冷凝器(生活热水)进/出水温度	55/60℃
冷凝器压力降	依据选型计算确定
冷凝器水流量	依据选型计算确定
全热热回收工况(生活热水出水温度为60℃)	
制冷量	依据选型计算确定
制热量	依据选型计算确定
输入功率	427kW
蒸发器(冷冻水)进/出水温度	14/6℃
蒸发器压力降	依据选型计算确定
蒸发器水流量	依据选型计算确定
冷凝器(生活热水)进/出水温度	55/60℃
冷凝器压力降	依据选型计算确定
冷凝器水流量	依据选型计算确定

3.4 一级能源站设计计算

3.4.1 1号、2号能源站设计计算

1. 1号、2号能源站系统原理图

（1）1 号能源站原理如图 3-22 所示。

（2）2 号能源站原理如图 3-23 所示。

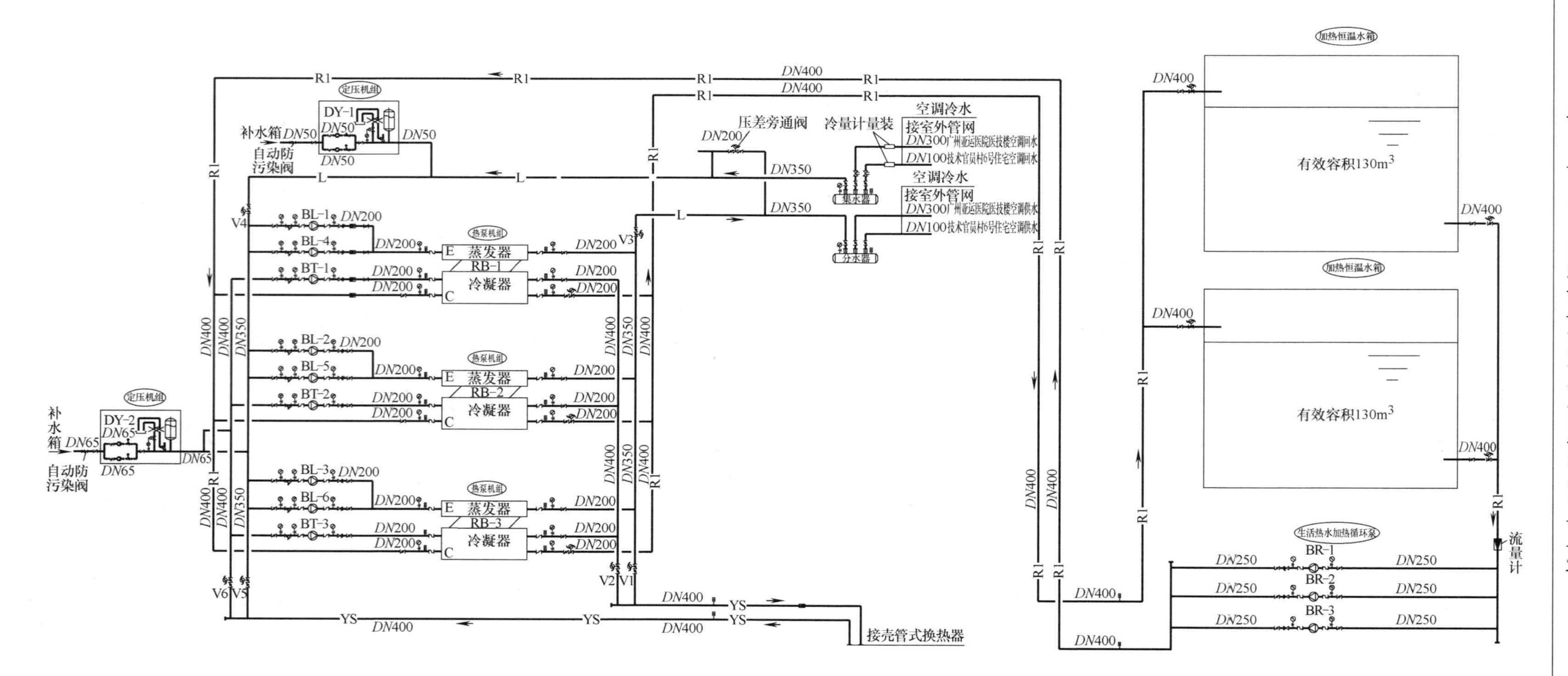

图 3-22　1 号能源站原理

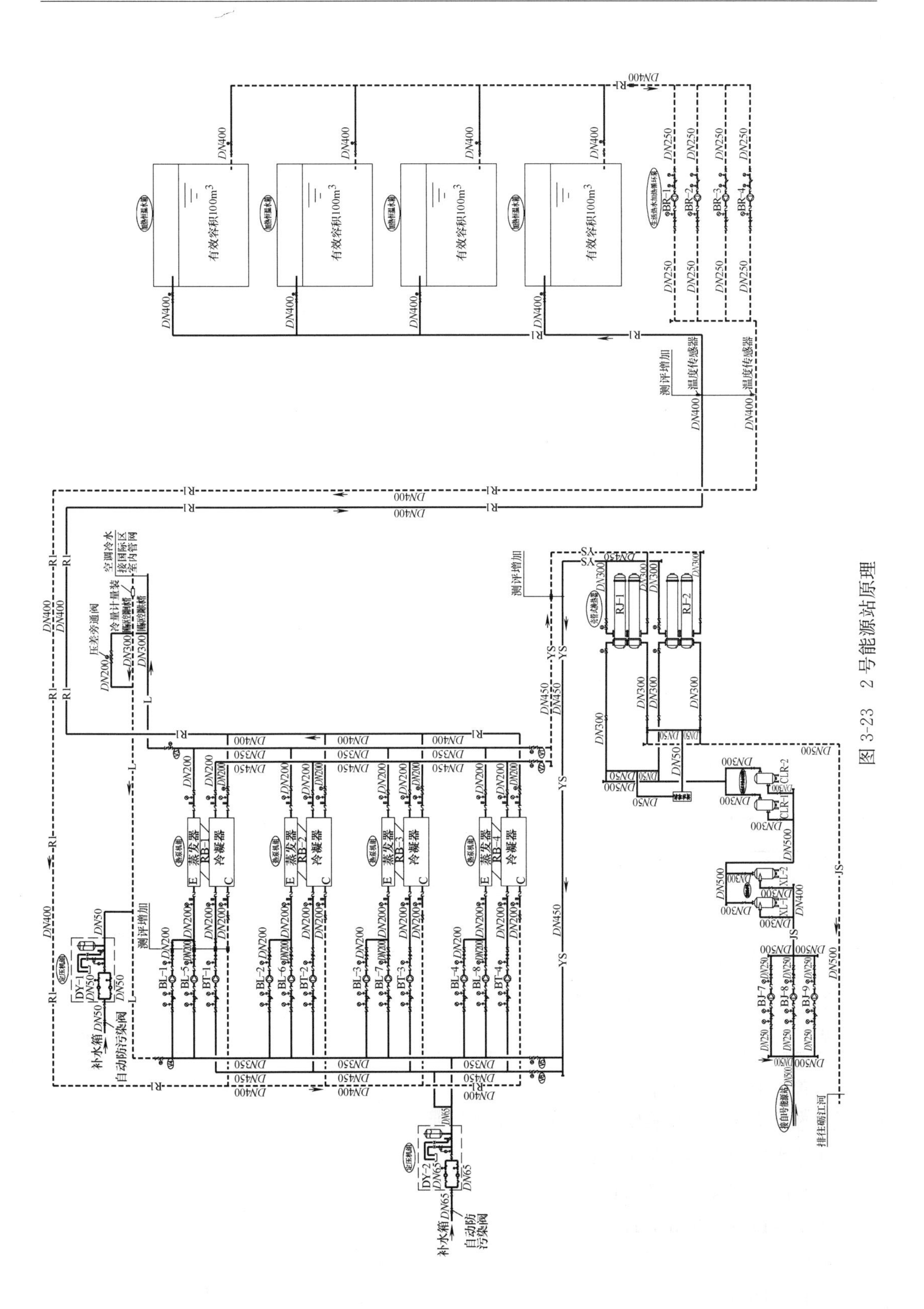

图 3-23 2号能源站原理

2. 水泵选型计算

（1）1 号能源站水泵选型计算

1）冷冻水循环泵（制冷工况）BL-1～3 选型

① 冷冻水循环（制冷工况）原理如图 3-24 所示。

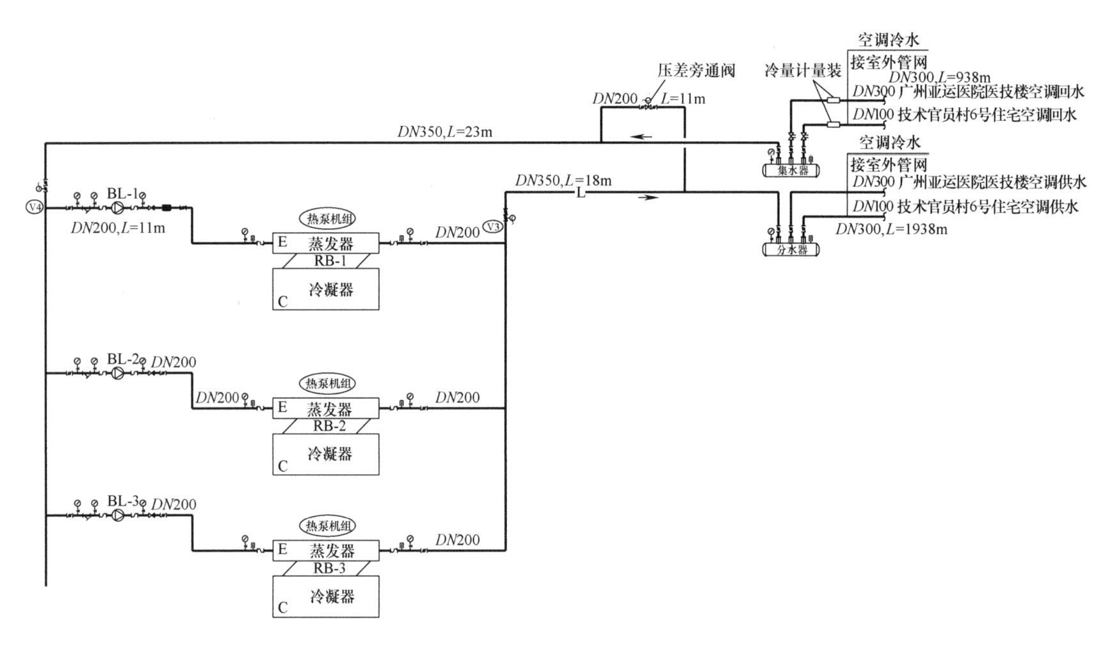

图 3-24　1 号能源站冷冻水循环（制冷工况）系统原理

② 水泵流量 $Q=158\times1.05=170m^3/h$。

③ 水泵扬程沿程阻力损失 ΔP_y 计算（表 3-20）。

冷冻水循环泵 BL-1～3 扬程沿程阻力损失计算表　　　**表 3-20**

序号	管段	流量(m^3/h)	管径	管长(m)	v(m/s)	R(Pa/m)	ΔP_y(Pa)
1	0-1	390	*DN*300	950	1.445	60.236	57223
2	1-2	510	*DN*350	23	1.332	41.392	952.017
3	2-3	170	*DN*200	11	1.277	73.06	803.705
4	3-4	510	*DN*350	18	1.332	41.392	745.056
5	4-5	390	*DN*300	950	1.445	60.236	57223
小计				1952			116948

沿程阻力损失为 $12mH_2O$。

局部阻力损失取沿程阻力损失的 0.4 倍，即：$12\times0.4=3mH_2O$。

集分水器阻力损失为 $1mH_2O$。

机组阻力损失为 $3.7mH_2O$。

末端空调扬程为 $30mH_2O$。

总的水损：$1.1\times(12+3+1+3.7+30)=54.67mH_2O$。

则：冷冻水循环泵 BL-1～3 的流量 $Q=170m^3/h$，扬程 $H=55mH_2O$。

2）冷冻水循环泵（制热工况）BL-4～6 选型

① 冷冻水循环（制热工况）原理如图 3-25 所示。

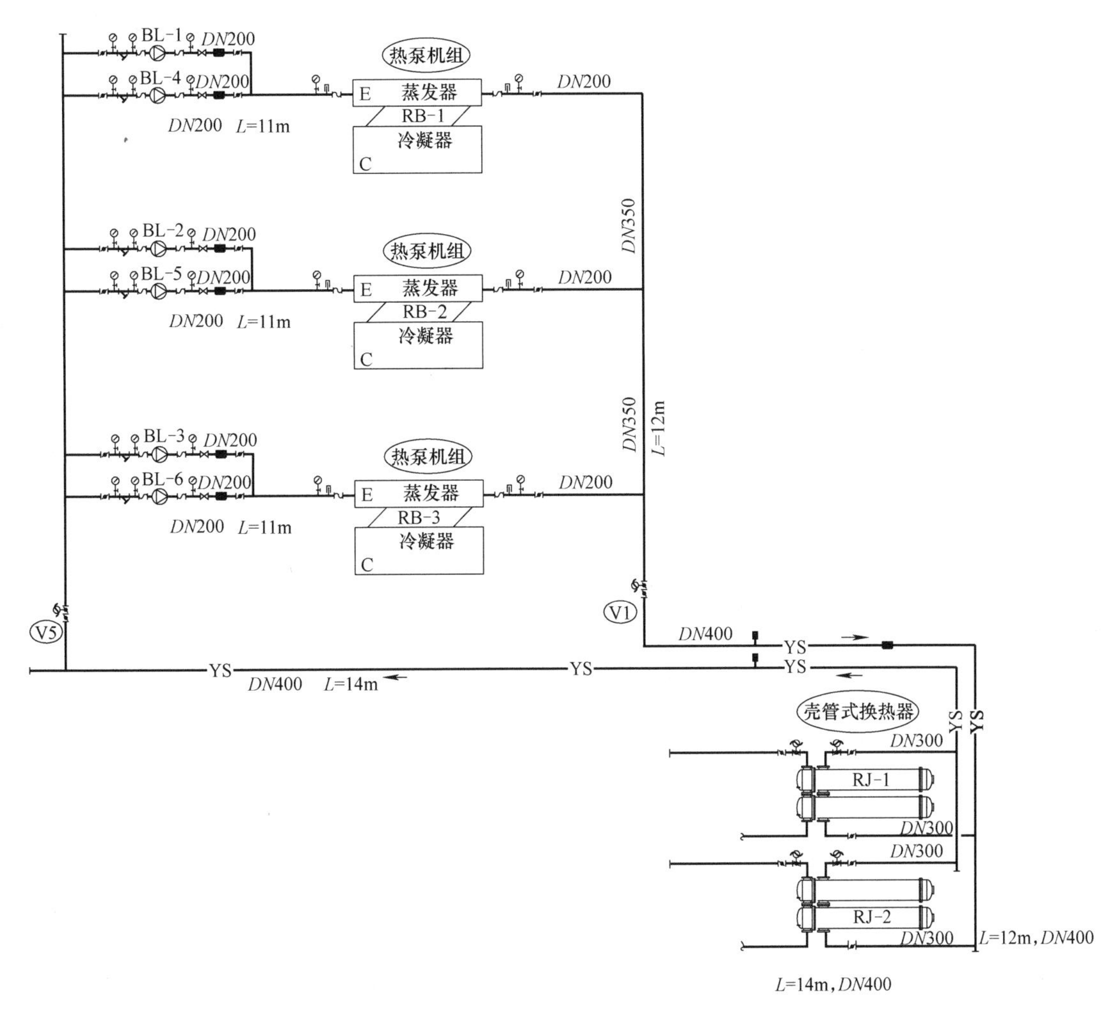

图 3-25　1 号能源站冷冻水循环（制热工况）系统原理

② 水泵流量 $Q=205\times1.05=215m^3/h$。

③ 水泵扬程沿程阻力损失 ΔP_y 计算如表 3-21 所示。

冷冻水循环泵 BL-4～6 扬程沿程阻力损失计算表　　　　**表 3-21**

序号	管段	流量(m^3/h)	管径	管长(m)	v(m/s)	R(Pa/m)	ΔP_y(Pa)
1	0-1	645	DN400	12	1.685	65.848	790.177
2	1-2	215	DN200	11	1.615	116.205	1278.256
3	2-3	645	DN400	14	1.685	107.523	921.874
小计				37			2990

沿程阻力损失为 $0.3mH_2O$。

局部阻力损失取沿程阻力损失的 0.4 倍，即：$0.3\times0.4=0.12mH_2O$。

换热器阻力损失为 $13mH_2O$。

机组阻力损失为 6.3mH_2O。

总的阻力损失为：1.1×(0.3+0.12+13+6.3)=21.7mH_2O。

则：冷冻水循环泵（制热工况）BL-4～6 的流量 Q=215m^3/h，扬程 H=22mH_2O。

3）冷却水循环泵 BT-1～3 选型

① 冷却水循环系统原理如图 3-26 所示。

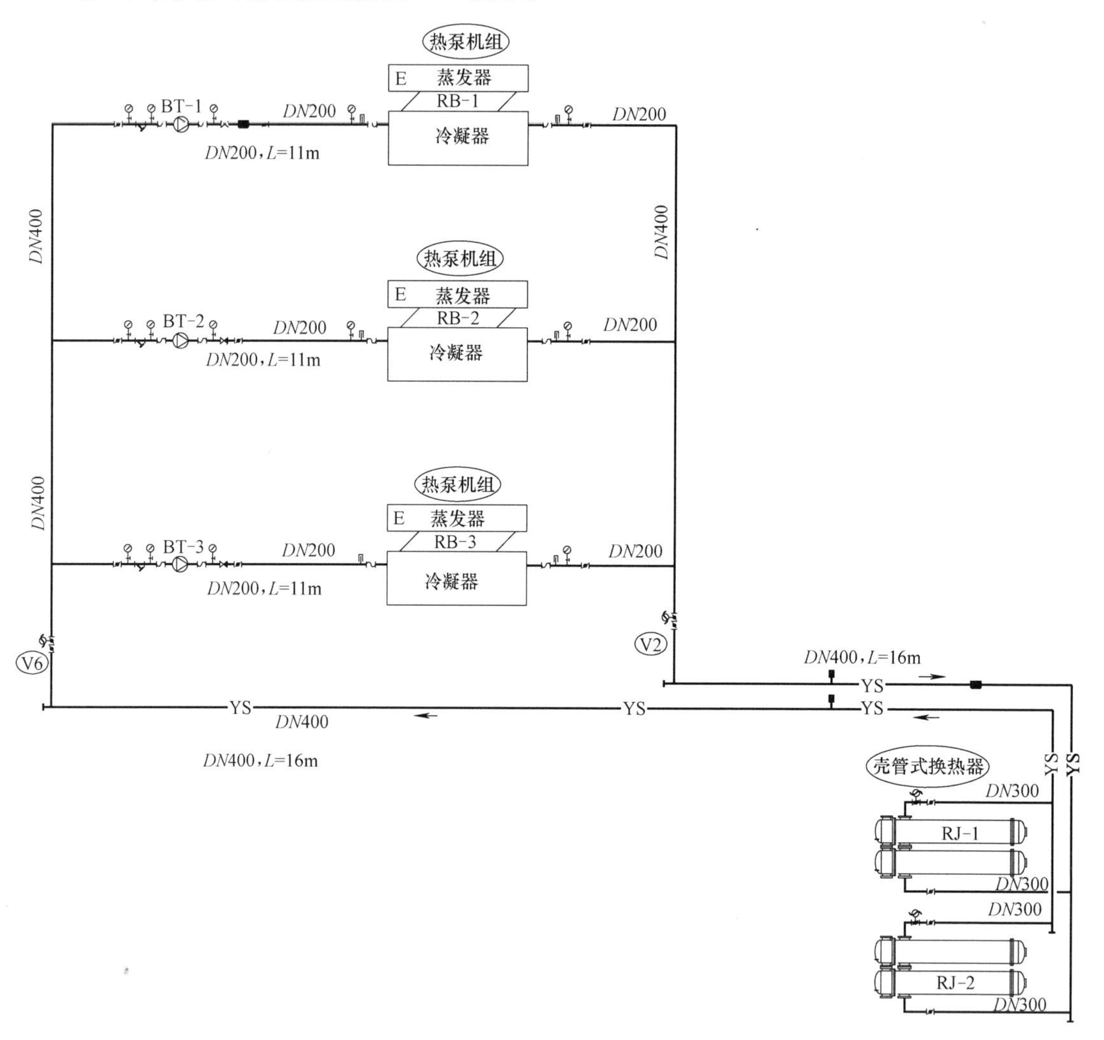

图 3-26　1 号能源站冷却水循环泵系统原理

② 水泵流量 Q=302×1.05=320m^3/h。

③ 水泵扬程沿程阻力损失 ΔP_y 计算如表 3-22 所示。

冷却水循环泵 BT-1～3 扬程沿程阻力损失计算表　　　　**表 3-22**

序号	管段	流量(m^3/h)	管径	管长(m)	v(m/s)	R(Pa/m)	ΔP_y(Pa)
1	0-1	960	DN400	16	1.953	76.596	908.34
2	1-2	320	DN200	11	2.403	255.57	2511.275
3	2-3	960	DN400	16	1.953	76.596	908.34
小计				43			4327

沿程阻力损失为 0.5mH_2O。

局部阻力损失取沿程阻力损失的 0.4 倍，即：0.5×0.4=0.2mH_2O。

机组阻力损失为 7.0mH_2O。

换热器阻力损失为 13.0mH_2O。

总的阻力损失：1.1×(0.5+0.2+13.0+7.0)=22.8mH_2O。

则：冷却水循环泵 BT-1～3 的流量 Q=320m^3/h，扬程 H=23mH_2O。

4）江水取水泵 BJ-1～3 选型

① 江水取水系统原理如图 3-27 所示。

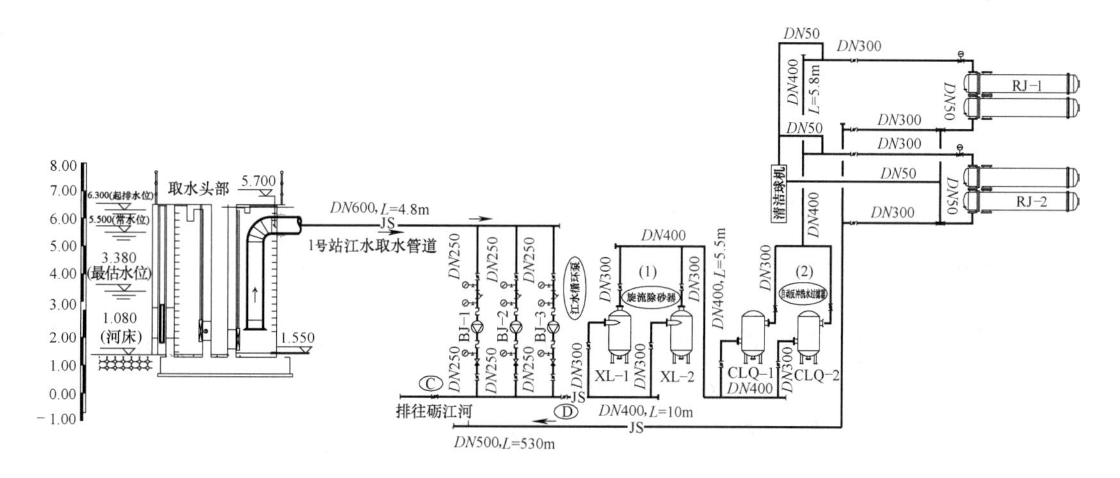

图 3-27 1 号能源站江水取水泵系统原理

② 水泵流量 Q=302×1.1=330m^3/h。

③ 水泵扬程沿程阻力损失 ΔP_y 计算如表 3-23 所示。

江水取水泵 BJ-1～3 扬程沿程阻力损失计算表 **表 3-23**

序号	管段	流量(m^3/h)	管径	管长(m)	v(m/s)	R(Pa/m)	ΔP_y(Pa)
1	0-1	990	DN600	4.8	0.92	10.7	51.415
2	1-2	330	DN250	10	1.76	112.6	1126.3
3	2-3	990	DN400	10	2.01	80.456	804
4	3-4	450	DN400	5.5	1.67	80	439.66
5	4-5	990	DN400	5.8	2.01	80.456	466.6
6	5-6	990	DN400	6.3	2.01	80.456	506.8
7	6-7	990	DN500	530	1.32	26.97	14294.1
小计				572.4			17688.875

沿程阻力损失 1.8mH_2O。

局部阻力损失取沿程阻力损失的 0.4 倍，即：1.8×0.4=0.72mH_2O。

换热器阻力损失为 13mH_2O。

旋流除砂器阻力损失为 $2mH_2O$。

机械过滤器阻力损失为 $5mH_2O$。

总的水损：$1.1\times(1.8+0.72+13+2+5)=24.78mH_2O$。

则：江水取水泵 BJ-1～3 的流量 $Q=330m^3/h$，扬程 $H=25mH_2O$。

5）2 号能源站江水加压一级泵 BJ-4～6 选型

① 2 号能源站机组冷凝器单台流量为 $270m^3/h$ ，总流量为 $1080m^3/h$，现在选用 3 台水泵并联运行（共用），则每台水泵的流量为$\frac{1080}{3}\times1.1=396m^3/h$。

② 水泵扬程沿程阻力损失 ΔP_y 计算如表 3-24 所示。

江水加压一级泵 BJ-4～6 扬程阻力损失计算表　　表 3-24

流量(m^3/h)	管径	管长(m)	v(m/s)	R(Pa/m)	ΔP_y(Pa)
1180	*DN*500	1682	1.574	38.156	64178.426

供回水总管路长 1682m；沿程阻力损失为 $6.5mH_2O$。

局部阻力损失取沿程阻力损失的 0.4 倍，即：$6.5\times0.4=2.6mH_2O$。

总的阻力损失为 $1.1\times(6.5+2.6)=11mH_2O$。

则：2 号能源站江水加压一级泵 BJ-4～6 的流量 $Q=400m^3/h$，扬程 $H=11mH_2O$。

6）生活热水加热循环泵 BR-1～3 选型

① 生活热水加热循环系统原理图如图 3-28 所示。

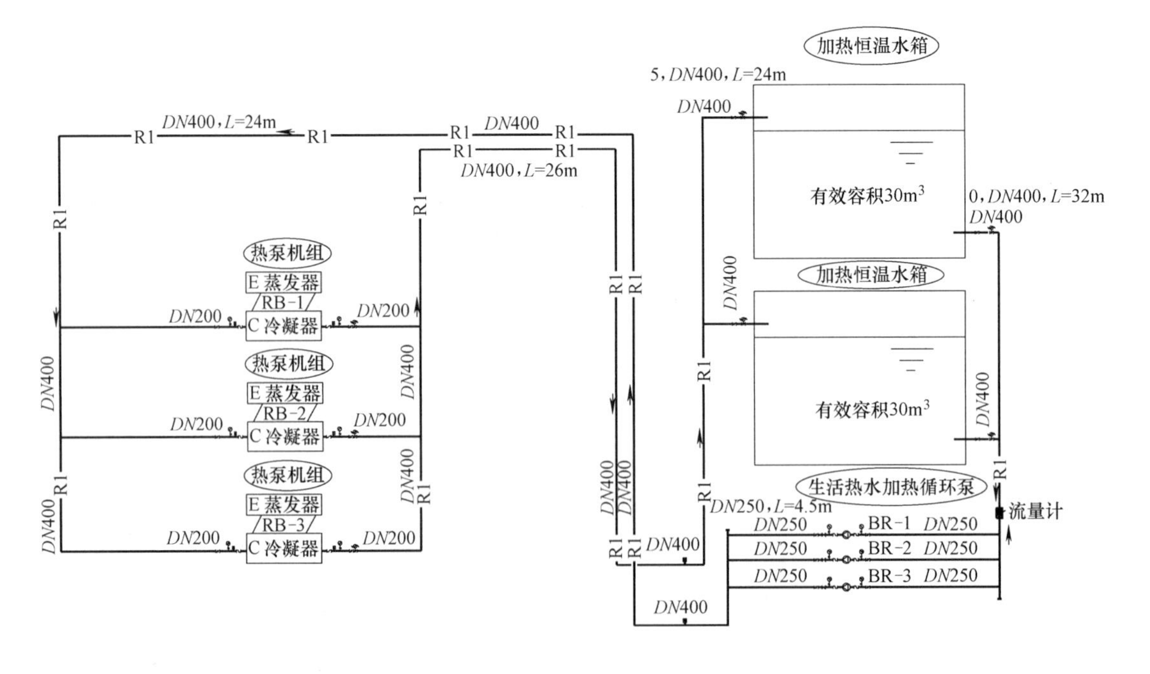

图 3-28　1 号能源站生活热水加热循环系统原理

② 水泵流量 $Q=366\times1.05=380m^3/h$。

③ 水泵扬程沿程阻力损失 ΔP_y 计算如表 3-25 所示。

生活热水加热循环泵 **BR-1～3** 扬程沿程阻力损失计算表　　　　表 3-25

序号	管段	流量(m^3/h)	管径	管长(m)	v(m/s)	R(Pa/m)	ΔP_y(Pa)
1	0-1	1140	*DN*400	32	2.319	106.501	3405.023
2	1-2	· 380	*DN*250	4.5	2.854	359	1615
3	2-3	1140	*DN*400	26	2.319	106.501	2767
4	3-4	380	*DN*200	4.6	2.854	359	1616
5	4-5	1140	*DN*400	24	2.319	106.501	2732
小计				91.1			12135

沿程阻力损失为 1.3mH_2O。

局部阻力损失取沿程阻力损失的 0.4 倍，即：1.3×0.4=0.52mH_2O。

机组阻力损失为 8.0mH_2O。

电动阀阻力损失为 5.0mH_2O。

总的阻力损失为 1.1×(1.3+0.52+8+5.0)=16.3mH_2O。

则：生活热水加热循环泵 BR-1～3 的流量 Q=380m^3/h，扬程 H=18mH_2O。

(2) 2 号能源站水泵选型计算

1) 冷冻水循环泵 BL-1～4 选型

① 冷冻水循环系统原理图如图 3-29 所示。

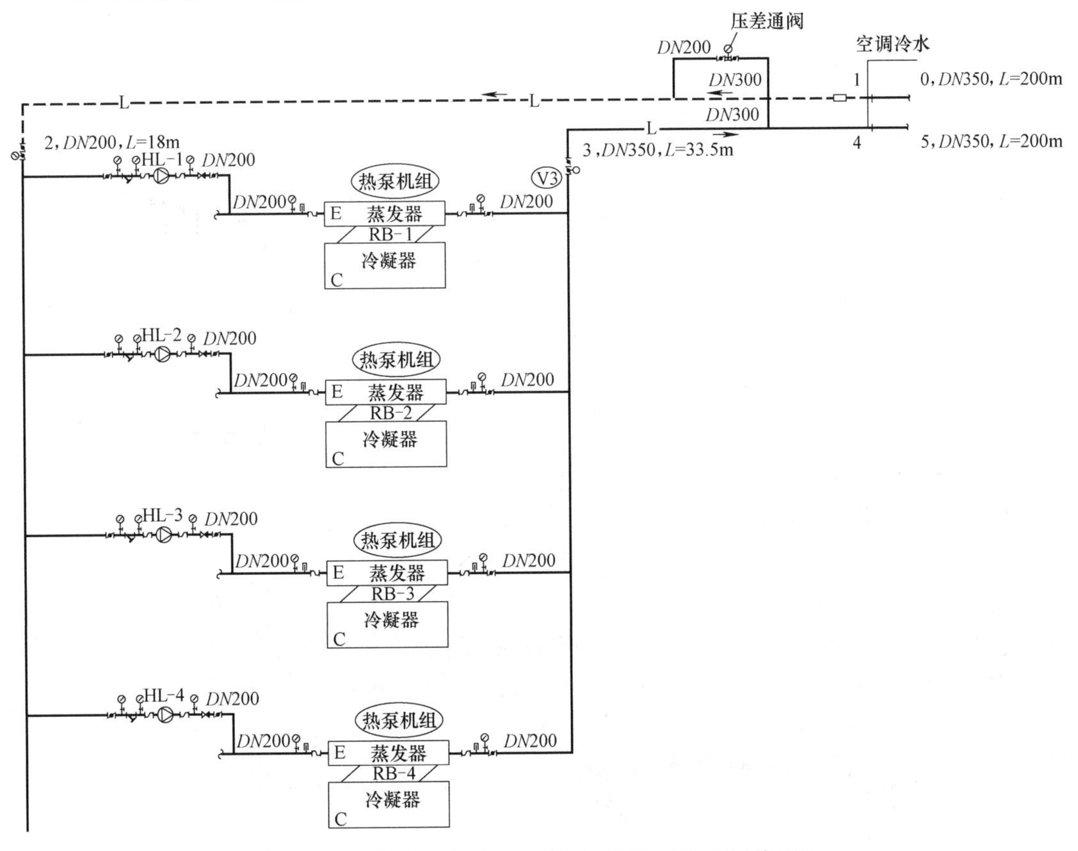

图 3-29　2 号能源站冷冻水循环（制冷工况）系统原理

② 水泵流量 Q=141×1.05=150m^3/h。

③ 水泵扬程沿程阻力损失 ΔP_y 计算如表 3-26 所示。

2 号能源站冷冻水循环泵 BL-1～4 扬程沿程阻力损失计算表　　**表 3-26**

序号	管段	流量(m^3/h)	管径	管长(m)	v(m/s)	R(Pa/m)	ΔP_y(Pa)
1	0-1	600	*DN*350	200	1.567	60.336	12067.169
2	1-2	600	*DN*350	41	1.567	60.336	2473.77
3	2-3	150	*DN*200	18	1.127	61.099	1099.784
4	3-4	600	*DN*350	33.5	1.567	60.336	2021.251
5	4-5	600	*DN*350	200	1.567	60.336	12067.169
小计		2550		492.5			29729.143

沿程阻力损失为 3mH_2O。

局部阻力损失取沿程阻力损失的 0.4 倍，即 3×0.4=1.2mH_2O。

空调末端估算扬程为 35mH_2O。

机组阻力损失为 4.3mH_2O。

总的阻力损失：1.1×(3+1.2+35+4.3)=47.85mH_2O。

则：冷冻水循环泵 BL-1～4 的流量 Q=150m^3/h，扬程 H=48mH_2O。

2）冷冻水循环泵（制热工况）BL-5～8

① 冷冻水循环（制热工况）系统原理如图 3-30 所示。

② 水泵流量 Q=193×1.05=200m^3/h。

③ 水泵扬程沿程阻力损失 ΔP_y 计算如表 3-27 所示。

2 号能源站冷冻水循环泵 BL-5～8 扬程沿程阻力损失计算表　　**表 3-27**

序号	管段	流量(m^3/h)	管径	管长(m)	v(m/s)	R(Pa/m)	ΔP_y(Pa)
1	0-1	812	*DN*350	22	2.11	107.523	2365.513
2	1-2	203	*DN*200	17	1.502	106.24	1806.079
3	2-3	812	*DN*350	27	2.11	107.523	2903.13
小计				66			7074.722

沿程阻力损失 0.8mH_2O。

局部阻力损失取沿程阻力损失的 0.4 倍，即：0.8×0.4=0.32mH_2O。

换热器阻力损失为 10mH_2O。

机组阻力损失为 6.6mH_2O。

总的阻力损失为：1.1×(0.8+0.32+10+6.6)=19.49mH_2O。

则：冷冻水循环泵（制热工况）BL-5～8 的流量 Q=200m^3/h，扬程 H=20mH_2O。

3）冷却水循环泵 BT-1～4

① 冷却水循环系统原理如图 3-31 所示。

② 水泵流量 Q=270×1.05=280m^3/h。

③ 水泵扬程沿程阻力损失 ΔP_y 计算如表 3-28 所示。

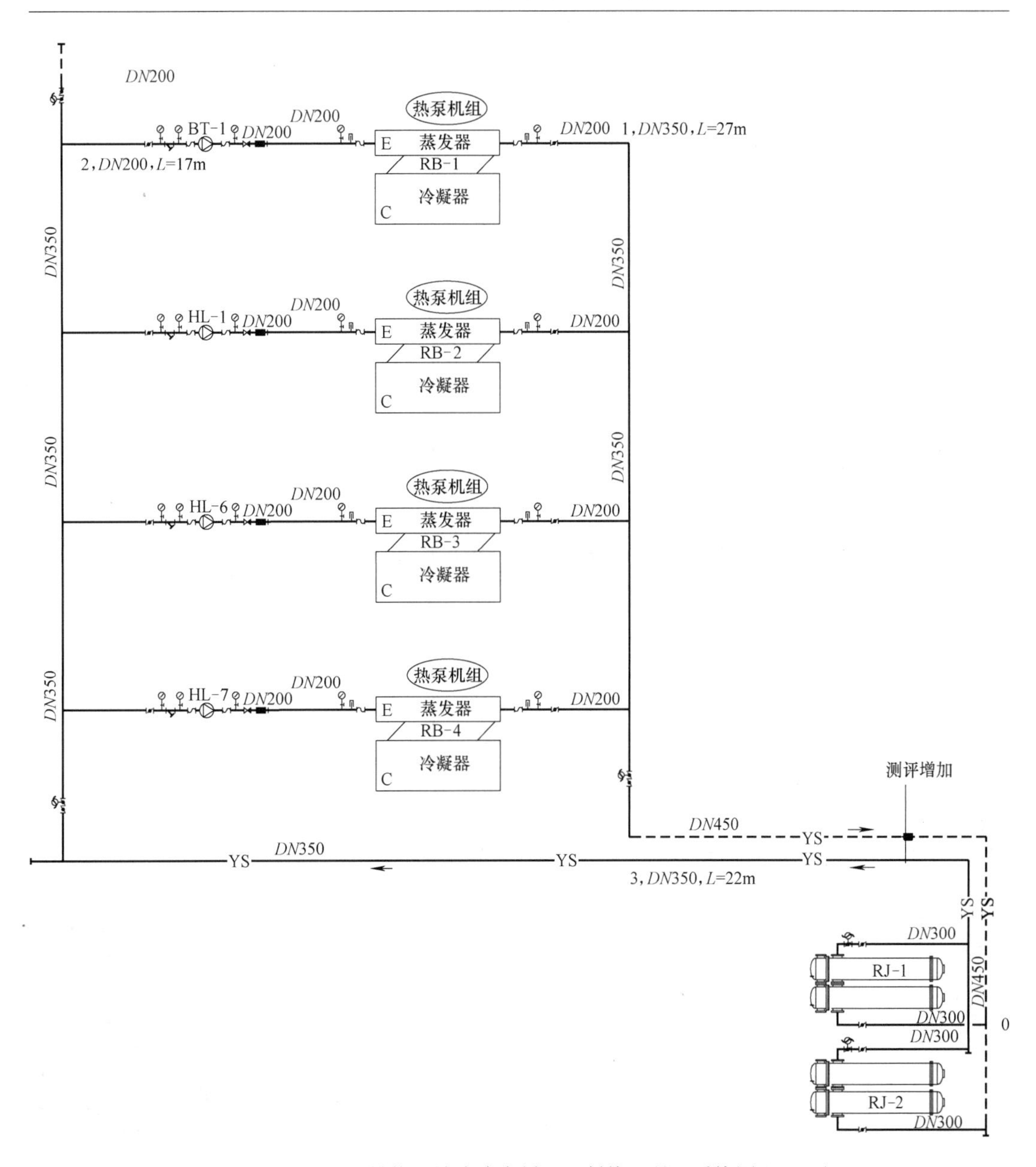

图 3-30　2 号能源站冷冻水循环（制热工况）系统原理

2 号能源站冷却水循环泵 BT-1～4 扬程沿程阻力损失计算表　　**表 3-28**

序号	管段	流量(m^3/h)	管径	管长(m)	v(m/s)	R(Pa/m)	ΔP_y(Pa)
1	0-1	1120	*DN*450	19	1.84	60.39	1147
2	1-2	280	*DN*200	15	2.103	200	3005
3	2-3	1120	*DN*450	25	2.11	107.523	1509
小计				59			5662

沿程阻力损失为 0.6mH_2O。

局部阻力损失取沿程阻力损失的 0.4 倍，即：0.6×0.4＝0.24mH_2O。

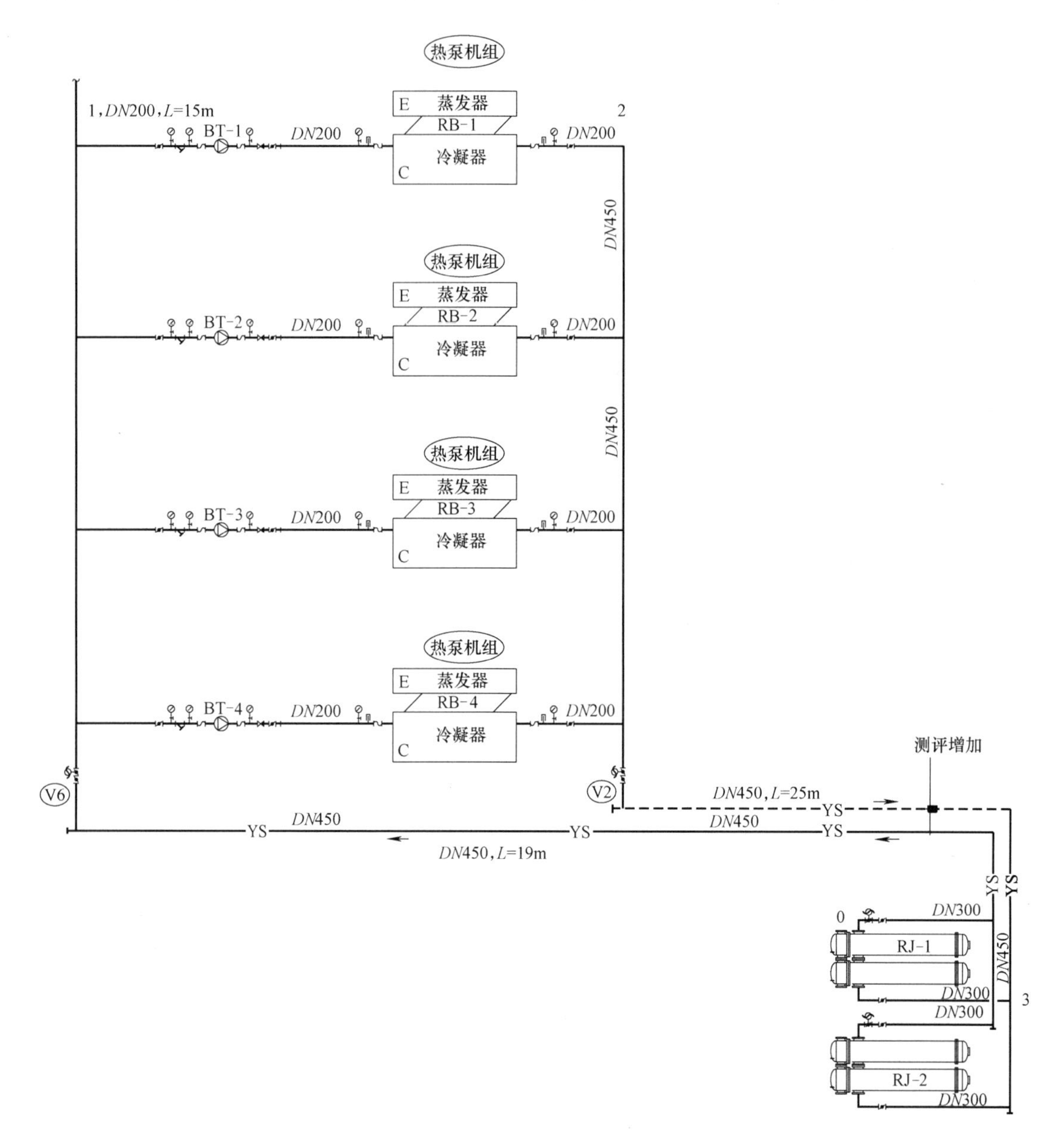

图 3-31　2 号能源站冷却水循环系统原理

换热器阻力损失为 13mH$_2$O。

机组阻力损失为 6.4mH$_2$O。

总的阻力损失为 1.1×(0.6+0.24+13+6.4)=22.3mH$_2$O。

则：冷却水循环泵 BT-1～4 的流量 Q=280m^3/h，扬程 H=23mH$_2$O。

4）生活热水加热循环泵 BR-1～4

① 生活热水加热循环系统原理如图 3-32 所示。

② 水泵流量 Q=302×1.05=310m^3/h。

③ 水泵扬程沿程阻力损失 ΔP_y 计算如表 3-29 所示。

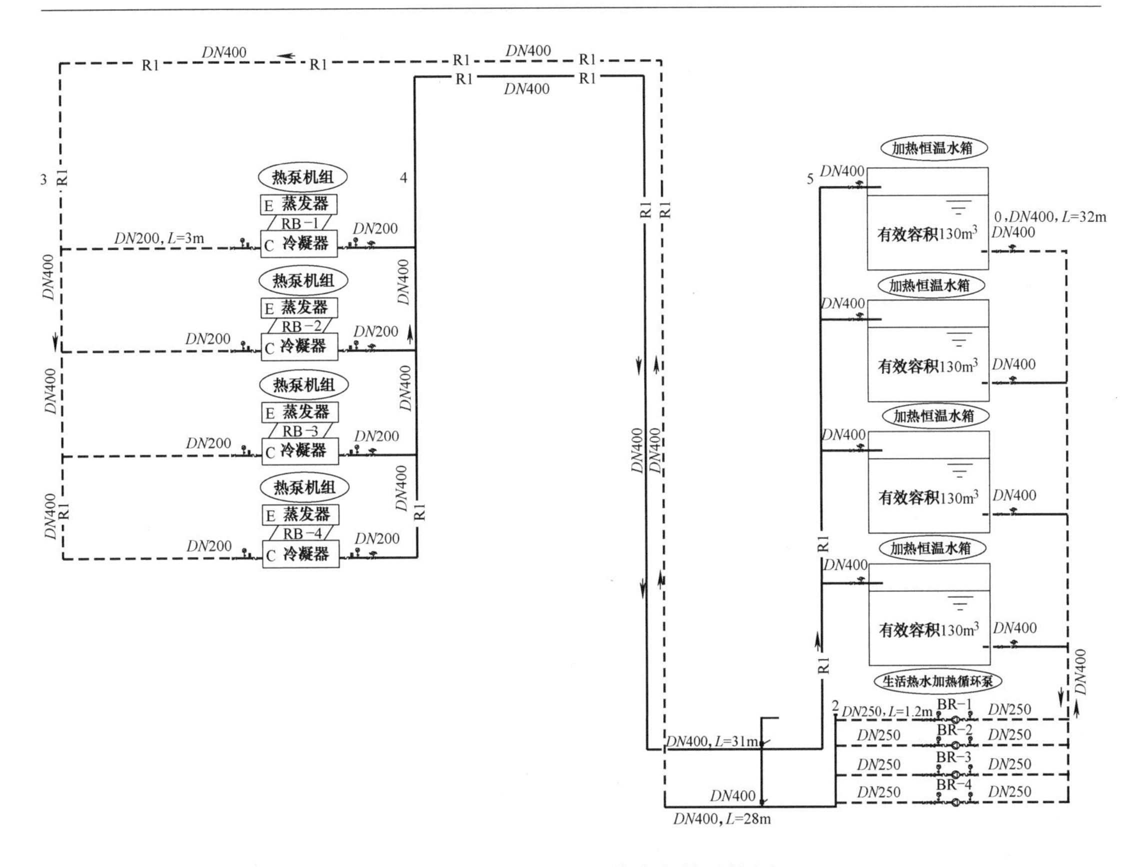

图 3-32 2 号能源站生活热水加热系统原理

2 号能源站生活热水加热循环泵 BR-1～4 扬程阻力损失计算表 **表 3-29**

序号	管段	流量(m^3/h)	管径	管长(m)	v(m/s)	R(Pa/m)	ΔP_y(Pa)
1	0-1	1240	DN400	32	2.522	126.501	4048.023
2	1-2	310	DN250	1.2	1.66	100.188	120.225
3	2-3	1240	DN400	28	2.522	126.501	3542.02
4	3-4	310	DN200	3	1.66	100.188	300.563
5	4-5	1240	DN400	31	2.522	126.501	3921.522
小计				95.2			11932.353

沿程阻力损失为 1.2mH_2O。

局部阻力损失取沿程阻力损失的 0.4 倍，即：1.2×0.4=0.48mH_2O。

机组阻力损失为 7.8mH_2O。

电动阀阻力损失为 5.0mH_2O。

总的阻力损失为 1.1×(1.2+0.48+7.8+5.0)=15.9mH_2O。

则：生活热水加热循环泵 BR-1～4 的流量 Q=310m^3/h，扬程 H=18mH_2O。

5）2 号能源站江水加压二级泵 BJ-7～9

① 水泵流量 Q=400m^3/h（三台共用）。

② 水泵扬程沿程阻力损失 ΔP_y 计算如表 3-30 所示。

2 号能源站江水加压二级泵 BJ-7～9 扬程沿程阻力损失计算表　　表 3-30

流量(m^3/h)	管径	管长(m)	v(m/s)	R(Pa/m)	ΔP_y(Pa)
1078	*DN*500	100	1.438	31.911	3191.056

沿程阻力损失 0.4mH_2O。

局部阻力损失取沿程阻力损失的 0.4 倍，即：0.4×0.4＝0.16mH_2O。

换热器阻力损失 13mH_2O。

取水口阻力损失 1mH_2O。

旋流除砂器阻力损失 2mH_2O。

机械过滤器阻力损失 5mH_2O。

总的阻力损失为 1.1×(0.4＋0.16＋13＋1＋2＋5)＝23.7mH_2O。

则：2 号能源站江水加压二级泵 BJ-7～9 的流量 Q＝400m^3/h，扬程 H＝24mH_2O。

3. 换热器换热量校核

(1) 换热器选型

1) 管壳式换热器

管壳式换热器的管子是换热器的基本构件，它为在管内流过的一种流体和穿越管外的另一种流体之间提供传热界面。根据两侧流体的性质确定管子材料，使具有腐蚀性、水质差的江水放在管内流动，将水质较好的除盐水放在管子外壳侧。该工程砺江水质有相当长时间水中 CL^- 浓度超过 500mg/L，因此换热管束选用相应耐腐蚀钛合金管，换热管的管径从流体力学角度考虑，在给定壳体内使用小直径管子，可以得到更大的表面面积。但大多数流体会在管子内表面上沉积污垢层，尤其是管内冷却水水质较差时，泥沙、污物及微生物的存在，都可能会在管壁上形成沉积物，从而导致传热恶化，使得定期清洗工作成为必要（管子清洗限制管径最小约为 20mm，钛管一般采用 ϕ25mm)。对给定的流体，污垢形成主要受管壁温度和流速的影响，为提高传热系数、增强流体的自净能力，管内侧水的流速应在 2m/s 左右（视允许压降的要求)。同时，经一、二级机械过滤的江水水质仍然较差，需设置专用胶球清洗装置，定期清通换热管内壁。

2) 板式换热器

板式换热器的冷却水和被冷却水在波纹板的两侧对流，采用人字形波纹结构，这些传热板的波纹斜交，即在相邻的传热板上具有倾斜角相同而方向不同的波纹。沿流动方向横截面积是恒定的，但是由于流动方向不断变化致使流道形状改变，从而引起湍流。一般传热板的波纹深度为 3～5mm，湍流区流速约为 0.1～1.0m/s，波纹板很薄，厚度为 0.6～1mm，相邻板间要有许多接触点，以承受正常的运行压力，相邻的板有相反方向的人字形沟槽，两种沟槽的交叉点就形成接触点，这样还可消除振动，并且在促进湍流和热交换的同时，消除了由于疲劳裂缝引起的内部泄漏。人字形波纹板湍流度较高，高湍流度还能充分发挥清洗作用，可以特别有效地将沉积污垢减至最小，但是波纹板的接触点较多，当液体水质差，含有悬浮的固体颗粒、杂物和水草等时，由于板间隙很窄，所以要尽可能地保证将所有 2mm 以上颗粒在进入换热器以前都要被过滤掉，假如滤网不能有效地发挥作用，就容易发生堵塞。

3）换热器的选择

该工程采用江水作为水源热泵的冷却水，水质较差，如果使用板式换热器，由于江水中的微生物难以去除，会直接进入到换热器中，在换热器管中产生微生物膜，微生物膜附着在换热器表面，降低换热器的换热效率，且清洗困难，长时间使用容易引起换热器的堵塞。如果使用管壳式换热器，同样的换热对数温差，因其传热系数较低，换热面积要增加一倍，造价会有较大提高，而且增加了胶球清洗装置，但这样做可以解决微生物膜的问题。因此，选用管壳式换热器作为水源热泵机组的水源侧换热器。

4）旋流除砂器和自动反冲洗过滤器

以1号能源站为例，1号能源站共3台热泵机组，热泵夏季额定制冷量为1472kW，电功率为296kW。

则换热量为：1.1×3×(1472+296)=5834kW。

一次水源水流量=5834×0.859/5=1002m³/h。

分别选用两台旋流除砂器和自动反冲洗过滤器，其流量为1002/2=501m³/h，所以单台旋流除砂器的流量为500m³/h，单台自动冲洗机械过滤器的流量为700m³/h。

（2）1号能源站换热器换热量校核

选用两台（并联）管壳式换热器，则单台换热量为5834/2=2917kW。

一次水源水侧进/出水温度为32/37℃。

二次水源水侧进/出水温度为30/35℃。

一次侧水流量=2917×0.859/5=501m³/h。

二次侧水流量=2917×0.859/5=501m³/h。

所选换热器参数为：换热量2920kW，一次侧水流量500m³/h，二次侧水流量500m³/h。如若换热器串联则换热量为5843kW，则水流量为1002m³/h。

（3）2号能源站换热器换热量校核

2号能源站共4台热泵机组，热泵夏季额定制冷量为1310kW，电功率为262kW。

则换热量为：1.1×4×(1310+262)=6916kW。

选用两台管壳式换热器，则单台换热量为6916/2=3458kW。

一次水源水侧进/出水温度为32/37℃。

二次水源水侧进/出水温度为30/35℃。

一次侧水流量=3458×0.859/5=594m³/h。

二次侧水流量=3458×0.859/5=594m³/h。

所选换热器参数为：换热量3460kW，一次侧水流量600m³/h，二次侧水流量600m³/h。如若串联则换热量为6916kW，则水流量为1200m³/h。

（4）1号、2号能源站换热器技术参数

1）1号能源站换热器技术参数如表3-31所示。

1号能源站换热器技术参数　　**表3-31**

序号	名　　称	型号与规格	备　　注
1	总换热量(kW)	5834	2台串联达到总换热量
2	数量	2	

续表

序号	名　　称		型号与规格	备　　注
3	水质	管程(一次侧)	海水(氯离子3000ppm)	
		壳程(二次侧)	软水	
4	进/出水温度	管程(一次侧)(℃)	37/32	
		壳程(二次侧)(℃)	30/35	
5	压力	管程(一次侧)(MPa)	0.6	
		壳程(二次侧)(MPa)	0.6	
6	材质	管壳	Q-235	
		管及管板	TA_2 或 TA_2 复合板	
		管箱	Q-235	
		折流板		
7	换热管规格	壁厚(mm)	$1.0 \geqslant \delta \geqslant 0.5$	
		外径(mm)	$16 \geqslant \mathbb{C} \geqslant 19$	
8	换热器规格	直径(m)	$\leqslant 1.8$	
		长度(m)	$L \leqslant 9$	
9	对数温差 Δt(℃)		2	
10	污垢系数		0.086	
11	水压降	管程(一次侧)(kPa)	$\leqslant 80$	
		壳程(二次侧)(kPa)	$\leqslant 80$	

2）2号能源站换热器技术参数见表3-32。

2号能源站换热器技术参数　　　表3-32

序号	名　　称		型号与规格	备　　注
1	总换热量(kW)		6916	2台串联达到总换热量
2	数量		2	
3	水质	管程(一次侧)	海水(氯离子3000ppm)	
		壳程(二次侧)	软水	
4	进/出水温度	管程(一次侧)(℃)	37/32	
		壳程(二次侧)(℃)	30/35	
5	压力	管程(一次侧)(MPa)	0.6	
		壳程(二次侧)(MPa)	0.6	
6	材质	管壳	Q-235	
		管板	TA_2 或 TA_2 复合板	
		管箱	Q-235	
		折流板		
7	换热管规格	壁厚(mm)	$1.0 \geqslant \delta \geqslant 0.5$	
		外径(mm)	$16 \geqslant \mathbb{C} \geqslant 19$	

续表

序号	名称		型号与规格	备注
8	换热器规格	直径(m)	≤1.8	
		长度(m)	L≤9	
9	对数温差 Δt(℃)		2	
10	污垢系数		0.086	
11	水压降	管程(一次侧)(kPa)	≤80	
		壳程(二次侧)(kPa)	≤80	

4. 水处理设备计算

(1) 水质分析

1) 含氯度分析

咸潮是海水沿河道自河口向上游上溯，使受海水入侵的河流含盐度增加而发生在河流入海口特定区域的一种水文现象。咸潮上溯的远近、持续时间、含盐度的高低与河流的径流量、涨潮动力有密切关系。每年4～9月为雨季，珠江径流量丰富，海水上溯不远，珠江三角洲地区咸潮不明显；每年10月至次年3月为旱季，珠江径流量减少，咸潮对生产、生活影响显著。特枯年份含氯度为500mg/L，咸水线可达西航道、东北江干流的新塘、沙湾水道的三善滘，外江沥滘水道、浮莲岗水道处于咸潮影响范围内。根据黄埔电厂珠江水2004全年每隔1日实测含氯度资料，黄埔水道含氯度超过500mg/L的月份有6个月，如图3-33所示。

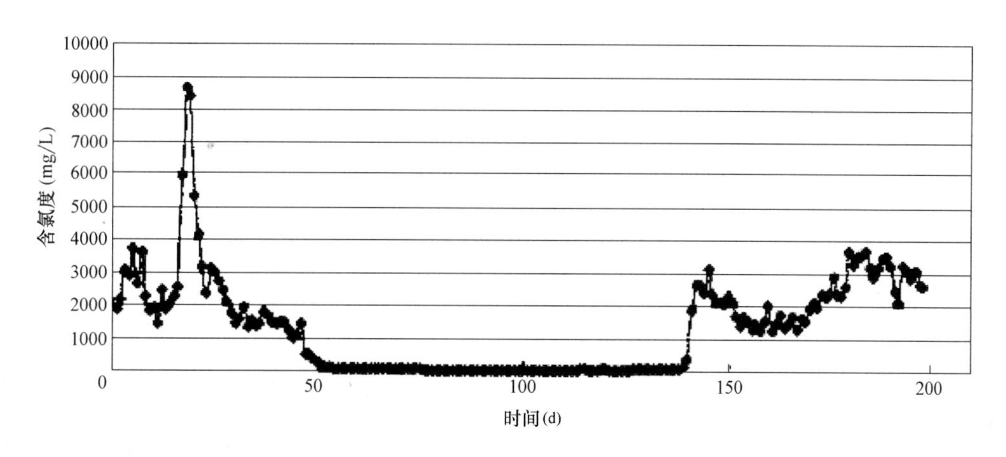

图3-33 珠江黄埔水道2004年含氯度监测结果

由于该项目取水河段来水主要为外江来水量，因此，同样受含氯度影响，水源热泵及附属设备均采用了防氯离子腐蚀的措施。

2) 含沙量分析

珠江是我国七大江河中含沙量最小的河流。据相关资料统计，全河多年平均含沙量为0.27kg/m^3。虽然含沙量较小，但由于年径流量大，全流域多年平均输沙量达8872万t。含沙量的年变化显著，汛期（4～9月）含沙量在0.14～0.53kg/m^{3}之间，非汛期的含沙量在0.02～0.07kg/m^{3}之间，一般涨水段的含沙量大于退水段的含沙量。年内的输沙量分配极不均匀，全流域汛期是输沙量高度集中的时期，汛期（4～9 月）输沙量各江平均占其年总输沙量的 88.35%～96.18%，最大月输沙量多出现于 6 月或 7 月，约占全年的 40%左右。

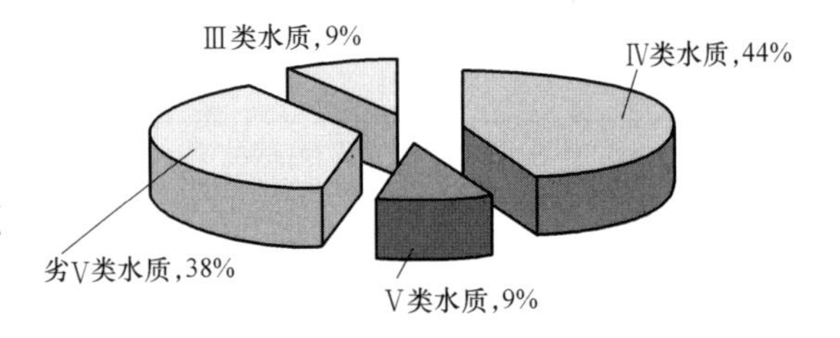

图 3-34　2003～2006 年珠江长洲段水质

3）污染物指标

该项目位于珠江的莲花山和长洲段，珠江广州段，根据全国地表水水质月报，其水质在 2003 年 6 月到 2006 年 12 月期间的监测统计数据统计结果如图 3-34 和图 3-35 所示。

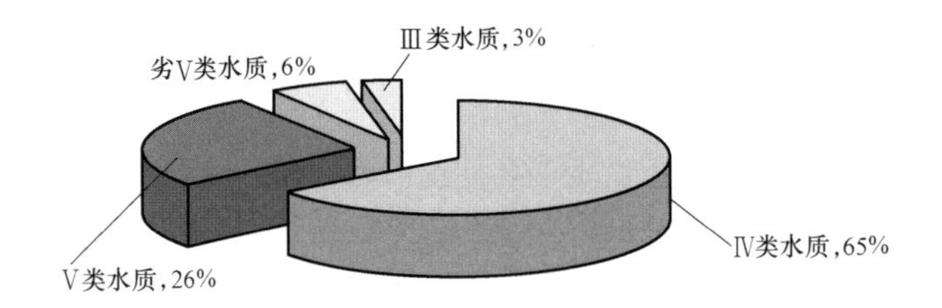

图 3-35　2003～2006 年珠江莲花山段水质

从上述图中可以看出，近几年来，珠江水在莲花山段主要是以Ⅳ类水质和Ⅴ水质为主，而长洲段水质以Ⅳ类水质和劣Ⅴ类水质为主。根据 2003 年的水质监测数据分析，番禺区水系以沙湾水道水质最好，其综合污染指数为 0.444，属于轻度污染；市桥水道、大石水道、屏山河、七沙涌和石楼河的综合污染指数为 0.522～0.767，属于中度污染；而化龙运河和砺江河的综合污染指数分别达到 1.258 和 1.333，已属于重度污染。

（2）水处理方案及流程

1）水处理流程如图 3-36 所示。

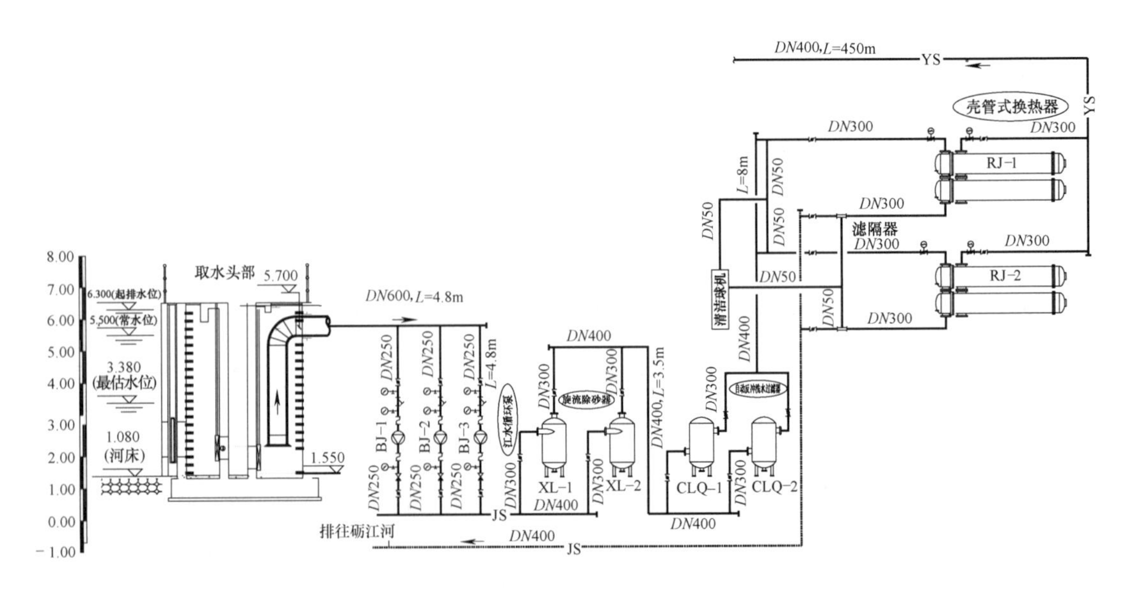

图 3-36　水处理流程原理

2）水源水处理主要措施：

① 一级处理：取水口前设置斜板过滤装置（格栅）作为一级处理，有效去除水体中大型颗粒、悬浮物等物体。防止原水中的大块漂流杂物进入水泵，阻塞通道或损坏叶轮以及换热管（板）。采用斜板式机械格栅，一般小于20目。

② 除砂处理：采用二级机械旋流除砂器，可以有效去除水中的砂子等颗粒，可有效保护设备的安全稳定运行。机械过滤器是近年来水处理行业发展较快的一种新型技术，在水源热泵系统中也正在得到越来越多的应用。但是，对于目前市场上的绝大多数过滤器而言，其可耐受的进水浊度一般仍在50 NT U以下，所以用于直接江水原水，在夏季6～9月仍有极大的困难，因而也不太适宜。此外，直接利用机械过滤器存在反冲洗等问题，维护较为复杂，对于缺少专门技术力量的开发商不太适合。综上分析，对于该项目而言，旋流除砂器作为预处理器是较为合适的可用技术。但是，目前用于湖水水源热泵系统的旋流除砂器分离粒径一般在0.1mm以上，普遍不能去除细沙，在夏季高含沙量、高浊度且细沙含量大的情况下，常常出现处理率不足和处理器堵塞等问题。目前，在矿业等领域所采用的小直径旋流除砂器对细颗粒有较好的去除效果，但其能量损失大，单个处理能力低。

③ 机械过滤处理：在该项目中，通过设置机械压滤器，过滤等级为0.03mm。在传统机械过滤器的基础上，调整过滤孔径并增加自动反冲洗功能，无需人工清洗压滤器，可以连续、有效、彻底地去除水中的毛发、短纤等悬浮物。壳体内部：防腐橡胶；壳体外部：下部需有三层防腐涂层，上部再外加纯环氧树脂涂层。清洗机构：整体全部采用SMO254钼合金材质；外部附件：连接件、导管等需采用钛合金材质。

5. 热水水箱计算

系统所需水箱总容积： $$V=1.2\left(Q-\frac{Q}{24}\times T\right)$$

二级热水站室水箱容积： $$V_2=V_S$$

一级能源站水箱容积： $$V_1=V-V_2$$

式中 V——系统所需水箱总容积，m^3；

Q——最高日用水量，m^3/d；

T——水源热泵运行时间，取16h，h；

V_1——一级能源站室水箱容积，m^3；

V_2——二级能源站室水箱容积，m^3；

V_S——太阳能最大日产热水量，m^3。

（1）技术官员村热水水箱容积计算见表3-33。

技术官员村热水水箱容积计算表 **表3-33**

计算范围	日用水量（m^3）	太阳能集热器面积（m^2）	单位集热面积最大产水量[$L/(m^2\cdot d)$]	太阳能最大日产热水量（m^3）	二级站室水箱容积（m^3）	一级站室水箱计算容积（m^3）	总贮热水箱容积（m^3）
赛时建筑	317	900	47	42.3	42	85	127
赛后已建建筑	147	900	47	42.3	42	17	59
赛后总规划建筑	1084	5000	47	235	235	199	434

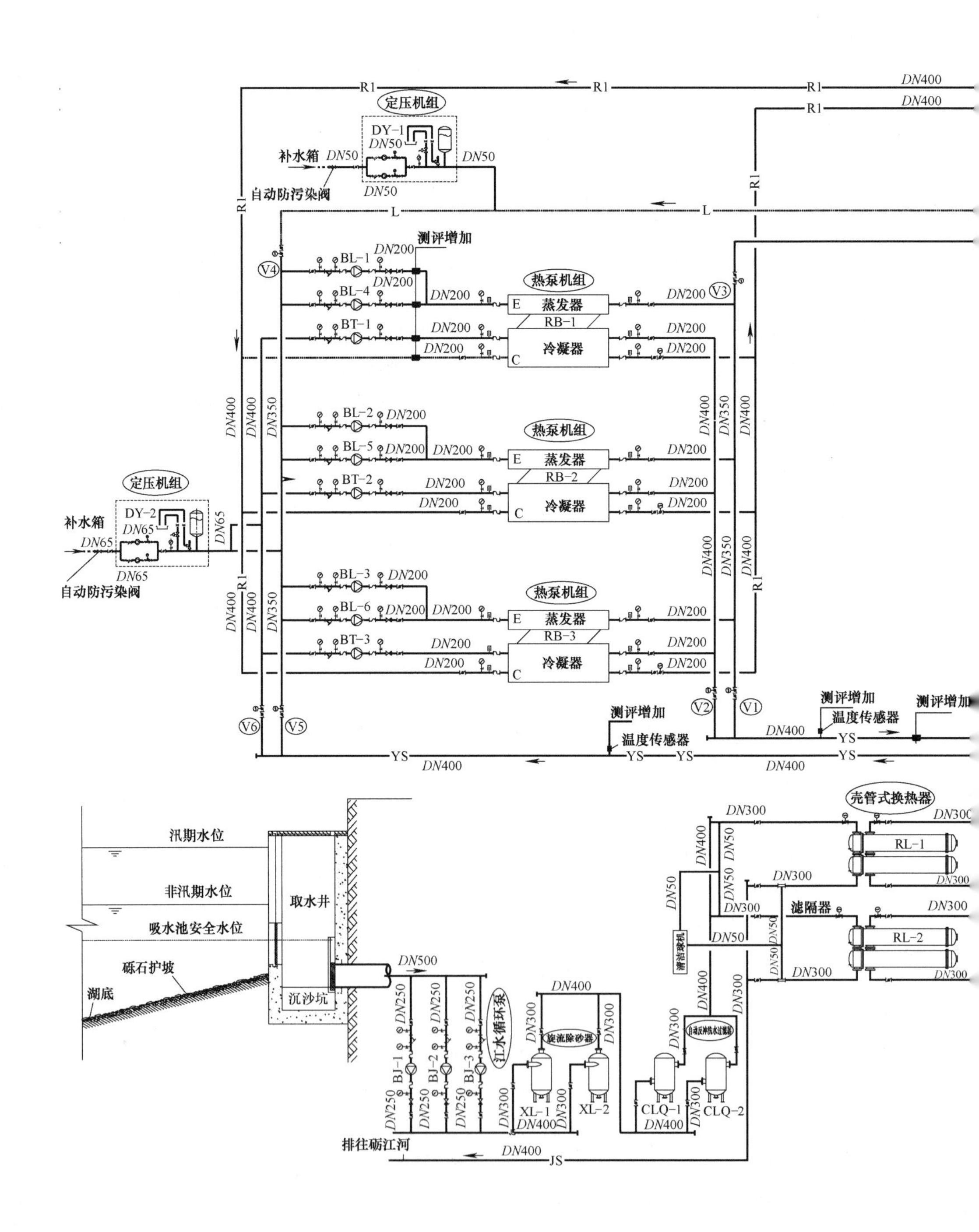
定压机组
DY-1
补水箱
自动防污染阀
测评增加
热泵机组
蒸发器
冷凝器
RB-1
RB-2
RB-3
DY-2
温度传感器
壳管式换热器
RL-1
RL-2
滤隔器
汛期水位
非汛期水位
吸水池安全水位
砾石护坡
湖底
取水井
沉沙坑
江水循环泵
旋流除砂器
XL-1
XL-2
CLQ-1
CLQ-2
排往砺江河

图 3-37　3 号能

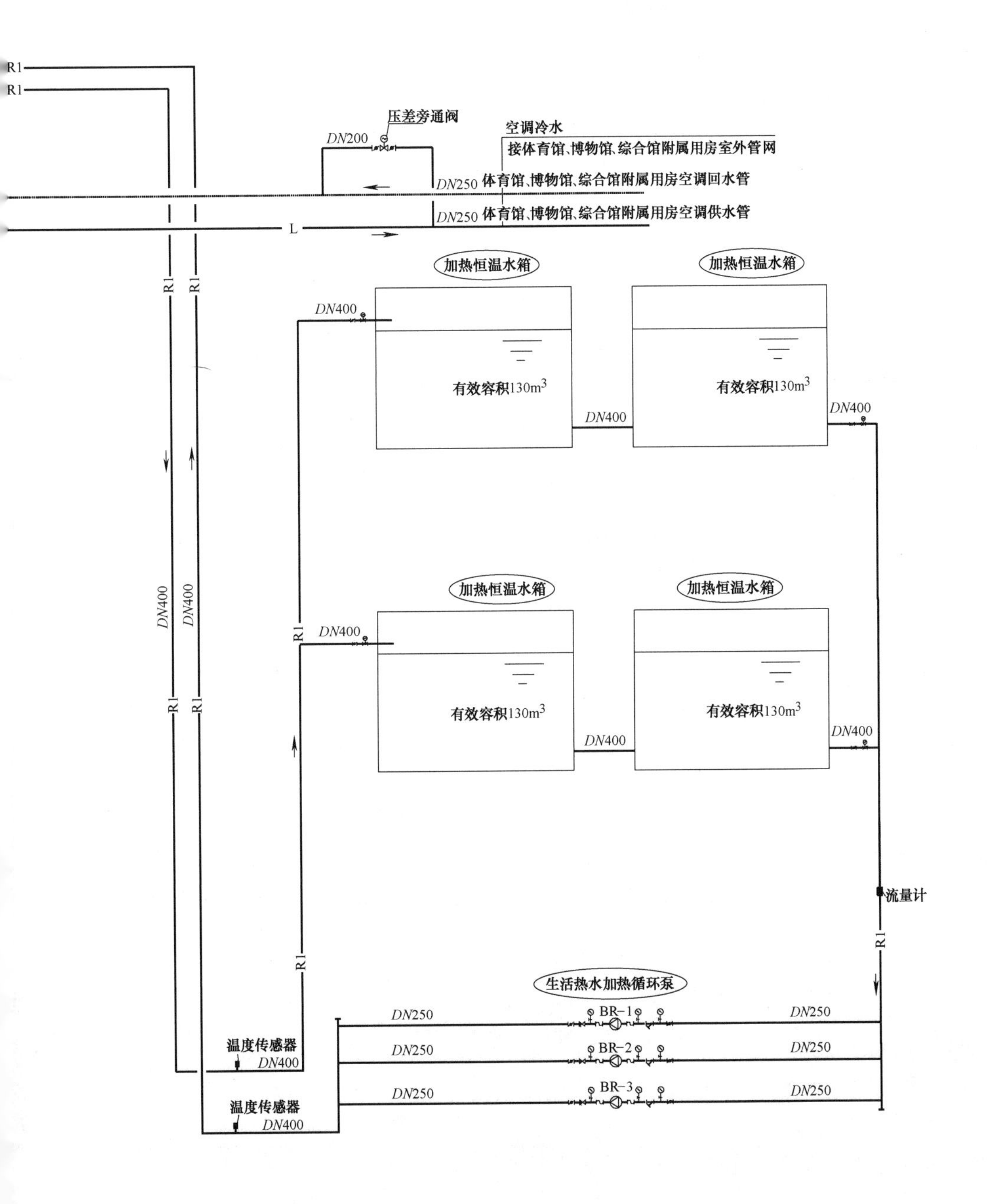

R1
R1
压差旁通阀
DN200
空调冷水
接体育馆、博物馆、综合馆附属用房室外管网
DN250 体育馆、博物馆、综合馆附属用房空调回水管
DN250 体育馆、博物馆、综合馆附属用房空调供水管
L
加热恒温水箱
加热恒温水箱
DN400
有效容积130m3
有效容积130m3
DN400
DN400
加热恒温水箱
加热恒温水箱
DN400
有效容积130m3
有效容积130m3
DN400
DN400
DN400
DN400
流量计
生活热水加热循环泵
BR-1
BR-2
BR-3
DN250
温度传感器
温度传感器

站系统原理

设计采用：技术官员村赛时设 2 个二级站室，每个站室水箱容积 40m³，1 号能源站一级站室设 2 个 100m³ 的水箱。一级站室赛后达不到设计人数时可利用其中 1 个水箱。

（2）运动员村热水水箱容积计算如表 3-34 所示。

运动员村热水水箱容积计算表　　**表 3-34**

计算范围	日用水量（m³）	太阳能集热器面积（m²）	单位集热面积最大产水量[L/(m²·d)]	太阳能最大日产热水量（m³）	二级站室水箱容积（m³）	一级站室水箱计算容积（m³）	总贮热水箱容积（m³）
赛时建筑	2073	4500	47	211.5	212	618	829
赛后已建建筑	790	4500	47	211.5	212	105	316
赛后总规划建筑	1062	5500	47	258.5	259	166	425

设计采用：运动员村赛时设 4 个二级站室，每个站室设容积为 2×60m³ 水箱，2 号能源站一级站室设 2 个 100m³ 水箱，水箱总容积 680m³，相当于约 3h 最大小时用水量，可保证赛时用水安全；赛后每个二级站室水箱容积为 60m³。

（3）媒体村热水水箱容积计算如表 3-35 所示。

媒体村热水水箱容积计算表　　**表 3-35**

计算范围	日用水量（m³）	太阳能集热器面积（m²）	单位集热面积最大产水量[L/(m²·d)]	太阳能最大日产热水量（m³）	一级站室水箱计算容积（m³）	总贮热水箱容积（m³）
赛时建筑	1146	4500	47	211.5	458	458
赛后已建建筑	613	4500	47	211.5	245	245
赛后总规划建筑	974	5000	47	235	390	390

设计采用：媒体村赛时不设二级站室，3 号一级站室设 4 个 100m³ 的水箱，水箱总容积为 400m³，可满足赛时用水安全；赛后水箱容积不变，赛后达不到设计人数时可利用其中 2 个水箱。

3.4.2　3 号能源站计算

1. 3 号能源站系统原理

3 号能源站系统原理如图 3-37 所示。

2. 水泵选型计算

（1）热泵系统主要设备表（表 3-36）

（2）泵的选型

1）冷冻水循环泵 BL-1～3

① 冷冻水循环（制冷工况）系统原理如图 3-38 所示。

② 水泵流量 Q=146×1.05=150m³/h。

③ 水泵扬程沿程阻力损失 ΔP_y 计算见表 3-37。

热泵系统主要设备表 **表 3-36**

设备种类	性能参数	台数	备注
热泵机组 RB-1～3	制冷工况：Q_c=1365kW，N=274kW 夏季制热工况：Q_h=1964kW，N=393kW 冬季制热工况：Q_h=1569kW，N=401kW 热回收工况：Q_c=1228kW，Q_h=1623kW，N=395kW	3 台	
江水热交换器 RJ-1～2	换热量 2700kW	2 台	
冷冻水循环泵 BL-1～3	Q=150m^3/h，H=56mH$_2$O，N=45kW	3 台	变频控制
冷冻水循环泵（制热工况）BL-4～6	Q=210m^3/h，H=20mH$_2$O，N=18.5kW	3 台	变频控制
冷却水循环泵 BT-1～3	Q=295m^3/h，H=26mH$_2$O，N=37kW	3 台	
江水取水泵 BJ-1～3	Q=310m^3/h，H=28mH$_2$O，N=37kW	3 台	
生活热水加热循环泵 BR-1～3	Q=355m^3/h，H=16mH$_2$O，N=22kW	3 台	变频控制
旋流除砂器	处理水量 470m^3/h	2 台	
全自动反冲洗水过滤器	处理水量 700m^3/h	2 台	

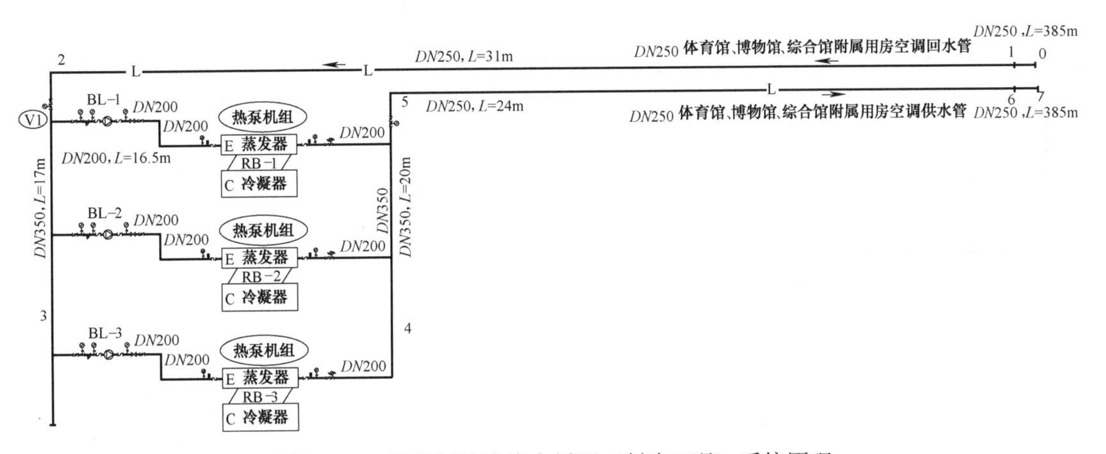

图 3-38 3 号能源站冷冻水循环（制冷工况）系统原理

3 号能源站冷冻水循环泵 BL-1～3 扬程沿程阻力损失计算表 **表 3-37**

序号	管段	流量(m^3/h)	管径	管长(m)	v(m/s)	R(Pa/m)	ΔP_y(Pa)
1	0-2	450	DN250	416	2.410	208.3	86652.8
2	2-3	450	DN350	17	1.175	32.335	549.695
3	3-4	150	DN200	16.5	1.127	57	940.5
4	4-5	450	DN350	20	1.175	32.335	646.7
5	5-7	450	DN250	409	2.410	208.3	85194.7
小计				878.5			173984

沿程阻力损失为 17.4mH$_2$O。

局部阻力损失取沿程阻力损失的 0.4 倍，即：17.4×0.4=5.3mH$_2$O。

机组阻力损失为 3.7mH$_2$O。

末端空调扬程为 24mH$_2$O。

总的阻力损失为 1.1×(17.4+5.3+3.7+24)=55.44mH_2O。

则：冷冻水循环泵 BL-1～3 的流量 Q=150m^3/h，扬程 H=56mH_2O。

2）冷冻水循环泵（制热工况）BL-4～6

① 冷冻水循环（制热工况）系统原理如图 3-39 所示。

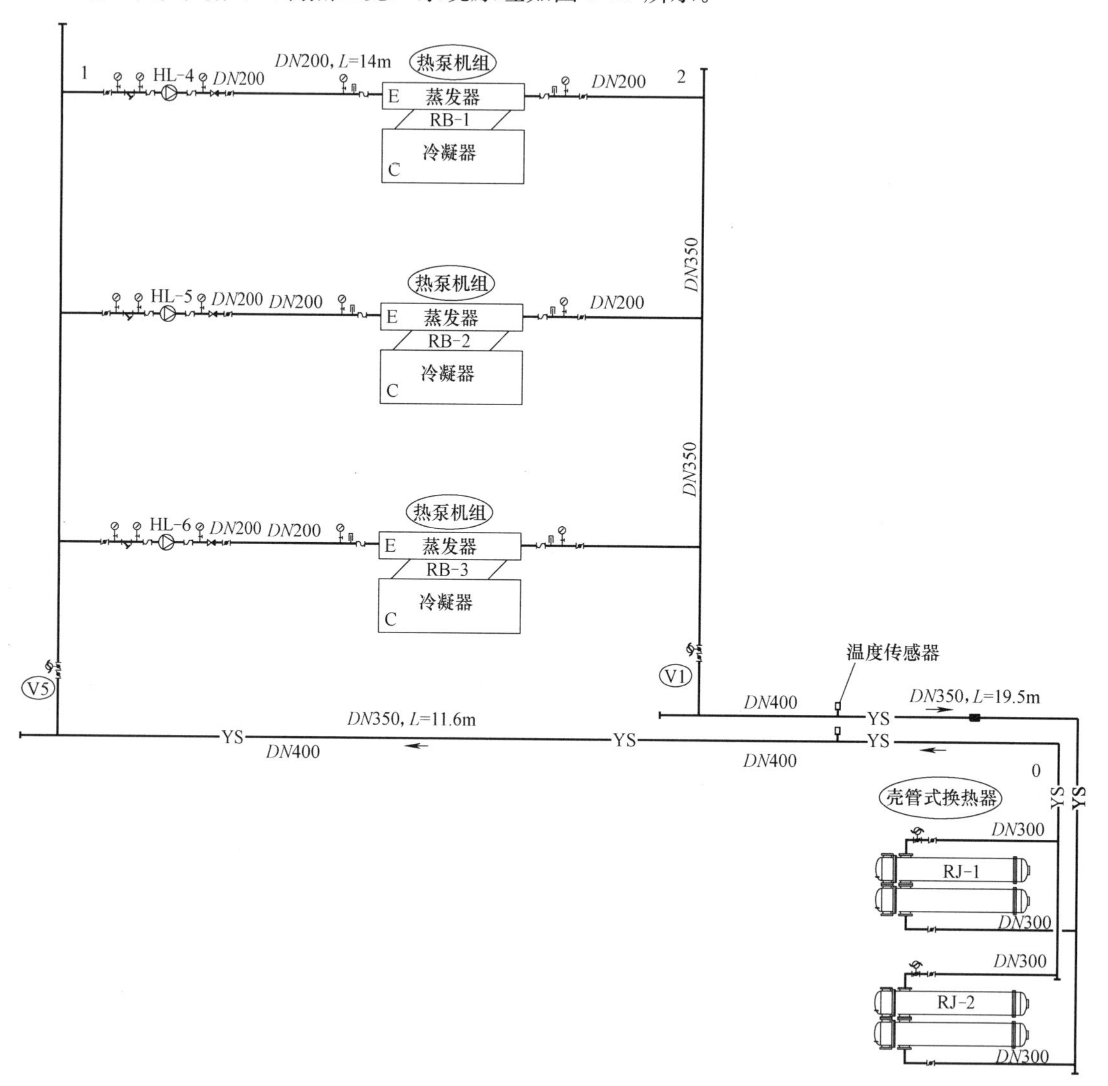

图 3-39　3 号能源站冷冻水循环（制热工况）系统原理

② 水泵流量 Q=200.8×1.05=210m^3/h。

③ 水泵扬程沿程阻力损失 ΔP_y 计算见表 3-38。

3 号能源站冷冻水循环泵 BL-4～6 扬程沿程阻力损失计算表　　**表 3-38**

序号	管段	流量(m^3/h)	管径	管长(m)	v(m/s)	R(Pa/m)	ΔP_y(Pa)
1	0-1	630	DN350	12	1.685	65.848	790.177
2	1-2	210	DN200	14	1.615	116.205	1278.256
3	2-3	630	DN350	19.5	1.685	107.523	921.874
小计				45.5			3156

沿程阻力损失 0.35mH_2O。

局部阻力损失取沿程阻力损失的 0.4 倍，即：0.35×0.4=0.14mH_2O。

换热器阻力损失为 10mH_2O。

机组阻力损失为 7.5mH_2O。

总的阻力损失为 1.1×(0.35+0.14+10+7.5)=19.8mH_2O。

则：冷冻水循环泵（制热工况）BL-4～6 的流量 Q=210m^3/h，扬程 H=20mH_2O。

3）冷却水循环泵 BT-1～3

① 冷却水循环系统原理如图 3-40 所示。

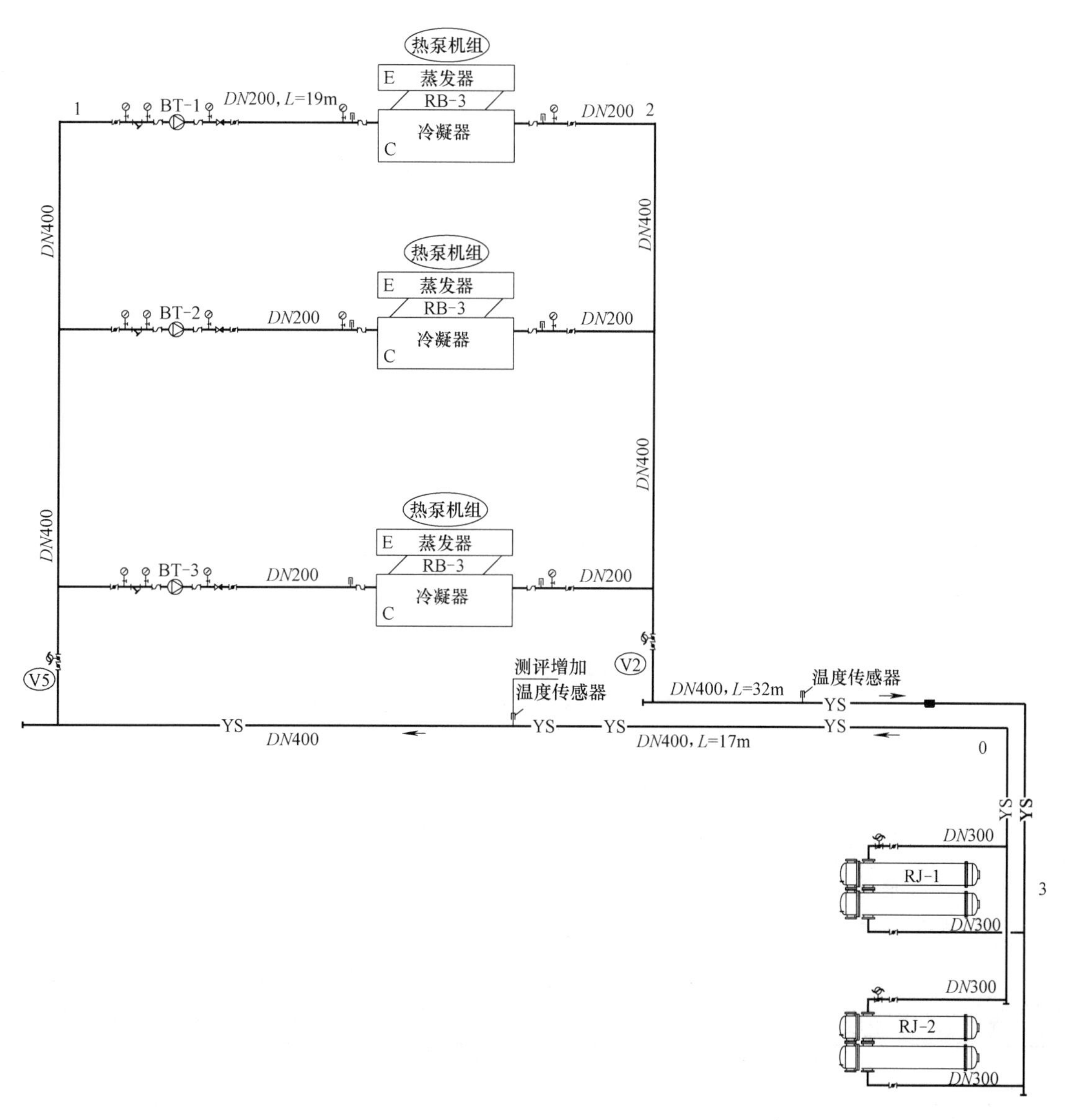

图 3-40　3 号能源站冷却水循环系统原理

② 水泵流量 Q=281×1.05=295m^3/h。

③ 水泵扬程沿程阻力损失 ΔP_y 计算见表 3-39。

3号能源站冷却水循环泵 BT-1～3 扬程沿程阻力损失计算表 　　**表 3-39**

序号	管段	流量(m^3/h)	管径	管长(m)	v(m/s)	R(Pa/m)	ΔP_y(Pa)
1	0-1	885	DN400	28	1.80	64	1792
2	1-2	295	DN200	19	2.26	217.747	4137.193
3	2-3	885	DN400	32	1.80	64	2048
小计				79			7977

沿程阻力损失 0.8mH_2O。

局部阻力损失取沿程阻力损失的 0.4 倍，即：0.8×0.4=0.32mH_2O。

机组阻力损失为 7.3mH_2O。

换热器阻力损失为 13.0mH_2O。

总的阻力损失为 1.1×(0.8+0.32+13+7.3)=23.5mH_2O。

则：冷却水循环泵 BT-1～3 的流量 Q=295m^3/h，扬程 H=26mH_2O。

4）江水取水泵 BJ-1～3

① 3 号能源站江水取水原理如图 3-41 所示。

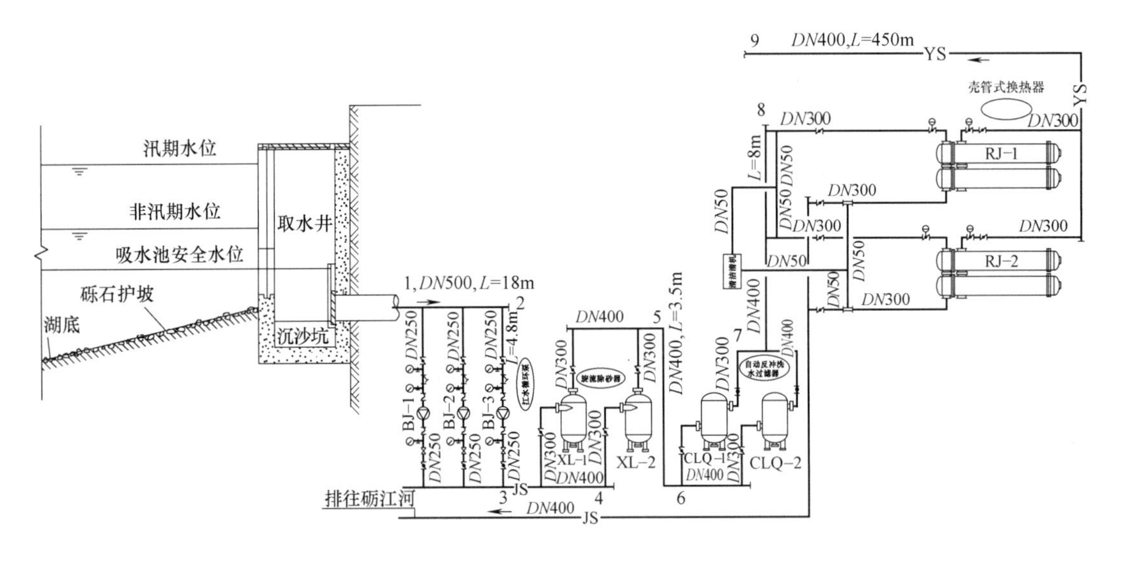

图 3-41　3 号能源站江水取水原理

② 水泵流量 Q=281×1.1=310m^3/h。

③ 水泵扬程沿程阻力损失 ΔP_y 计算见表 3-40。

3号能源站江水取水泵 BJ-1～3 扬程沿程阻力损失计算表 　　**表 3-40**

序号	管段	流量(m^3/h)	管径	管长(m)	v(m/s)	R(Pa/m)	ΔP_y(Pa)
1	0-1	930	DN500	28	1.24	23.8	666.4
2	1-2	930	DN500	18	1.24	23.8	428.4
3	2-3	310	DN250	4.8	1.66	99.522	477.7056
4	3-4	930	DN400	10	1.892	71.079	710.79
5	4-5	465	DN300	2.5	1.722	85.299	213.2475

续表

序号	管段	流量(m^3/h)	管径	管长(m)	ν(m/s)	R(Pa/m)	ΔP_y(Pa)
6	5-6	930	DN400	3.5	1.892	71.079	248.7765
7	6-7	465	DN300	2.5	1.722	85.299	213.2475
8	7-8	930	DN400	8.0	1.892	71.079	568.632
9	8-9	930	DN400	450	1.892	71.079	31985.55
小计				527			35512.7

沿程阻力损失 3.6m 水柱损失。

局部阻力损失取沿程阻力损失的 0.4 倍，即：3.6×0.4＝1.44mH_2O。

换热器阻力损失为 13mH_2O。

旋流除砂器阻力损失为 2mH_2O。

机械过滤器阻力损失为 5mH_2O。

吸水头阻力损失为 1mH_2O。

总的阻力损失：1.1×(3.6＋1.44＋13＋2＋5＋1)＝28mH_2O。

则：江水取水泵 BJ-1～3 的流量 Q＝310m^3/h，扬程 H＝28mH_2O。

5）生活热水加热循环泵 BR-1～3

① 生活热水加热循环系统原理图如图 3-42 所示。

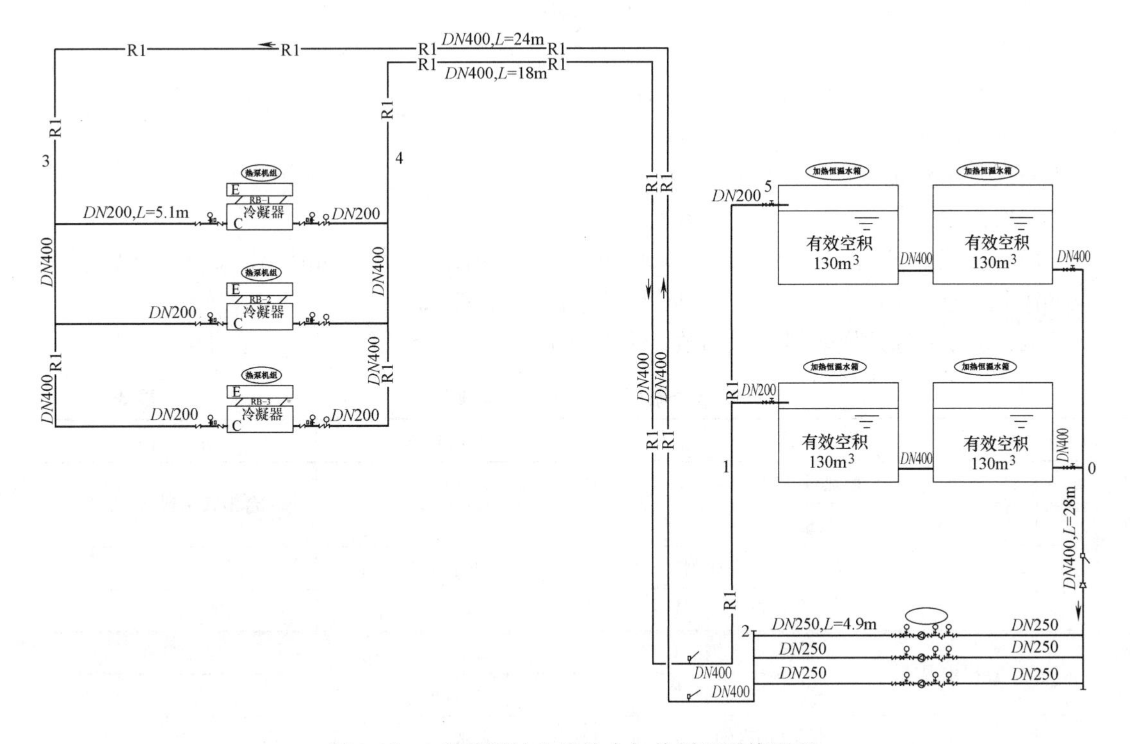

图 3-42　3 号能源站生活热水加热循环系统原理

② 水泵流量 Q＝338×1.05＝355m^3/h。

③ 水泵扬程沿程阻力损失 ΔP_y 计算见表 3-41。

3 号能源站生活热水加热循环泵 BR-1～3 扬程沿程阻力损失计算表　　**表 3-41**

序号	管段	流量(m^3/h)	管径	管长(m)	v(m/s)	R(Pa/m)	ΔP_y(Pa)
1	0-1	1065	*DN*400	28	2.166	92.996	2603.888
2	1-2	355	*DN*250	4.9	1.901	130.162	637.7938
3	2-3	1065	*DN*400	24	2.166	92.996	2231.904
4	3-4	355	*DN*250	5.1	1.901	130.162	663.8262
5	4-5	1065	*DN*400	18	2.166	92.996	1673.928
小计				80			7811.34

沿程阻力损失为 0.8mH_2O。

局部阻力损失取沿程阻力损失的 0.4 倍，即：0.8×0.4=0.32mH_2O。

机组阻力损失为 7.8mH_2O。

电动阀阻力损失为 5.0mH_2O。

总的阻力损失为 1.1×(0.8+0.32+7.8+5.0)=15.4mH_2O。

则：生活热水加热循环泵 BR-1～3 的流量 Q=355m^3/h，扬程 H=16mH_2O。

3. 3 号能源站换热器换热量校核

(1) 参数校核

3 号能源站共 3 台热泵机组，热泵夏季额定制冷量为 1365kW，电功率为 274kW。

则换热量为：1.1×3×(1365+274)=5408kW。

选用两台管壳式换热器，则单台换热量为 5408/2=2704kW。

一次水源水侧进/出水温度为 32/37℃。

二次水源水侧进/出水温度为 30/35℃。

一次侧水流量=2704×0.859/5=465m^3/h。

二次侧水流量=2704×0.859/5=465m^3/h。

所选换热器参数为：换热量为 2700kW，一次侧水流量为 470m^3/h，二次侧水流量为 470m^3/h。若串联，则换热量为 5408kW，水流量为 930m^3/h。

(2) 3 号能源站换热器技术参数（表 3-42）

3 号能源站换热技术参数表　　**表 3-42**

序号	名　称		型号与规格	备　注
1	总换热量(kW)		5408	2 台串联达到总换热量
2	数量		2	
3	水质	管程(一次侧)	海水(氯离子 3000ppm)	
		壳程(二次侧)	软水	
4	进/出水温度	管程(一次侧)(℃)	37/32	
		壳程(二次侧)(℃)	30/35	
5	压力	管程(一次侧)(MPa)	0.6	
		壳程(二次侧)(MPa)	0.6	
6	材质	管壳	Q-235	
		管板	TA_2 或 TA_2 复合板	

续表

序号	名称		型号与规格	备注
6	材质	管箱	Q-235	
		折流板		
7	换热管规格	壁厚(mm)	1.0≥δ≥0.5	
		外径(mm)	16≥Ø≥19	
8	换热器规格	直径(m)	≤1.8	
		长度(m)	L≤9	
9	对数温差 Δt(℃)		2	
10	污垢系数		0.086	
11	水压降	管程(一次侧)(kPa)	≤80	
		壳程(二次侧)(kPa)	≤80	

4. 3号能源站水处理设备计算

一次水源水流量=5408×0.859/5=930m³/h。

分别选用两台旋流除砂器和自动反冲洗过滤器，其流量为930×0.7=651m³/h，所以单台旋流除砂器的流量为470m³/h，单台自动分冲洗过滤器的流量为700m³/h。

3.4.3　一级能源站主要设备材料

一级能源站主要设备见表3-43。

一级能源站设备材料清单　　表3-43

序号	项目名称及规格型号	单位	数量	备注
太阳能+水源热泵工程				
1	热泵螺杆机组制冷量:制冷工况1472kW;热回收工况1282kW; 制热量:制热工况:冬季1653kW、夏季2095kW;热回收工况:1741kW(甲方供主材)	套	3	1号能源站
2	热泵螺杆机组制冷量:制冷工况1310kW;热回收工况1185kW; 制热量:制热工况:冬季1492kW、夏季1761.4kW;热回收工况1556kW(甲方供主材)	套	4	2号能源站
3	热泵螺杆机组制冷量:制冷工况1365kW;热回收工况1228kW; 制热量:制热工况:冬季1569.3kW、夏季1964kW;热回收工况1623kW(甲方供主材)	套	3	3号能源站
4	壳管式换热器(每套3台并联) 材质:内盘管材质采用钛合金材质 壳体采用碳钢,壳箱壁做环氧树脂防腐和衬塑,壳体外做防锈漆防腐(换热量2920kW); 一次侧江水(管程):进/出水温度30/35℃;水流量500m³/h,水侧工作压力0.6MPa,水阻力≤80kPa; 二次侧冷却水(壳程):进/出水温度37/32℃;水流量500m³/h,水侧工作压力0.6MPa,水阻力≤80kPa	套	2	钛合金 1号能源站
5	壳管式换热器(每套3台并联) 材质:内盘管材质采用钛合金材质 壳体采用碳钢,壳箱壁做环氧树脂防腐和衬塑,壳体外做防锈漆防腐(换热量2700kW);	套	2	钛合金 2号能源站

续表

序号	项目名称及规格型号	单位	数量	备注
5	一次侧江水(管程):进/出水温度30/35℃;水流量465m^3/h,水侧工作压力0.6MPa,水阻力≤80kPa; 二次侧冷却水(壳程):进/出水温度37/32℃;水流量465m^3/h,水侧工作压力0.6MPa,水阻力≤80kPa	套	2	钛合金 2号能源站
6	壳管式换热器(每套3台并联) 材质:内盘管材质采用钛合金材质 壳体采用碳钢,壳箱壁做环氧树脂防腐和衬塑,壳体外做防锈漆防腐(换热量3460kW); 一次侧江水(管程):进/出水温度30/35℃;水流量600m^3/h,水侧工作压力0.8MPa,水阻力≤80kPa; 二次侧冷却水(壳程):进/出水温度37/32℃;水流量600m^3/h,水侧工作压力0.6MPa,水阻力≤80kPa	套	2	钛合金 3号能源站
7	1号不锈钢热水水箱(加热)$V=130m^3$ (玻璃棉保温材料$\delta=100mm$)(保护层:波纹彩钢板)	套	1	
8	2号不锈钢热水水箱(恒温)$V=130m^3$,(玻璃棉保温材料$\delta=100mm$)(保护层:波纹彩钢板)	套	3	
9	玻璃钢水箱　有效容积6m^3	套	3	
10	1号不锈钢热水水箱(加热)$V=100m^3$(玻璃棉保温材料$\delta=100mm$)	套	1	
11	1号不锈钢热水水箱(加热)$V=100m^3$ (玻璃棉保温材料$\delta=100mm$)	套	1	
12	2号不锈钢热水水箱(恒温)$V=100m^3$ (玻璃棉保温材料$\delta=100mm$)	套	2	
13	2号不锈钢热水水箱(恒温)$V=130m^3$ (玻璃棉保温材料$\delta=100mm$)(保护层:波纹彩钢板)	只	2	
14	旋流除砂器(处理流量$Q=470m^3/h$,整体采用材质碳钢,聚脲喷涂防腐)	套	2	
15	旋流除砂器(处理流量$Q=500m^3/h$,整体采用材质碳钢,聚脲喷涂防腐)	套	2	
16	旋流除砂器(处理流量$Q=600m^3/h$)	套	2	
17	自动反冲洗水过滤器(处理水量470m^3/h,阻力损失50MPa,过滤精度0.03mm)	套	2	
18	自动反冲洗水过滤器(处理水量600m^3/h,阻力损失50MPa,过滤精度0.03mm)	套	2	
19	自动补水排气定压装置D-1(定压值:0.30MPa;高限压力:0.35MPa;低限压力:0.32MPa;补水泵:$Q=5m^3/h$,$H=40m$,$N=1.5kW$)	台	2	
20	自动压差反冲洗过滤器(处理水量500m^3/h,阻力损失50MPa,过滤精度0.03mm;滤芯材质316L+聚脲防腐喷涂,转轴为双相不锈钢,筒体材质碳钢+聚脲防腐)	套	2	
21	自动补水排气定压装置D-2(定压值:0.10MPa;高限压力:0.13MPa;低限压力:0.11MPa;补水泵:$Q=10m^3/h$,$H=12m$,$N=1.1kW$)	台	2	

续表

序号	项目名称及规格型号	单位	数量	备注
22	自动补水排气定压装置（两泵一罐）DY-1（定压值：0.30MPa；高限压力：0.35MPa；低限压力：0.32MPa）；补水泵：$Q=5m^3/h$，$H=48m$，$N=1.5kW$，自带控制箱	套	1	
23	自动补水排气定压装置（两泵一罐）DY-2（定压值：0.10MPa；高限压力：0.13MPa；低限压力：0.11MPa）；补水泵：$Q=5m^3/h$，$H=12m$，$N=1.1kW$，自带控制箱	套	1	
24	环保清洁球机（电压：380V，$N=3kW$）	套	3	
25	滤隔器	套	3	
26	1号能源站江水取水循环泵配套联接板及隔震器 JG-2（$Q=330m^3/h$，$H=21m$，$N=37kW$）	台	3	
27	2号能源站江水取水循环泵配套联接板及隔震器 JG-2（$Q=400m^3/h$，$H=15m$，$N=30kW$）	台	3	
28	3号能源站江水取水循环泵配套联接板及隔震器 JG-2（$Q=400m^3/h$，$H=20m$，$N=37kW$）	套	3	
29	卧式防垢离心冷冻水泵（$Q=150m^3/h$，$H=49m$，$N=37kW$）	套	3	
30	卧式防垢离心冷冻水泵（制热工况）（$Q=200m^3/h$，$H=20m$，$N=22kW$）	套	3	
31	卧式防垢离心冷却水泵（$Q=280m^3/h$，$H=21m$，$N=30kW$）	套	6	
32	卧式防垢离心冷冻水泵（$Q=170m^3/h$，$H=55m$，$N=45kW$）	台	3	
33	卧式防垢离心冷冻水泵（制热工况）（$Q=215m^3/h$，$H=20m$，$N=22kW$）	台	3	
34	生活热水加热循环泵配套联接板及隔震器 JG-2（$Q=310m^3/h$，$H=18m$，$N=30kW$）	台	4	
35	热水供水泵（$Q=30m^3/h$，$H=22m$，$N=3kW$）	台	4	
36	卧式防垢离心冷冻水泵（3相，380V，50Hz；水量：150CMH；扬程：49m；功率：37kW）	套	4	
37	卧式防垢离心冷冻水泵（制热工况）（3相，380V，50Hz；水量：200CMH；扬程：20m；功率：22kW）	套	4	
38	卧式防垢离心冷却水泵（3相，380V，50Hz；水量：280CMH；扬程：21m；功率：30kW）	套	4	
39	一级泵房热水给水泵配套联接板及隔震器 JG-2（$Q=30m^3/h$，$H=22m$，$N=3kW$）	套	3	
40	一级泵房热水给水泵配套联接板及隔震器 JG-2（$Q=30m^3/h$，$H=22m$，$N=3kW$）	套	4	
41	生活热水加热循环泵配套联接板及隔震器 JG-2（$Q=380m^3/h$，$H=18m$，$N=37kW$）	台	3	
42	生活热水加热循环泵自带变频控制柜\配套联接板及隔震器 JG-2（$Q=310m^3/h$，$H=18m$，$N=30kW$）	套	3	
43	一级泵房生活热水加热循环泵配套联接板及隔震器 JG-2（$Q=30m^3/h$；$H=22m$，$N=3kW$）	套	3	

续表

序号	项目名称及规格型号	单位	数量	备注
44	高区生活热水加热循环泵自带变频控制柜\配套联接板及隔震器JG-2(流量35m^3/h;扬程100m)	套	4	
45	低区生活热水加热循环泵自带变频控制柜\配套联接板及隔震器JG-2(流量45m^3/h;扬程80m)	套	4	
46	排水泵(Q=10m^3/h,H=10m,N=2.2kW)(随机配控制电箱)	台	4	
47	排水泵(Q=40m^3/h,H=15m,N=4kW)(随机配控制电箱)	台	4	
48	分水器ϕ600　3m	套	1	
49	集水器ϕ600　3m	套	1	
50	304不锈钢生活热水管ϕ48×2.8(氩弧焊连接,用TIG焊熔焊接成"无接头连接"的连接方式)(难燃B1级发泡闭孔橡塑保温材料δ=50mm)	m	21.00	
51	304不锈钢生活热水管ϕ76×2.5(氩弧焊连接,用TIG焊熔焊接成"无接头连接"的连接方式)(难燃B1级发泡闭孔橡塑保温材料δ=50mm)	m	3.00	
52	304不锈钢生活热水管ϕ89×3.0(氩弧焊连接,用TIG焊熔焊接成"无接头连接"的连接方式)(难燃B1级发泡闭孔橡塑保温材料δ=50mm)	m	66.50	
53	304不锈钢生活热水管ϕ108×3(氩弧焊连接,用TIG焊熔焊接成"无接头连接"的连接方式)(难燃B1级发泡闭孔橡塑保温材料δ=50mm)	m	223.00	
54	304不锈钢生活热水管ϕ133×3(氩弧焊连接,用TIG焊熔焊接成"无接头连接"的连接方式)(难燃B1级发泡闭孔橡塑保温材料δ=50mm)	m	88.00	
55	304不锈钢生活热水管ϕ159×3(氩弧焊连接,用TIG焊熔焊接成"无接头连接"的连接方式)(难燃B1级发泡闭孔橡塑保温材料δ=50mm)	m	148.70	
56	304不锈钢生活热水管ϕ219×4(氩弧焊连接,用TIG焊熔焊接成"无接头连接"的连接方式)(难燃B1级发泡闭孔橡塑保温材料δ=50mm)	m	158.80	
57	304不锈钢水源热泵供热热水管ϕ273×5(氩弧焊连接,用TIG焊熔焊接成"无接头连接"的连接方式)(难燃B1级发泡闭孔橡塑保温材料δ=50mm)	m	71.70	
58	304不锈钢生活热水管ϕ325×7.5(氩弧焊连接,用TIG焊熔焊接成"无接头连接"的连接方式)(难燃B1级发泡闭孔橡塑保温材料δ=50mm)	m	11.00	
59	304不锈钢水源热泵供热水管ϕ426×10.5(氩弧焊连接,用TIG焊熔焊接成"无接头连接"的连接方式)(难燃B1级发泡闭孔橡塑保温材料δ=50mm)	m	381.00	
60	高质给水管DN125(难燃B1级发泡闭孔橡塑保温材料δ=10mm)	m	43.60	
61	高质给水管DN150(难燃B1级发泡闭孔橡塑保温材料δ=10mm)	m	151.50	
62	高质给水管DN25(难燃B1级发泡闭孔橡塑保温材料δ=10mm)	m	18.00	
63	高质给水管DN50(难燃B1级发泡闭孔橡塑保温材料δ=10mm)	m	118.90	

续表

序号	项目名称及规格型号	单位	数量	备注
64	高质给水管 DN65(难燃 B1 级发泡闭孔橡塑保温材料 δ=10mm)	m	220.70	
65	冷冻水焊接钢管 ϕ108×4(难燃 B1 级发泡闭孔橡塑保温材料 δ=50mm)	m	61.00	
66	冷冻水焊接钢管 ϕ219×6(难燃 B1 级发泡闭孔橡塑保温材料 δ=50mm)	m	466.40	
67	冷冻水焊接钢管 ϕ273×6(难燃 B1 级发泡闭孔橡塑保温材料 δ=50mm)	m	160.60	
68	冷冻水焊接钢管 ϕ325×8(难燃 B1 级发泡闭孔橡塑保温材料 δ=50mm)	m	111.50	
69	冷冻水焊接钢管 ϕ377×10(难燃 B1 级发泡闭孔橡塑保温材料 δ=50mm)	m	150.20	
70	冷冻水焊接钢管 ϕ473×11(难燃 B1 级发泡闭孔橡塑保温材料 δ=50mm)	m	57.50	
71	冷却水焊接钢管 ϕ108×4	m	52.00	
72	冷却水焊接钢管 ϕ219×6	m	221.90	
73	冷却水焊接钢管 ϕ325×8	m	37.80	
74	冷却水焊接钢管 ϕ426×11	m	251.40	
75	水源水取水管道 DN250	m	51.30	
76	水源水取水管道 DN300	m	98.00	
77	水源水取水管道 DN500	m	77.80	
78	水源水取水管道 DN600	m	17,80	
79	水源水取水管道 DN65	m	127.70	
80	水源水取退水管 DN350	m	4	
81	水源水取水管道 DN400	m	98	
82	排水管 DN100	m	46.8	
83	排水管 DN50	m	7.6	
84	排水管 DN80	m	36.8	
85	冷凝水管 DN50(橡塑保温套管 δ=20)	m	98.5	
86	成套压差旁通阀 DN200(法兰连接)(难燃 B1 级发泡闭孔橡塑保温材料 δ=50mm)	个	1	
87	成套压差旁通阀 DN250(法兰连接)(难燃 B1 级发泡闭孔橡塑保温材料 δ=50mm)	个	1	
88	成套压差旁通阀 DN300(法兰连接)(难燃 B1 级发泡闭孔橡塑保温材料 δ=50mm)	个	1	
89	球墨铸铁平衡阀 DN100 (法兰连接)(难燃 B1 级发泡闭孔橡塑保温材料 δ=50mm)	个	1	
90	球墨铸铁平衡阀 DN300 (法兰连接) (难燃 B1 级发泡闭孔橡塑保温材料 δ=50mm)	个	1	
91	球墨铸铁除污器 DN250	个	19	

续表

序号	项目名称及规格型号	单位	数量	备注
92	球墨铸铁除污器 DN250(法兰连接)(难燃 B1 级发泡闭孔橡塑保温材料 δ=50mm)	个	4	
93	球墨铸铁电动阀 DN80	个	2	
94	球墨铸铁电动阀 DN125(难燃 B1 级发泡闭孔橡塑保温材料 δ=50mm)	个	8	
95	球墨铸铁电动阀 DN150(难燃 B1 级发泡闭孔橡塑保温材料 δ=50mm)	个	14	
96	球墨铸铁电动阀 DN200(难燃 B1 级发泡闭孔橡塑保温材料 δ=50mm)	个	26	
97	球墨铸铁电动阀 DN300(难燃 B1 级发泡闭孔橡塑保温材料 δ=50mm)	个	17	其中12个为换热器材质、形式设计变更配套增加
98	球墨铸铁电动阀 DN350(难燃 B1 级发泡闭孔橡塑保温材料 δ=50mm)	个	10	
99	球墨铸铁电动阀 DN400(难燃 B1 级发泡闭孔橡塑保温材料 δ=50mm)	个	20	
100	球墨铸铁电动阀 DN450(难燃 B1 级发泡闭孔橡塑保温材料 δ=50mm)	个	2	
101	球墨铸铁蝶阀 DN100(难燃 B1 级发泡闭孔橡塑保温材料 δ=50mm)	个	49	
102	球墨铸铁蝶阀 DN125(难燃 B1 级发泡闭孔橡塑保温材料 δ=50mm)	个	6	
103	球墨铸铁蝶阀 DN150(难燃 B1 级发泡闭孔橡塑保温材料 δ=50mm)	个	8	
104	球墨铸铁蝶阀 DN200(难燃 B1 级发泡闭孔橡塑保温材料 δ=50mm)	个	108	
105	球墨铸铁蝶阀 DN250(难燃 B1 级发泡闭孔橡塑保温材料 δ=50mm)	个	52	
106	球墨铸铁蝶阀 DN300(难燃 B1 级发泡闭孔橡塑保温材料 δ=50mm)	个	26	
107	球墨铸铁蝶阀 DN350(难燃 B1 级发泡闭孔橡塑保温材料 δ=50mm)	个	15	
108	球墨铸铁蝶阀 DN400(难燃 B1 级发泡闭孔橡塑保温材料 δ=50mm)	个	15	
109	球墨铸铁蝶阀 DN450(难燃 B1 级发泡闭孔橡塑保温材料 δ=50mm)	个	5	
110	球墨铸铁蝶阀 DN50	个	6	
111	球墨铸铁蝶阀 DN65	个	8	
112	球墨铸铁蝶阀 DN80	个	4	
113	球墨铸铁蝶阀 DN150	个	12	

续表

序号	项目名称及规格型号	单位	数量	备注
114	球墨铸铁蝶阀 DN250	个	18	
115	球墨铸铁蝶阀 DN400	个	9	
116	球墨铸铁蝶阀 DN500	个	4	
117	球墨铸铁蝶阀 DN600	个	2	
118	球墨铸铁消声止回阀 DN80	个	8	
119	球墨铸铁消声止回阀 DN100	个	54	
120	球墨铸铁消声止回阀 DN125	个	8	
121	球墨铸铁止回阀 DN200(难燃 B1 级发泡闭孔橡塑保温材料 δ=50mm)	个	30	
122	球墨铸铁止回阀 DN250	个	9	
123	球墨铸铁止回阀 DN250(难燃 B1 级发泡闭孔橡塑保温材料 δ=50mm)	个	19	
124	球墨铸铁止回阀 DN300	个	8	
125	球墨铸铁止回阀 DN350	个	2	
126	球墨铸铁自动防污染阀 DN50	个	3	
127	球墨铸铁自动防污染阀 DN65	个	3	
128	水表安装 DN400	个	3	
129	水表安装 DN65	个	3	
130	截止阀 DN25	个	41	
131	截止阀 DN50	个	2	
132	截止阀 DN65	个	1	
133	截止阀 DN100(法兰连接)(难燃 B1 级发泡闭孔橡塑保温材料 δ=50mm)	个	15	
134	铜球阀 DN50	个	5	
135	铜球阀 DN65	个	19	
136	吸气阀 DN50	个	2	
137	浸入式温度传感器	个	12	
138	压力仪表 P=0～1.6MPa 带 DN15 仪表阀	套	375	
139	温度仪表 0～100℃带钢保护套	套	88	

3.5 二级能源站设计

3.5.1 技术官员村二级能源站设计

技术官员村分南北两个区，各设 1 个二级能源站，二级能源站内设置生活热水箱和变频泵组，供应生活热水。生活热水箱贮存全部屋顶太阳能集热器热水量，当太阳能热水不足时，由 1 号能源站转输供应水源热泵热水至生活水箱；当水箱温度降低到 48℃时，水箱热水由循环泵抽至 1 号能源站，由水源热泵进行加热。二级能源站主要设备材料如表 3-44 所示。

技术官员村二级能源站主要设备材料表　　表 3-44

序号	设备名称	单位	数量	备注
南区				
1	热水表，DN80	块	1	DN100
2	电动阀 M4，DN100	个	1	
3	电动阀 M5，DN100	个	2	
4	热水箱，50m^3	个	1	100mm 厚外保温
5	热水供水泵，Q=30m^3/h，H=58m，N=7.5kW	台	3	两用一备
6	液位计	个	4	
北区				
1	热水表，DN80	块	1	DN100
2	电动阀 M4，DN100	个	1	
3	电动阀 M5，DN100	个	2	
4	热水箱，50m^3	个	1	100mm 厚外保温
5	热水供水泵，Q=30m^3/h，H=58m，N=7.5kW	台	3	两用一备
6	液位计	个	4	

3.5.2　运动员村二级能源站设计

运动员村分 4 个区（组团），各设 1 个二级能源站，二级能源站内设置生活热水箱和变频泵组，供应生活热水。生活热水箱贮存全部屋顶太阳能集热器热水量，当太阳能热水不足时，由 2 号能源站转输供应水源热泵热水至生活水箱；当水箱温度降低到 48℃时，水箱热水由循环泵抽至 1 号能源站，由水源热泵进行加热。二级能源站主要设备材料如表 3-45 所示。

运动员村二级能源站主要设备材料表　　表 3-45

序号	设备名称	单位	数量	备注
运动员村 1 区				
1	热水表	块	1	DN100
2	电动阀 M4	个	1	
3	电动阀 M5	个	2	
4	热水箱，30m^3	个	1	100mm 厚外保温
5	热水箱，90m^3	个	1	100mm 厚外保温
6	热水供水泵，Q=49m^3/h，H=70m，N=18.5kW	台	3	两用一备
7	液位计	个	4	
运动员村 2 区				
8	电动阀 M5	个	2	
9	热水箱，50m^3	个	2	100mm 厚外保温

续表

序号	设备名称	单位	数量	备　注
10	电动阀 M4	个	1	
11	热水表	块	1	*DN*100
12	热水供水泵，Q=61m^3/h，H=70m，N=18.5kW	台	3	两用一备
13	液位计	个	4	
运动员村3区				
14	电动阀 M4	个	1	
15	电动阀 M5	个	2	
16	热水表	块	1	*DN*100
17	热水箱，100m^3	个	1	100mm 厚外保温
18	热水供水泵，Q=56m^3/h，H=70m，N=18.5kW	台	3	两用一备
19	液位计	个	4	
运动员村4区				
20	电动阀 M5	个	2	
21	热水箱，50m^3	个	2	100mm 厚外保温
22	热水表	块	1	*DN*100
23	电动阀 M4	个	1	
24	热水供水泵，Q=61m^3/h，H=70m，N=18.5kW	台	3	两用一备
25	液位计	个	4	
技术官员村北区				
26	热水箱，50m^3，3000mm×11000mm×2000mm	个	1	100mm 厚外保温
27	热水表，*DN*80	块	1	
28	电动阀，M4	个	1	
29	热水供水泵，Q=30m^3/h，H=58m，N=7.5kW	台	3	两用一备
30	液位计	个	1	
技术官员村南区				
31	热水箱，50m^3，3000mm×11000mm×2000mm	个	1	100mm 厚外保温
32	热水表，*DN*80	块	1	
33	电动阀，M4	个	1	
34	热水供水泵，Q=30m^3/h，H=58m，N=7.5kW	台	3	两用一备
35	液位计	个	1	

3.6　热水供水管道系统设计

3.6.1　技术官员村室外管网

技术官员村室外管道布置及计算简图如图 3-43 所示（以北区为例），其赛时室外热水管网水力计算见表 3-46。

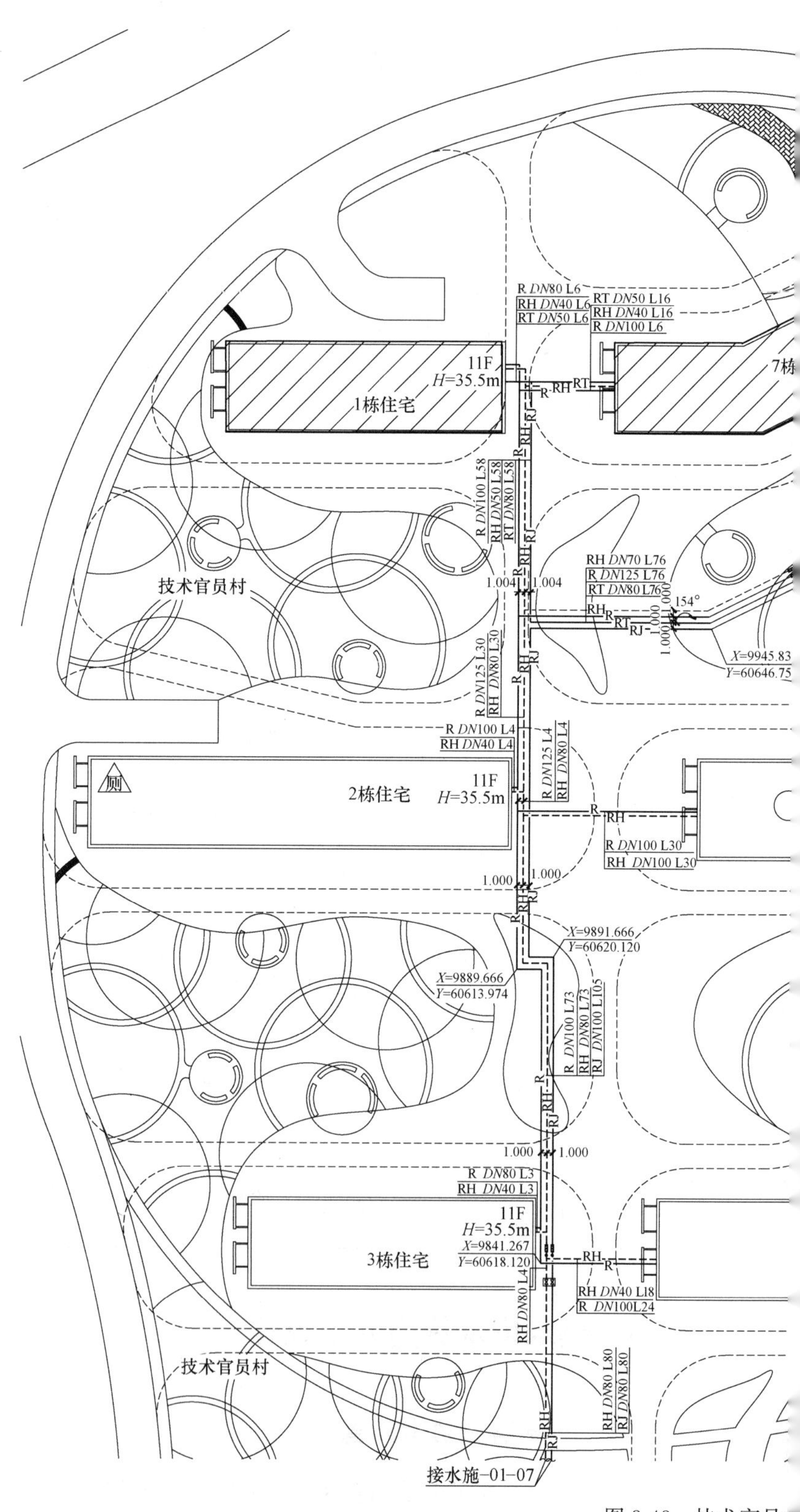

R DN80 L6
RH DN40 L6
RT DN50 L6
RT DN50 L16
RH DN40 L16
R DN100 L6
11F
H=35.5m
1栋住宅
7栋
R DN100 L58
RH DN50 L58
RT DN80 L58
技术官员村
RH DN70 L76
R DN125 L76
RT DN80 L76
154°
X=9945.83
Y=60646.75
R DN125 L30
RH DN80 L30
R DN100 L4
RH DN40 L4
R DN125 L4
RH DN80 L4
11F
H=35.5m
2栋住宅
厕
R DN100 L30
RH DN100 L30
X=9891.666
Y=60620.120
X=9889.666
Y=60613.974
R DN100 L73
RH DN80 L73
RJ DN100 L105
R DN80 L3
RH DN40 L3
11F
H=35.5m
X=9841.267
Y=60618.120
3栋住宅
RH DN80 L4
RH DN40 L18
R DN100L24
技术官员村
RH DN80 L80
RJ DN80 L80
接水施-01-07

图 3-43　技术官员

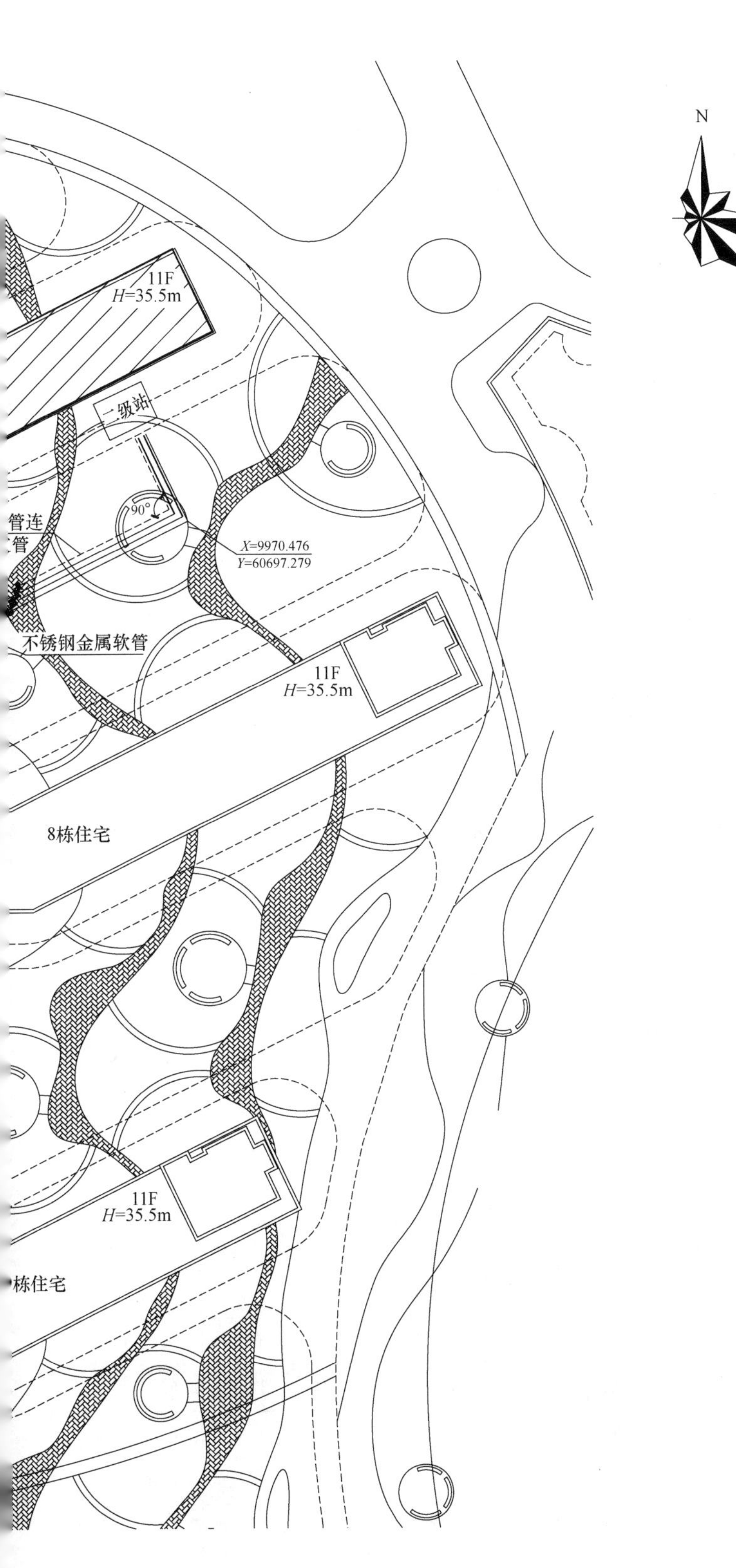

N
11F
H=35.5m
二级站
90°
管连
管
X=9970.476
Y=60697.279
不锈钢金属软管
11F
H=35.5m
8栋住宅
11F
H=35.5m
栋住宅

外管道布置简图

技术官员村赛时室外热水管网水力计算　　表 3-46

管段编号	当量	累计当量	设计秒流量(L/s)	公称直径(mm)	计算内径(mm)	流速(m/s)	海澄威廉系数 C_n	水力坡度 i(kPa/m)	55℃对应 i(kPa/m)	管段长(m)	管段损失 h_i(m)
技术官员村北区											
0～1	222.00	222.0	7.45	70	71	1.88	130	0.59	0.48	25.00	1.56
1～2	148.00	370.0	9.62	80	83	1.78	130	0.44	0.36	73.00	3.42
2～3	296.00	666.0	12.90	80	83	2.38	130	0.76	0.62	4.00	0.32
3～4	222.00	888.0	14.90	100	102	1.82	130	0.36	0.30	29.00	1.12
4～5	370.00	1258.0	17.73	100	102	2.17	131	0.49	0.40	100.00	5.25
											11.68

3.6.2　运动员村室外管网

运动员村室外管道布置及计算简图如图 3-44 所示（以 4 区为例），其赛时室外热水管网水力计算见表 3-47。

运动员村赛时室外热水管网水力计算　　表 3-47

管段编号	当量	累计当量	设计秒流量(L/s)	公称直径(mm)	计算内径(mm)	流速(m/s)	海澄威廉系数 C_n	水力坡度 i(kPa/m)	55℃对应 i(kPa/m)	管段长(m)	管段损失 h_i(m)
运动员村 4 区低区											
低区 0～1	32.00	32.0	2.83	50	52	1.33	130	0.45	0.37	49.00	2.33
1～2	17.00	49.00	3.50	70	71	0.88	130	0.14	0.12	1.00	0.02
2～3	32.00	81.00	4.50	80	83	0.83	130	0.11	0.09	10.00	0.11
3～4	32.00	113.00	5.32	80	83	0.98	130	0.15	0.12	8.00	0.13
4～5	17.00	130.00	5.70	100	102	0.70	130	0.06	0.05	15.00	0.10
5～6	32.00	162.00	6.36	100	102	0.78	130	0.08	0.06	2.50	0.02
6～7	17.00	179.00	6.69	100	102	0.82	130	0.08	0.07	18.00	0.16
7～8	17.00	196.00	7.00	125	127	0.55	130	0.03	0.03	32.00	0.11
8～9	38.00	234.00	7.65	125	127	0.60	130	0.04	0.03	15.50	0.06
9～10	17.00	251.00	7.92	125	127	0.63	130	0.04	0.03	6.00	0.02
10～11	32.00	283.00	8.41	125	127	0.66	130	0.04	0.04	12.00	0.06
11～12	17.00	300.00	8.66	150	127	0.68	130	0.05	0.04	9.00	0.04
12～13	32.00	332.00	9.11	150	127	0.72	130	0.05	0.04	9.00	0.05
13～14	17.00	349.00	9.34	150	127	0.74	130	0.05	0.04	19.50	0.11
14～15	32.00	381.00	9.76	150	153	0.53	130	0.02	0.02	14.00	0.03

续表

管段编号	当量	累计当量	设计秒流量(L/s)	公称直径(mm)	计算内径(mm)	流速(m/s)	海澄威廉系数 C_n	水力坡度 i(kPa/m)	55℃对应 i(kPa/m)	管段长(m)	管段损失 h_i(m)
15～16	201.00	582.00	12.06	150	153	0.66	130	0.03	0.03	73.00	0.26
16～17	72.00	654.00	12.79	150	153	0.70	130	0.04	0.03	12.00	0.05
17～18	582.00	1236.00	17.58	150	153	0.96	130	0.07	0.06	8.00	0.06
											3.65
运动员村4区高区											
高区0～1	32.00	32.0	2.83	50	52	1.33	130	0.45	0.37	49.00	2.33
1～2	17.00	49.00	3.50	70	71	0.88	130	0.14	0.12	1.00	0.02
2～3	32.00	81.00	4.50	80	83	0.83	130	0.11	0.09	10.00	0.11
3～4	32.00	113.00	5.32	80	83	0.98	130	0.15	0.12	8.00	0.13
4～5	17.00	130.00	5.70	100	102	0.70	130	0.06	0.05	15.00	0.10
5～6	32.00	162.00	6.36	100	102	0.78	130	0.08	0.06	2.50	0.02
6～7	17.00	179.00	6.69	100	102	0.82	130	0.08	0.07	18.00	0.16
7～8	17.00	196.00	7.00	125	127	0.55	130	0.03	0.03	32.00	0.11
8～9	60.80	256.80	8.01	125	127	0.63	130	0.04	0.03	15.50	0.07
9～10	17.00	273.80	8.27	125	127	0.65	130	0.04	0.03	6.00	0.03
10～11	32.00	305.80	8.74	125	127	0.69	130	0.05	0.04	12.00	0.06
11～12	17.00	322.80	8.98	150	127	0.71	130	0.05	0.04	9.00	0.05
12～13	32.00	354.80	9.42	150	127	0.74	130	0.05	0.04	9.00	0.05
13～14	17.00	371.80	9.64	150	127	0.76	130	0.06	0.05	19.50	0.12
14～15	32.00	403.80	10.05	150	153	0.55	130	0.02	0.02	14.00	0.04
15～16	243.60	647.40	12.72	150	153	0.69	130	0.04	0.03	73.00	0.29
16～17	94.80	742.20	13.62	150	153	0.74	130	0.04	0.03	12.00	0.05
17～18	627.60	1369.80	18.51	150	153	1.01	130	0.08	0.06	8.00	0.06
											3.71

3.6.3 媒体村室外管网

媒体村室外管线布置及计算简图如图 3-45～图 3-47 所示，其赛时室外热水管网水力计算如表 3-48 所示。

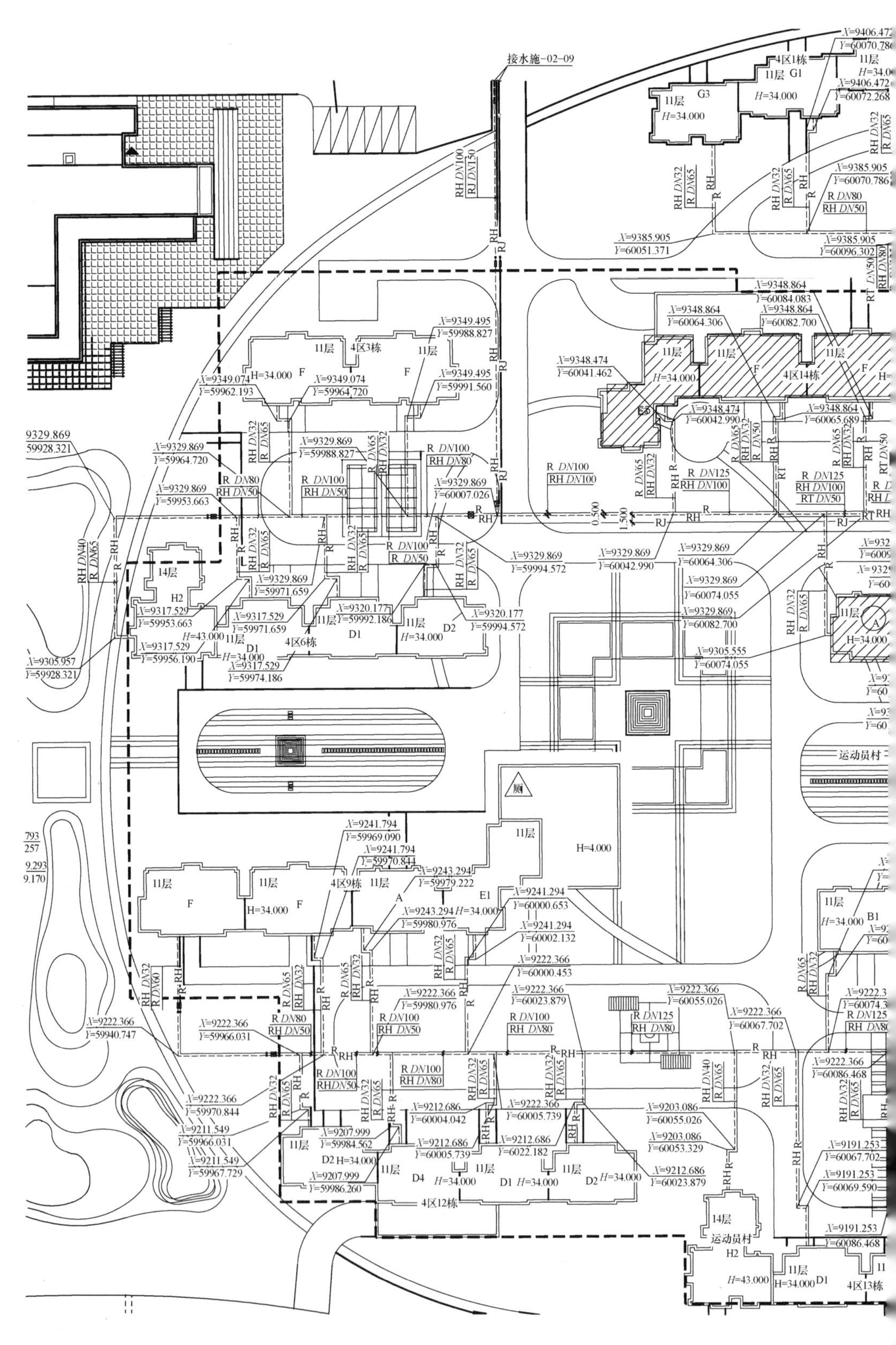

接水施-02-09
4区1栋
11层
G1
G3
H=34.000
4区3栋
4区14栋
4区6栋
4区9栋
4区12栋
4区13栋
14层
H2
H=43.000
D1
D2
D4
E1
E3
B1
H=4.000
运动员村
厕
RH DN100
RJ DN150
R DN100
RH DN100
R DN125
RH DN100
RT DN50
R DN80
RH DN50
RH DN32
R DN65
X=9329.869
Y=59994.572
X=9329.869
Y=60042.990
X=9222.366
Y=60023.879
X=9212.686
Y=60023.879

图 3-44　运动员村室

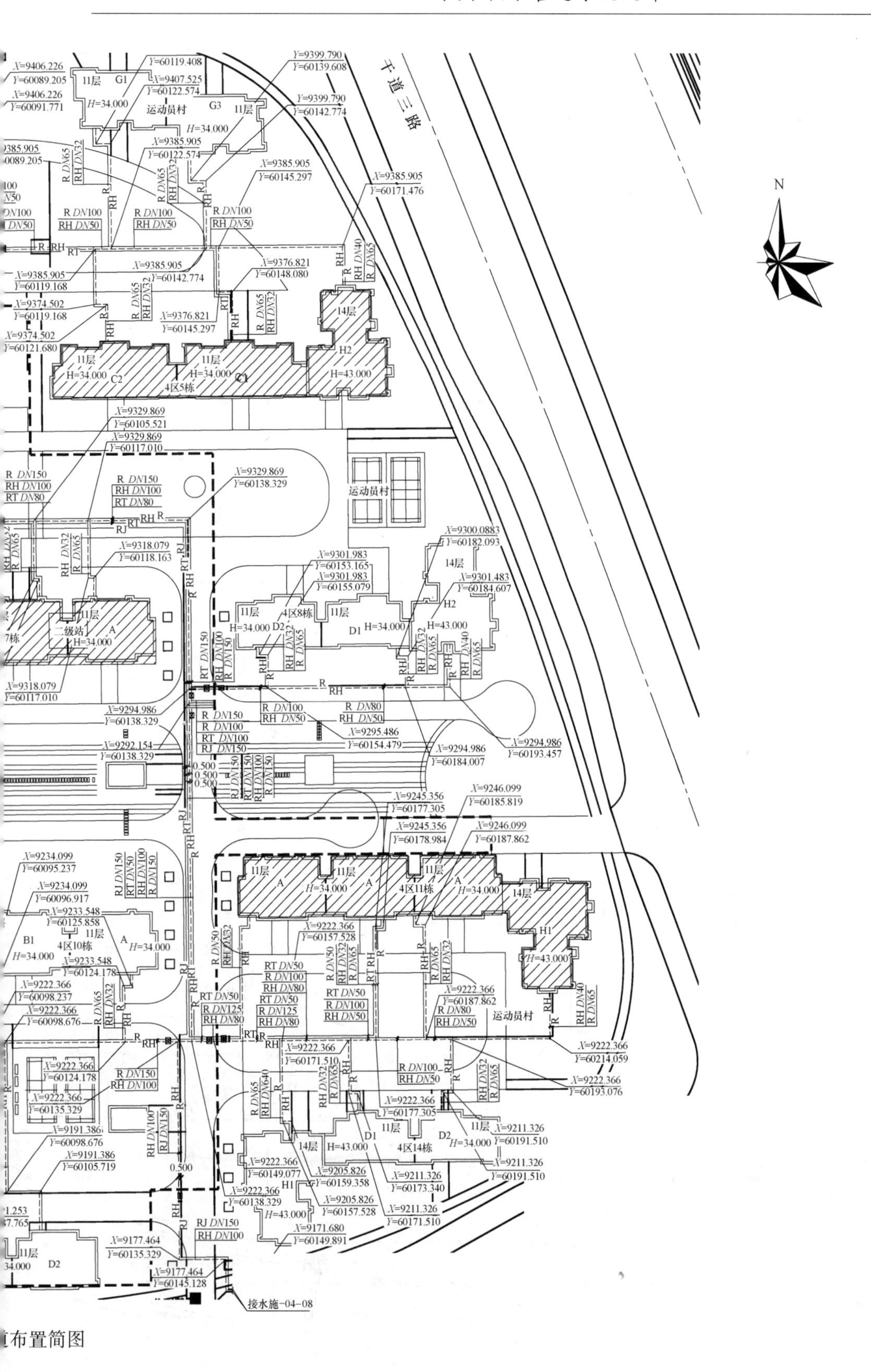
干道三路
N
运动员村
G1
11层
H=34.000
G3
X=9406.226
Y=60089.205
Y=60091.771
Y=60119.408
X=9407.525
Y=60122.574
Y=9399.790
Y=60139.608
Y=9399.790
Y=60142.774
X=9385.905
Y=60122.574
X=9385.905
Y=60145.297
X=9385.905
Y=60171.476
R DN100
RH DN50
R DN65
RH DN32
R DN40
RH DN65
X=9385.905
Y=60119.168
Y=60142.774
X=9376.821
Y=60148.080
X=9374.502
Y=60119.168
X=9374.502
Y=60121.680
X=9376.821
Y=60145.297
14层
H2
H=43.000
C2
C1
4区5栋
X=9329.869
Y=60105.521
X=9329.869
Y=60117.010
X=9329.869
Y=60138.329
R DN150
RH DN100
RT DN80
X=9318.079
Y=60118.163
二级站
A
X=9318.079
Y=60117.010
X=9300.0883
Y=60182.093
X=9301.983
Y=60153.165
X=9301.983
Y=60155.079
X=9301.483
Y=60184.607
4区8栋
D2
D1
H=34.000
RT DN150
RH DN100
R DN150
X=9294.986
Y=60138.329
X=9292.154
Y=60138.329
R DN150
R DN100
RT DN100
RJ DN150
R DN100
RH DN50
R DN80
RH DN50
X=9295.486
Y=60154.479
X=9294.986
Y=60184.007
X=9294.986
Y=60193.457
0.500
X=9245.356
Y=60177.305
X=9246.099
Y=60185.819
X=9245.356
Y=60178.984
X=9246.099
Y=60187.862
4区11栋
H1
X=9234.099
Y=60095.237
X=9234.099
Y=60096.917
X=9233.548
Y=60125.858
B1
4区10栋
X=9233.548
Y=60124.178
X=9222.366
Y=60157.528
RT DN50
R DN100
RH DN80
R DN125
RH DN80
RT DN50
R DN125
RH DN80
RT DN50
R DN100
RH DN50
X=9222.366
Y=60187.862
R DN80
RH DN50
X=9222.366
Y=60098.237
X=9222.366
Y=60098.676
X=9222.366
Y=60171.510
X=9222.366
Y=60214.059
X=9222.366
Y=60193.076
R DN100
RH DN50
X=9222.366
Y=60124.178
X=9222.366
Y=60135.329
R DN150
RH DN100
X=9191.386
Y=60098.676
X=9191.386
Y=60105.719
X=9222.366
Y=60177.305
4区14栋
X=9211.326
Y=60191.510
X=9211.326
Y=60191.510
X=9222.366
Y=60149.077
X=9205.826
Y=60159.358
X=9211.326
Y=60173.340
X=9222.366
Y=60138.329
X=9205.826
Y=60157.528
X=9211.326
Y=60171.510
X=9171.680
Y=60149.891
RJ DN150
RH DN100
X=9177.464
Y=60135.329
X=9177.464
Y=60145.128
接水施-04-08

布置简图

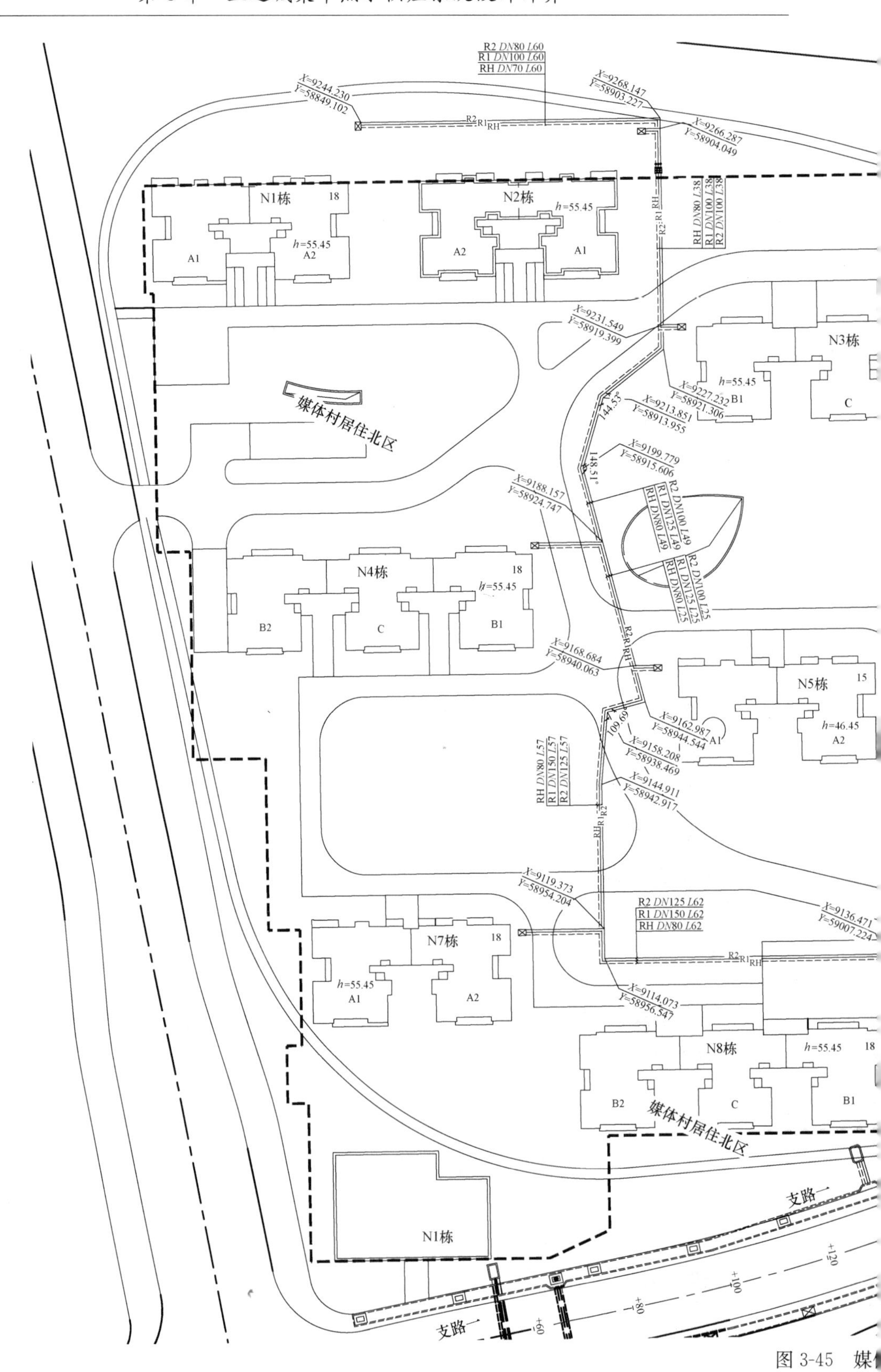

R2 DN80 L60
R1 DN100 L60
RH DN70 L60
X=9244.230
Y=58849.102
X=9268.147
Y=58903.227
X=9266.287
Y=58904.049
N1栋
N2栋
h=55.45
RH DN80 L38
R1 DN100 L38
R2 DN100 L38
X=9231.549
Y=58919.399
N3栋
X=9227.232
Y=58921.306
X=9213.851
Y=58913.955
媒体村居住北区
X=9199.779
Y=58915.606
X=9188.157
Y=58924.747
R2 DN100 L49
R1 DN125 L49
RH DN80 L49
R2 DN100 L25
R1 DN125 L25
RH DN80 L25
N4栋
X=9168.684
Y=58940.063
N5栋
h=46.45
X=9162.987
Y=58944.544
X=9158.208
Y=58938.469
X=9144.911
Y=58942.917
RH DN80 L57
R1 DN150 L57
R2 DN125 L57
X=9119.373
Y=58954.204
R2 DN125 L62
R1 DN150 L62
RH DN80 L62
X=9136.471
Y=59007.224
N7栋
X=9114.073
Y=58956.547
N8栋
媒体村居住北区
N1栋
支路一
支路一

图 3-45　媒

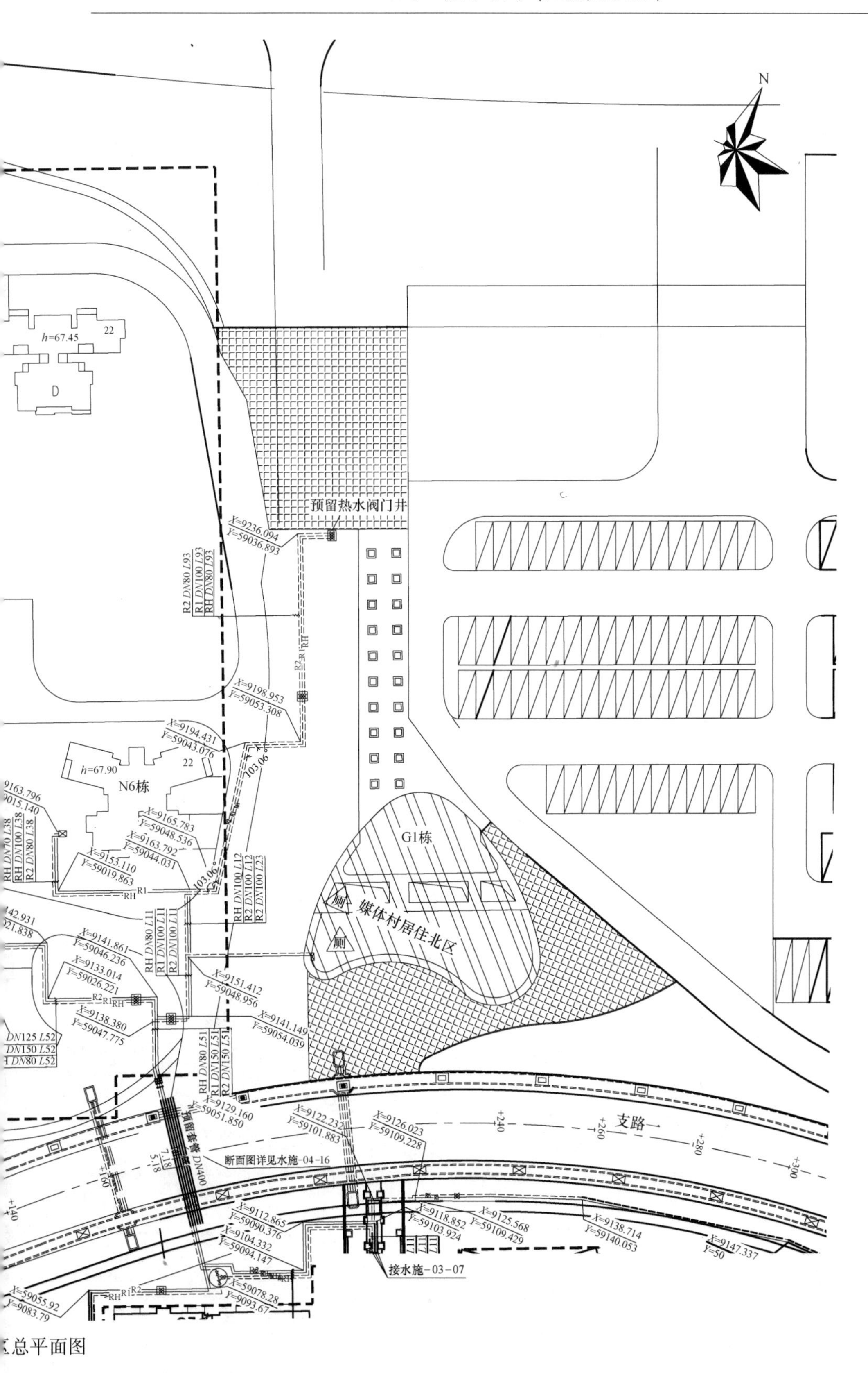
N
预留热水阀门井
X=9236.094
Y=59036.893
R2 DN80 L93
R1 DN100 L93
RH DN80 L93
X=9198.953
Y=59053.308
X=9194.431
Y=59043.076
h=67.45
22
D
h=67.90
22
N6栋
103.06
X=9165.783
Y=59048.536
X=9163.792
Y=59044.031
X=9153.110
Y=59019.863
RH DN70 L38
RH DN100 L38
R2 DN80 L38
RH DN100 L12
R2 DN100 L12
R2 DN80 L23
RH DN80 L11
R1 DN100 L11
R2 DN100 L11
X=9141.861
Y=59046.236
X=9133.014
Y=59026.221
X=9138.380
Y=59047.775
X=9151.412
Y=59048.956
X=9141.149
Y=59054.039
RH DN80 L51
R1 DN150 L51
R2 DN150 L51
DN125 L52
DN150 L52
DN80 L52
G1栋
媒体村居住北区
厕
X=9129.160
Y=59051.850
X=9122.232
Y=59101.883
X=9126.023
Y=59109.228
支路
+240
+260
+280
+300
+160
+140
断面图详见水施-04-16
DN400
X=9112.865
Y=59090.376
X=9104.332
Y=59094.147
X=9118.852
Y=59103.924
X=9125.568
Y=59109.429
X=9138.714
Y=59140.053
X=9147.337
X=59055.92
Y=9083.79
X=59078.28
Y=9093.67
接水施-03-07

总平面图

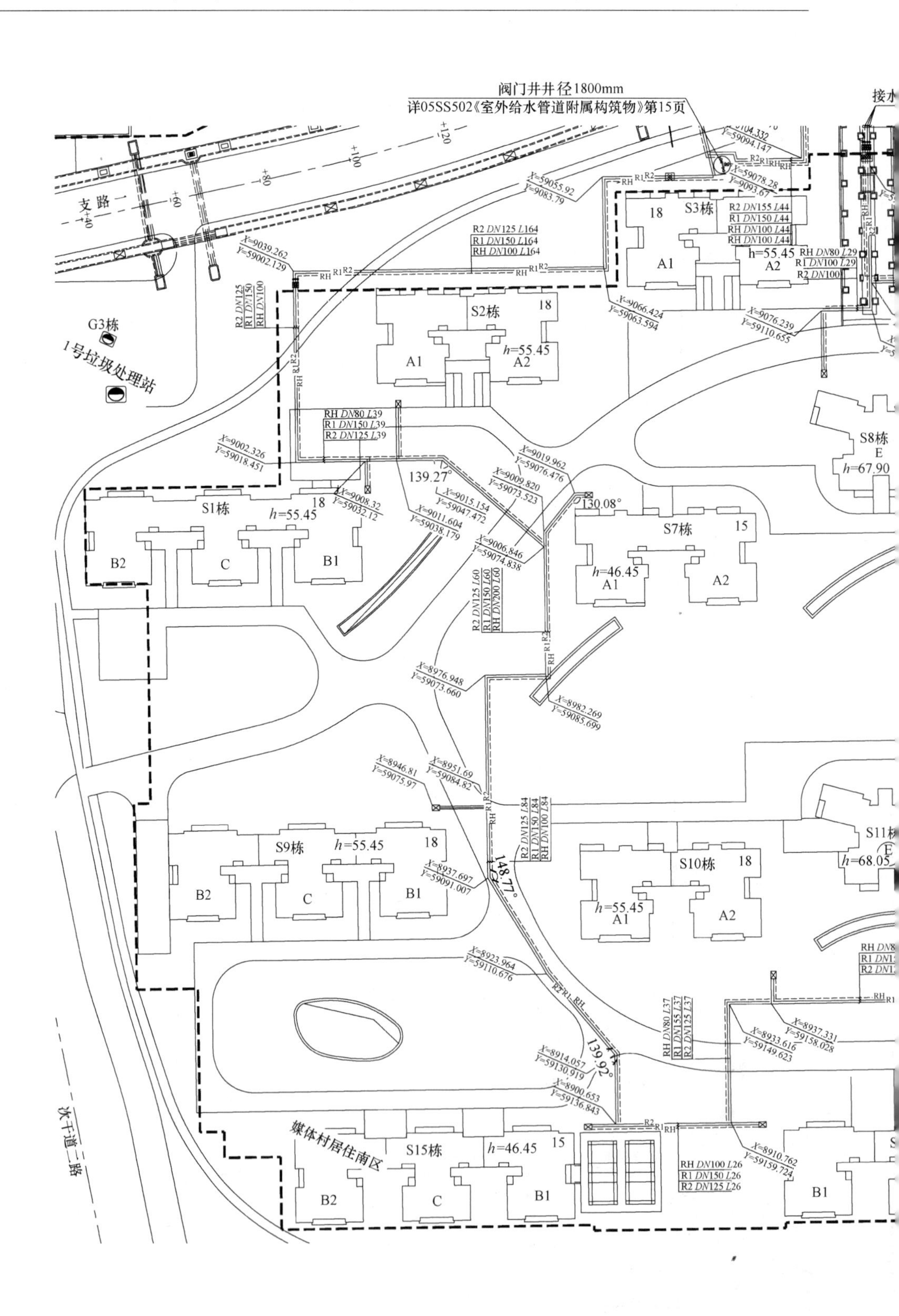

阀门井井径1800mm
详05SS502《室外给水管道附属构筑物》第15页
支路一
S3栋
18
h=55.45
A1
A2
S2栋
18
h=55.45
A1
A2
G3栋
1号垃圾处理站
S1栋
18
h=55.45
B2
C
B1
S8栋
E
h=67.90
S7栋
15
h=46.45
A1
A2
139.27°
130.08°
S9栋
h=55.45
18
B2
C
B1
S10栋
18
h=55.45
A1
A2
h=68.05
148.77°
139.92°
媒体村居住南区
S15栋
h=46.45
15
B2
C
B1
沐干道二路
R2 DN125 L164
R1 DN150 L164
RH DN100 L164
R2 DN155 L44
R1 DN150 L44
RH DN100 L44
RH DN100 L44
RH DN80 L29
R1 DN100 L29
RH DN80 L39
R1 DN150 L39
R2 DN125 L39
R2 DN125 L60
R1 DN150 L60
RH DN200 L60
R2 DN125 L84
R1 DN150 L84
RH DN100 L84
RH DN80 L37
R1 DN155 L37
R2 DN125 L37
RH DN100 L26
R1 DN150 L26
R2 DN125 L26

图 3-46　媒

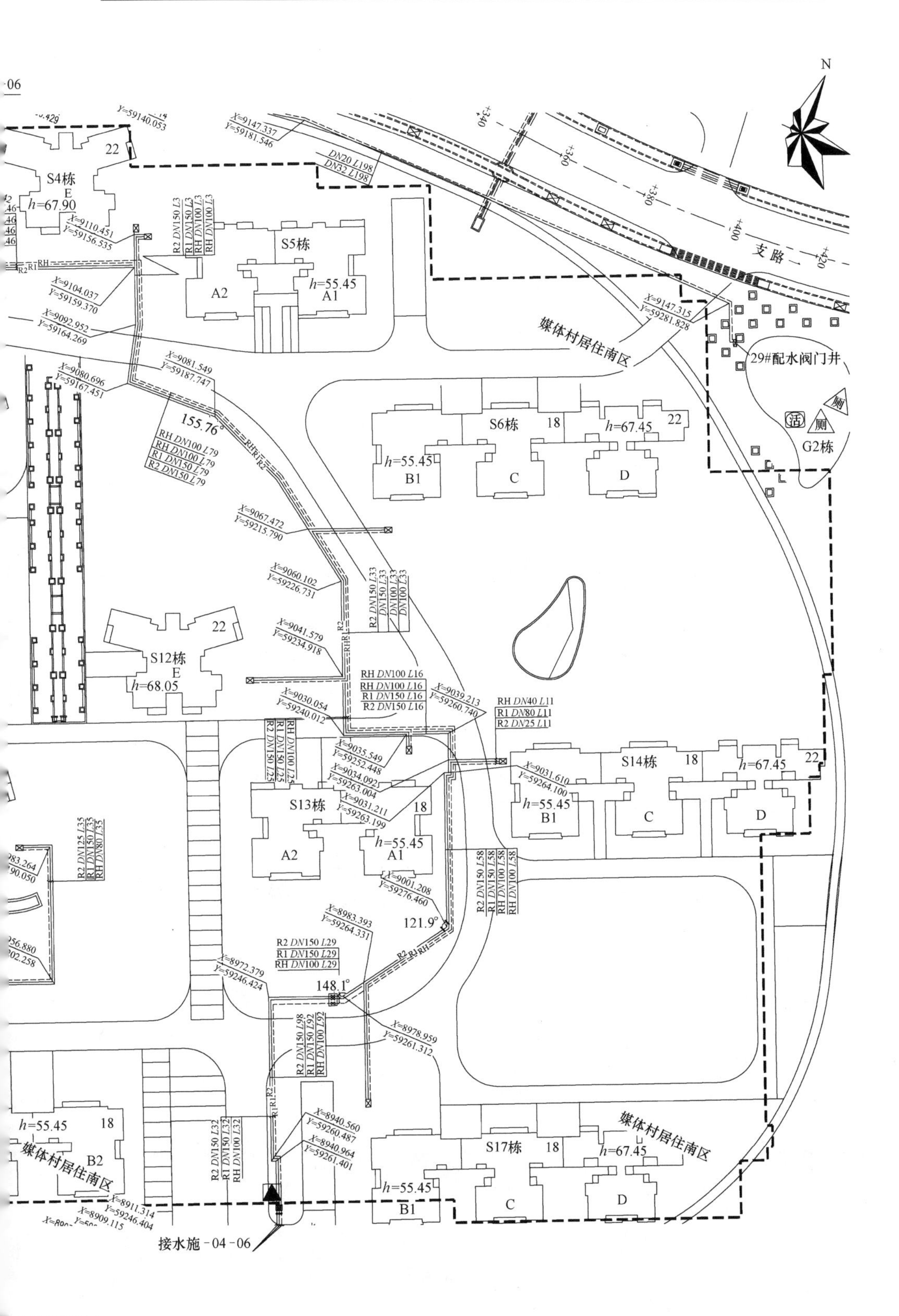
N
S4栋
S5栋
S6栋
S12栋
S13栋
S14栋
S17栋
G2栋
支路
媒体村居住南区
29#配水阀门井
接水施-04-06

区总平面图

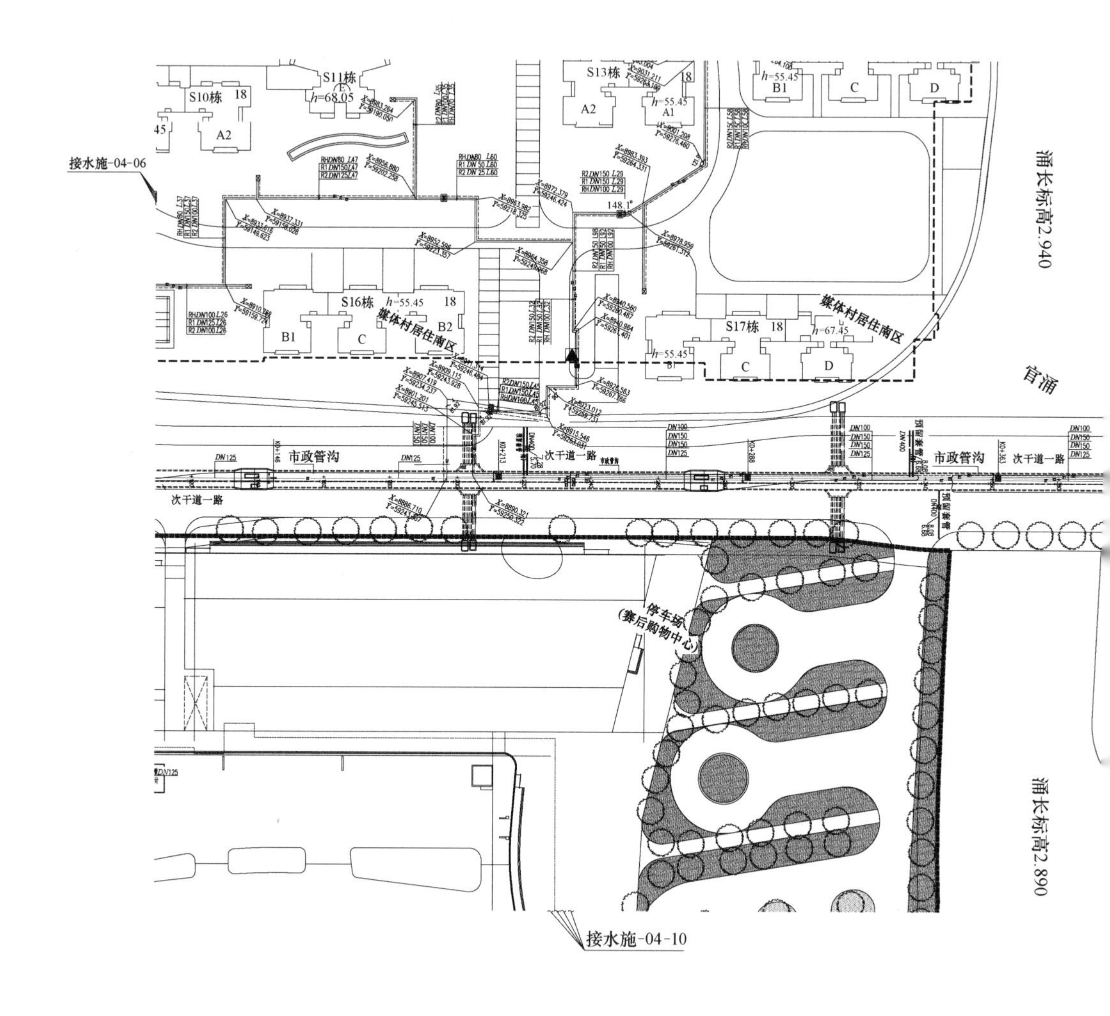

S11栋
S10栋
A2
S13栋
A1
B1
C
D
接水施-04-06
涌长标高2.940
S16栋
B1
C
B2
媒体村居住南区
S17栋
媒体村居住南区
官涌
市政管沟
次干道一路
市政管沟
次干道一路
停车场
(赛后购物中心)
涌长标高2.890
接水施-04-10

图 3-47　次干道—

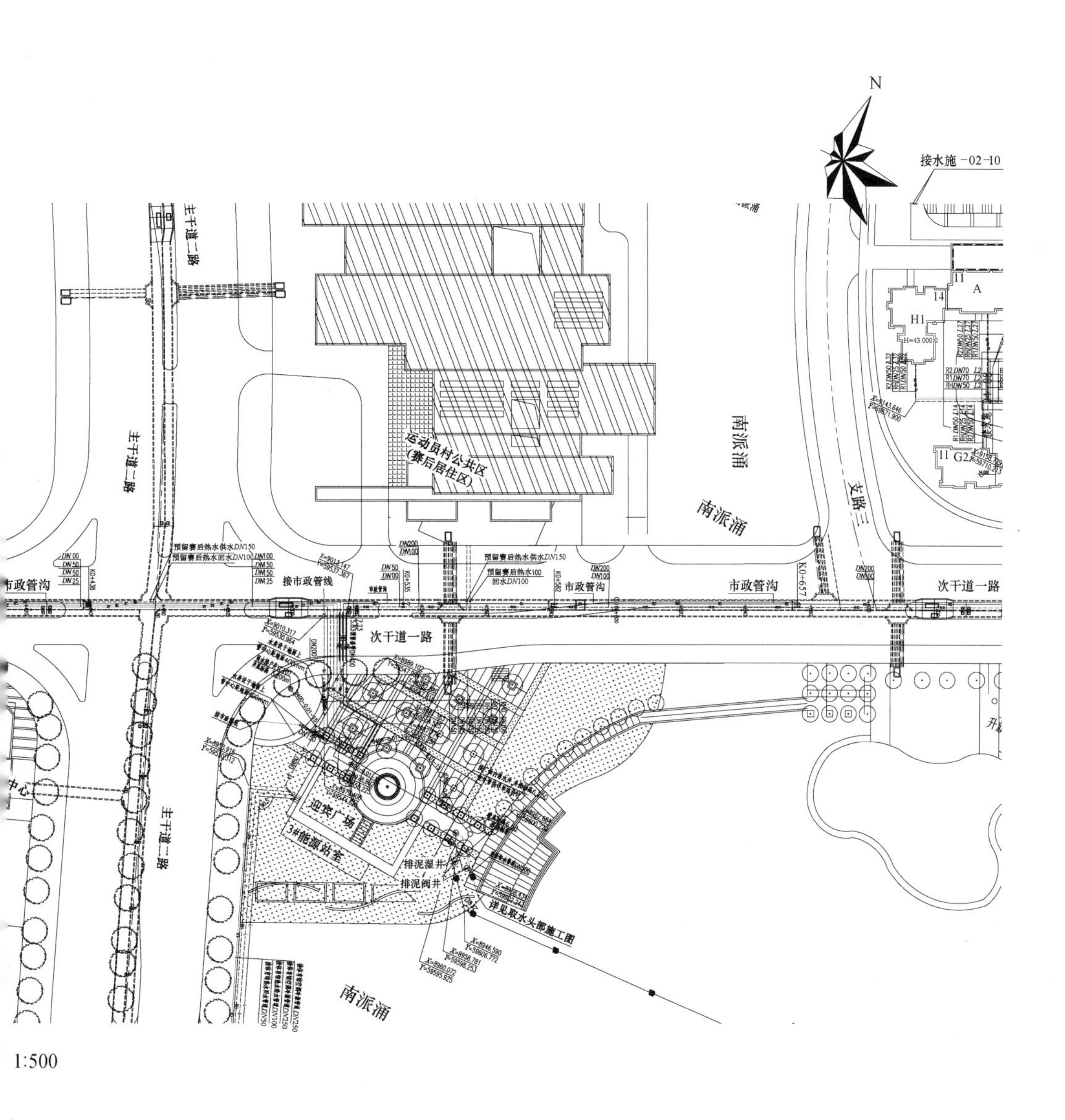
N
接水施 -02-10
主干道二路
运动员村公共区
(赛后居住区)
南派涌
支路三
市政管沟
接市政管线
次干道一路
迎宾广场
3#能源站室
排泥湿井
排泥阀井
详见取水头部施工图
中心
1:500

、平面图

赛时室外热水管网水力计算　　　　表 3-48

管段编号	当量	累计当量	设计秒流量(L/s)	公称直径(mm)	计算内径(mm)	流速(m/s)	海澄威廉系数 C_n	水力坡度 i (kPa/m)	55℃对应 i (kPa/m)	管段长(m)	管段损失 h_i(m)
媒体村低区											
低区 0～1	149.60	149.60	6.12	100	102	0.75	130	0.07	0.06	60.00	0.45
1～2	149.60	299.20	8.65	100	102	1.06	130	0.13	0.11	38.00	0.54
2～3	224.40	523.60	11.44	125	127	0.90	130	0.08	0.06	49.00	0.40
3～4	149.60	673.20	12.97	125	127	1.02	130	0.10	0.08	25.00	0.26
4～5	149.60	822.80	14.34	150	153	0.78	130	0.05	0.04	57.00	0.28
5～6	149.60	972.40	15.59	150	153	0.85	130	0.05	0.04	62.00	0.36
6～7	224.40	1196.80	17.30	150	153	0.94	130	0.07	0.05	52.00	0.37
7～8	74.80	1271.60	17.83	150	153	0.97	130	0.07	0.06	95.00	0.71
8～9	5.00	1276.60	17.86	150	153	0.97	130	0.07	0.06	11.00	0.08
9～10	149.60	1426.20	18.88	150	153	1.03	130	0.08	0.06	24.00	0.20
10～11	74.80	1501.00	19.37	150	153	1.05	130	0.08	0.07	46.00	0.40
11～12	224.40	1725.40	20.77	150	153	1.13	130	0.09	0.08	78.00	0.77
12～13	149.60	1875.00	21.65	150	153	1.18	130	0.10	0.08	33.00	0.35
13～14	74.80	1949.80	22.08	150	153	1.20	130	0.10	0.09	25.00	0.28
14～15	149.60	2099.40	22.91	150	153	1.25	130	0.11	0.09	16.00	0.19
15～16	149.60	2249.00	23.71	150	153	1.29	130	0.12	0.10	58.00	0.73
16～17	149.60	2398.60	24.49	150	153	1.33	130	0.13	0.10	30.00	0.40
17～18	1421.20	3819.80	30.90	150	153	1.68	130	0.19	0.16	78.00	1.61
18～19	0.00	3819.80	30.90	150	153	1.68	130	0.19	0.16	382.00	7.89
											15.30
媒体村高区											
高区 0～1	95.20	95.20	4.88	80	83	0.90	130	0.13	0.10	60.00	0.80
1～2	95.20	190.40	6.90	100	102	0.84	130	0.09	0.07	38.00	0.35
2～3	170.00	360.40	9.49	100	102	1.16	130	0.16	0.13	49.00	0.82
3～4	95.20	455.60	10.67	100	102	1.31	130	0.20	0.16	25.00	0.52
4～5	40.80	496.40	11.14	125	127	0.88	130	0.07	0.06	57.00	0.44
5～6	95.20	591.60	12.16	125	127	0.96	130	0.09	0.07	62.00	0.57
6～7	142.80	734.40	13.55	125	127	1.07	130	0.10	0.09	52.00	0.58

续表

管段编号	当量	累计当量	设计秒流量(L/s)	公称直径(mm)	计算内径(mm)	流速(m/s)	海澄威廉系数C_n	水力坡度i(kPa/m)	55℃对应i(kPa/m)	管段长(m)	管段损失h_i(m)
媒体村高区											
7～8	74.80	809.20	14.22	150	153	0.77	130	0.05	0.04	95.00	0.47
8～9	0.00	809.20	14.22	150	153	0.77	130	0.05	0.04	11.00	0.05
9～10	95.20	904.40	15.04	150	153	0.82	130	0.05	0.04	24.00	0.13
10～11	74.80	979.20	15.65	150	153	0.85	130	0.06	0.05	46.00	0.27
11～12	170.00	1149.20	16.95	150	153	0.92	130	0.06	0.05	78.00	0.53
12～13	122.40	1271.60	17.83	150	153	0.97	130	0.07	0.06	33.00	0.25
13～14	74.80	1346.40	18.35	150	153	1.00	130	0.07	0.06	25.00	0.20
14～15	95.20	1441.60	18.98	150	153	1.03	130	0.08	0.06	16.00	0.13
15～16	122.40	1564.00	19.77	150	153	1.08	130	0.08	0.07	58.00	0.52
16～17	122.40	1686.40	20.53	150	153	1.12	130	0.09	0.07	30.00	0.29
17～18	877.20	2563.60	25.32	150	153	1.38	130	0.13	0.11	78.00	1.11
18～19	0.00	2563.60	25.32	150	153	1.38	130	0.13	0.11	382.00	5.46
											12.35

3.6.4　室内热水管网系统

1. 管网设计原则

该项目单体设计由不同设计单位进行设计，在单体建筑正式设计出图前与能源站室设计单位进行了初步沟通，为满足赛时集中热水供应的需求，需要敷设大规模的热水管网，热水管网的布置需考虑如下几方面问题：

（1）户内水表的设置位置和数量

为减少计量误差和方便维护管理，户内水表宜集中布置，为方便抄表，水表宜集中设置在户外水表井内，并且每户一块热水表，减少了立管数量以及管道的热损失。

（2）用水点快速出热水

用水器具支管从立管上接出形成滞水管段。热水使用时支管内的水才流动，不用水时，管内水静止，水温逐渐下降。如果用户再用水时支管内的水温降到需求的水温之下，则需要把支管内的水放掉，待水温升高后才可使用。用水先放一段时间的冷水才用到热水会给使用者带来不便，放冷水时间过长甚至还会迫使用户放弃用热水。这一方面丧失了热水的使用功能，另一方面又浪费了水资源和热水供应能源。

支管内水的流动时间与支管的长度成正比。把支管的长度缩短，放冷水时间可缩短，且放掉的水量也会减少，因此设计中宜控制支管长度不大于15m。

（3）保持用水点冷、热水压平衡

用水点使用的热水是由冷水和热水混合而成的，使用者按照自己的温度喜好调节冷、热水量，混合成适合自己水温的热水流出使用。

冷、热水压力相差大、压力不平衡时，使用者调节水温所需要的时间会延长，并且冷、热水管道的水容易互相倒灌混掺，给使用者的水温调节造成不便，并且增加无效放水，形成水的浪费。

保持用水处的冷热水压相差较小或冷热水压平衡可采取以下措施：

1）冷、热水同源布置，即冷水系统和热水系统的水量和水压由同一个水源供给，并且同源点下游的冷、热水系统，其输配水管网到达各用水点的水头损失相近，使用水点的冷、热水压差保持在0.02MPa以内。

2）当冷、热水系统不同源或水压不平衡时，比如制备生活热水的设备设在集中供热站中，生活水泵房远离供热站就是这种情况，可在水压较高的供水干管上设置水力减压稳压阀调节供水压力。当热水系统需要设减压稳压阀时，一般不宜设分区用减压阀，宜设支管减压阀。

比如建筑底部楼层的冷水利用市政水压直接供水，而热水由上方楼层供水区的二次加压系统供给时，则底部楼层的热水压力比冷水高，可在热水支管上设置减压稳压阀。

（4）减小冷、热水压波动

冷、热水压波动也会产生热水浪费。用户使用热水时都是把冷、热水掺混在一起调配成自己所需要的水温。由于用水量的随时变化，用水量不均匀将会引起水压的波动，而水压的波动会引起混水处水温的波动，导致使用者再次调节水温，形成水的浪费。比如客房或浴室的淋浴喷头出水忽冷忽热，水温不稳定，则洗浴者就会躲开水流或不断调节水温，调节期间的出水得不到利用。

冷水或热水管道中的水压波动都会造成混合出水温度的变化。稳定冷水和热水水压，可以稳定混合出水温度，从而减少热水的浪费，节省热能耗量。

减小水压波动的措施：水压波动同水源的供应方式及管网的设置有很大关系。

一般而言，高位水箱供水方式管网的水压比较稳定；热水管道中窝气也会使热水水压波动，管道布置时，横管应避免管道沿水流方向下降，或者在管道的各个局部高点都设置自动排气阀，使得不易窝气，减缓管道内水压波动。变频调速泵供水时，水泵出水口恒压供水与最不利用水处恒压供水相比较，后者用水点的水压波动小。由于管网用水几乎每天都有不用水时段工况发生，因此，用水点的水压每天都经历最高水压工况，并在一个较宽幅的范围内波动。采用管网最不利点恒压供水，则在管网用水量很少时，最不利点的水头保持恒压不变，仍为设计额定水头 h_0，水压波动被消除。由于最不利点水压恒定，各用水点的水压波动幅度都相应减小。

（5）采用优质混合阀，保证终端使用效果

高效的冷热水混合阀能快速地把水温调节到使用者所需要的温度，减少水温调节时间和无效放水时间，使浪费的热水量减少；并且还能够减小阀前水压波动对出水水温的影响，稳定水温，当水温调好后，即使阀前水压有波动，水温也不易发生变化。

目前市场上的防烫伤混合阀，可事先设定阀的出水温度，不需要在每次放水时调节，避免了调阀过程的水浪费，并且不受冷热水压力差的影响（允许冷热水压差达0.25MPa）。

2. 卫生间热水管道布置

（1）技术官员村典型户热水管道布置如图3-48所示。

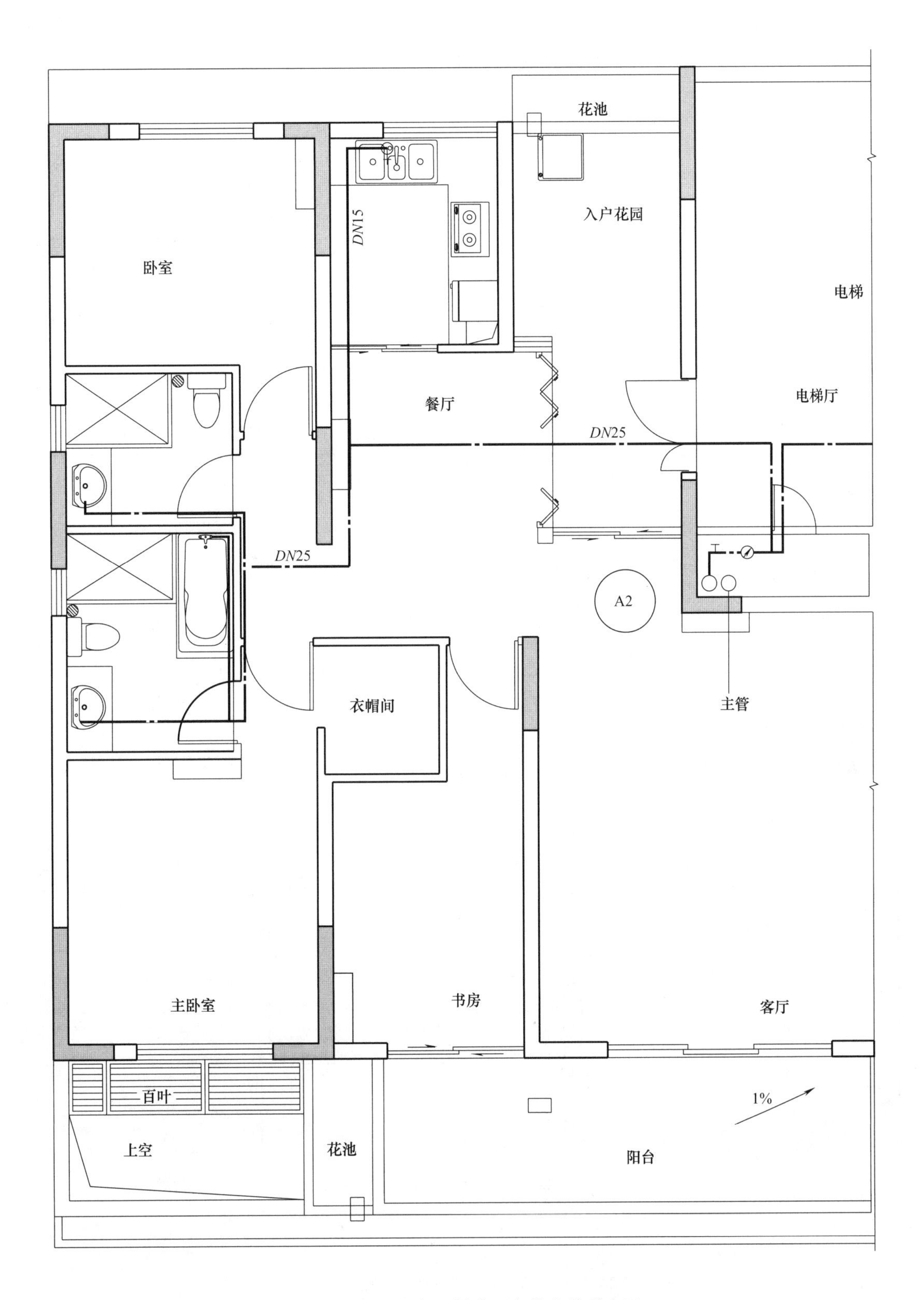

图 3-48 技术官员村典型户热水管道布置

（2）运动员村典型户热水管道布置如图 3-49 所示。

（3）媒体村典型户热水管道布置如图 3-50 所示。

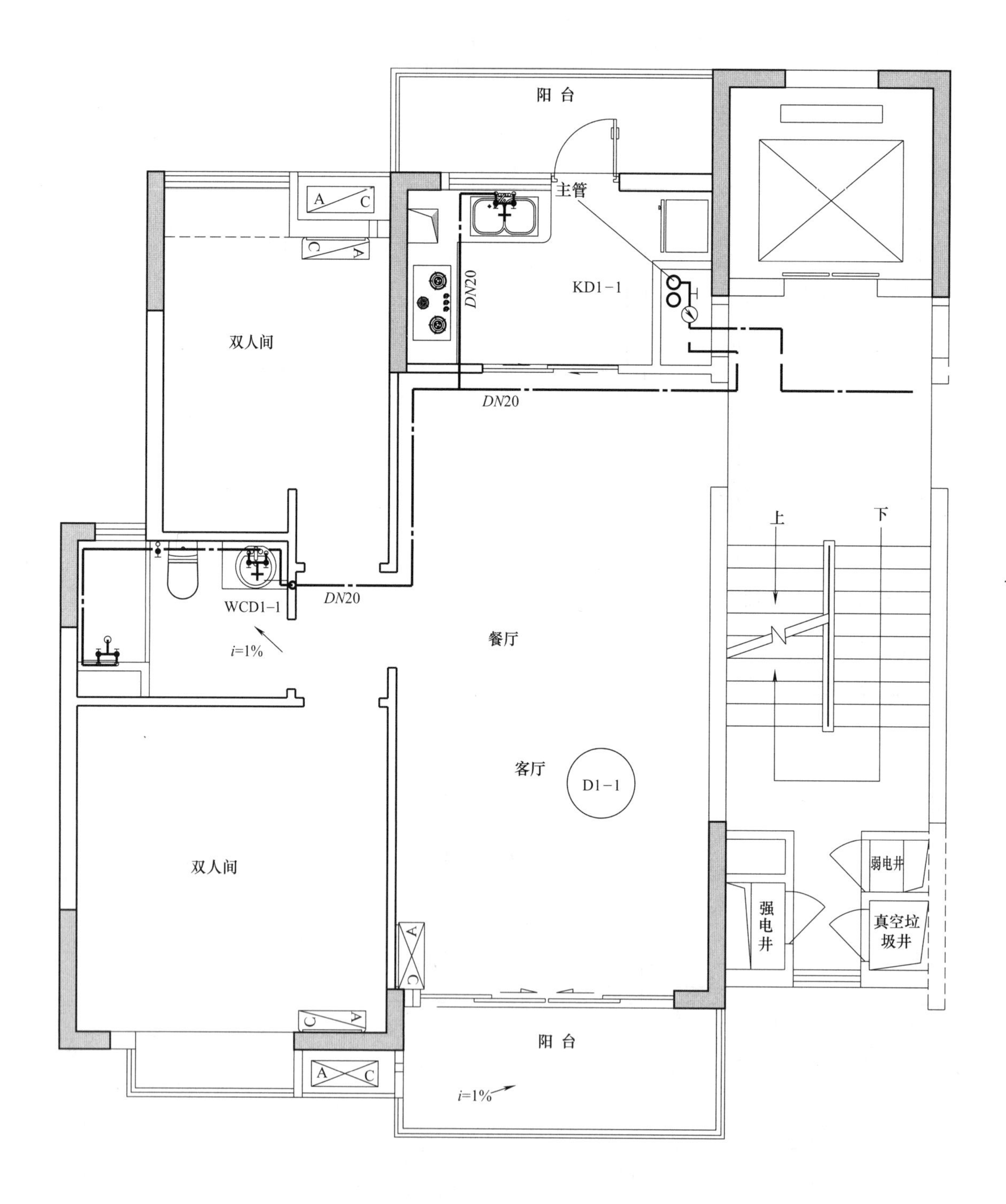

图 3-49　运动员村典型户型热水管道布置

注：水表后热水支管长度约 15m。

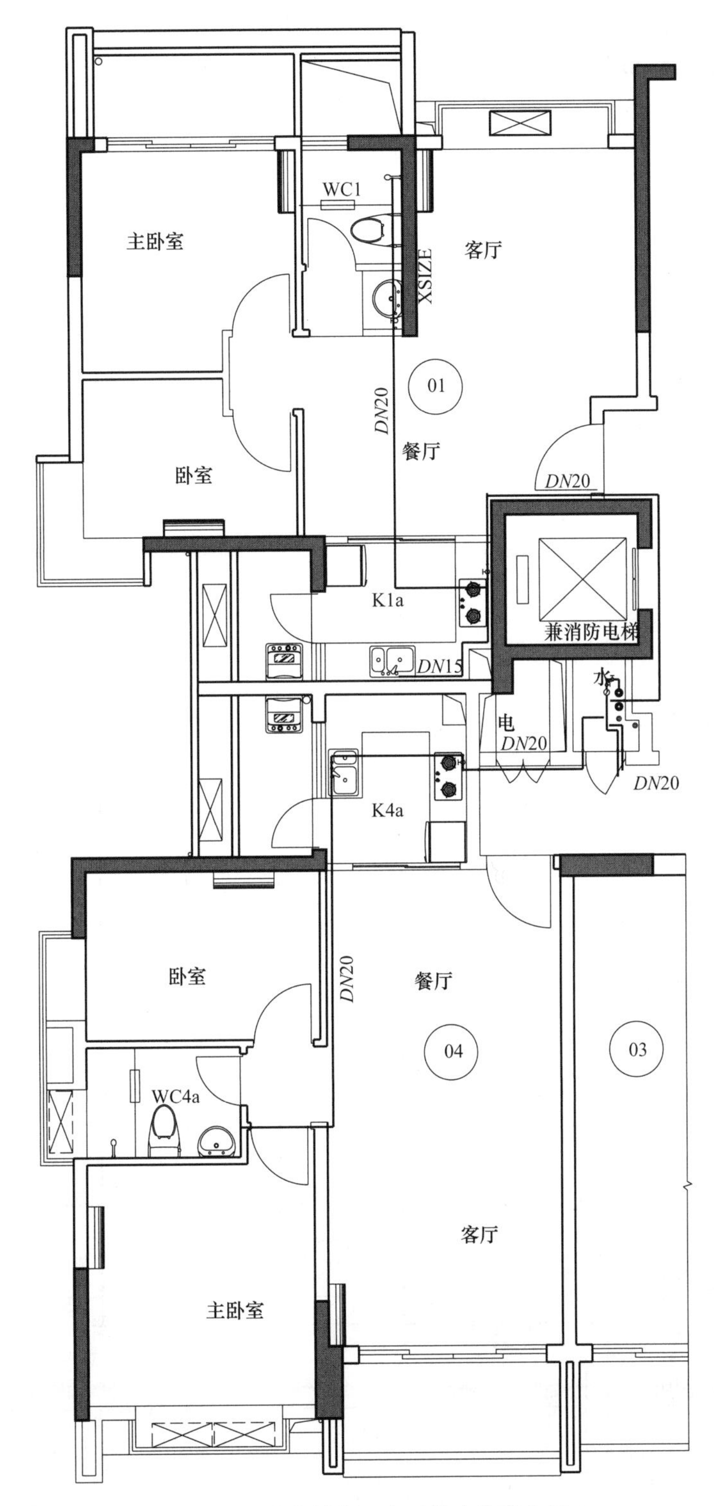

图 3-50　媒体村典型户型热水管道布置

注：1 梯 4 户，单个卫生间，水表后热水支管长度约 10m。

3. 热水系统竖向设计

（1）技术官员村热水系统竖向分区如图3-51所示。该系统特点：小高层、竖向为一个区、下行上给同程布置、回水干管设在屋面，室外管道散热量较大。

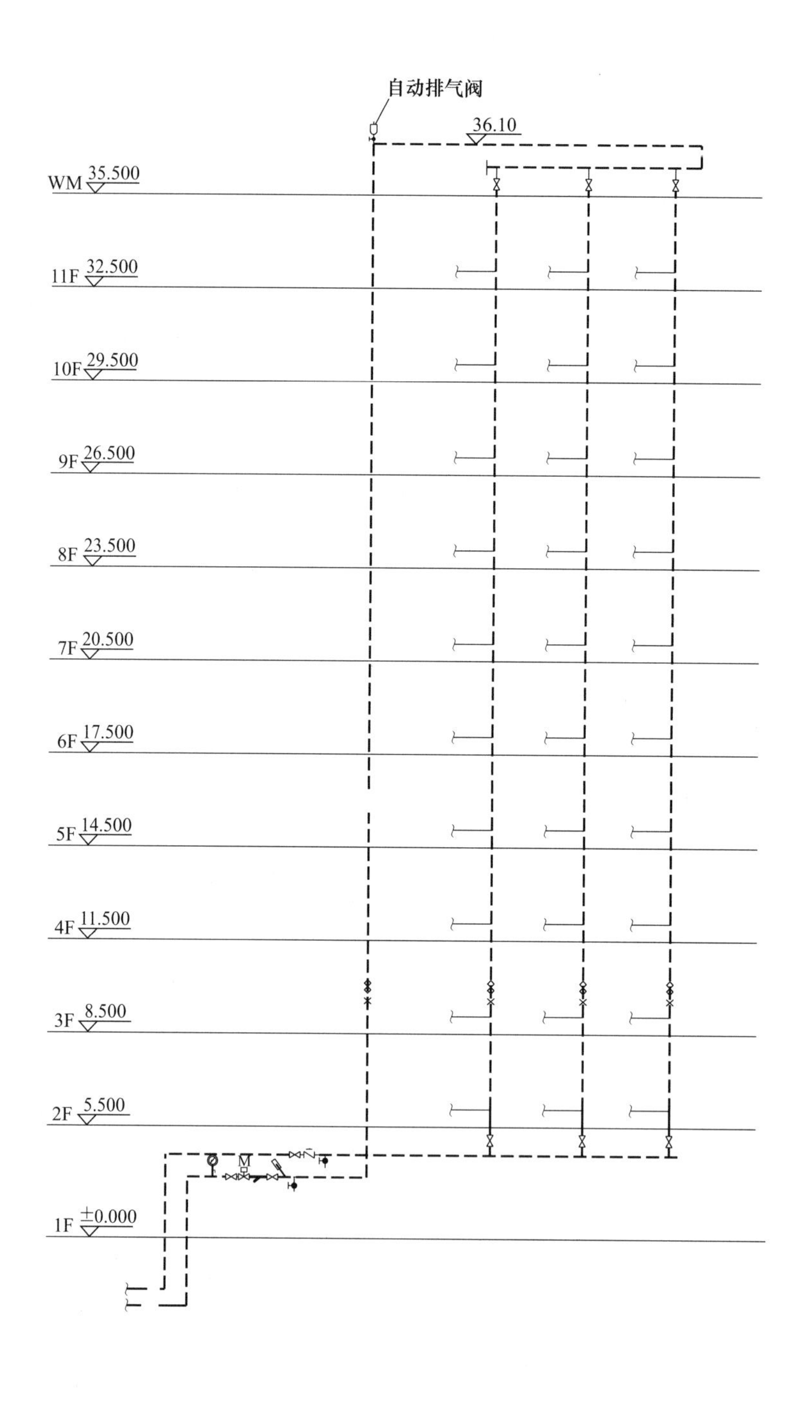

图3-51　技术官员村热水系统

(2) 运动员村热水系统竖向分区如图 3-52 所示。该系统特点：局部 14 层、竖向为一个区、下引上给每个单元为一个回水单元，回水管道较多，散热量较大。

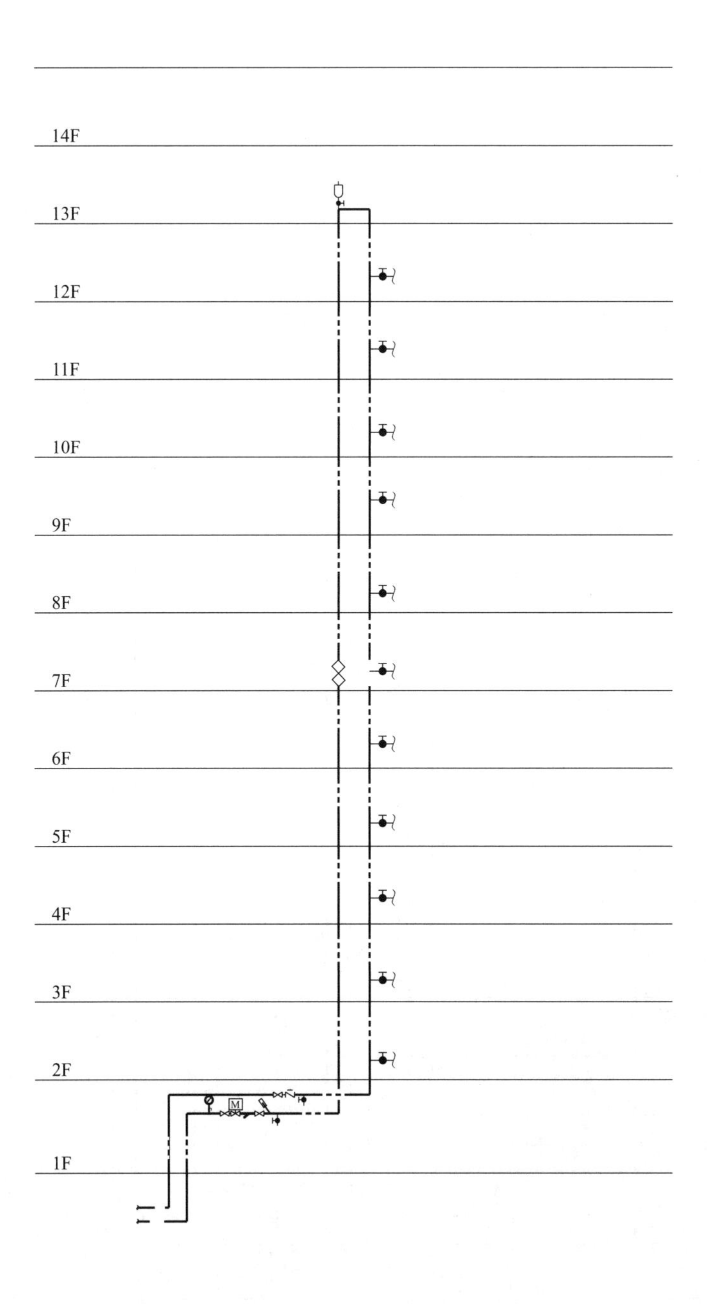

图 3-52 运动员村热水系统

（3）媒体村热水系统竖向分区如图 3-53 所示。该系统特点：高层；竖向为两个区、下行上给每个楼座为一个回水单元。室外分高低 2 个区供水管道，共用 1 个回水管；高、低区回水均做减压稳压装置；供水半径较大，超过 1.2km，属大型开式热水系统。

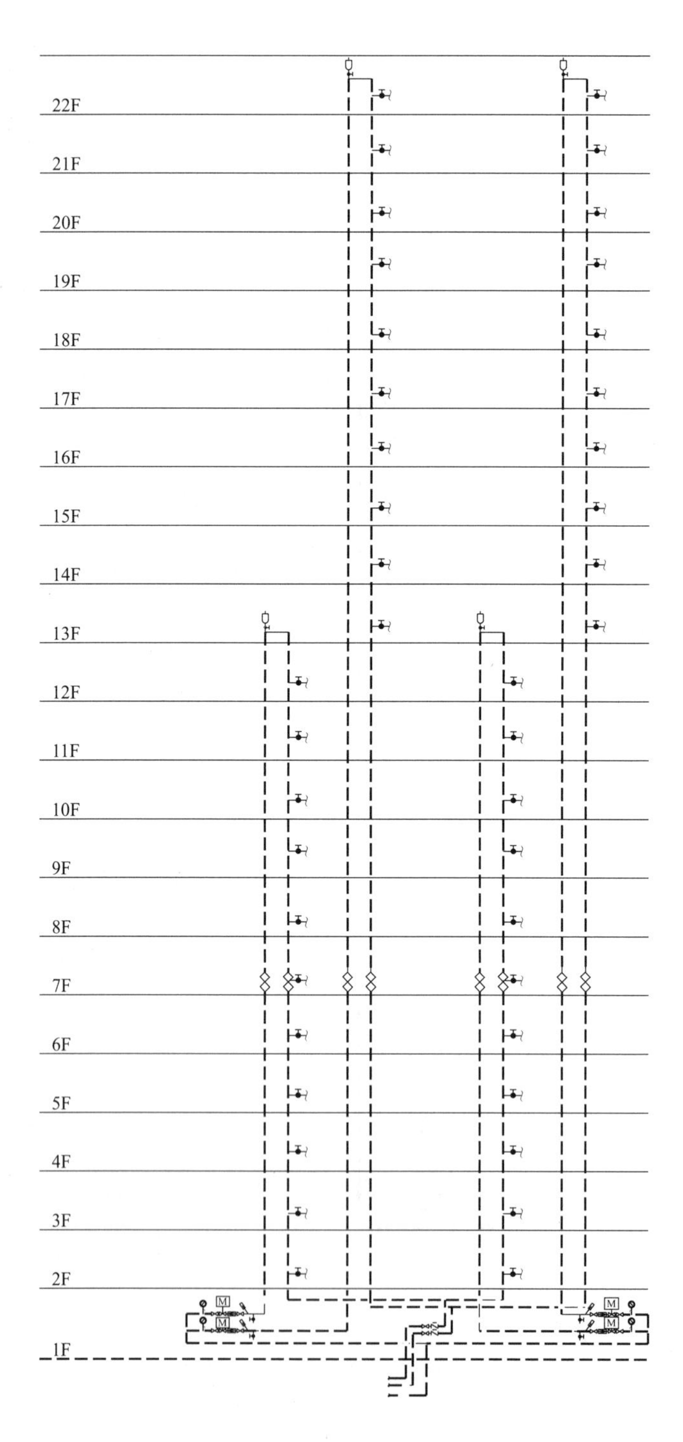

图 3-53　媒体村热水系统

3.6.5 能源站热水管网设计

为保证赛时热水供应的安全性，3 个水源热泵站室联合运行，联通管道设在市政管沟内，赛时运动员村用水量较大，1 号、3 号能源站的富余热水水量供给运动员村使用，可有效保证赛时热水供应。赛后根据实际入住率可有效选择水源热泵或能源站室的开启数量，确保技术、经济的合理性。

3.7 空调系统的设计计算

3.7.1 1 号能源站空调系统

1. 空调冷水系统形式

亚运城区域地势平坦，能源站集中供冷区与规模均较小，具备良好的单体建筑直接使用空调冷水的条件。该项目 3 个能源站均采用与单体建筑物直接连接的供冷方式，属大温差直接供应单体冷源

2. 冷、热源设计

1 号能源站为技术官员村 6 号住宅楼和亚运医院医技楼提供空调冷水。根据单体设计单位提供的资料，空调设计冷负荷为 3559kW；空调水系统循环阻力为 270kPa；空调水系统定压值为 0.30MPa，1 号能源站空调设计制冷量 3600kW，冬季设计最大制热量 5114kW。共选用 3 台采用环保冷媒并具备热回收功能的双冷凝器水源热泵机组，单台供冷量 1206kW（热回收工况），单台供热量 1636kW（热回收工况）。与水源热泵机组配套设置相应空调冷冻水循环水泵、冷却水循环水泵、江水取水泵、生活热水加热循环泵、江水加压泵（为 2 号能源站提供江水）、江水换热器胶球自动清洗设备。为防止水系统结垢、腐蚀及微生物和藻类的滋生，空调冷冻水、冷却水均设水质处理装置。空调冷冻水供/回水温度为 6/14℃，生活热水供/回水温为 55/50℃。

3. 空调水系统设计

空调冷水系统为两管制一次泵系统，变流量运行。其工作压力为 1.0MPa，空调设备按此压力进行选型设计。空调冷冻水供/回水温度为 6/14℃，空调末端设备应按此参数进行选型。1 号能源站内设置 2 套定压补水装置，分别对空调冷水、冷却水系统进行定压，空调冷水系统定压值为 0.4MPa；冷却水系统定压值为 0.1MPa，并在运行时对系统补水。地表水系统工作压力为 0.20MPa，壳管式热交换器设计工作参数为：夏季一次侧供/回水温度为 30/35℃，二次侧供/回水温度为 37/32℃；冬季一次侧供/回水温度为 15/10℃，二次侧供/回水温度为 13/8℃；最大江水取水量（夏季制冷工况）为 942m^3/h。

4. 通风及空调系统设计

（1）变压器室、高低压配电室设置 4 台分体式空调柜机，单台制冷量为 11kW，用于炎热季节机房降温，保证供电设备安全可靠地运行。

（2）控制室（值班室）设分体式空调。

（3）通风系统设计：在热泵机房内设机械通风系统，以满足工艺设备的要求，设冷媒泄漏时的事故通风系统。事故通风系统应在就地、机房外及控制柜内均能开启、关闭。在

变配电室内设机械通风系统。

3.7.2　2号能源站空调系统

1. 冷热源设计

2号能源站为国际区提供空调冷水。根据单体设计单位提供的资料，空调设计冷负荷为3760kW；空调水系统循环阻力为350kPa；空调水系统定压值为0.30MPa。2号能源站空调设计制冷量3948kW，冬季设计最大制热量5800kW。共选用4台采用环保冷媒并具备热回收功能的双冷凝器水源热泵机组，单台供冷量1041kW（热回收工况），单台供热量1389kW（热回收工况）。与水源热泵机组配套设置相应空调冷冻水循环水泵、冷却水循环水泵、生活热水加热循环泵、江水换热器胶球自动清洗设备。为防止水系统结垢、腐蚀及微生物和藻类的滋生，空调冷冻水、冷却水均设水质处理装置。空调冷冻水供/回水温度为6/14℃，生活热水供/回水温度为55/50℃。

2. 空调水系统设计

空调冷水系统为两管制一次泵系统，变流量运行，其工作压力1.0MPa，空调设备按此压力进行选型设计。空调冷冻水供/回水温度为6/14℃，空调末端设备应按此参数进行选型。在2号能源站内设置2套定压补水装置，分别对空调冷水、冷却水系统进行定压，空调冷水系统定压值为0.4MPa；冷却水系统定压值为0.1MPa，并在运行时对系统补水。地表水系统工作压力为0.2MPa，壳管式热交换器设计工作参数为：夏季一次侧供/回水温度为30/35℃，二次侧供/回水温度为37/32℃；冬季一次侧供/回水温度为15/10℃，二次侧供/回水温度为13/8℃；最大江水取水量（夏季制冷工况）为1076.8m^3/h。

3.7.3　3号能源站空调系统

1. 冷、热源设计

3号能源站为体操馆附属用房、博物馆和综合馆附属用房提供空调冷水。根据单体设计单位提供的资料，空调设计冷负荷为2430kW；空调水系统循环阻力为210kPa；空调水系统定压值为0.20MPa。3号能源站空调设计制冷量2807kW，冬季设计最大制热量4680kW。共选用3台采用环保冷媒的双冷凝器水源热泵机组，单台供冷量1087kW（热回收工况），单台供热量1467kW（热回收工况）。与水源热泵机组配套设置相应空调冷冻水循环水泵、冷却水循环水泵、江水取水泵、生活热水加热循环泵、江水换热器胶球自动清洗设备口。为防止水系统结垢、腐蚀及微生物和藻类的滋生，空调冷冻水、冷却水均设水质处理装置。空调冷冻水供/回水温度为6/14℃，生活热水供/回水温为55/50℃。

2. 空调水系统设计

空调冷水系统为两管制一次泵系统，变流量运行，其工作压力为1.0MPa，空调设备按此压力进行选型设计。空调冷冻水供/回水温度为6/14℃，空调末端设备应按此参数进行选型。在3号能源站内设置2套定压补水装置，分别对空调冷水、冷却水系统进行定压，空调冷水系统定压值为0.4MPa；冷却水系统定压值为0.1MPa，并在运行时对系统补水。地表水系统工作压力为0.20MPa，壳管式热交换器设计工作参数为：夏季一次侧供/回水温度为30/35℃，二次侧供/回水温度为37/32℃；冬季一次侧供/回水温度为15/

10℃，二次侧供/回水温度为13/8℃；最大江水取水量（夏季制冷工况）为858.9m³/h。

3.7.4　住宅室内空调管网技术设计

1. 末端风机盘管设计的技术要求

以技术官员村6号住宅楼为例进行计算。

（1）末端采用风机盘管散流器，风速接高、中、低三档可调。最高风速为2.5～3.8m/s，最高风速下，10min后房间温度达设计指标。

（2）风机盘管噪声不高于39dB。

（3）设有空气调节系统和机械排风系统的建筑物，其送风口、回风口和排风口位置的设置要有利于维持房间在所需要的空气压力状态：

1）建筑物内的空气调节房间应维持正压；

2）建筑物内的厕所、盥洗间、各种设备用房应维持负压；

3）旅馆客房内应维持正压，盥洗间内应维持负压；

4）餐厅的前厅应维持正压，厨房应维持负压。餐厅内的空气压力应处于前厅和厨房之间。

2. 户内空调末端的设计

（1）管道敷设。户内管网除少量暗装外，其余均为沿户内墙角板底敷设，便于装修。户内空调管线为循环管网，同程布置。

（2）管道材料。户内空调管管材采用热镀锌钢管，管材壁厚同室外管，工作压力不低于1.0MPa。

（3）管道连接。户内空调水管$DN<80$mm，采用丝接；$DN\geqslant80$mm，采用焊接。

3. 空调末端效果的计算（以最不利户型为例）

以最不利户型最不利盘管计算，分析计算盘管开启多长时间，能将房间温度冬季升至18℃、夏季降至22℃、夏（冬）初温按35℃（0℃）计算。户型中空调管线敷设如图3-54所示。

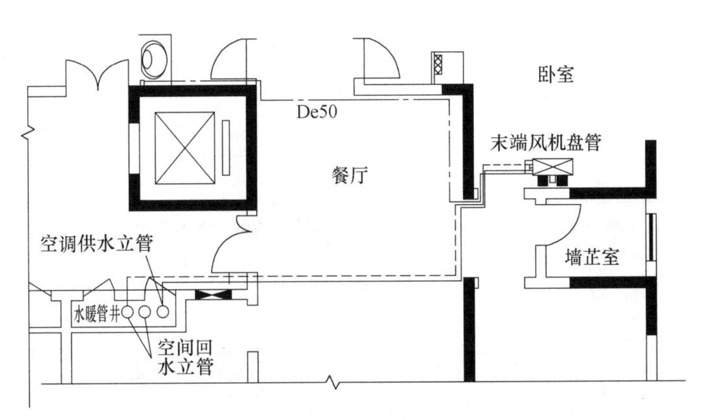

图3-54　空调管线敷设平面

（1）水流到达最不利风机盘管时间T_1

$$T_1=\frac{L}{V}=\frac{20}{0.8}=25\text{s}$$

式中　L——最不利盘管离管井的长度，取20m；

V——流速，取0.8m/s。

（2）变温时间T_2

$$T_2=\frac{C\cdot V\cdot \rho\Delta T}{W_0}=\frac{1005\times252\times1.293\times18}{10700}=550\text{s}$$

式中　ρ——空气密度，取1.239kg/m³；

C——空气的比热，取1.005kJ/(kg·℃)；

V——房间的体积，m³；

ΔT——房间温度，调节区间：冬季取18℃，夏季取13℃；

W_0——风机盘管功率，W，2500×2+1900×3=10700W。

（3）最不利时间的计算

$$T_1+T_2=575\text{s}$$

3.7.5　制冷、制热工况的热量平衡计算

生活热水系统耗热量

（1）高峰负荷（按赛后全部规划面积）

计算参数：赛后住宅综合定额为280L/(d·人)，住宅入住率为85%。此为极端用热水工况，主要用于进行管网计算、设备选型等技术参数的确定，以便保证系统的安全性，实际运行中出现的几率极小，表3-49～表3-51中的数据仅为生活热水使用能耗的计算数据，未考虑输配管网的能量损失。

1）技术官员村（1号能源站室）生活热水月平均日热量平衡计算见表3-49。

技术官员村生活热水月平均日热量平衡计算表　　**表3-49**

月份	日辐照量[kJ/(m²·d)]	计算冷水水温(℃)	计算热水水温(℃)	终端用水温度(℃)	日用水定额[L/(d·人)]	日用水量(m³/d)	耗热量(MJ)	集热器产水量(L/m²)	集热器面积(m²)	太阳能制热量(MJ)	水源热泵制热量(MJ)
1	8857	13	55	38	67	1262	221906	28	5000	24357	197550
2	7611	14	55	38	66	1241	213030	24	5000	20930	192100
3	7393	17	55	38	62	1172	186401	26	5000	20331	166071
4	8712	22	55	38	54	1028	142020	35	5000	23958	118062
5	11160	25	55	37	45	848	106515	49	5000	30690	75825
6	12841	27	55	37	40	757	88763	60	5000	35313	53450
7	14931	28	55	36	33	628	71010	73	5000	41060	29950
8	13895	28	55	36	33	628	71010	68	5000	38211	32799
9	13794	27	55	37	40	757	88763	65	5000	37934	50829
10	13113	24	55	37	47	889	115391	56	5000	36061	79331
11	11796	19	55	38	59	1119	168649	43	5000	32439	136210
12	10528	15	55	38	64	1219	204154	35	5000	28952	175202

2）运动员村（2 号能源站室）生活热水月平均日热量平衡计算见表 3-50。

运动员村生活热水月平均日热量平衡计算表 **表 3-50**

月份	日辐照量[kJ/(m^2·d)]	计算冷水水温(℃)	计算热水水温(℃)	终端用水温度(℃)	日用水定额[L/(d·人)]	日用水量(m^3/d)	耗热量(MJ)	集热器产水量(L/m^2)	集热器面积(m^2)	太阳能制热量(MJ)	水源热泵制热量(MJ)
1	8857	13	55	38	67	1210	212832	28	5500	26792	186039
2	7611	14	55	38	66	1190	204318	24	5500	23023	181295
3	7393	17	55	38	62	1124	178779	26	5500	22364	156415
4	8712	22	55	38	54	986	136212	35	5500	26354	109858
5	11160	25	55	37	45	813	102159	49	5500	33759	68400
6	12841	27	55	37	40	726	85133	60	5500	38844	46289
7	14931	28	55	36	33	602	68106	73	5500	45166	22940
8	13895	28	55	36	33	602	68106	68	5500	42032	26074
9	13794	27	55	37	40	726	85133	65	5500	41727	43406
10	13113	24	55	37	47	853	110672	56	5500	39667	71006
11	11796	19	55	38	59	1073	161752	43	5500	35683	126069
12	10528	15	55	38	64	1169	195805	35	5500	31847	163958

3）媒体村（3 号能源站室）生活热水月平均日热量平衡计算见表 3-51。

媒体村生活热水月平均日热量平衡计算表 **表 3-51**

月份	日辐照量[kJ/(m^2·d)]	计算冷水水温(℃)	计算热水水温(℃)	终端用水温度(℃)	日用水定额[L/(d·人)]	日用水量(m^3/d)	耗热量(MJ)	集热器产水量(L/m^2)	集热器面积(m^2)	太阳能制热量(MJ)	水源热泵制热量(MJ)
1	8857	13	55	38	67	1170	205763	28	5000	24357	181406
2	7611	14	55	38	66	1151	197532	24	5000	20930	176602
3	7393	17	55	38	62	1086	172841	26	5000	20331	152510
4	8712	22	55	38	54	953	131688	35	5000	23958	107730
5	11160	25	55	37	45	786	98766	49	5000	30690	68076
6	12841	27	55	37	40	702	82305	60	5000	35313	46992
7	14931	28	55	36	33	582	65844	73	5000	41060	24784
8	13895	28	55	36	33	582	65844	68	5000	38211	27633
9	13794	27	55	37	40	702	82305	65	5000	37934	44372
10	13113	24	55	37	47	824	106997	56	5000	36061	70936
11	11796	19	55	38	59	1038	156380	43	5000	32439	123941
12	10528	15	55	38	64	1130	189302	35	5000	28952	160350

（2）低负荷热水工况

计算参数：赛后住宅综合定额为 280L/(d·人)，住宅入住率为 60%，接近实际入住率的用热水工况，相关计算数值可以用于水资源、能源等消耗量统计和平衡计算，可便保证系统的准确性、合理性、经济性。

亚运城（入住率 60%）日热水耗热量、太阳能制热量、水源热泵制热量平衡计算见表 3-52。

亚运城日热水耗热量、太阳能制热量、水源热泵制热量平衡计算表　　表 3-52

月份	月平均日辐照量[kJ/(m²·d)]	计算冷水水温(℃)	计算热水水温(℃)	终端用水温度(℃)	月平均日用水定额	月平均日用水量(m³d)	耗热量(MJ)	集热器产水量(L/m²)	集热器面积(m²)	太阳能制热量(MJ)	水源热泵制热量(MJ)
1	8857	13	55	38	67	2240	393894	25	15500	75506	318388
2	7611	14	55	38	66	2203	378138	22	15500	64884	313255
3	7393	17	55	38	62	2080	330871	23	15500	63025	267846
4	8712	22	55	37	51	1711	236336	32	15500	74270	162067
5	11160	25	55	36	41	1380	173313	44	15500	95139	78174
6	12841	27	55	36	36	1210	141802	55	15500	109470	32332
7	14931	28	55	35	29	976	110290	66	15500	127287	(16996)
8	13895	28	55	35	29	976	110290	62	15500	118455	(8165)
9	13794	27	55	36	36	1210	141802	59	15500	117594	24208
10	13113	24	55	37	47	1578	204825	51	15500	111788	93037
11	11796	19	55	38	59	1986	299360	39	15500	100561	198799
12	10528	15	55	38	64	2164	362383	31	15500	89751	272631

3.8　系统运行控制

3.8.1　亚运城控制软件系统介绍

广州亚运城集中太阳能与水源热泵系统监控操作软件选用杰控 FameView 组态软件系统（图 3-55）。FameView 组态软件系统基于 Windows NT 、Windows 2000/XP 操作平台，独立研制开发纯 32 位的软件，其运行稳定、速度快、简单易用、功能强大、扩展性

图 3-55　杰控软件系统画面

好，能提供经济完善的工业自动化监控解决方案；除提供通讯、运行数据库、画面、报警、历史数据等功能外，还提供了实用的数据库连接、数据配方、数据转发服务、各种报表、双机冗余、变量组、全局变量等增强功能，使监控更加准确安全。该软件支持 EXCLE、TXT 文件类型的数据导出（图 3-56）。

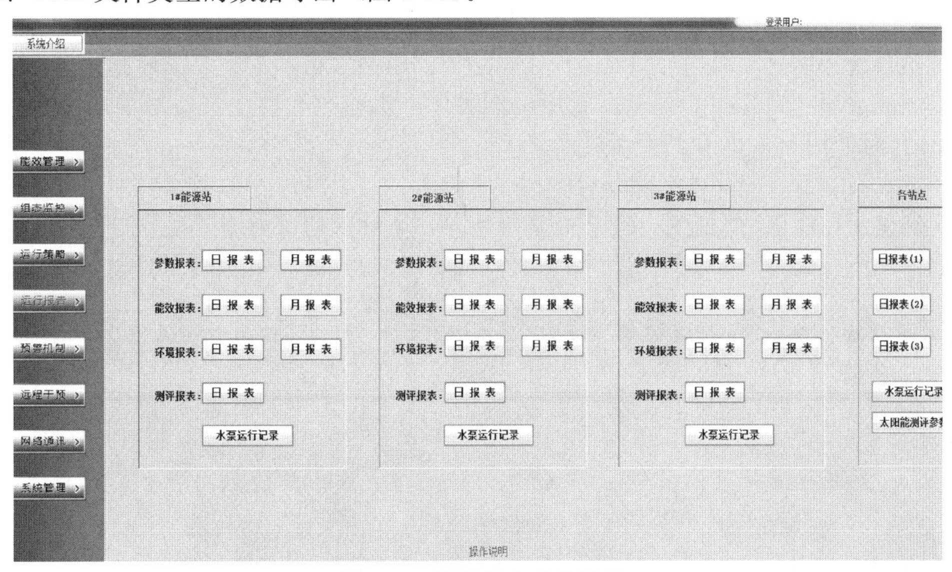

图 3-56 数据报表系统画面

3.8.2 能源站运行控制模式

亚运城运动员村、媒体村、技术官员村各有 1 个能源站，这 3 个能源站是亚运城整个集中太阳能与水源热泵热水系统的控制中心。其中 2 号、3 号能源站内均有 4 个贮水水箱，这些水箱通过 PLC 自动控制基本实现恒温供水，其中 1 号、3 号水箱联通，2 号、4 号水箱联通，可视为两个大水箱。正常情况下加热与恒温水箱各一个，通过自控可实现自动循环加热与对外供水；特殊情况下水箱系统分为三种状态：两水箱均为加热水箱，两水箱均为恒温水箱，两水箱分别为加热与恒温水箱；在这三种状态下系统通过开关不同的电动阀能够使热水循环尽快恢复平衡，并达到满足用户需求的 55℃恒温供水。当水箱的温度大于 55.5℃，并且水箱液位大于中限位时，该水箱就设定为恒温水箱。当水箱的温度小于 55℃，或者水箱液位小于下限位时，该水箱就设定为加热水箱。水箱在加热状态下会自动关闭供水泵吸口电动阀，转为恒温水箱后会再次打开。高质水补水阀在自动状态下补水区间是液位处于中限位与上限位之间。当液位处于下限位以下时会自动关闭站室连通泵；液位处于上限位以上时系统会自动关闭高质水补水电动阀。热水回水电动阀与热水循环回水电动阀需要人为控制。液位控制参数设定值及用途见表 3-53。

液位参数设定值及用途 表 3-53

1 号水箱下下限值设定 300	停泵关阀保护
1 号水箱下限值设定 500	重新启泵与阀限值
1 号水箱中限值设定 1000	切换水箱界限
1 号水箱上限值设定 2000	上限与中限用作高质水补水
1 号水箱上上限值设定 2500	上上限与上限用作用户热水回水

能源站热水系统水源热泵加热水箱与水源热泵相连，当加热水箱底部水温小于 50℃时，水源热泵循环加热泵开启，由水源热泵加热；当水箱出口水温达到 55℃时，开启联通恒温水箱的电动阀，同时联动开启冷水补水电动阀，加热水箱热水补充到恒温水箱内；当加热水箱底部水温达到 55℃时，水源热泵循环加热泵停泵。当恒温水箱底部水温小于 50℃时，联通管电动阀开启，同时开启水箱热水给水泵，恒温水箱的热水进入加热水箱，由水源热泵循环加热。加热水箱设溢流管，溢流到恒温水箱，避免浪费水资源。当恒温加热水箱底部水温达到 55℃时，联通管电动阀关闭，水箱热水给水泵恢复正常控制，保证用户 24 小时使用 50～60℃的生活热水。

所有水泵运行状况、电动阀开启状况、水箱水位、温度计、水表读数、太阳能系统运行状况均显示在能源站控制显示屏上；所有水泵、电动阀均可由能源站控制室自动、手动控制启停；所有水泵均可实现现场手动启停控制，控制界面如图 3-57 和图 3-58 所示。

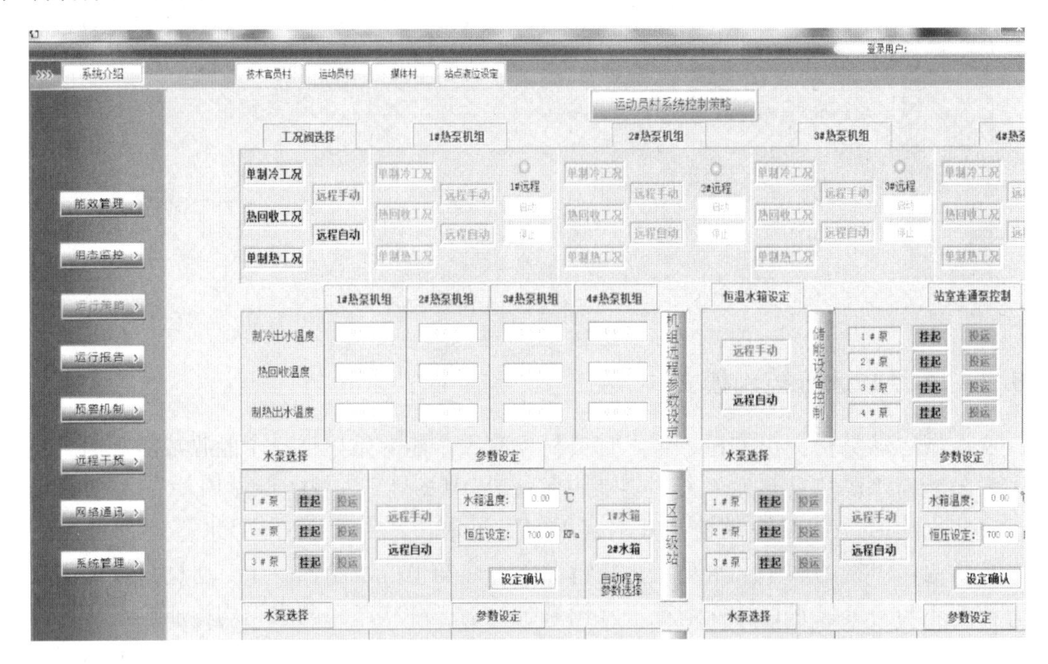

图 3-57　监控软件控制界面

3.8.3　二级站热水系统运行控制模式

运动员村和技术官员村设置有二级站，所有二级站设太阳能贮热水箱，当水温低于 50℃时，启动循环泵，利用一级站的恒温水进行补水，二级站热水箱内的热水送至水源热泵加热，直至二级站热水箱内的水温度升至 55℃，循环泵停止。热水箱设液位控制器，设低水位 L4、补水水位 L3、太阳能水位 L2、高水位 L1，4 个液位信号。任一水箱达到 L3 补水水位时，启动一级站热水给水泵；所有水箱水位达到 L2 水位时，一级站热水给水泵停止；水箱水位达到 L1 水位时，表示水箱满负荷状态，信号反馈至屋顶太阳能系统，进水浮球阀关闭太阳能进水；水箱水位达到 L4 水位时，表示水箱超低水位，报警，同时变频供水泵组停泵。二级站水箱水温小于 47℃时开启旁通管电动阀，水箱水通过旁通管快速回到一级站加热水箱；水箱水温达到 52℃时关闭旁通管电动阀。控制流程如图 3-59 所示，参数设置见表 3-54。

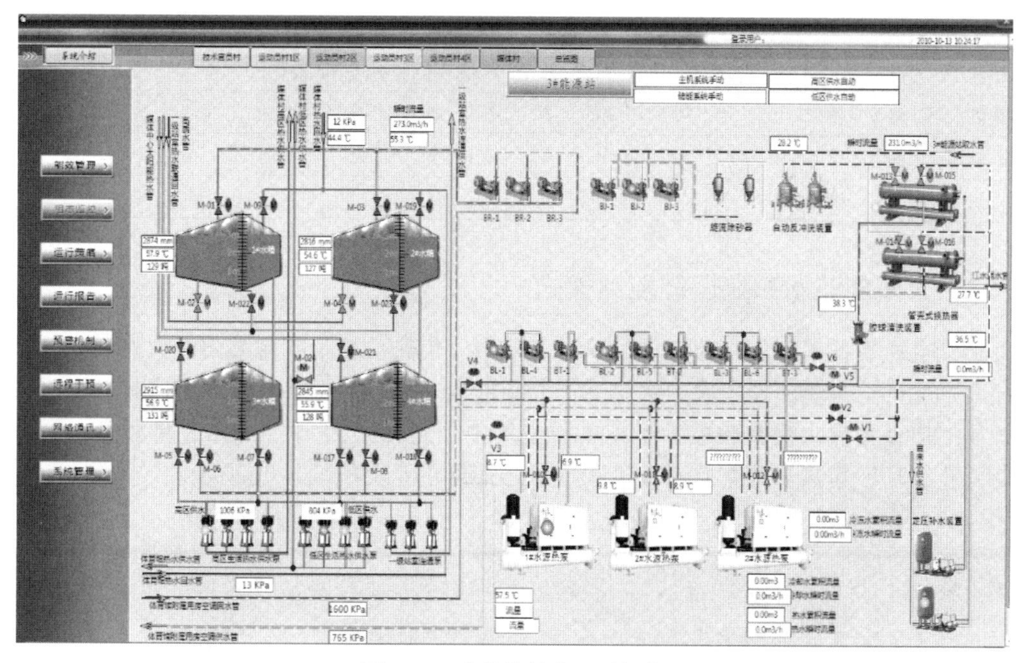

图 3-58 杰控软件能源站操作

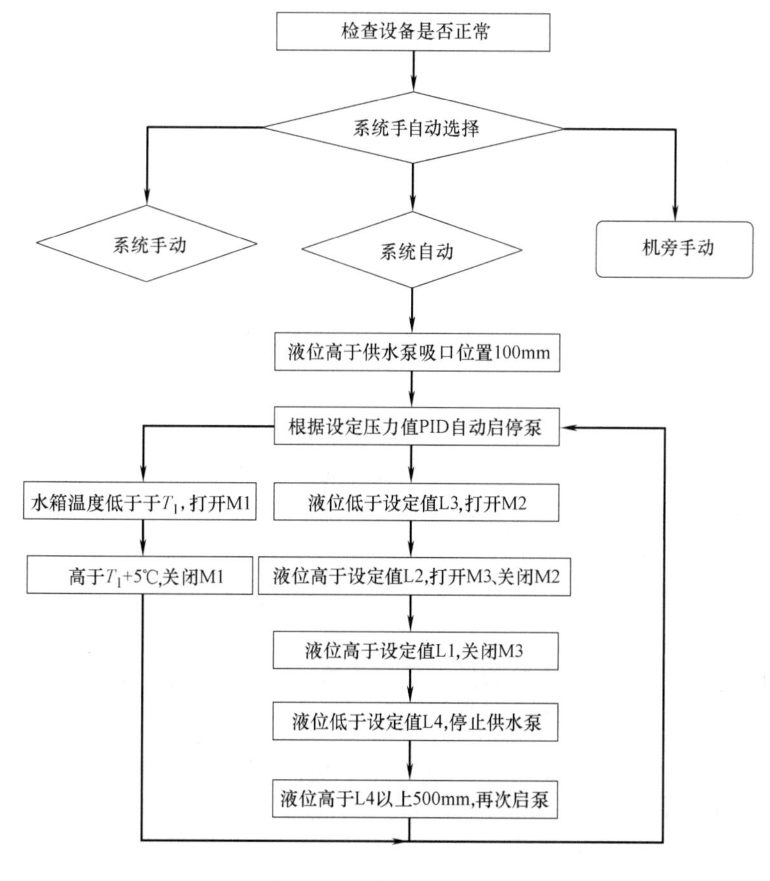

图 3-59 控制工艺流程

二级站参数设定值 表 3-54

恒温供水压力设定值	700kPa	关太阳能补水阀 M3 设定值 L1	1700mm
停止供水泵液位设定值 L4	310mm	打开快速回水阀 M1 设定值 T_1	48℃
开一级站补水阀 M2 设定值 L3	1300mm	关闭快速回水阀 M1 设定值	T_1+5℃
开太阳能补水阀 M3 设定值 L2	1500mm		

3.8.4 太阳能热水系统运行控制模式

运动员村、技术官员村和媒体村安装有太阳能集热系统。所有太阳能集热系统均采用温差自动循环，当集热器模块中水温高于太阳能回水管网水温≥8℃时，启动集热器循环泵，同时启动集热水箱循环泵。当集热器模块中水温低于太阳能回水管网水温≤2℃时，延时停止循环。集热水箱监控面板 TD400C 触摸屏示意图如图 3-60 所示。

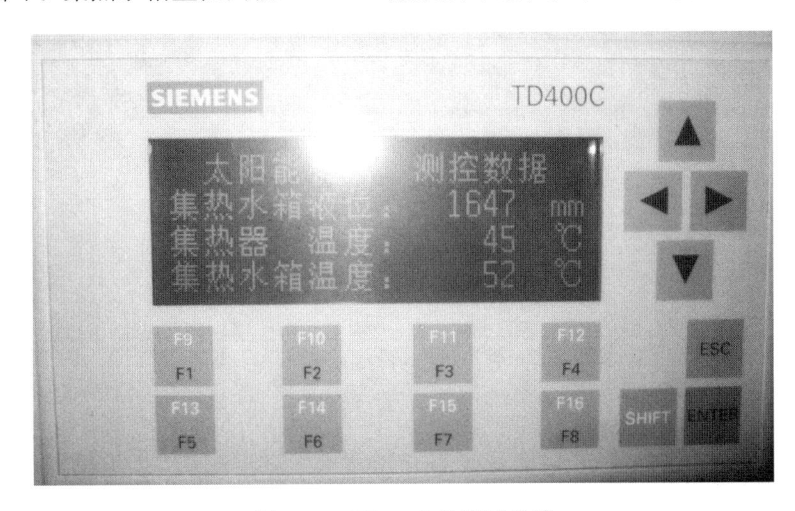

图 3-60 TD400C 触摸屏外形

屋面太阳能集热水箱采用定温放水方式，水温达到设计温度 55℃（亚运期间设定为 60℃）时，定温放水阀开启，热水输送到二级站站室太阳能贮热水箱；达到水箱低水位时，开启水箱冷水进水电动阀补水，达到水箱高水位时停止。太阳能贮热水箱容积按储存全天太阳能制备热水量设计，定温放水阀开启温度可根据气候条件、用水量综合确定，夏季晴热天气，太阳能充足，开启温度可设为 60～65℃；冬、春季太阳能不足，开启温度可设为 48～50℃。屋面集热水箱水温≥80℃时，循环泵停止运行，集热器及管网内热水回到泄水水箱内，避免太阳能集热系统出现高温，保护太阳能系统。当太阳能集热水箱水温≤50℃时，系统恢复运行。

集热器用传感器能承受集热器的最高空晒温度，精度为±2℃；贮水箱用传感器应能承受 100℃，精度为±2℃。系统控制器应具备显示、设置和调整系统运行参数的功能；系统运行信号均输送到能源站，能源站能显示、控制太阳能集热系统的运行。运动员村太阳能集热器系统控制流程图如图 3-61 所示，媒体村太阳能系统监控界面如图 3-62 所示，运动员村太阳能系统监控界面如图 3-63 所示，太阳能系统参数设定如表 3-55 所示，运动员村太阳能集热系统控制原理图如图 3-64 所示。

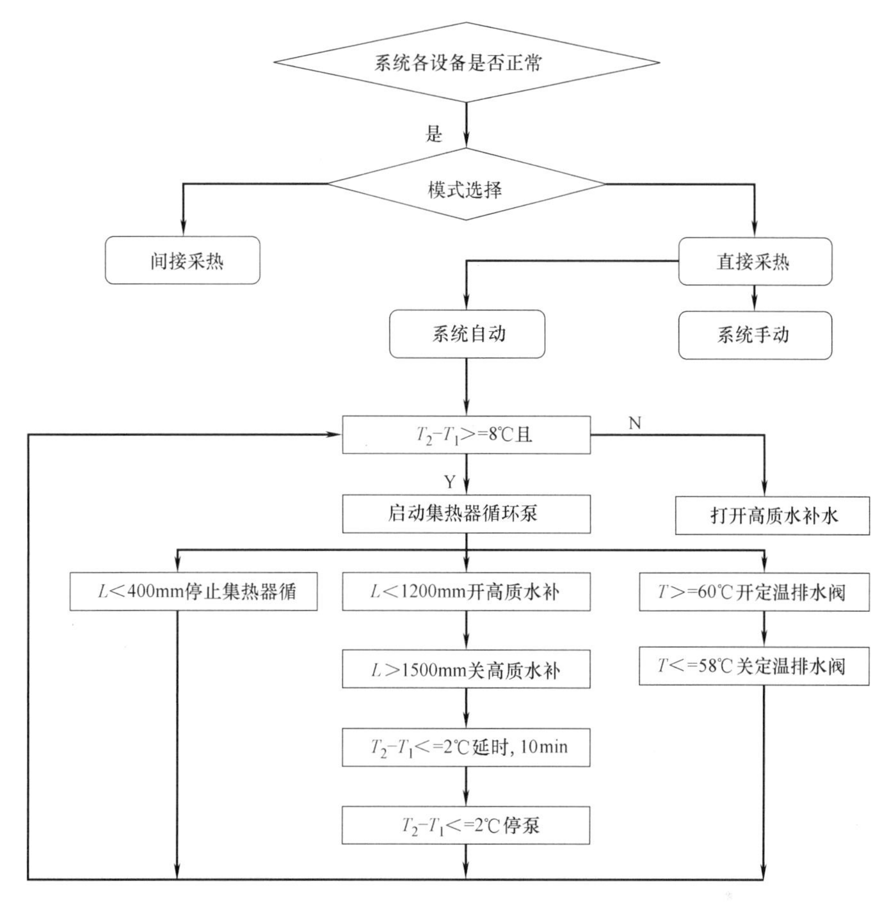

图 3-61　运动员村太阳能集热系统控制流程

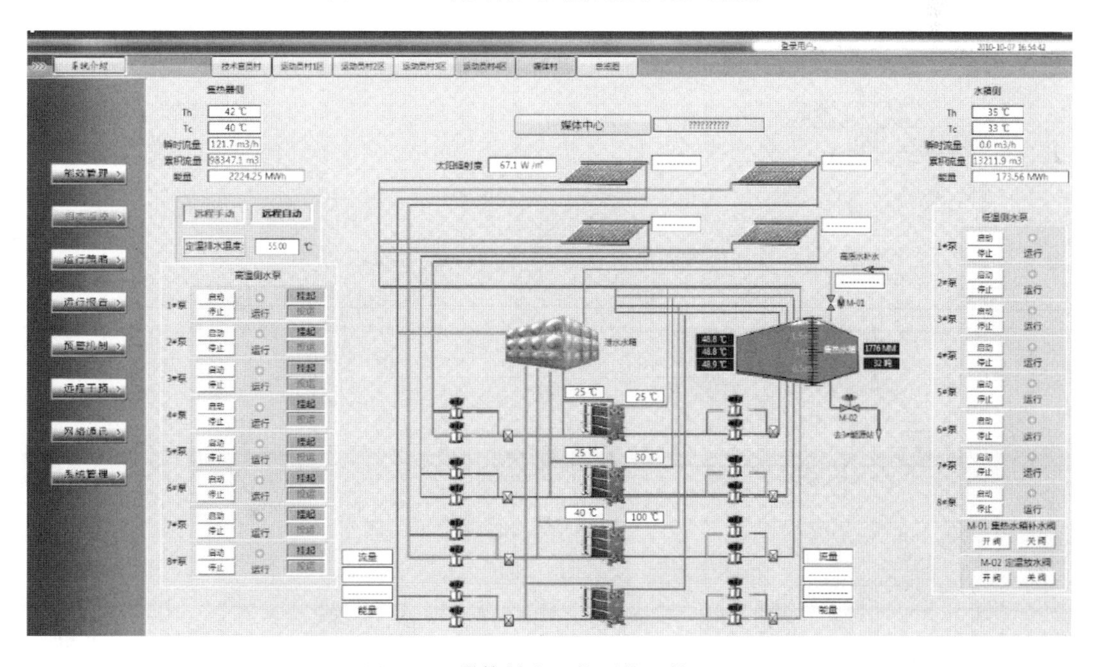

图 3-62　媒体村太阳能系统监控界面

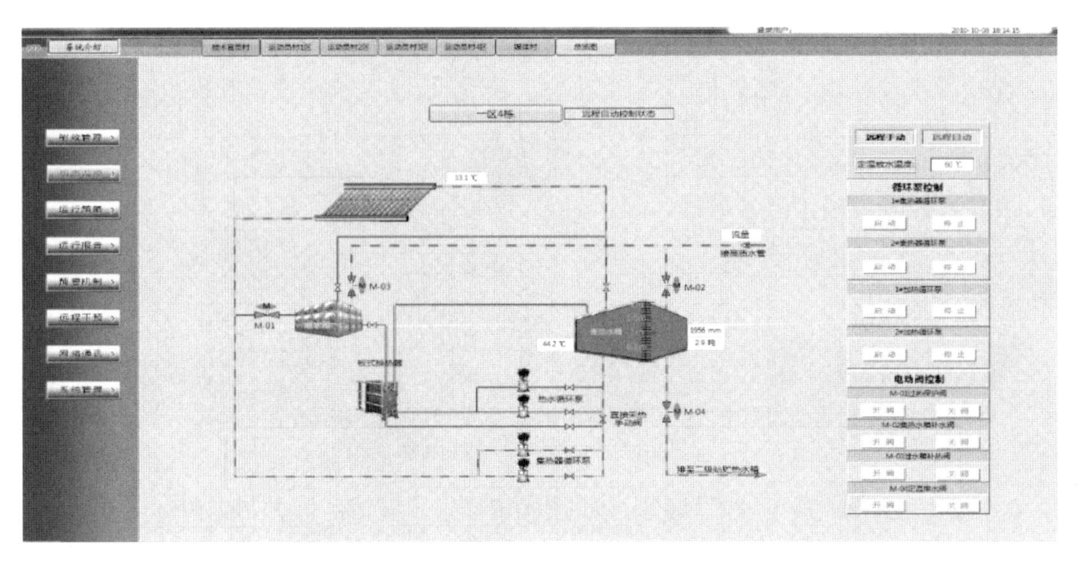

图 3-63　运动员村太阳能系统监控界面

太阳能系统参数设定值　　　　**表 3-55**

开定温排水阀温度 T	60℃
关定温排水阀温度	$T-2$℃
启动集热器循环泵条件	温差大于 8℃,液位高于 650mm
停止集热器循环泵条件	温差小于 2℃(延时 10min),液位低于 400mm
开高质水补水阀液位	1200mm
关高质水补水阀液位	1500mm

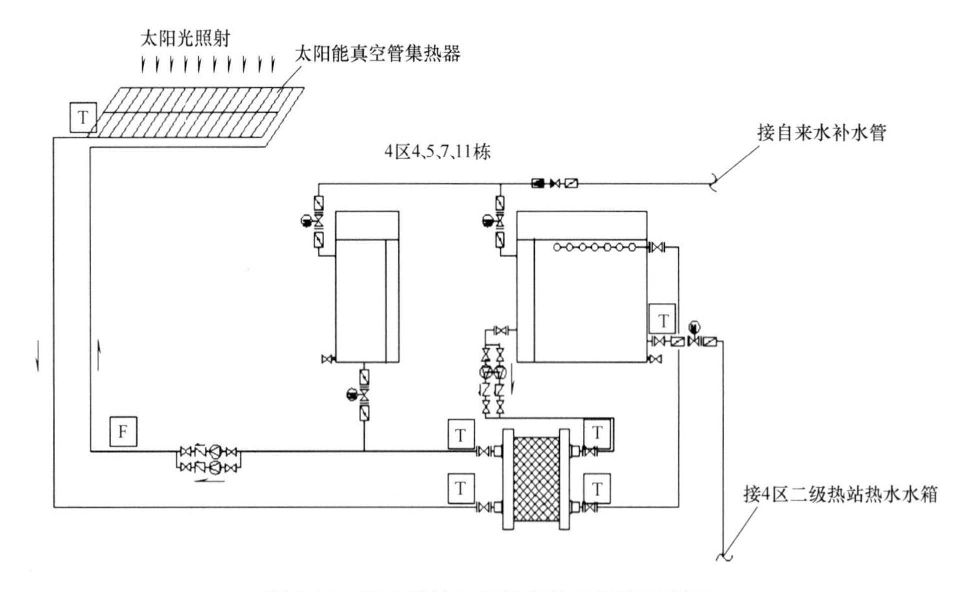

图 3-64　运动员村太阳能集热系统控制原理

第4章　主要设备管道的施工、安装

4.1　太阳能集热系统的设备、管道施工与安装

4.1.1　集热器安装

1. 真空管集热器安装

(1) 支座架组装。真空管集热器安装在技术官员村屋面、运动员村屋面，考虑到住宅屋面设置屋顶花园的需要，经与建筑师、业主单位协调，采用钢结构架空布置集热器，为保证建筑景观的美观性，集热器水平安装，最大限度地实现建筑一体化。土建完成主骨架施工（图4-1和图4-2)。太阳能支架及检修通道归属太阳能集热器安装范畴。太阳能赞助商企业提供成品，由总承包单位现场进行组装，在组装前材料要分类放置、清点数量、外观检查合格后方可进行组装工作。组装时要放线使其整齐，调整集热器的安装角度使采热模块的安装达到设计要求的效果。

(2) 集热设备的安装。真空管式太阳能集热器现场组件时，保持道路的畅通、场地清洁，搬运时编好号，按顺序搬运至钢结构支架的相应位置。摆放时按顺序、方向、角度放置好模块，模块与支架、模块与模块之间的连接采用附件中的软管连接，要放稳连接牢固，组装完后及时清除杂物，做好保护工作。两侧出口的模块与模块之间的连接如图4-3所示。

图4-1　真空管集热器安装框架

图4-2　屋顶真空管型集热器架设现场

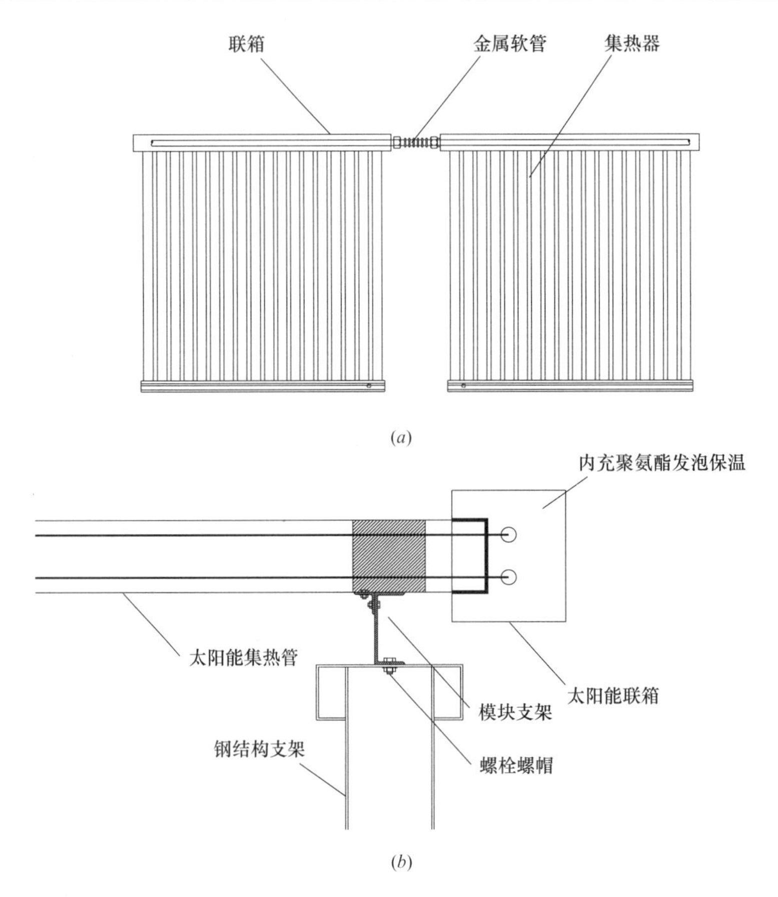

图 4-3　太阳能集热器模块连接示意

(a) 模块之间连接示意；(b) 模块与支架连接

图 4-4　部分安装好的集热器

2. 平板集热器的安装

平板集热器集中安装在媒体中心屋面，该中心屋面为平屋面，面积较大，共布置 4848m² 平板集热器。集热器由太阳能赞助商提供，管道、附件组装由该项目承包商负责安装调试。集热器基础由土建施工单位完成。太阳能集热器倾角 20°，共分为 4 个独立循环系统，安装及布置如图 4-4～图 4-6 所示。

4.1.2　太阳能集热器防自然灾害措施

1. 自然灾害的因素

广州地区纬度低、海拔低、距海近，属南亚热带海洋季风型气候，季节性主导风向为北风和东南风，冬季以北风为主，夏季以东南风为主，海洋性气候特征明显。因此，该工程太阳能项目主要有以下几个因素会对太阳能集热器带来危害。

(1) 台风、地震

图 4-5 施工中的主媒体中心平板型集热器

图 4-6 基本安装完成的主媒体中心平板型集热器

为采热的需要，太阳能集热器要安装在屋顶部位，防抖动能力较差，如果安装不当或不牢靠，在台风或地震到来之际会将模块移位，甚至将模块吹离屋面，从而造成模块损失，砸伤人、物，系统瘫痪的现象。

(2) 雷击

太阳能集热器的安装集中在建筑物的最上端，在阵雨季节很容易受到雷击。当太阳能热水器被雷击时，不但将太阳能集热板击坏，还使强大的雷电流沿电源线路、金属导管等进入室内，危及人身和财产安全。

(3) 冰雹

太阳能集热模块外面主要材料为玻璃材料，当冰雹袭击时，模块无疑会受到破损而造成系统的不正常运行和经济损失。

2. 防护措施

(1) 防台风、地震措施

太阳能集热器抗台风、地震能力较差的主要原因是模块安装不牢固，主要解决办法是将模块支架安装牢固，杜绝将模块在不采取紧固措施的条件下直接放置在支座上。

模块与支座的连接：模块底部设角铁挂钩与模块支座用镀锌螺栓连接。

模块支座与支撑支架的连接在钢架上打眼，采用镀锌螺栓紧固。

(2) 防雷击的措施

1) 雷击方式

太阳能集热器遭雷击的途径主要有两种：一是直击雷，二是感应雷击。

由于太阳能集热器都是安装在屋面部位，建筑的防雷接闪器一般也都低于太阳能热水器，太阳能热水器则暴露在接闪器保护范围之外，一旦云地放电，太阳能热水器便首当其冲，成了接闪器，雷电可以直接击在太阳能热水器上，会击坏太阳能热水器。

感应雷击是由于雷云的静电感应或放电时的电磁感应作用，使建筑物上的金属物件，如管道、钢筋、支架、电线等导体感应出与雷云电荷相反的电荷，产生感应电压或感应电流，会造成损失。

2) 防雷保护的原理

太阳能的防雷可分为外部防雷和内部防雷两种情况，外部防雷是防直击雷，内部防雷是防感应雷。

外部防雷——将绝大部分雷电流直接引入地下泄散；

内部防雷——快速泄放的雷电流，避免其沿着电源或信号线路等导体侵入的高电位引入及感应雷引起的各种危险过电压。

这两道防线互相配合，各尽其职，缺一不可。因此，防雷工程是一项系统工程（图 4-7）。

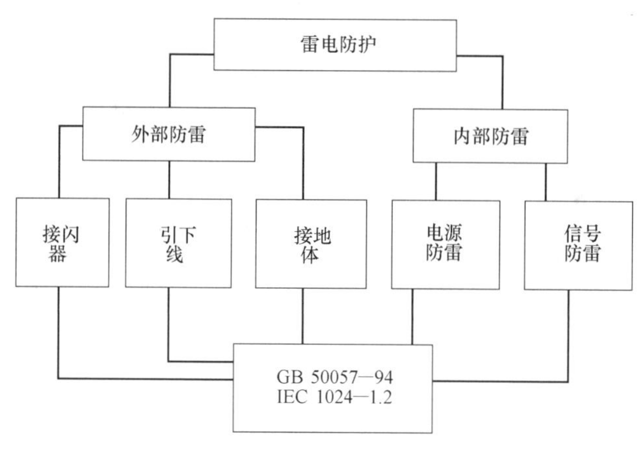

图 4-7 防雷工程

3）防雷保护措施

如果原建筑物已有良好的防雷措施，并且热水器已处于防雷装置的保护范围之内，不用加避雷针，只需将太阳能热水器的金属底脚用扁钢或圆钢就近焊接到屋面避雷带或引下线上。如果热水器不在保护区内，则要为其安装避雷针。太阳能集热器的金属座要做等电位连接。防雷装置由接闪器、引下线和接地装置组成。接闪器位于防雷装置的顶部，其作用是利用其高出被保护物的突出地位把雷电引向自身，承接直击雷放电。除避雷针、避雷线、避雷网、避雷带可作为接闪器外，符合防雷规范要求的建筑物的金属屋面也可用作（除第一类防雷建筑物以外）接闪器。

内部防雷系统主要是在易受过电压破坏的电子设备（或室外独立电子设备）的通路上加装电涌保护装置，在设备受到过电压侵袭时，防雷保护装置能快速动作泄放能量、限制电压，从而保护设备免受损坏。

（3）防冰雹的措施

太阳能模块的防冰雹措施主要是增加集热器板表面玻璃的强度，强度要求要满足直径为 25mm 的冰雹在速度为 23m/s 时的冲击。

4.1.3 管道安装

该工程的管材采用不锈钢管，保温采用聚氨酯发泡保温，外套 PE 保护层。

1. 管道配件及阀门的检查

各种连接管件不得有砂眼、裂纹、偏扣、乱扣、丝扣不全和角度不准等现象。

各种阀门的外观要无损伤，阀体严密性好，阀杆不得弯曲，安装前应按设计要求或施工规范规定进行严密性试验。

2. 管道安装工艺流程

工艺流程：安装准备→预制加工→支架安装→干管安装→立管安装→支管安装→试压→冲洗→防腐→保温→调试。

3. 管道系统试压冲洗

（1）管道试压

管道试压前首先对管道系统进行分段，该工程分为集热循环系统、传热循环系统、热水输出系统。集热循环系统包括从板式换热器到屋顶集热器，在屋顶最后一块集热器接口处安装排气阀，在机房板式换热器接口处设放水阀。传热循环系统包括从板式换热器到集热水箱，在水箱接口处设排气阀，在板式换热器处接放水阀。热水输出系统包括从太阳能机房水箱输出口到二级站水箱进口的管路，在水箱出水口的接管上安装排气阀，在二级站水箱进口处安装泄水阀。

在泄水阀处安装试压泵并在试压泵处安装压力表（0～1.6MPa），用自来水对管网注水，水满后将管网内的空气排净，再用加压泵对系统缓慢升压，达到试验压力后，稳压10min，目测管网不渗不漏，且压力降不大于0.02MPa，即系统水压试验合格。然后对管网做严密性试验，试验压力为设计工作压力，将系统压力降至工作压力，对系统各可疑漏点进行逐一检查，系统不渗不漏即严密性试验合格。

（2）管道冲洗

管道冲洗顺序为先室外，后室内，先地下，后地上；室内管道冲洗按立管、干管、支管的顺序进行。冲洗方法利用已安装、试压合格的管网做冲洗水源管。

将已安装完成管道与冲洗水泵连接好，将排水管接至排水口。

启动冲洗水泵观察排水口，所排出的水要与进水口的水质相同，表明系统冲洗完成。

4.1.4 集热系统辅配件及配套安全设施与管道的施工安装

该工程贮热水箱为不锈钢304，成品现场组装。所选用的材质符合招标文件及施工图纸和卫生要求。进场时检查所带资料符合图纸、招投标文件的要求，并对外观按产品要求进行逐项核对，达到要求后方可收货并进行组装。

热水箱拼接成型后用氩弧焊焊接密封，内牵加强拉筋；水箱接管用高频电阻缝焊焊接，确保不易生锈漏水。

（1）水箱安装

1）水箱底座安装：检查工字钢基础是否符合要求（水平、相对位置）；槽钢先点焊，测量对角保证角部垂直，检测无误后方可进行满焊。基础制作工序：槽钢材料→画线→切割→检验→涂油漆。

2）水箱就位、安装：先点焊水箱底板，确认排污接口位；点焊下边板；点焊中边板，满焊十字位，焊接拉杆；点焊上边板，满焊十字位；满焊上边板、下边板所有焊缝并自检；水箱的四周应有不低于500mm的检修空间，水箱顶面至屋顶有不小于400mm的空间，并确保施工现场整洁干净。

（2）水箱满水试验

将水箱与各接口阀门、管道连接好，并将所有出水阀门关闭。向水箱注水将水箱加

图 4-8　水箱外保温现场图

满，边注水边观察，观察水箱是否渗漏，如发现明显漏点则停止加水，用记号笔将漏点做好记号，将水箱里的水全部放空，通知水箱厂家进行维修。

如没有发现渗漏，继续将水箱加满后静置 24h，观察水箱不渗不漏则水箱合格。

（3）水箱保温

保温材料采用超细玻璃丝棉，厚度为 100mm，外包金属彩色钢板。水箱安装完成后如图 4-8 所示。

4.1.5　管道保温

屋顶管道采用聚氨酯发泡保温，太阳能机房内管道采用橡塑保温。

管道保温处理及防水措施如下：

保温材料选择为聚胺酯发泡，接头部位现场发泡。

保温层共有由两层结构组成，内层为聚胺酯保温层，外层为硬质高密度聚乙烯 PE 防水管，具体措施如图 4-9 所示。

（1）保温接头处理措施

聚氨酯发泡保温，外套 PE 塑料管，接缝处用塑料焊枪焊接牢靠。

（2）保温弯头的处理措施

保温材料选用聚胺酯，防水层及防护层施工同直管，与直管形成整体结构，如图4-10 所示。

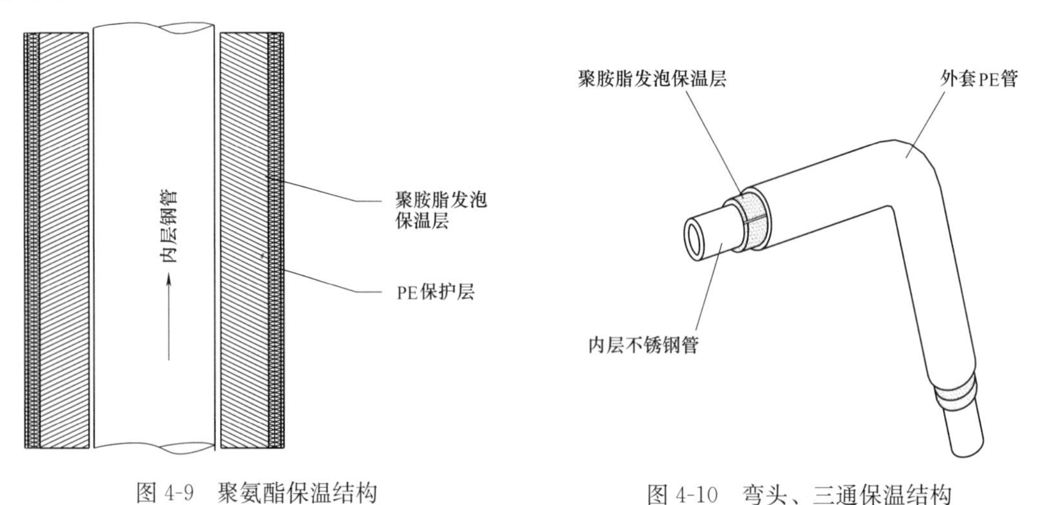

图 4-9　聚氨酯保温结构

图 4-10　弯头、三通保温结构

（3）阀门的保温结构如图 4-11 所示。

（4）屋面平板式集热器管道连接如图 4-12 所示。

（5）屋面管道保温连接如图 4-13 所示。

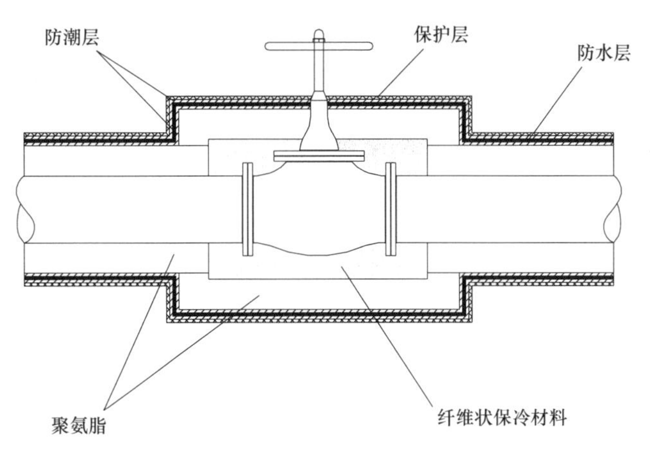

图 4-11 阀门保温结构

图 4-12 屋面平板式集热器管道连接

图 4-13 屋面管道保温连接

4.2 室内及管廊热水管道安装及保温

4.2.1 支吊架安装

由于管井上下尺寸不能保证一致，在支架安装前首先对管井进行吊线，确定管道位置，测量管道到井壁的距离，从而确定每层支架具体尺寸。管井内立管固定支架设置在伸缩节上一层楼板上，采用 12 号槽钢；楼房层高为 3m，导向支架每层设置 1 个，采用40×4角钢，为防止产生热桥，导向支架采用木哈弗，用抱箍将管道固定在支架上。

4.2.2 管道安装

对照施工图纸与施工现场，然后进行管道放线定位并绘制出施工草图，标示出各管段的实际长度。

管道下料：采用电动切割机下料，之后用细齿锉刀或砂轮机把管端内外的毛刺清除干净，并用细砂纸纵向打磨管端 5cm 范围，使之光滑平整。

管道安装：焊接管道安装先主管后支管，由于本楼栋管道的管径小、管段长度短、重量轻等特点，所以采用首层焊接，顶层提升的方案。为防止各楼层的三通方向不一致，将焊接不锈钢管的焊缝与三通的三通口在同一直线上。

依据现场实际情况，可以在预制场地预制的短管，应尽量先预制好，然后拿到现场去安装。

4.2.3　水表的安装

该系统采用 IC 卡表，在试压冲洗后进行表组的安装。安装完毕后，再进行一次整体试压。表组的安装采用提前组装，然后现场与立管三通对接。

(1) 为了保证计量准确，在水表进水口前留有安装截面管径 5 倍以上长度的直管段，水表出水口安装至少 2 倍管径以上的直管段。

(2) 水表的上游和下游处的连接管道不能缩径。

图 4-14　管井中水表安装

(3) 为了保护水表与检修方便，在 IC 卡表前安装流量控制设备阀门和过滤器。

(4) 保持水表水流方向要和管道水流方向一致。

(5) 因为用户热水与冷水同时使用，为了防止热水与冷水互串和热水倒流影响水表计量，在 IC 卡表后安装一止回阀。

(6) 对每只水表安装支架固定。

(7) 水表安装以后，要缓慢放水充满管道，防止高速气流冲坏水表。

(8) 安装位置应保证管道中充满水，气泡不会集中在表内，应避免水表安装在管道的最高点。水表安装如图 4-14 所示。

4.2.4　保温

(1) 保温主要技术指标：冷冻水管道的保温应满足在冷冻水输送过程中冷冻水供水温升不大于 2.0℃/km 的要求，流速为 0.6m/s。

(2) 户内冷冻水管道采用的保温材料需满足以下要求：1) 导热系数 $\lambda \leqslant 0.045 W/(m \cdot K)$；2) 抗压强度 $\geqslant 0.2MPa$；3) 必须为闭孔型，闭孔率 $\geqslant 85\%$；4) 吸水率 $< 10\%$；5) 冷损失应 $\leqslant 5\%$。

(3) 户内保温选择为自熄型聚乙烯橡塑管材，厚度 $\delta = 2.5 \sim 3.0cm$，如图 4-15 所示。

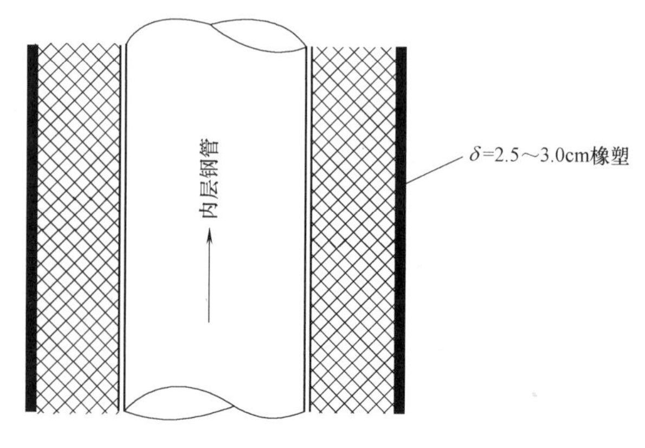

图 4-15　管道保温结构剖面

室内及管廊内采用橡塑保温如图 4-16 和图 4-17 所示，在市政管廊内的热水保温完成后，消防部门坚持认为橡塑不是非燃材料，并在工程会议上形成的书面意见，最终在市政管廊中的保温材料选用岩棉。

图 4-16 市政管沟内管道布置及保温

图 4-17 机房内管道布置及保温

4.3 室外管道敷设、安装及保温

室外热水管道、空调冷水管道均采用热力直埋管道技术，直管道及接头在工厂内预制完成，现场进行接头焊接和二次现场聚氨酯发泡，如图 4-18～图 4-22 所示。

图 4-18 媒体村南区室外小市政管网施工现场

图 4-19 空调冷冻水管道接口

4.3.1 保温

（1）室外生活热水管道、空调冷水管道采用硬泡聚氨酯泡沫塑料预制保温管直埋敷设。预制保温热水管道及管件均在工厂内预制，现场只进行接口施工。直埋热水管道的技术设计、施工做法等均按《城镇直埋供热管道工程技术规程》CJJ/T 81—98 执行。

（2）预制保温管：

图 4-20　生活热水管道直埋施工图

图 4-21　取水退水管道跨越桥梁

图 4-22　直埋管道沟槽

1）材料：预制保温管由不锈钢管（或无缝钢管）、聚氨酯保温层和高密度聚乙烯外壳构成。

2）粘结强度：聚氨酯保温层与不锈钢管、高密度聚乙烯之间必须粘结在一起形成一个牢固的整体，外套管内壁应进行电晕处理，并有应力释放工艺。

（3）聚氨酯泡沫保温层：

1）保温层采用硬泡聚氨酯泡沫塑料；管件保温材料与供回水管道相对应。保温泡沫应满足《高密度聚乙烯外护管聚氨酯泡沫塑料预制直埋保温管》CJ/T 114—2000 的要求，必须使用不含氟利昂的发泡剂。

2）特性：闭孔率不小于 88%；密度不小于 60kg/m^3；抗压强度不小于 0.3MPa；导热系数小于 0.033W/(m·K)。

3）吸水性：在沸水中浸没 90min 后，体积吸水率不大于 10%。

（4）高密度聚乙烯外套管

1）外套管尺寸：外套管外径，壁厚及公差应满足 CJ/T 114—2000 的要求。

2）外套管特性：高密度聚乙烯外套管的材料应满足 CJ/T 114—2000 的要求：密度大于 944kg/m^3（ISO 1183/GB 1033）；断裂伸长率应大于 350%（EN527/GB 8804.2）；屈服强度应大于 19N/mm^2（ISO 527）；熔融指数 0.4～0.8G/min（ISO 1133）；机械强度 165h/80℃/4.6MPa（ISO 1167）；炭黑含量 2.5%±0.25%（重量比）（EN253）。

（5）所有阀门应在工厂完成保温及保护层制作后运至现场安装。

（6）不锈钢管道保温厚度如表 4-1 所示。

（7）空调冷水管保温厚度：$DN \leqslant 100$mm 者，不小于 40mm；$DN > 100$mm 者，不小于 50mm。

不锈钢管道保温厚度　　表 4-1

钢管外径×壁厚(mm)	聚乙烯管外径×壁厚(mm)	保温厚度(mm)	外径×壁厚(mm)	聚乙烯管外径×壁厚(mm)	保温厚度(mm)
57×3	160×3	48.5	133×3.5	220×3.5	42.5
76×3	160×3	39	159×3.5	250×3.9	41.6
89×3.5	200×3.2	52.5	219×4.5	315×4.9	43.1
108×3.5	220×3.5	52.5	273×5.5	400×6.3	57.2

4.3.2　水源取退水管

管道采用钢骨架 PE 管热熔焊接，由于现场属软土地基，管道埋深超过 3m 基坑支护，工程量大，造价高，结合工程实际状况，尽量减少管道埋深，工程安装如图 4-23～图4-25 所示。

图 4-23　室外取水管道敷设施工现场

图 4-24　管道热熔连接

图 4-25　退水管道连接

4.4　能源站机房设备安装

2 号、3 号能源站施工安装如图 4-26～图 4-29 所示。

图 4-26　施工中的 2 号能源站

图 4-27　安装基本完成的 2 号能源站

图 4-28　施工中的 3 号能源站

图 4-29　安装基本完成的 3 号能源站

第5章　媒体村供热水管网热动力学数值模拟分析

针对亚运城媒体村复杂的低、高区供热水管网系统中的供水水力计算、热量损失计算问题，在进行了实际测试分析的基础上，采用 Aspen Hysys 软件的管网计算功能数值，模拟了媒体村供热水管网的热动力平衡过程。流程模拟分析中充分考虑管网外部环境温度、土壤条件、埋地深度、保温措施等真实外部环境，分析了不同流量下管道温度分布、压力分布及管段热量损失等规律。

5.1　媒体村供热水管网系统介绍和数值模拟的必要性分析

亚运城媒体村管网系统主要承担为媒体村内所有单元楼和公共用水处提供热水，供水由3号能源站统一供给。媒体村管网系统分为南一区、南二区、北区三部分，如图5-1所示，热水供水系统采取高压、低压两个分区，回水采用减压阀后汇集到一个回水管路中，各个支路并联独立分配流量，其管路的温降计算、流量分析、压力计算以及热损失计算不同于单一管路的热动力学计算分析。如此复杂的管配计算理论不易实现，对于媒体村管网的流量与管网能耗规律的分析和了解就更加难以实现，然而计算机模拟技术可以为管网分析提供快捷多变的分析思路和手段。针对同样的管网系统流程，数值流程模拟可以简单地实现不同工况、不同环境、不同外部影响作用因素下的流程过程分析预测，再与实际工作状况对比相互参照分析，进而为实际工程提供一定的数据参考和指导。

5.2　Hysys 管网分析功能简介及热动力学模拟基础

Hysys 软件是一款面向目标集成式的工程模拟软件，在集成系统中，系统流程、单元操作都相互独立，而单元操作之间靠流程中的物流产生联系，其方便快捷的流程分析，方便用户对不同体系采用不同的热力学方法进而取得精确的结果。Hysys 平台在工程分析过程中分稳态和动态两种方式，在流程模拟分析过程中，可以随时调整温度、压力、流量等各种过程变量，从而观测其变化对系统整体流程和局部布局的影响以及相互间的变化规律。Hysys 主要包括四大数据类型，分别是组分数据、物性方法、物流数据以及单元操作模块，实现流程模拟的主要步骤为物料定义、反应定义、单元操作和单元连接等。基于实际情况，对管网管段进行稳态建模分析。Hysys 的管段模拟模块包括一系列不同种类的管道系统或大容量的闭合管网，管段模拟分析可以对单相流或多相流管网进行严格的热传递计算，同时管段计算还提供了很多相关压力降关联式和四种计算模式，用户可以根据提供的数据信息自动选择合适的计算模式，但需指定足够的数据完全定义达到的物料平衡和能量平衡。在管道的热平衡计算中，Hysys 中有四种参数来定义热传递，分别为指定热损失、

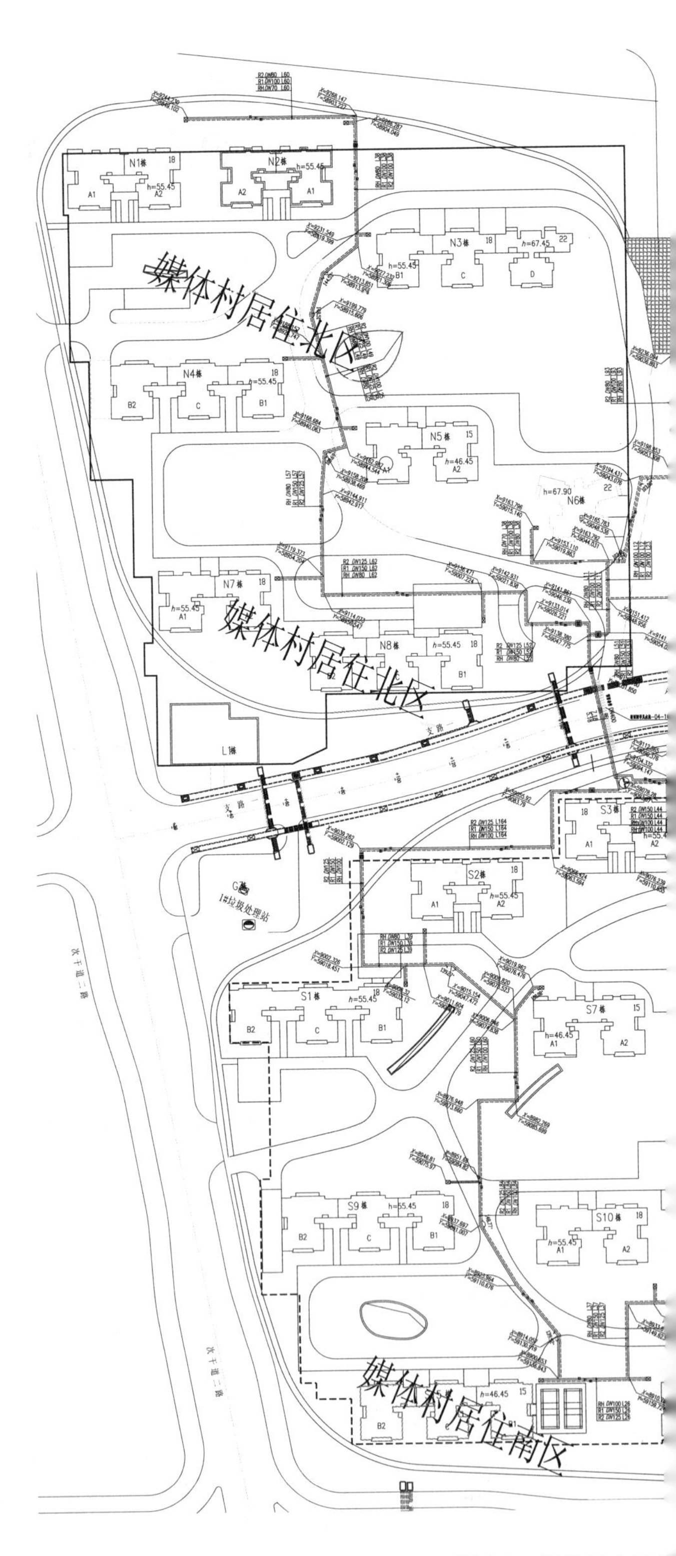
媒体村居住北区
N1楼
N2楼
N3楼
N4楼
N5楼
N6楼
N7楼
N8楼
L1楼
媒体村居住北区
支路一
S1楼
S2楼
S3楼
S7楼
S9楼
S10楼
1#垃圾处理站
媒体村居住南区

图 5-1　媒体村生活

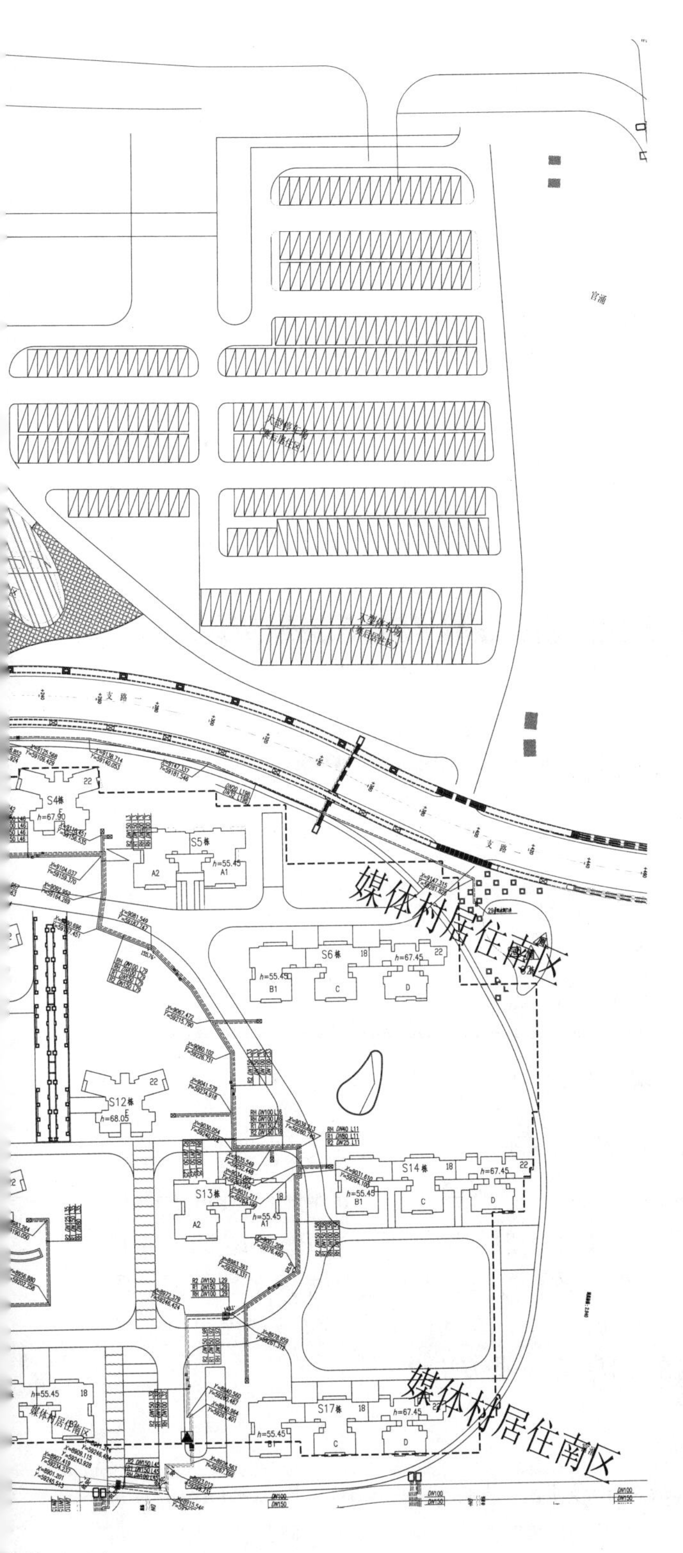

统管网示意

总传热系数、管段传热系数、估算传热系数。在管网计算中根据实际环境条件，然后通过管段的估计出的传热系数和温度对每段管道进行严格的传热计算。估算传热系数包括内层传导、外界传导两部分。

在管网模拟过程中，需要在上述理论的基础上对管网中的每段管道进行详细的设置和分析计算，从而完成整个管网的热力动力学平衡计算。在完成全部定义和计算分析后，再重新设置新的变化工作变量重新计算管网，从而得到新的数据和配置，进而分析得出管网运行中其水温、压力随各种变量而变的相关规律。

5.3　Hysys 管网模拟建模过程和操作步骤

5.3.1　模拟分析基础管理器

新建项目，然后自动进入 Hysys 模拟基础管理器流程，在基础管理器里完成管网分析模拟必须采用的流体包，在管理器里面用户根据实际流体介质特性定义流体包并存储，如图 5-2 所示。

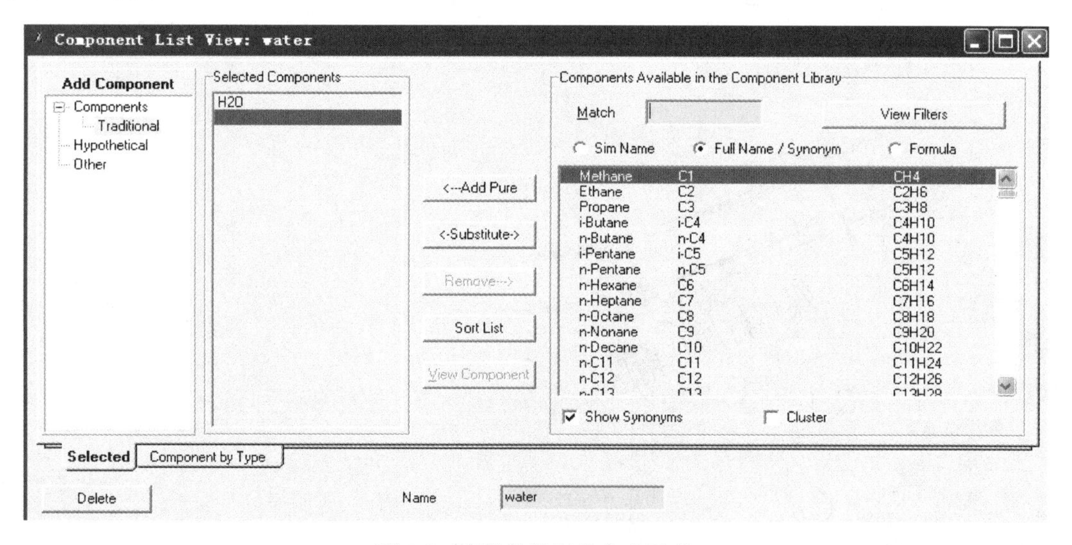

图 5-2　流体物性组分定义示意

在流体包的定义中选择上面定义好的物性 water，然后选择液体物性为 Peng-Robinson 流体包。所谓的流体包即物性状态方程，对于一般管网推荐使用 Peng-Robinson 状态方程，其实 Hyperotech 推出此状态方程都能有效、可靠、严格地计算大多数单相、两相和三相体系的流动状态。图 5-3 所示为流体包对话框，对话框中流体包备选库里面包括大量的不同条件下的流体包，以及流体包在计算中的一些方法设置。

5.3.2　Hysys 中的管网模拟环境

在基础管理器中完成流体包和物性组分的定义后，选择管理器中的 Enter simulation enviroment 直接进入模拟环境，根据图 5-1 中所示的管网示意图建立管网模型，如图 5-4 中所示。

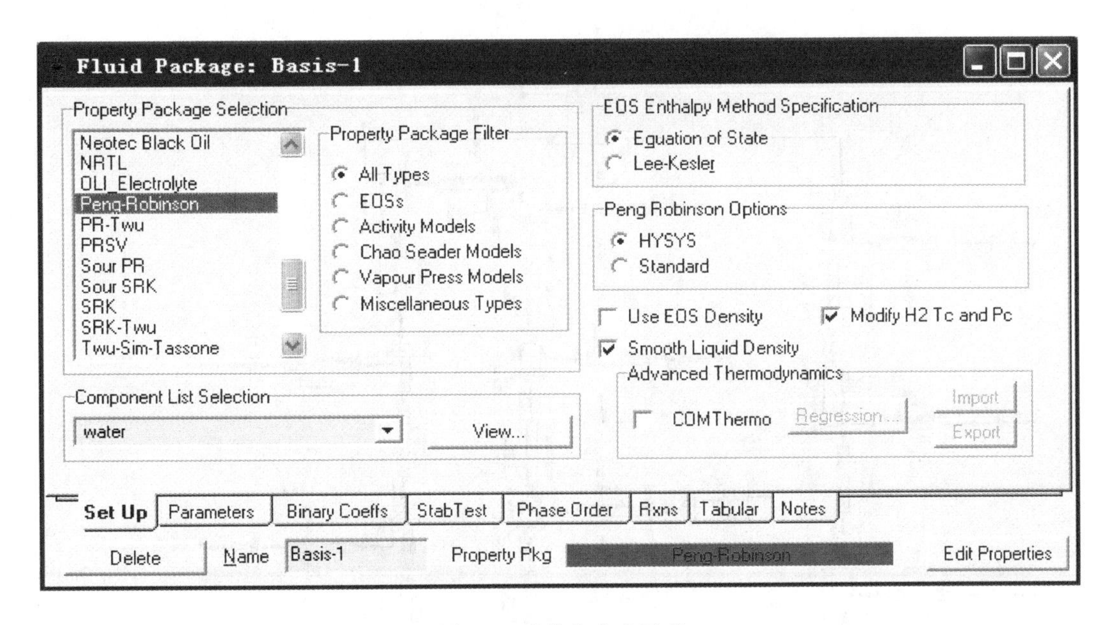

图 5-3 流体包定义示意

在图 5-4 中，采用 5 种管网部件，包括管段部件、三通分离器部件、阀部件、能源流及物质流部件，需要分别对其进行设定。

5.3.3 Hysys 模拟环境中部件参数设置情况

在模拟环境各个部件布局流程都完成布局后，就是各个部件具体参数和计算方法的设置等问题，流程如图 5-5～图 5-8 所示。

在管网分析中最重要也是最严格的设置为管段部件设置，管段设置后完成后，系统将计算管段的压力损失和能量损失。因此，对管段的设置和调制会直接影响数值模拟分析结果的正确性。下面给出管段部件的参数和环境设置等情况。

衡算栏（Rating）在管段部件的设置中相当重要，在横算栏中完成管段尺寸设计和传热设计两大部分。在尺寸设计框中完成对管道的设计设置，包括管道的尺寸、大小、长度、倾斜度和链接部件选择连接等。在传热设计框中还将完成设置管道的埋地深度、外部土壤环境温度和保温层等信息，示例如图 5-9 和图 5-10 所示。

在管段设置完成各种能量环境设置后，对于管段上的能源流就可以自动计算，计算完成的能源流如图 5-11 中所示。

然后是管网中关于三通分离器的设置和流量的分配计算问题。在管网中，三通实现了支路的流量分配功能，管网分析的模拟过程中，同样采用了数值三通分离器来实现支路连接和支路流量的分配问题。图 5-12 和图 5-13 所示为数值模拟器中三通分离器的物质流设置对话框。

最后为管网中各个支路端口处部分阀门的模拟设置情况，图 5-14 中给出了具体的情况。首先是物质流的链接；其次是关于阀类型、大小、型号、开关控制情况的设置等。在管网中各个支路中阀的设置对于整个管路中热动力学的计算影响不大，所以在阀的设置对话框中都采用系统默认的缺省值。

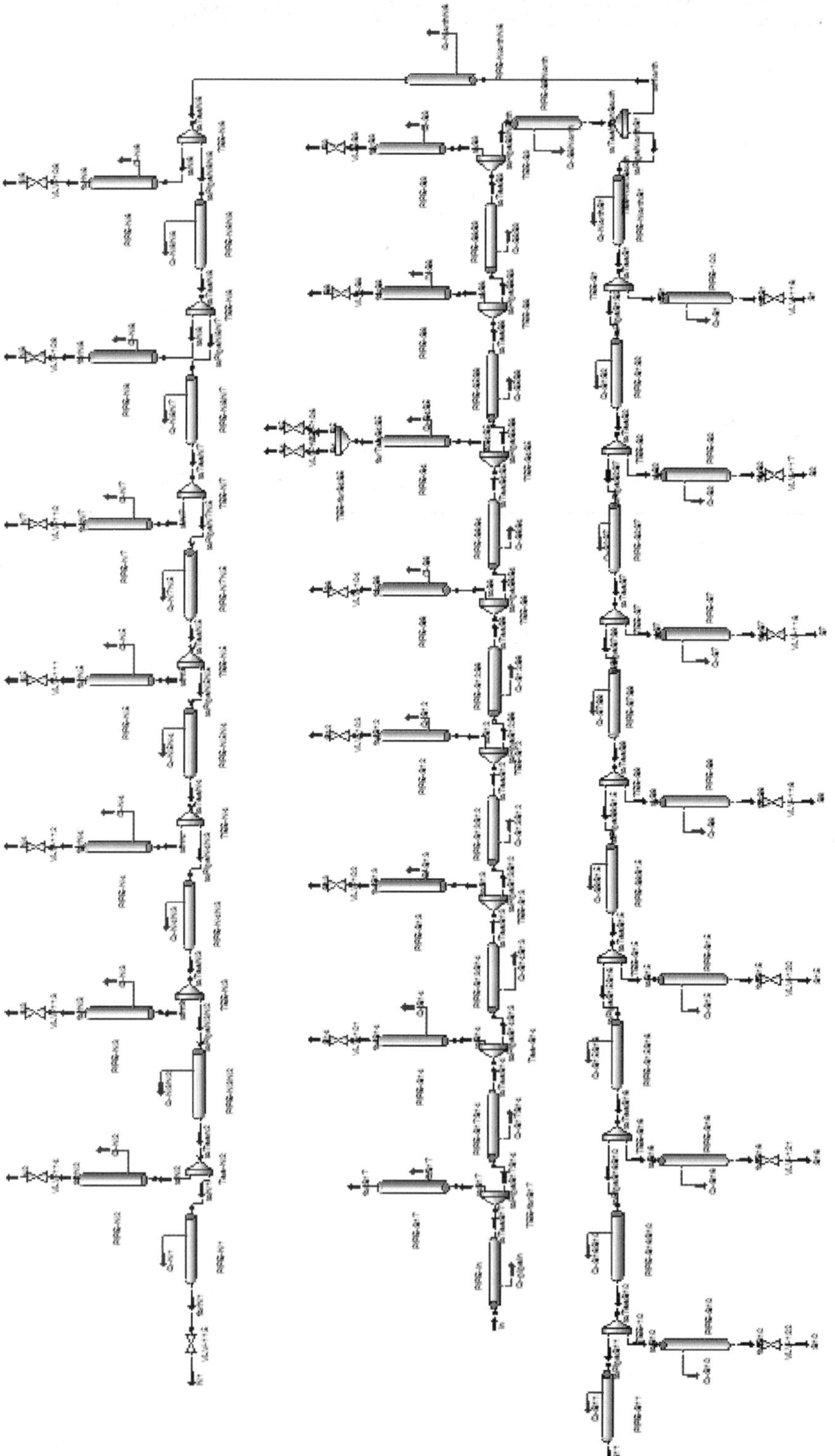

图 5-4　Hysys 模拟环境中建立的管网流程示意

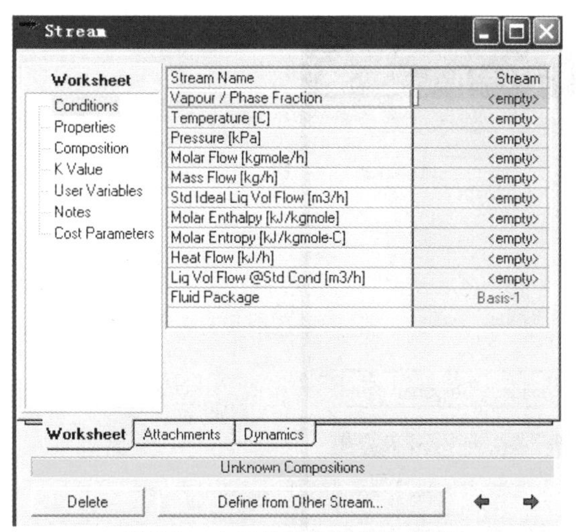

图 5-5　未定义的物质流设置栏

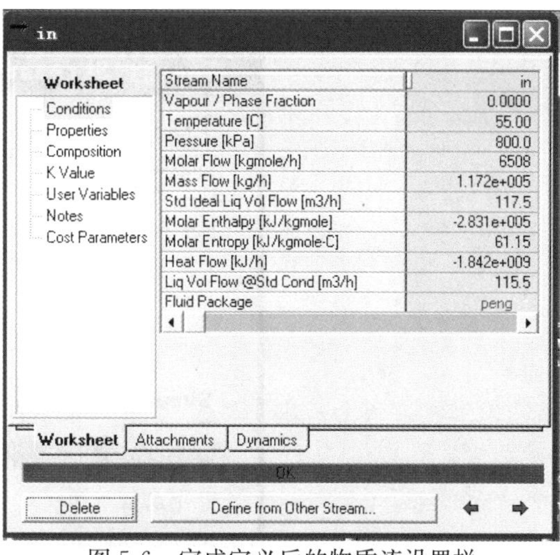

图 5-6　完成定义后的物质流设置栏

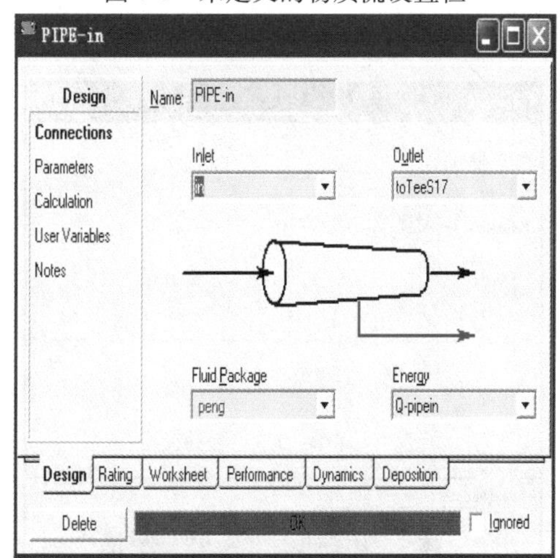

图 5-7　管段部件的链接对话框设置

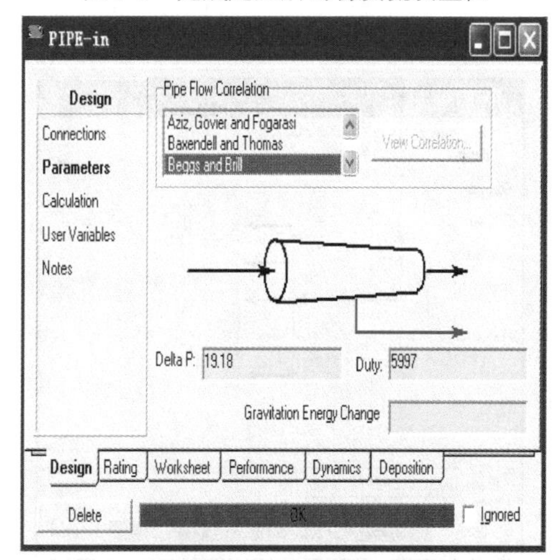

图 5-8　管段内部流体关系式选择对话框

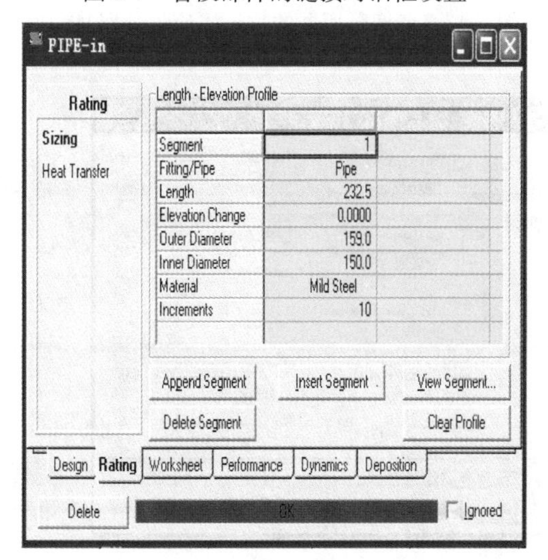

图 5-9　管段部件的水力损失计算参数设置

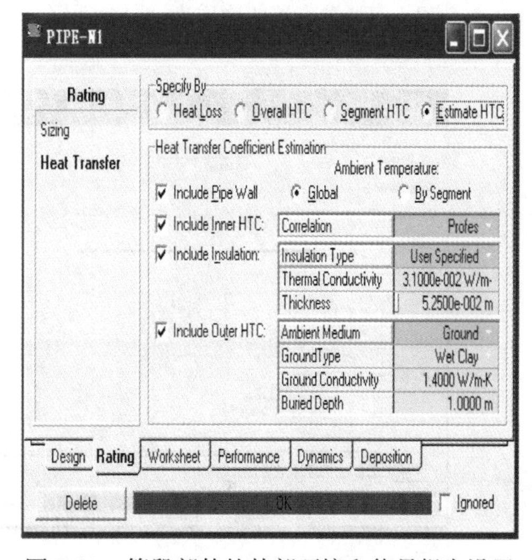

图 5-10　管段部件的外部环境和能量损失设置

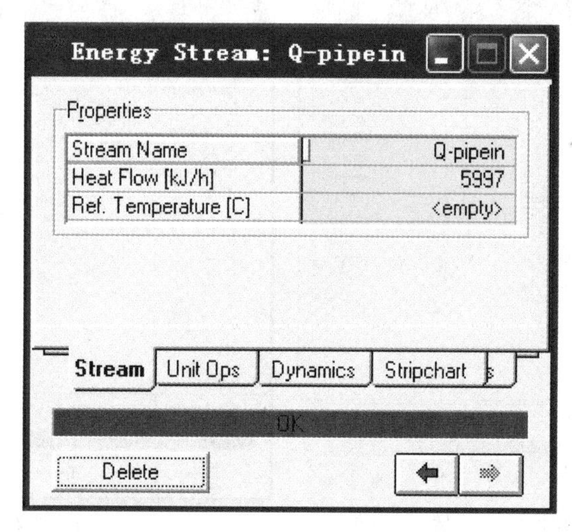

图 5-11　管段部件的能源流对话框

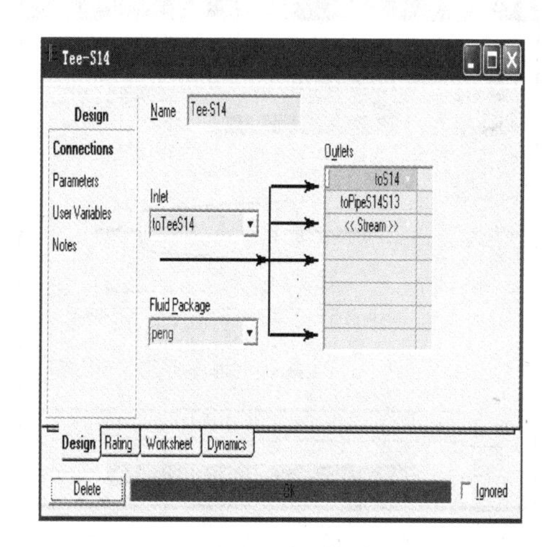

图 5-12　三通分离器的物质流设置对话框

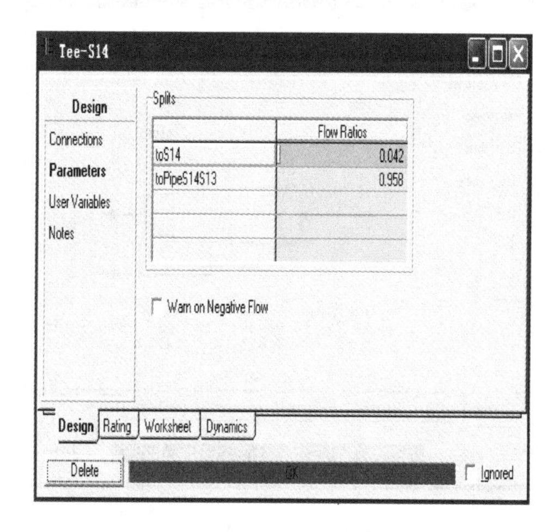

图 5-13　三通分离器的物质流流量分配对话框

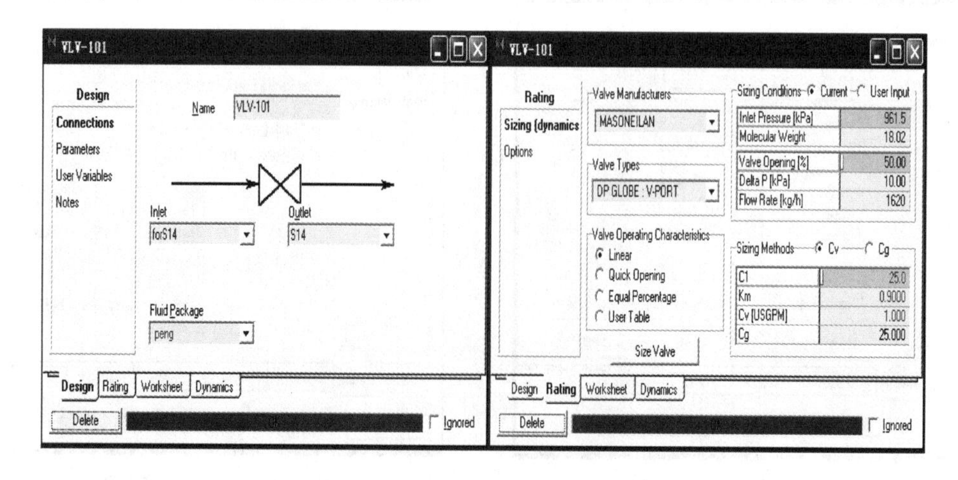

图 5-14　模拟分析中止回阀的设置对话框

5.4 模拟结果与分析

图 5-15 所示为媒体村管网系统的真实缩小比例图，图中给出了实验测试时的温度检测点布置。在管网流程的模拟分析时，主要提取了 3 号能源站、3 号点、北区 N1 楼 5 号点、南二区 S11 楼 7 号点的温度数据，在后期的分析说明中也是按照提取点分布来说明的。以下模拟中各管段的管径、长度、环境温度、保温层厚度及导热系数等管道属性及外界环境等条件均按现场实测值和设计说明进行设定。（注：以下模拟中所谓的南北分界点即为南一区、北区、南二区三个区的分界点）

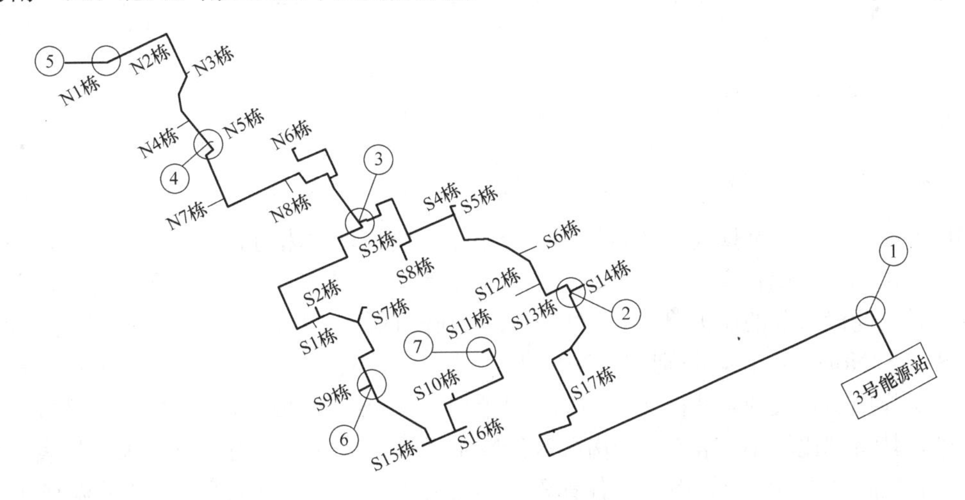

图 5-15 温度检测点布置

5.4.1 亚运会前期媒体村热水系统演练模拟分析

通过对亚运会前期媒体村热水系统演练时的各项条件下管网模拟分析的结果与实测值进行对比分析，检验该数值模拟模型的精确度。

演练时当所设定的所有测试龙头完全开启时，低区总供水流量为 57.66L/s，每个水龙头的开启流量约为 0.16L/s。在全供水期间，回水流量应近似为 0，由于当时部分楼栋的回水管温控阀在检修中，致使低区的回水量约为 11.78L/s。在模拟中，将低区回水量平均分担到媒体村 25 栋楼，从而得到各栋的流量值，将实际工况中准确分配后的流量值代入到模型中进行模拟，结果见表 5-1～表 5-3。

南一区低区主干管段的热动力计算结果 表 5-1

管段	inS17	S17S14	S14S13	S13S12	S12S6	S6S4S5	S4S5S8	S8S3	S3NorthSouth
长度(m)	492.3	57.91	15.6	25.2	33.33	77.64	45.72	3.86	76.27
ΔP(kPa)	309.2	29.99	6.535	10.35	10.77	24.51	9.339	0.7664	14.71
ΔQ(kJ/h)	3.27×10^4	3884	1036	1673	2212	5.15×10^3	3034	256.2	5.06×10^3
ΔT(℃)	2.76×10^{-2}	1.50×10^{-3}	5.14×10^{-5}	1.49×10^{-4}	1.21×10^{-3}	3.05×10^{-3}	4.07×10^{-3}	3.56×10^{-4}	7.28×10^{-3}

北区低区主干管段的热动力计算结果　　表 5-2

管段	NorthSouthN6	N6N8	N8N7	N7N5	N5N4	N4N3	N3N2	N2N1
长度(m)	49.38	51.51	62.15	56.76	24.77	48.94	37.98	60.71
ΔP(kPa)	5.086	3.154	1.87	1.582	1.63	2.962	1.854	2.347
ΔQ(kJ/h)	3.28×10^{3}	3417	4120	3761	1419	2.80×10^{3}	1632	2607
ΔT(℃)	8.22×10^{-3}	1.21×10^{-2}	2.19×10^{-2}	2.09×10^{-2}	8.00×10^{-3}	1.66×10^{-2}	2.03×10^{-2}	3.60×10^{-2}

南二区低区主干管段的热动力计算结果　　表 5-3

管段	NorthSouthS1	S1S2	S2S7	S7S9	S9S15	S15S16	S16S10	S10S11
长度(m)	169	6.95	38.54	68.17	76.67	24.01	36.11	81.75
ΔP(kPa)	2.853	0.1058	0.5258	0.8278	0.8226	0.2257	0.2944	8.17×10^{-3}
ΔQ(kJ/h)	1.12×10^{4}	460.2	2551	4509	5066	1.82×10^{3}	2383	5326
ΔT(℃)	8.19×10^{-2}	3.56×10^{-3}	2.10×10^{-2}	3.95×10^{-2}	4.74×10^{-2}	1.83×10^{-2}	2.59×10^{-2}	6.82×10^{-1}

以上 3 个表为演练期间媒体村管网系统中主干线管段的热动力学计算结果。表 5-1 为 3 号能源站低区供水流量为 57.66L/s、入口温度为 55.69℃时南一区主干管段上的热动力计算结果，此段管段的压力降是沿管段长度逐渐降低的，热量损失较大的管段有 inS17、S6S4S5、S3NorthSouth，分别为 32700kJ/h、5150kJ/h、5060kJ/h，与此同时，此三管段上的温降也是较大的。此区主干线管段中除 Pipe-inS17 管段上的温降为 0.0276℃（较大）外，其余都比较小。表 5-3 为南二区低区主干管段上的热动力计算结果。从表 5-1 和表 5-3 的数据对比观察得，南二区各管段上的温降明显增加，除管段 S1S2 的温降相对较低外，其余管段的平均温降都有 0.02℃以上，而最后出口端管段的温降最大为 0.68℃。表 5-2 为北区低区主干管段的热动力计算结果，除管段 NorthSouthN6 和 N5N4 温降较小外，其余温降值基本约在 0.02℃左右。

通过对亚运会前期媒体村热水系统演练时的实测数据进行分析，得出在低区管网中供水流量为 57.66L/s，能源站供水温度为 55.69℃，供水压力为 800kPa 时，北区最末端 N1 栋的温度实测值经仪器校核后为 55.4℃，温降值为 0.29℃，而通过 HYSYS 软件模拟得出在相同外界条件下，北区最末端 N1 栋的模拟温度值为 55.56℃，温降值为 0.13℃。可以看出，模拟值与实测值有一定误差，经分析原因可能是模拟软件的条件较为理想，而在实际工程中由于管道安装、保温材料的施工、管道的水量漏损及管道阀门、弯头等附件数量不明确等因素的影响，会造成管网的热量损失增大，起始端与末端的温降加大。但通过模拟基本能够得到管网的能量损失规律。

5.4.2　设计不同入住率时的管网运行工况的模拟分析

1. 设计 100％入住率工况管网分析

根据设计说明，媒体村 3 号能源站赛时设计使用人数约 10000 人，赛后使用人数约为 17956 人。设定能源站供水温度为 55℃，低区供水压力为 800kPa，按设计 100％入住率进行流量设定，对每栋楼用水量进行平均分配。低区热水供水管网模拟结果见表 5-4～表5-6。

南一区低区主干管段的热动力计算结果（100%入住率） 表 5-4

管段	inS17	S17S14	S14S13	S13S12	S12S6	S6S4S5	S4S5S8	S8S3	S3NorthSouth
长度(m)	492.3	57.91	15.6	25.2	33.33	77.64	45.72	3.86	76.27
ΔP(kPa)	139.9	15.21	3.773	5.592	6.76	14.33	6.886	0.5208	9.158
ΔQ(kJ/h)	3.22×10^{4}	3781	1019	1645	2176	5.07×10^{3}	2984	251.9	4.98×10^{3}
ΔT(℃)	2.45×10^{-2}	3.41×10^{-3}	1.06×10^{-3}	1.96×10^{-3}	2.92×10^{-3}	7.61×10^{-3}	5.50×10^{-3}	5.12×10^{-4}	1.11×10^{-2}

北区低区主干管段的热动力计算结果（100%入住率） 表 5-5

管段	NorthSouthS1	S1S2	S2S7	S7S9	S9S15	S15S16	S16S10	S10S11
长度(m)	169	6.95	38.54	68.17	76.67	24.01	36.11	81.75
ΔP(kPa)	5.419	0.1733	0.7197	0.9071	0.6743	0.1243	0.08929	0.05819
ΔQ(kJ/h)	1.10×10^{4}	452.8	2510	4437	4985	1.56×10^{3}	2343	5282
ΔT(℃)	0.05658	2.67×10^{-3}	1.74×10^{-2}	3.70×10^{-2}	5.20×10^{-2}	2.17×10^{-2}	4.90×10^{-2}	2.21×10^{-1}

南二区低区主干管段的热动力计算结果（100%入住率） 表 5-6

管段	NorthSouthN6	N6N8	N8N7	N7N5	N5N4	N4N3	N3N2	N2N1
长度(m)	49.38	51.51	62.15	56.76	24.77	48.94	37.98	60.71
ΔP(kPa)	1.583	1.284	1.16	0.7552	0.5511	0.638	0.7324	0.313
ΔQ(kJ/h)	3.22×10^{3}	3358	4049	3696	1394	2.75×10^{3}	1602	2555
ΔT(℃)	1.65×10^{-2}	1.98×10^{-2}	2.80×10^{-2}	3.08×10^{-2}	1.45×10^{-2}	3.82×10^{-2}	3.33×10^{-2}	1.07×10^{-1}

在对入住率为100%时的媒体村低区供水管网系统分析时，给出了此时管网南北区沿线的压力分布情况，如图 5-16 中所示。图 5-16（*a*）为南一区到北区末端的沿线压力分布图，图 5-16（*b*）为南一区到南二区末端的沿线压力分布，两个图中 800m 以前为南一区

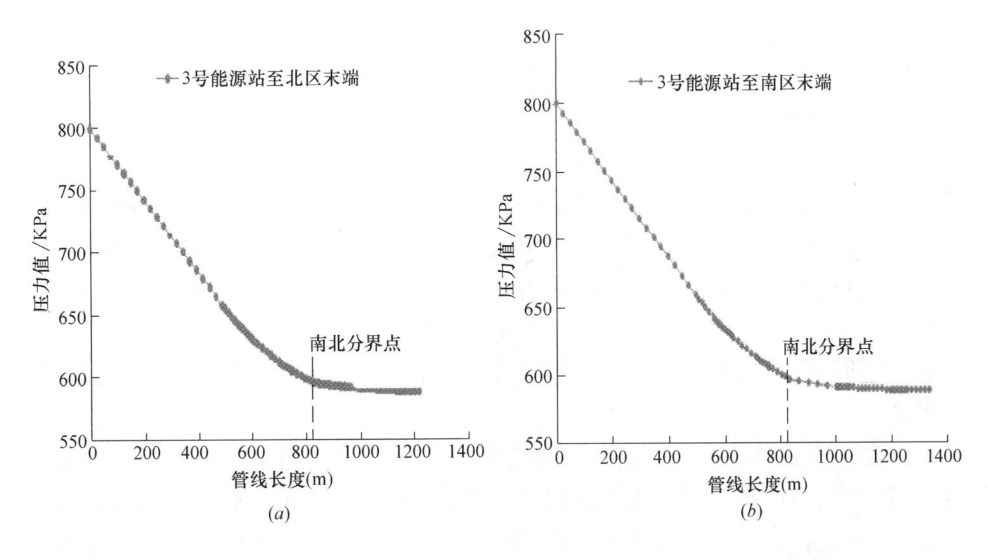

图 5-16 媒体村低区热水管网系统的沿线压力分布（100%入住率）

主干线管道，该区管网的压降最大，从800MPa降到600kPa。此后从800m到1220m左右和800m到1330m左右为北区段和南二区段，由图中可以看出，该段管线上的压力降不明显，几乎为水平线，其值保持在590kPa左右。

图5-17给出了入住率为100%时的媒体村低区供水管网南北区主干线的沿线温度分布情况，其中图5-17（*a*）为南一区到北区末端的沿线温度分布情况，图5-17（*b*）为南一区到南二区末端的沿线温度分布情况。同样，800m以前管道都为南一区主干线，两个图中基本具有相同的温降梯度，在800m附近温度从55℃降到54.9℃，温降不明显。此后的北区管线和南二区管线上温度有了一些降低，北区末端的温度降为54.65℃，南二区末端温度降为54.48℃，南区温降比北区大，主要原因是南二区管线长度更长。从图中还可得管线能源耗损主要是在各区末端的各条支路和干路上，是由接近末端时管道内的流量较小造成的。

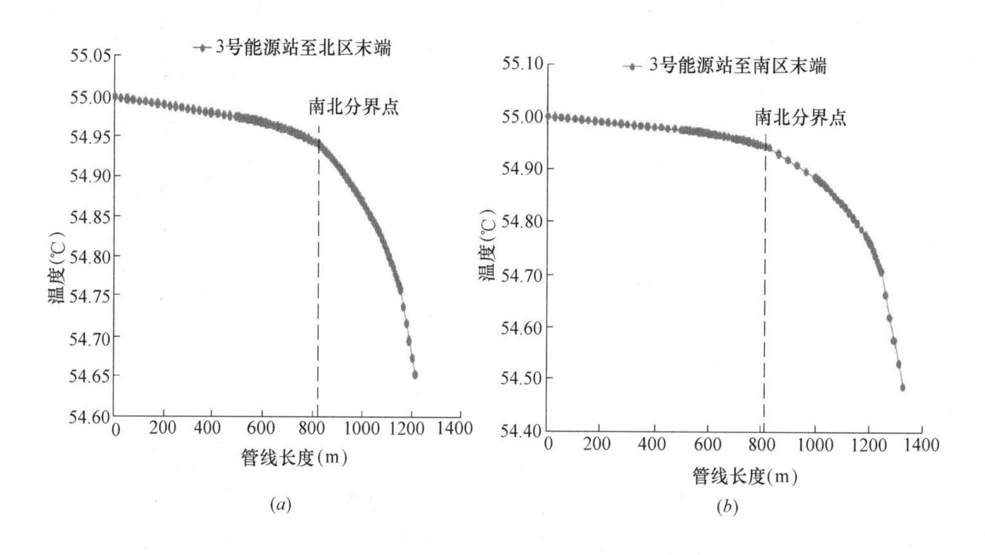

图5-17　媒体村低区热水管网系统的沿线温度分布图（100%入住率）

2. 不同入住率工况下管网分析

设置入住率为100%、85%、70%、50%、30%、20%、10%、5%时的不同工况，流量按平均分配的模拟结果如下文所述。

图5-18和图5-19中给出了在不同入住率条件下媒体村低区热水供水管网的沿线压力分布情况。从图中可以看出，用户用水量即管网中流量的越低，管网的压力降越小，到达用户的压力越高。当入住率为100%时，3号能源站至北区、南区的压力分别约降低209kPa和210kPa，且压降主要在南一区流量较大管段，南二区和北区管线压力变化不明显；而当入住率为20%及以下时，能源站与北区、南区沿线的压力变化不明显。

图5-20和图5-21中给出了不同入住率条件下媒体村低区热水供水管网的沿线温度分布情况。从图中可以看出，系统入住率越低，即管网中流量越低，管网的温降越大，且南一区的温降值较低，温降主要发生在北区段和南二区段的主管线上。当入住率为100%时，3号能源站至南北分界点的温降值约为0.06℃，温降很小，3号能源站至北区、南

区最末端的温降分别约为 0.35℃、0.52℃；当入住率为 50%时，南一区温降值为 0.2℃，3 号能源站至北区、南区最末端的温降分别约为 0.77℃、1.1℃；当入住率为 5%时，温降更大，南一区温降值为 2℃，3 号能源站至北区、南区最末端的温降分别约为 7.11℃、9.73℃。

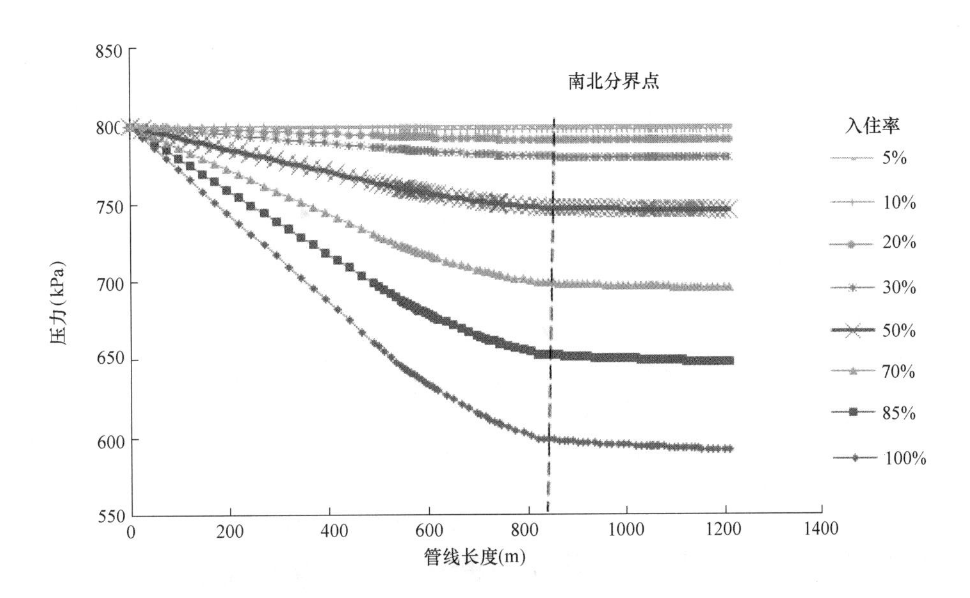

图 5-18 不同入住率时低区 3 号能源站至北区末端沿线压力分布

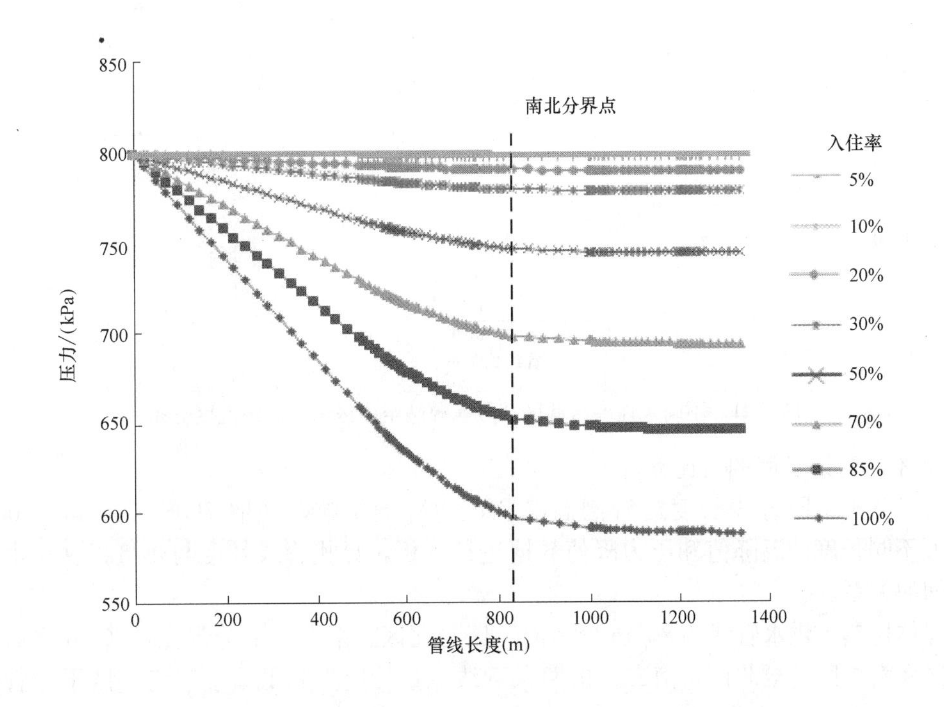

图 5-19 不同入住率时低区 3 号能源站至南区末端沿线压力分布

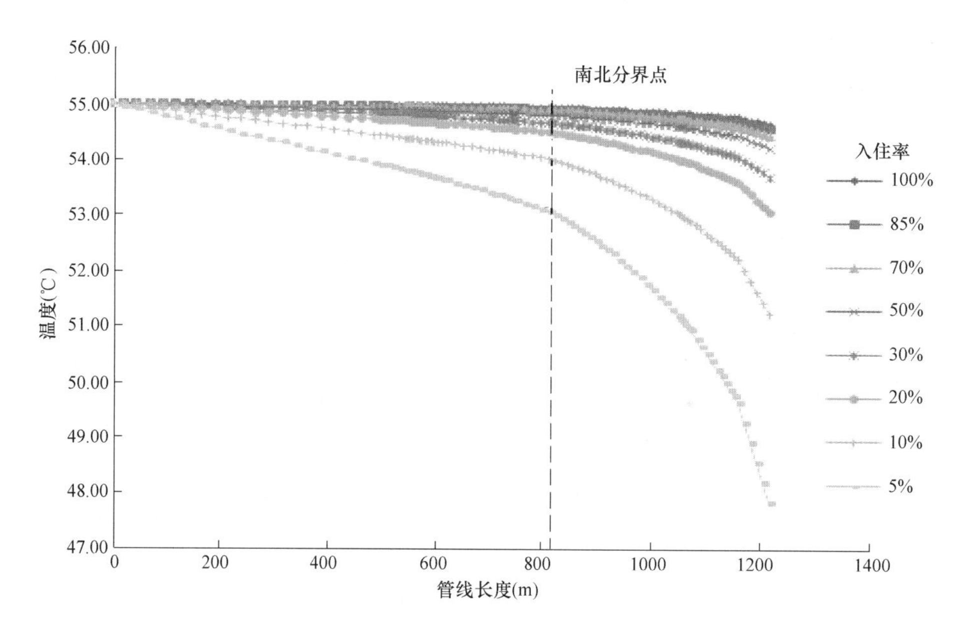

图5-20　不同入住率时低区3号能源站至北区末端沿线温度分布

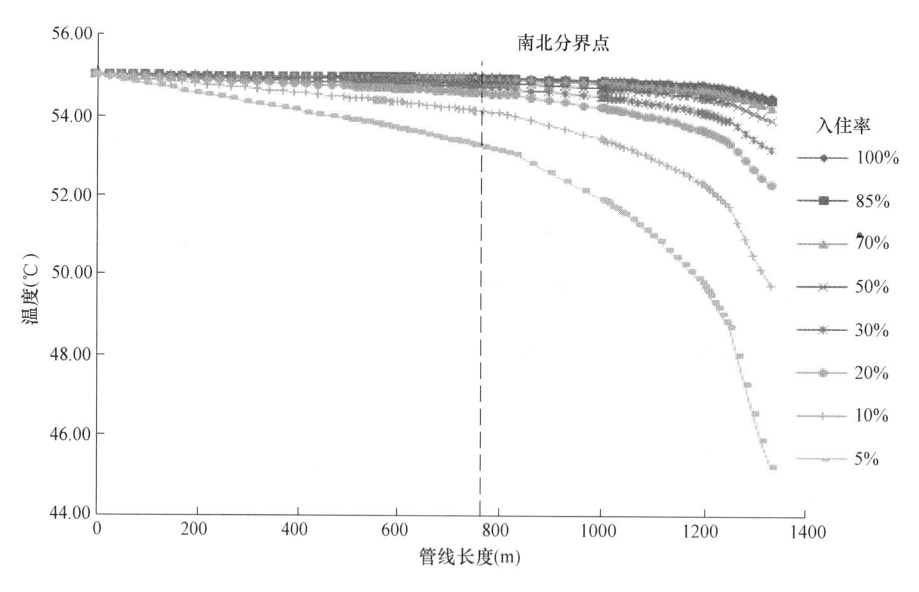

图5-21　不同入住率时低区3号能源站至南区末端沿线温度分布

3. 不同管线长度的对比分析

为了分析不同管线长度对管网温降和压力降的影响，现取700m、800m、1000m、1100m不同长度的温降值和压力降值数据进行分析，寻找管线长度与热量损失、水头损失之间的关系。

媒体村热水供水管线约800m处为南一区与北区、南二区的分界点，800m之后即分为北区和南二区，至北区、南二区的两条管线流量均突然降低，小于南一区干管管线流量。由图5-22可以看出，随着管线长度的增大，管网热损失增大。当入住率为50%以上时，温降值并不明显；而当入住率低于50%时，温降值开始增大，且呈递增趋势。700m

与800m长度管线在南一区范围内，流量相对稳定，即使在不同入住率时，700m与800m的温降值差距不大，趋势基本相同；当入住率低于30%左右时，温降值差距有扩大的趋势，但依旧不明显，说明在流量较大的管线，其长度对管网的热量损失影响不是很大；1000m与1100m长度管线已超出南一区范围，进入北区。由图5-22可以看出，在入住率低于50%时，不同长度的管线其温降值变化逐渐明显，且差距呈增大趋势。比较700m、800m与1000m、1100m的数据可以看出，1000m、1100m的温降值高于700m、800m，主要原因是由于经过800m分界点后，流量突然降低，造成温降加大，说明流量较小时，管线长度对管网热损失的影响逐渐增大。

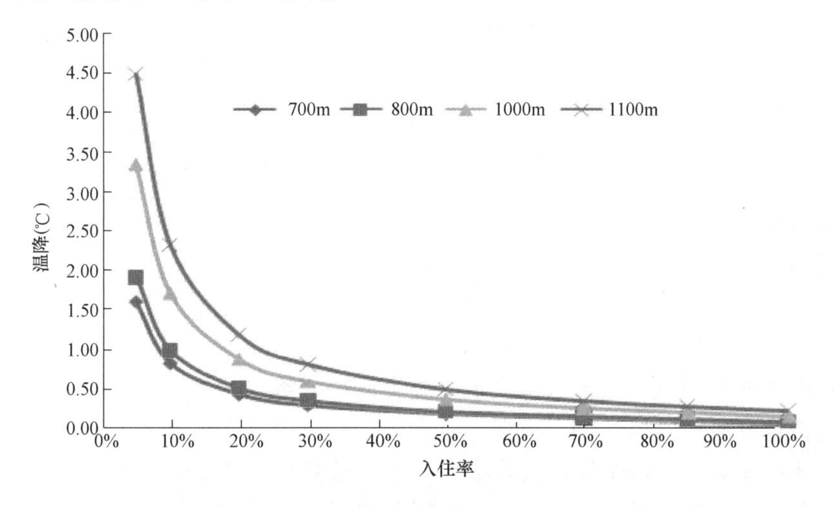

图5-22 不同管线长度不同入住率时的温降值

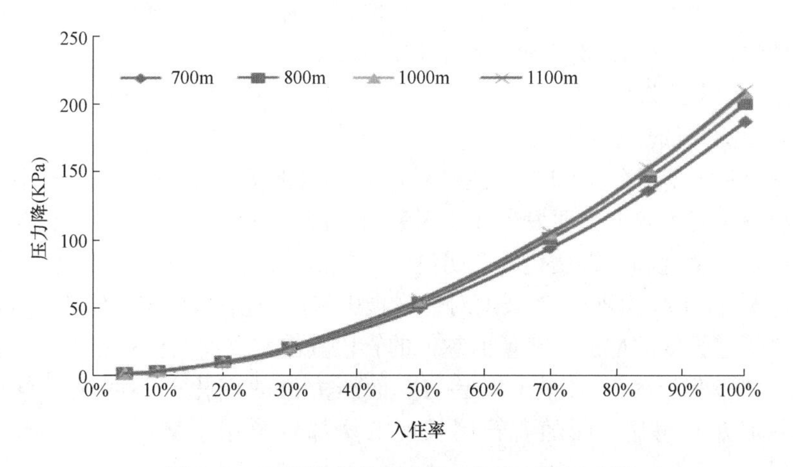

图5-23 不同管线长度不同入住率时的压力降

由图5-23可以看出，当入住率低于50%时，管线的长度对压力损失造成的影响不大，趋势基本相同；当入住率大于50%时，压力损失开始逐渐明显，且随着入住率的升高，管线越长，压力降值越大。而当流量值较低时，管网长度对压力损失的影响不是很大；当流量值较高时，随着长度的增加，压力损失明显增大。

4. 不同环境温度下管网温降分析

为了分析出环境条件对管网温降的影响，图5-24给出了不同环境温度下管网的温降情况。为了充分说明环境温度的影响，数模模拟分析采用低区热水供水管网流量大小为 5L/s，这样管道的温度降明显，有利于更好地分析外部环境温度对管网温度降的影响。

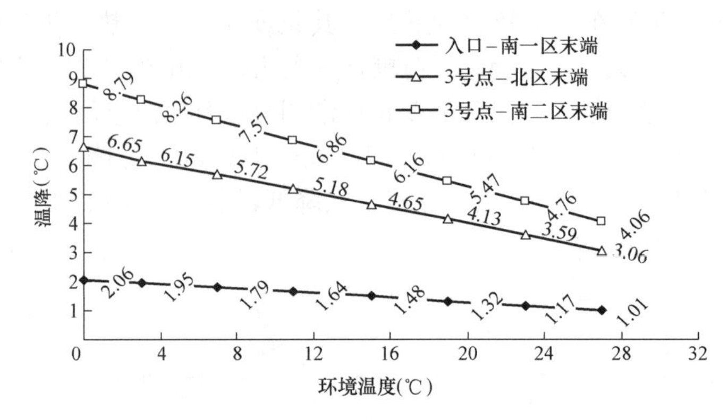

图 5-24　不同环境温度下的管网温降情况

5.5　小结

通过对媒体村管网热水系统低区供水管线进行特定条件的数值流程模拟，得到以下结论（由于模拟软件与实际情况仍存在误差，弯头、阀门等附件数量并不确定，都会对管网模拟结果造成一定影响，以下结论仅供参考，但部分数据已能说明一些规律性问题）。

（1）随着入住率的降低，媒体村低区管线的热量损失及能源站至北区、南区末端的温降值逐渐增大，且增大趋势明显，其中当入住率很高时，温降值能够在 1℃范围以内，而当入住率较低时，温降值能够达到 10℃左右。

（2）随着入住率的降低，能源站至北区、南区管线的压力变化越来越小，当入住率为 20%以下时，压力降低已不明显。

（3）由于南一区流量分配均匀且波动较小，其管线温降值及压力降较小，变化不明显。而热量损失及压力降低主要发生在北区和南二区，由于南北分界点后流量两条支线的流量突然变小，其温度和压力变化较为明显。

（4）不同入住率时，不同管网长度对热量损失和压力损失的影响不同。当入住率低于 50%时，随着管道长度的增加，流量值越低的管段其出水温度与供水温度的温差越大，温降值越高，入住率低于 30%时呈递增趋势，而压力值的变化并不明显；当入住率高于 50%时，温降值并不明显，而随着管网长度的增加以及用水量的加大，压力损失逐渐增大。

（5）南二区温降值比北区温降大，主要是因为南二区管线长度较长，比北区长约 27.8%，而用水量基本相同，故热量损失较大。

（6）随环境温度升高，管网温降越低，且两者呈线性递减关系。

第 6 章　太阳能与水源热泵系统测试与分析

6.1　前期准备阶段

6.1.1　前期现场考察

在测试亚、残运会期间太阳能集热系统之前，于 2010 年 10 月 1 日～13 日对亚运城太阳能与水源热泵集中热水系统展开了现场考察，与施工方和运行管理方进行沟通；提出初步的测试方案；对现场的仪器与设备进行校正与校核；对测试需要的测点进行排查与准备工作；对现场存在的问题提出意见并给予改进意见，积极配合各方保障亚、残运会的顺利召开。由于现场处于竣工收尾阶段，通过现场考察发现如下问题：

（1）很多设备还未调试完毕；

（2）测点数量远不能满足测试需要，很多测点未安装远传设备只能依靠人工读取，有些测点安装的位置无法方便读取（如水表安装在靠近屋顶的管道上，无法读取与监测）；

（3）数据采集系统还未能正常使用；

（4）采集的数据还有一定的不准确性与波动性；

（5）相关设备需要进行校正与校核；

（6）数据采集系统采集的数据只能在中控室的电脑上实时浏览，并不能保存和导出，只能依靠屏幕截图与拍摄照片形式获得。

6.1.2　提出建议与改进

由于当时亚运城还处于试运行阶段，很多设施并未完善，数据准确性还有待进行校核。且当时数据采集只能在中控室的电脑上实时浏览，并不能保存和导出，这对亚运会期间设备的监测工作和研究工作造成了很大的障碍。为此，通过多次与相关技术人员进行沟通，对亚运城太阳能集热系统杰控软件的数据采集模式进行了优化，对一些重要的监测点进行了报表的编制，保证数据可以随时导出，以供监测和研究，数据保存时间也得到了最大化的延长。这不仅对日后研究太阳能与水源热泵系统的实际运行提供了帮助，更为亚运会的管理方解决了一大困扰，可以方便他们更加清楚地了解系统的运行，及时处理系统的故障，保障亚运会的顺利召开。

本次测试的主要内容为亚、残运会期间太阳能集热系统的集热效率、日有用得热量、水箱温降性能、管网热损失、水源热泵 COP 等。因此，要想完成这一系列的测试工作，需要大量测点的保证，但是从前期现场的情况来看，测点的数量远远不能满足需要。通过协调争取增加测点，保证测试进行，对于一部分依然无法满足的测点，通过其他方法间接完成对该测点的测试。

6.1.3 前期测试方案的确定

在测试前期，计划利用 2010 年 10 月 1 日～8 日对亚运城运动员村、媒体村、技术官员村进行测试方案的确定。但是由于亚运城还在试运行阶段，且出于安保因素，故主要针对媒体中心屋面平板太阳能集热系统和运动员村真空管太阳能集热系统进行现场考察和仪器校正，并确定初步的测试方案。

1. 测试依据

测试依照《太阳热水系统性能评定规范》GB/T 20095—2006 的相关规定进行。测试亚运城运动员村玻璃-金属真空管太阳能集热系统在不同天气状况，从正午前 4h 到正午后 4h 之间，系统工作 8h 的集热过程。

2. 测试仪器、设备及校正

亚运城媒体村自带相关检测系统，系统上安装有温度测点、流量测点、压力测点等，但是由于监控设备还处于调试阶段，很多远传数据与现场读表数据并不一致，笔者对照现场读表数据对杰控软件采集的远传数据进行了校核，并对相关仪器进行了校正（见图 6-1）。

图 6-1　现场拍摄的辐照仪

为了弥补系统自带测点不足与调试未完善，我们采用自备的 3 台便携式超声波流量计和 10 台温度自记仪进行辅助测试（见表 6-1 和图 6-2）。

测试现场仪器、设备　　表 6-1

仪器名称 \ 其他	台数	型号	安装位置
超声波流量计	3	AFV-S、FLEXIM-FLUXUS ADM 6725、Thermo-DCT7088	集热水箱出水进集热器的管道上
温度自记仪	10	中国建筑科学研究院空气调节研究所生产 V2.0 版本	集热水箱出水进集热器的管道上和集热器出口进集热水箱的管道上

3. 测试指标

通过对不同工况下太阳能集热系统包括水箱水温、水箱液位、太阳能辐照量等数据指

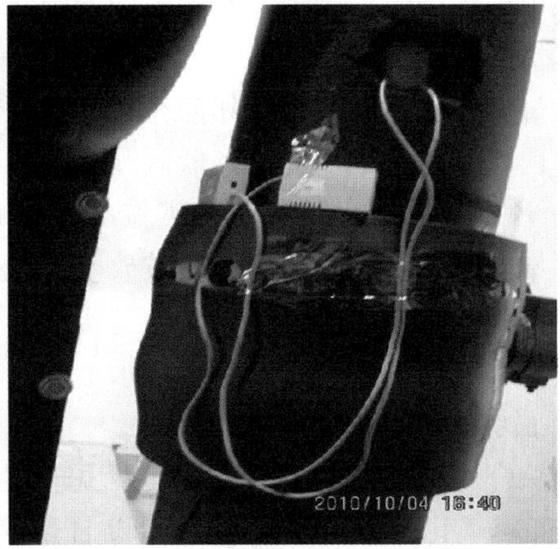

图 6-2　现场仪器校正所用的超声波流量计和温度自记仪

标，以及水源热泵系统包括江水泵、冷冻水泵、冷却水泵进出口的温度、流量，热泵的热水循环流量、温度，用电设备的耗电量等数据的采集，利用相关评价标准中的计算方法对太阳能与水源热泵系统中的太阳能系统水箱升温、产水量、集热量、系统效率、水箱温降，以及水源热泵系统热泵机组的制热、制冷性能系数 COP（即能效比）和综合性能系数 CCOP 等指标进行测试分析研究。

6.2　广州亚运城前期综合演练测试

6.2.1　测试目的

（1）检查热水系统的供水能力和系统的安全性；

（2）检查不同用水工况高低区减压阀阀前、阀后压力变化情况；

（3）检查减压阀减压效果，阀后压力是否稳定。

6.2.2　测试时间

于 2010 年 10 月 12 日在亚运城进行了一次亚运城热水的全面测试。演练开始于 13：30，结束于 15：31，持续了约 2h。

6.2.3　测试地点

测试期间监测的地点分为 3 个，分别是媒体村管廊、媒体村末端的 10 栋住宅楼和 3 号能源站。

6.2.4　测试方案

1. 原始方案

始测试方案由广州市重点公共建设管理办公室下发，测试期间为 12：00 到 20：00，要求测试期间开启媒体村高区 110 个水龙头和低区 148 个水龙头，持续时间为 2h，用此方法模拟用水高峰，测试 3 号能源站的制热能力、实际热水供水能力及回水情况（包括水压、水量、水温）等。

经过调查发现，演练实际操作者即酒店管理方错误地将上述方案理解为：将媒体村每栋楼高区均开启 110 个龙头，低区开启 148 个龙头，共计高区开放龙头 2530 个，低区开放龙头 3404 个。如果按此方案实施，会使供水量远超过设计的用水负荷，由此会导致 3 号能源站的储水在很短的时间内被放空，也就无法继续进行测试。另外，上述测试方案，在人员入住后随意用水的情况下，与实际用水工况相距甚大，是不可能发生的用水工况，也是设计不能满足和不应满足的用水工况。

2. 最终方案

经综合考虑后，定出如下方案：由于该工程设计说明中媒体村高区最高日最高时供水量为 28L/s（100.8m^3/h），低区最高日最高时供水量为 32L/s（115.2m^3/h），通过核算得到高区至少需要开 185 个龙头，低区至少需要开 212 个龙头即可达到最高日最高时供水量。每个龙头的设计秒流量为 0.15L/s。由于安排人员入住的时间是 12：00，所以通过协调酒店管理方面，在 13：30 开始进行演练，选择了媒体村 10 栋住宅楼，其中北区 4 栋，南区 6 栋，测试通过协调酒店方面的管理人员帮助开启每栋楼的水龙头，其中每栋楼高区（13 层及以上）开启 22 个龙头，低区（2～12 层）开启 30 个龙头。当所有的水龙头开启完毕后，待其稳定一段时间，即可在媒体村管廊监测高、低区供回水流量和温度；在末端监测回水压力、热水供水量。另外，在 3 号能源站可以得到测试期间水源热泵、制热热水循环泵、取水泵的耗电量以及相关运行情况，还有 4 个水箱的温度变化数据等。待监测一段时间后，关闭所有龙头，结束测试。这样测试不仅模拟了媒体村高峰用水量，得到了需要的工况，同时节省了时间，而且不会超过额定的用水量负荷。

6.2.5　测试内容及测试结果

1. 媒体村管廊

（1）测试介绍

测试地点：媒体村 NZ-01 管廊；

测试内容：媒体村低区、高区热水供水总管流量、回水总管流量、回水管温度；

测试时间：自 13：20 开始记录流量计数据，于 15：46 停止记录；

测试人数：3 人；

测试方法：使用 3 台超声波流量计（型号分别为 AFV-S、FLEXIM-FLUXUS ADM 6725、Thermo-DCT7088），每 1min 记录一次流量计上显示的瞬时流量和累积流量。使用温度自记录仪每分钟自动记录回水管温度值。

（2）测试结果及分析

通过本次测试，可以得到演练时各个时段开启和关闭不同楼栋、不同楼层、不同数量水龙头时的热水用水变化情况，以及回水情况（见图 6-3）。

瞬时流量曲线图如图 6-4 所示：

演练于 13：30 正式开始，整个媒体村所选楼栋集中放水。14：00～14：30 期间，高区、低区供水达到最高峰，此时所选楼栋各低、高区指定数量龙头已全部打开，共维持了半小时左右。低区供水最大流量 Q_{1max}=58.04L/s，高区供水最大流量 Q_{2max}=33.54L/s。

图 6-3 媒体村演练期间回水管温度

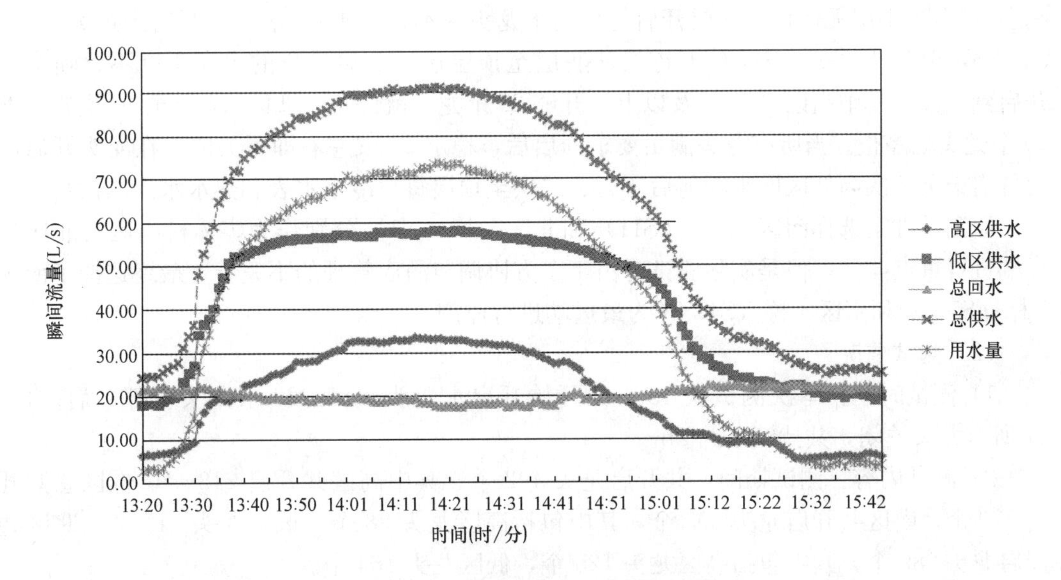

图 6-4 演练期间媒体村管廊监测瞬时流量曲线

14：30 之后，高区低区各栋楼逐渐关闭龙头，用水量逐渐减少，15：30 时所开龙头全部关闭，媒体村测试演练结束。回水管流量在 13：30～14：40 期间呈下降趋势，在此之后逐渐回升至演练前的状态。但整个演练期间回水量依然保持在 19L/s 左右，而未演练期间的流量在 21L/s 左右，两者相差并不大，出现这种不正常情况可能是由于回水管温控阀出现故障或者是开启了回水管旁通管旁通阀致使温控阀失去作用所导致。

本次测试持续了 2h，高区累计供水流量为 164.54m^3；低区累计供水流量为 344.77m^3；回水累计流量 142.04m^3；测试期间总用水量为 367.27m^3。媒体村低区热水供水设计流量应为低区 Q_1=38.39L/s，高区 Q_2=22.73L/s，赛时最大时生活热水用水量为 140m³/h。通过测试，得到低区热水供水总管最大流量 Q_{1max}＝58.04L/s，高区热水供水总管最大流量 Q_{2max}＝33.54L/s，最大瞬时流量超出设计值 50％左右；测试期间最大时流量为 249.64m³/h，超出设计最大时用水量 31.2％；回水总管最大流量 Q_{3max}＝22.30L/s，最小流量 Q_{3min}＝17.41L/s。由所得数据可知，本次测试用水量最大值发生在 14：23，为 Q_{max}＝73.52L/s 。

本次测试的回水量基本保持在 20L/s 左右，通过对回水总管温度的检测，回水温度一般都在 49℃以上，而温控阀设置为 45℃放水，所以排除了因水温较低从而使温控阀开启所导致的回水量过大。可能与其温控阀部分出现故障，或者开启了回水管旁通阀使温控阀失效造成。这样既浪费了热能，又增加了不必要的泵耗（相当于浪费一台泵的能量），效率降低。

2. 媒体村测试

（1）测试相关内容

1）测试地点：经与酒店管理方协商，选择了媒体村的 10 栋住宅楼进行末端测试：南区选择 4 栋：N1-B，N3-C，N8-C 和 N6；北区选择 6 栋：S4，S5-B，S10-B，S12，S14-A，S17-C。

2）测试方法：每栋楼每层共 4 户，N1-B，N3-C，S4，S5-B，S10-B 五栋楼从顶层至底层（2 层，1 层无住户）逐层开启每户的水龙头（不含喷头），水龙头开启到最大。N8-C，N6，S12，S14-A，S17-C 五栋楼从底层至顶层逐层开启每户的水龙头（不含喷头），开启到最大。其中高区（13 层及以上）开够 22 个龙头就停止，低区（2 层至 12 层）开够 30 个龙头就停止。当所有龙头满足要求开启后，稳定 5min 左右即可关闭。在龙头开启前后各需记录一次高低区回水阀前后压力、二层至顶层每户冷水水表和热水水表的读数。

原测试方案选择南区 11 栋（S11）和北区一栋（N1）分别作为媒体村南区与北区最远端进行重点监测，但是实际测试时由于多方协调与酒店管理的不完善，最终选择了南区 5 栋（S5-B）和南区 4 栋（S4）作为最远端进行监测。

（2）测试情况

1）测试时间：本次测试从 13：30 开始开启水龙头，14：26 水龙头全部开启；15：31 所有龙头关闭，共持续了约 2h。

2）测试内容：测试期间，共开启龙头 492 个。其中高区共开启 213 个，低区总共开启 279 个；南区共开启龙头 203 个，其中包括高区龙头 88 个，低区龙头 115 个；北区共开启龙头 289 个，其中包括高区龙头 125 个，低区龙头 164 个。

（3）测试结果

通过测试发现，在 14：23，492 个水龙头全部开启完毕。与此同时，管廊监测的供水流量达到最高峰，高区为 32.93L/s，低区为 58L/s，总供水流量为 90.93 L/s，每个龙头的出流量经计算为 0.15 L/s；总回水流量为 17.41 L/s。由此得出，测试期间用户最高日最高时用水量为 73.52 L/s。

媒体村各栋楼只有二层回水总管上装设了压力表，通过监测 S4 和 S5-B 两栋住宅楼末端，读取回水阀前、后压力表可知：在 14：20，读取的 S5-B 栋高区回水阀阀前压力为 0.64MPa，阀后压力为 0.25MPa；低区回水阀阀前压力为 0.35MPa，阀后压力为 0.25MPa；此时，测试达到供水高峰，回水管阀前压力即为 S5-B 楼热水供水的最低工作压力。16：30测试结束后，读取的S5-B高区回水阀阀前压力为1.00MPa，阀后压力为0.42MPa；低区回水阀阀前压力为0.68MPa，阀后压力为0.40MPa。

在13：35，测试前读取的S4栋高区回水阀阀前压力为0.80MPa，阀后压力为0.50MPa；低区回水阀阀前压力为0.42MPa，阀后压力为0.32MPa；16：40测试结束后，读取的S5-B高区回水阀阀前压力为0.86MPa，阀后压力为0.50MPa；低区回水阀阀前压力为0.76MPa，阀后压力为0.40MPa。测试期间，高区阀前回水压力差为0.06MPa，低区阀前回水压力差为0.34MPa。

3. 3号能源站数据监测

（1）测试相关内容

下午测试期间，3号能源站采用定压供水，低区开启4台变频泵供水，压力控制在0.8MPa；高区开启3台变频泵供水，压力控制在1.0MPa；当压力超过控制范围时，水泵采用变频调节，调节幅度为±20kPa，当超过额定幅度较多时，停泵。测试期间，测试数据的采集主要依托现有楼宇自控系统，兼顾人工抄表和读取超声波流量计的数据，楼控系统采集数据的采样周期设定为1min采集一个点。

（2）测试结果分析

1）江水取水部分。演练期间江水取水泵常开状态，但系统为热回收状态，热泵冷却水泵没开，江水取水部分和热泵机组无能量交换。

2）管壳式换热器部分。热泵处于热回收状态，和江水无能量交换。

3）热泵机组部分。测试期间，1号热泵和2号热泵工作，3号热泵停机。1号热泵机组耗电511.8kWh，2号热泵机组耗电434.2kWh，2h内共耗电946kWh，即3405600kJ。

4）换热水箱部分

测试期间，热水循环泵定频运行，流量稳定在711.9m^3/h左右，按照此流量考虑，计算换热量：

$$Q=\sum C\cdot m\cdot \Delta t_i\cdot 60=15315463.23\text{kJ}$$

式中 C——水的比热，取4.187kJ/(kg·℃)；

m——质量流量，kg/s；

Δt_i——取样时间点热泵热水进出口温差，℃。

取样时间点为60s；水的密度按照1kg/L考虑。

水箱测试前总水量为511.16m^3，平均温度为55.68℃；测试后总水量为364.38m^3，平均温度为50.33℃；测试期间总用水量为367.27m^3。但根据高质水表记录，在这2h内高质水补水231.00m^3，231.00＋511.16－364.38－367.27＝10.51m^3，考虑到设备计量和人为抄录误差，可认为数据基本可靠。

5）空调部分。因为冷冻水泵定频运行，按照现场读取的冷冻水流量取平均值计算供冷量，可得冷冻水流量为325.536m^3/h，按照两台热泵的冷冻水供/回水温度取平均值，可算得供冷量：$Q=\sum C\cdot m\cdot \Delta t_i\cdot 60=7022276.10\text{kJ}$

经计算可得：

平均制热系数： $\dfrac{Q_{热}}{N}=\dfrac{15315463.23\text{kJ}}{3405600\text{kJ}}=4.50$

$$平均制冷系数：\frac{Q_{冷}}{N}=\frac{7022276.10\text{kJ}}{3405600\text{kJ}}=2.06$$

6）水箱温度及回水温度曲线如图 6-5 所示。

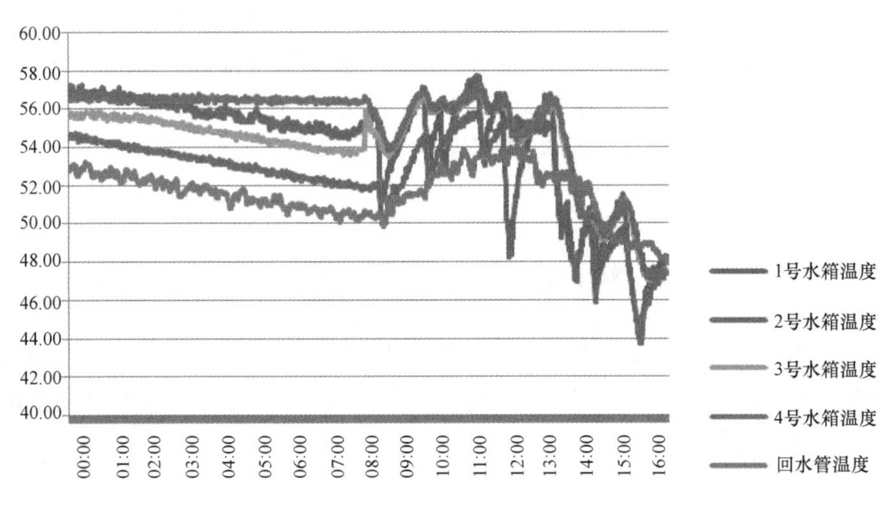

图 6-5　水箱温度及回水温度曲线

从图 6-5 中可以直观地看出，从 8：00 开始水温开始有所波动，至 13：30 演练开始放水时水箱温度并没有达到所要求的 55℃。这是由于测试当天 9：30，3 号能源站向 2 号能源站调水，调水持续了 2h 左右，4 个水箱，每个水箱调走大约半箱水。同时，由于媒体中心太阳房贮热水箱供给 3 号能源站的管道过长，管内有气体等原因，导致媒体中心由太阳能加热的热水无法排放给 3 号能源站。上述两点原因导致测试时 3 号能源站的 4 个水箱水温无法达到设计放水温度（55℃）。

7）水箱液位变化曲线如图 6-6 所示。

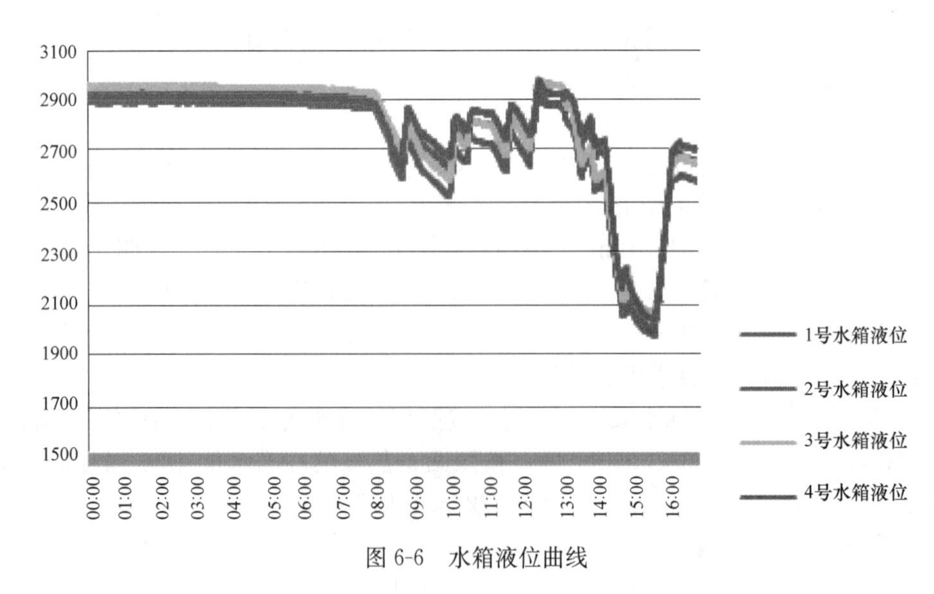

图 6-6　水箱液位曲线

从图 6-6 中可以直观地看出，从 8：00 开始各水箱液位开始出现波动，是由于测试当天 9：30，3 号能源站向 2 号能源站调水，调水持续了 2h 左右，4 个水箱，每个水箱调走大约半箱水。自 13：30 演练正式开始至 15：30 演练结束这段时间内，各水箱液位明显出现下降趋势，此时正在大量放水进行测试。待演练结束后，关闭各测试楼栋水龙头后，各水箱水位逐渐上升，回到演练前的状态。

6.2.6　测试结论及分析

本次演练时间紧，任务重，参与人员众多，但是在各方齐心合力的配合下，基本顺利完成了对媒体村太阳能与水源热泵耦合热水系统的相关测试。媒体村太阳能与水源热泵耦合热水系统总体运行良好，能够保障测试期间所模拟的高峰热水用水量，热水管网保温效果良好。通过对测试结果的分析，得出如下结论：

(1) 水源热泵运行正常，可以制备 55℃以上的生活热水，满足设计和使用要求；

(2) 竖向不同分区采用减压阀减压，阀后压力在不同工况时高低区阀后压力基本一致，且具有相对稳定性，测试证明竖向不同分区采用减压阀减压可以共用一个回水管；

(3) 测试时段用水量超过设计流量的 50%，证明管网供水能力满足设计要求。测试流量运行影响了所监测楼层的高低区的高层部分的出水量，水龙头流量较小；15 层楼全按低区水压供水，高层出现无水现象。

(4) 末端温度监测的热水温度管网保温措施良好，能源站出水与北区最末端之间的温降约为 1.64℃，满足要求；南区有的楼层最高只达到 50℃，能源站出水与南区最末端温降约为 5℃左右，也基本满足要求。测试表明管道保温良好，温降符合设计要求。但测试期间管廊监测的回水温度过高，均在 50℃以上；回水量较大，在测试的 2h 内回水量高达 142t，主要原因可能是末端楼内回水管的温控阀没调试好，或者开了旁通管，导致回水未达到回水温度便回流到 3 号能源站。

6.3　亚、残运会期间运动员村太阳能集热系统测试分析

6.3.1　测试目的

(1) 获取运动员村太阳能集热系统正常运行时的放水量、放水温度、太阳能辐照量、环境温度等参数；

(2) 计算运动员村真空管太阳能集热系统的每日集热量和集热效率。

6.3.2　测试时间

亚运会期间 2010 年 11 月 12 日～27 日以及亚残运会开幕期间 2010 年 12 月 12 日～19 日。

6.3.3　测试地点

亚运城运动员村 4 个分区 16 栋住宅楼屋面太阳能集热系统。

6.3.4　亚运期间运动员村太阳能集热系统测试方案

1. 测试仪器、设备

考虑到亚运会期间安保因素，大部分数据均来自亚运城热水系统自带的杰控软件进行数据采集与记录，部分数据已在前期进行校正。

2. 测试依据

测试依照《太阳热水系统性能评定规范》GB/T 20095—2006 的相关规定进行。测试亚运城运动员村玻璃-金属真空管太阳能集热系统在不同天气状况下，从正午前 4h 到正午后 4h 之间，系统工作 8h 的集热过程。

3. 亚运会期间太阳能集热系统测试条件

依据《太阳热水系统性能评定规范》GB/T 20095—2006，亚运会期间，番禺天气以晴天为主，有几天多云天气。在亚运会的 16 天，室外平均环境空气温度为 20.9℃，平均最低气温为 15.7℃，平均最高气温为 24.4℃；平均风速为 1.9m/s；平均日太阳辐照量为 $17MJ/m^2$。

图 6-7 所示为 2010 年 11 月 12～27 日，每天辐照量随时间的变化情况。为保证多条曲线的清晰度，取每小时辐照点绘制。由图 6-7 可见，除 11 月 22 日天气不佳导致辐照量偏低以外，其余 15 天测试期间累计太阳辐照量均满足《太阳热水系统性能评定规范》GB/T 20095—2006 的要求。

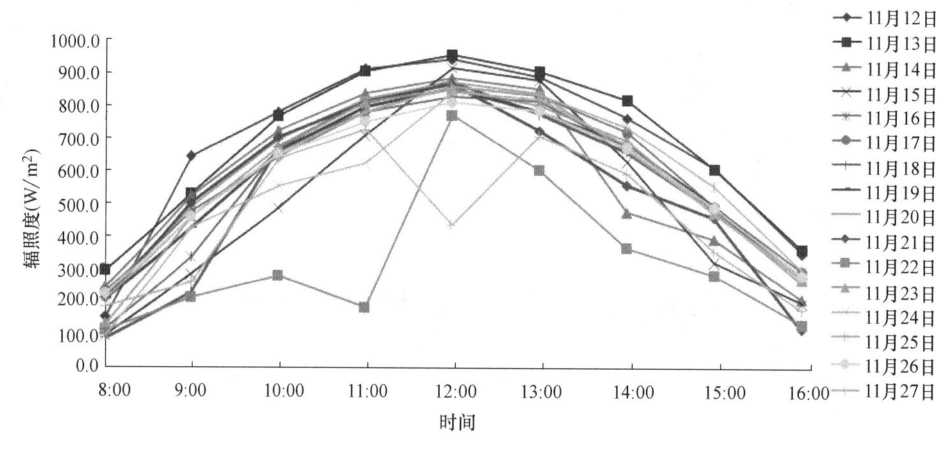

图 6-7　亚运会期间太阳辐照度随时间变化曲线

4. 数据的采集与导出

亚运会期间太阳能集热部分监测内容包括：集热水箱液位、温度；集热器出水温度；循环水泵运行启停时间。水温采用温度传感器监测，水位采用液位计监测，运动员村每个集热系统的集热水箱中安装一个温度传感器与一个液位计，监测数据每分钟采集一次，由中控室记录。数据采集由亚运城中控室杰控软件导出。

5. 数据统计

亚运会期间，运动员村 16 个太阳能集热系统中有 14 个正常运行，其中 1 区 6 栋、3 区 28 栋未运行，1 区 4 栋等有水箱漏水、放水故障等未正常运行，其余约 10 个太阳能集热系统在亚运进行的 16 天中运行正常。

太阳能集热系统的产水量对评价该系统的集热性能起到重要作用，因此需要每日定时读取水表以计算该日太阳能集热系统的产水量，但是考虑到亚运会期间的安保因素，无法保证数据完整、准确的采集。而杰控软件每分钟记录有各个太阳能集热水箱内的水位变化，因此，提出了通过分析水箱液位变化来计算太阳能集热系统每次的放水量。图 6-8 所示为运动员村一个太阳能集热系统一日内的水位变化。

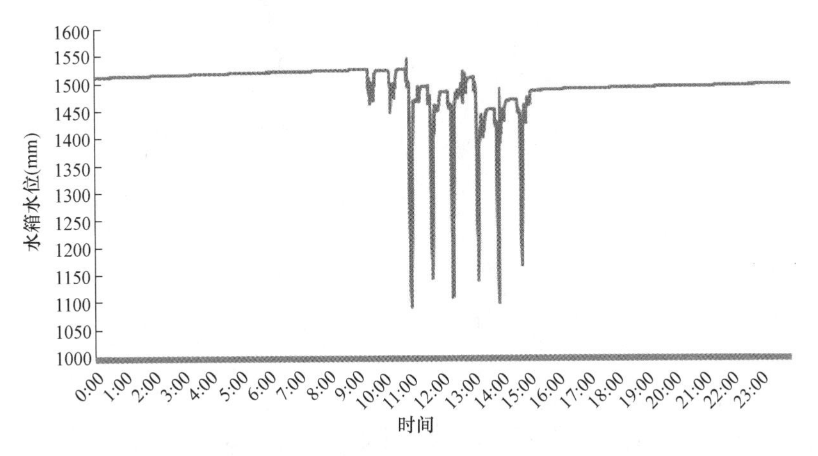

图 6-8 11 月 20 日运动员村 2 区 17 栋热水箱水位变化

亚运会期间运动员村 14 个太阳能集热系统每日的放水情况随时间变化如图 6-8 所示，总结出亚运会期间，集热水箱每日平均液位变化约在 500～1000mm 范围内，放水次数为 4～8 次不等。

6.3.5 亚运期间运动员村太阳能系统测试结果分析

通过上述监测方法，监测亚运会期间运动员村 14 栋楼太阳能集热系统的集热效率。将检测结果从日有用得热量、集热效率、放水量等几个方面进行分析。

1. 日有用得热量分析

通过测试得到运动员村各个太阳能集热系统每日的有用得热量（不包含管网与水箱热损失的热量），如图 6-9 所示。

在所有太阳能集热系统运行中，2 区 19 栋、4 区 39 栋与 4 区 42 栋日有用得热量均高于其他几栋。分析原因主要在于集热器采光面积上的差异。根据计算得出，2 区 19 栋、3 区 30 栋、4 区 39 栋、4 区 42 与 4 区 46 栋的集热器采光面积都在 200～220m^2 左右，比其他集热器采光面积大 20～50m^2 左右，而各太阳能集热系统的集热水箱容积均是 3m^3。集热水箱相同容积的条件下，集热器集热面积越大，集热量就会越多。但是，3 区 30 栋与 4 区 46 栋是特例，3 区 30 栋的水箱保温性能较差，因此有用得热量自然不高；4 区 46 栋运行期间也出现控制方面的问题，因此有用得热量也比预期值低。

采光面积在 145～184m^2 左右的太阳能集热系统，亚运会期间（11 月 13 日～27 日）平均日有用得热量约为 800MJ，亚运期间每栋总有用得热量约为 11961.37MJ；采光面积在 200～230m^2 左右的太阳能集热系统，平均日有用得热量约为 1245MJ，亚运期间每栋总有用得热量约为 18676.27MJ。

2. 集热效率分析

本测试采用系统效率分析太阳能集热系统，针对的是实际工程在实际运行中展开的，因此采用系统效率能更好地体现工程实测情况。系统效率是通过日有用得热量与累计辐照

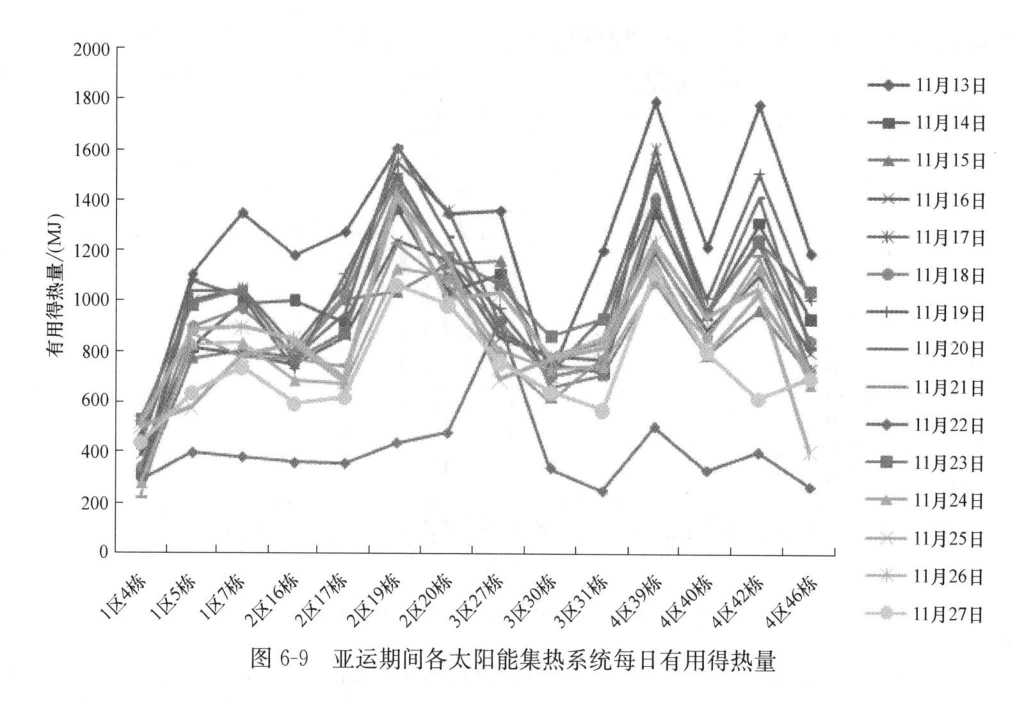

图 6-9　亚运期间各太阳能集热系统每日有用得热量

量相除得到的。系统效率计算中扣除了系统的管道损失、泵耗等所有无效损耗。

由于 1 区 4 栋、3 区 30 栋与 4 区 46 栋在运行期间出现种种问题，导致亚运会期间运行不正常，因此剔除掉这些测点后，监测亚运会期间运动员村 12 栋太阳能集热系统在同一天相同辐照条件下的平均集热效率为 37%，平均放水量为 7.09m^3。实测整个亚运会期间，系统集热效率最高为 47.9%，平均集热效率约为 35%；统计运动员村 12 个太阳能集热系统每日集热效率后发现，集热效率≥40%的占 11.88%，集热效率≥35%的占 43.75%；集热效率≥30%的占 73.75%，如图 6-10 所示。

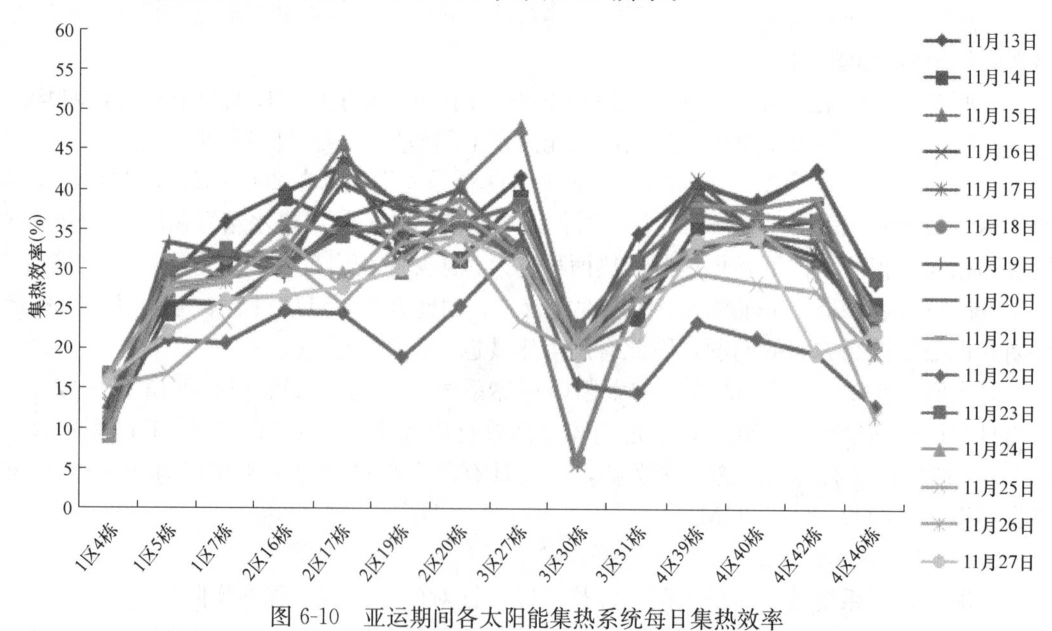

图 6-10　亚运期间各太阳能集热系统每日集热效率

图 6-11 将所监测的 14 个太阳能集热系统在亚运会 15 天运行中的集热效率与累积太阳辐照量做散点图。11 月 22 日天气以阴天为主，累计太阳辐照量仅为 10.1MJ/m^2，该日太阳能集热系统的集热效率最低，其他几天太阳能集热系统的集热效率大部分集中在 30%～35%左右。

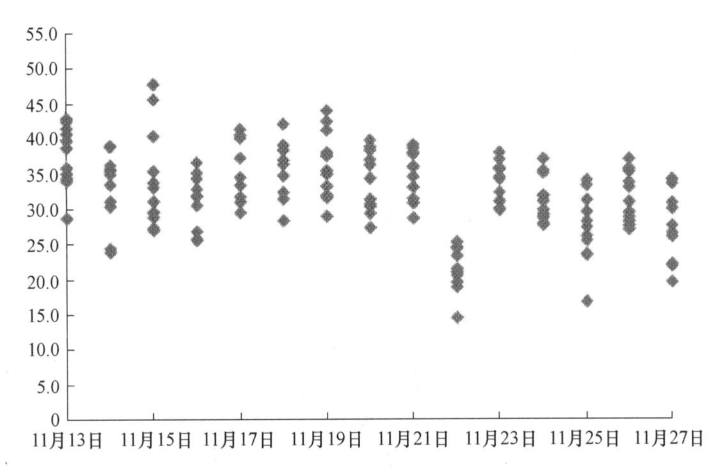

图 6-11 监测亚运期间 14 个太阳能集热系统每天集热效率分布散点图

3. 放水量统计分析

从图 6-12 可以看出，在所有太阳能集热系统运行中，2 区 19 栋、4 区 39 栋与 4 区 42 栋放水量均高于其他几栋。但是这 3 栋太阳能集热系统与其他太阳能集热系统的集热效率相差不大，分析其原因主要在于集热器采光面积上的差异。1 区 4 栋由于集热水箱有漏水问题和控制方面的问题（放水每次只放 0.15～0.3m^3），因此放水量偏低。亚运期间采光面积在 145～184m^2 左右的太阳能集热系统，每日平均放水量约为 4.99m^3；采光面积在 200～230m^2 左右的太阳能集热系统，每日平均放水量约为 7.4m^3。

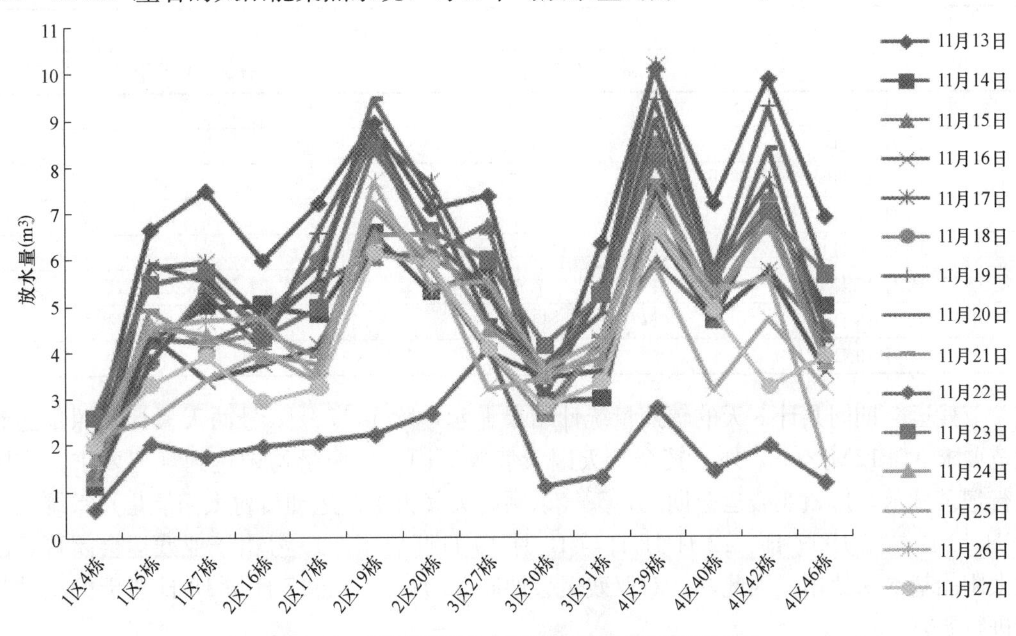

图 6-12 亚运期间各太阳能集热系统每日放水量

6.3.6　亚残运会期间运动员村太阳能系统测试方案及结果分析

亚残运会开幕期间（2010 年 12 月 12 日～19 日），对亚运城运动员村太阳能集热系统工况调整后进行了测试。测试方案、依据及测试仪器设备同亚运会测试。

1. 亚残运会辐照量与天气条件

（1）太阳辐照量（见图 6-13）

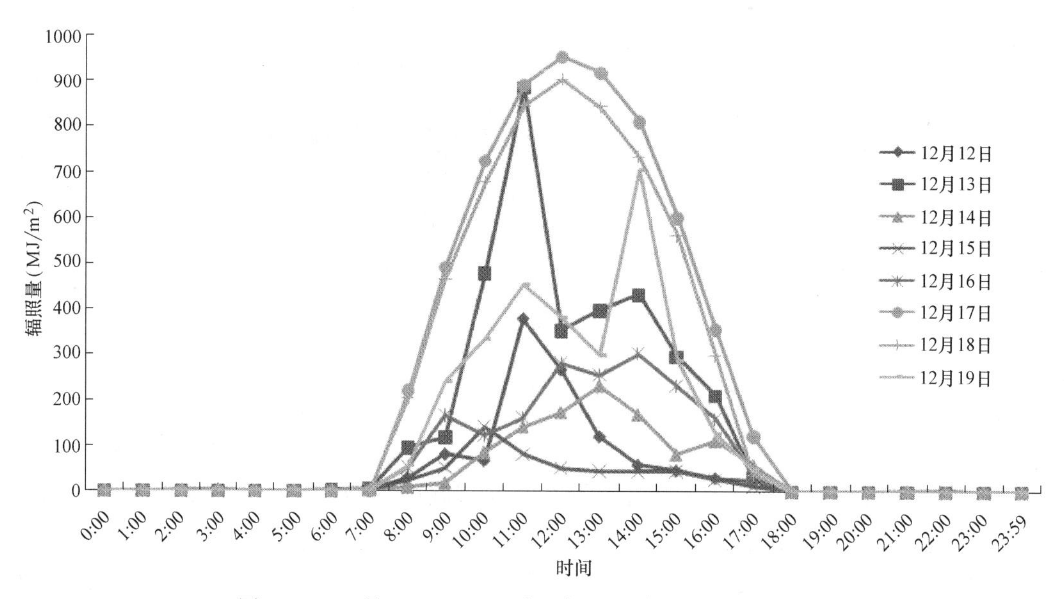

图 6-13　12 月 12 日～19 日太阳辐照量随时间接变化曲线

（2）天气条件（见表 6-2）

亚残运会期间环境温度、累计太阳辐照量　　表 6-2

日期	监测条件	
	平均环境温度(℃)	累计太阳辐照量(MJ/m²)
12 月 12 日	18.3	4.3
12 月 13 日	21.3	9.9
12 月 14 日	18.7	4.0
12 月 15 日	14.2	1.5
12 月 16 日	7.0	6.3
12 月 17 日	7.6	20.6
12 月 18 日	11.2	19.2
12 月 19 日	17.7	9.8

亚残运会期间共计 8 天的辐照量统计结果显示，除了 17、18 号两天累计辐照量达到规范要求（≥17MJ/m²）外，其余 6 天因天气等原因，辐照量均未达到规范要求。实际运行记录显示，广州亚残运会期间，天气以阴雨天气为主。运动员村太阳能集热系统只有 12 月 13 日、12 月 17 日、12 月 18 日与 12 月 19 日开启了，19 号由于亚残运会闭幕，因此太阳能基本未使用。因此，针对亚残运会期间 12 月 13 日、17 日与 18 日 3 天的测试数据进行研究。

2. 亚残运会太阳能集热系统运行工况调整分析

亚运会期间运动员村太阳能集热系统设计放水温度为60℃，通过监测亚运会开幕16天太阳能集热系统的运行情况，发现系统集热效率普遍偏低，分析影响因素之一有可能是系统放水温度设置偏高。因此，在亚残运会期间通过调整放水温度，监测不同放水温度下太阳能集热系统日有用得热量与集热效率的变化，分析不同条件下适合的放水温度。亚残运会期间总共调控四种放水温度，分别是45℃、50℃、55℃、60℃。

3. 亚残运会期间运动员村太阳能集热系统测试结果分析

亚残运会期间共监测了8天、运动员村14栋楼太阳能集热系统的集热效率。但是由于天气原因，只有2天辐照条件满足测试要求；14栋太阳能集热系统中1区4栋水箱有漏水现象，3区30栋保温性能较差。因此，测试主要针对12栋太阳能集热系统进行。监测结果见表6-3。

亚残运会运动员村12栋太阳能集热系统集热性能监测结果 **表6-3**

楼号	时间	放水温度(℃)	放水次数	日有用得热量(MJ/m^2)	辐照量(MJ/m^2)	标态下日有用得热量(MJ/m^2)	集热效率(%)
4区39栋	12月13日	45	4	3.2	9.9	5.4	31.8
	12月17日	60	6	5.9	20.6	4.8	28.4
	12月18日	55	8	5.9	19.2	5.2	30.5
4区40栋	12月13日	45	5	4.1	9.9	7.0	41.5
	12月17日	60	2	6.5	20.6	5.3	31.4
	12月18日	55	3	6.2	19.2	5.5	32.3
4区42栋	12月13日	45	3	3.2	9.9	5.5	32.3
	12月17日	50	5	8.6	20.6	7.1	41.8
	12月18日	55	7	5.3	19.2	4.7	27.7
4区46栋	12月13日	45	3	3.0	9.9	5.1	30.3
	12月17日	45	9	9.2	20.6	7.6	44.6
	12月18日	55	5	4.4	19.2	3.9	23.1
3区31栋	12月13日	50	1	1.6	9.9	2.7	15.8
	12月17日	45	9	9.4	20.6	7.7	45.6
	12月18日	55	4	4.2	19.2	3.7	22.0
3区27栋	12月13日	50	1	1.9	9.9	3.3	19.6
	12月17日	55	4	5.7	20.6	4.7	27.8
	12月18日	55	5	6.2	19.2	5.5	32.3
2区20栋	12月13日	55	2	1.8	9.9	3.1	18.3
	12月17日	45	6	10.2	20.6	8.4	49.5
	12月18日	55	6	6.0	19.2	5.3	31.4
2区19栋	12月13日	55	1	1.5	9.9	2.6	15.2
	12月17日	50	6	7.9	20.6	6.5	38.4
	12月18日	55	6	5.8	19.2	5.1	30.2

续表

楼号	时间	放水温度	放水次数	日有用得热量（MJ/m²）	辐照量（MJ/m²）	标态下日有用得热量(MJ/m²)	集热效率(%)
2 区 17 栋	12 月 13 日	55	1	2.1	9.9	3.6	21.5
	12 月 17 日	55	5	6.4	20.6	5.3	31.3
	12 月 18 日	55	6	6.3	19.2	5.6	32.7
1 区 7 栋	12 月 18 日	60	4	4.6	19.2	4.1	24.1
1 区 5 栋	12 月 13 日	60	1	1.3	9.9	2.3	13.5
	12 月 18 日	55	8	3.2	19.2	2.9	16.9
2 区 16 栋	12 月 13 日	55	1	1.7	9.9	2.9	16.9
	12 月 17 日	60	5	5.3	20.6	4.4	25.9
	12 月 18 日	55	6	5.4	19.2	4.8	28.1

注：该表为亚残运会期间，改变放水温度后运动员村 12 栋正常运行的太阳能集热系统在 13 日、17 日、18 日三天的日有用得热量与集热效率的监测结果。其中，改变放水温度为 45℃的占全部监测结果的 21.2%；改变放水温度为 50℃的占全部监测结果的 12.1%；改变放水温度为 55℃的占全部监测结果的 51.5%；改变放水温度为 60℃的占全部监测结果的 15.2%。通过降低放水温度，集热效率有增加的趋势。

6.4　亚、残运会期间水源热泵系统测试

6.4.1　测试目的

（1）检查水源热泵系统的运行情况；

（2）获取水源热泵机组及各个水泵的工况设定和运行参数，包括流量、耗电量、制热量、制冷量等；

（3）计算水源热泵系统的制热、制冷系数 COP 以及综合能效系数 CCOP。

6.4.2　测试时间与地点

在亚运会赛时及亚残运会赛时期间，对运动员村 2 号能源站和媒体村 3 号能源站水源热泵系统进行测试。

6.4.3　亚运城水源热泵系统运行模式

制冷工况与热回收工况之间的切换（热泵机组不需要停机）：将生活热水加热水箱的水温作为热回收工况与制冷工况切换的参数。当生活热水加热水箱的水温达到要求时，系统处于制冷工况，开启江水取水泵，冷却水循环泵，停止运行生活热水加热循环泵。当生活热水加热水箱的水温未达到要求时，系统从制冷工况转换到热回收工况，开启生活热水加热循环泵，停止运行冷却水循环泵，再停止运行江水取水泵（见图 6-14）。

制冷与制热工况的转换（热泵机组需要停机）：通过 M1～M6 阀门实现制冷工况与制热工况之间的切换。制冷工况：M2、M3、M4、M6 开启；M1、M5 关闭。制热工况：M1、M5 开启；M2、M3、M4、M6 关闭。

（1）制冷工况：夏季水源热泵机组将建筑物中的热量取出来，释放到江水中，制取空

调冷水。热泵系统制冷工况示意图如图 6-15 所示。

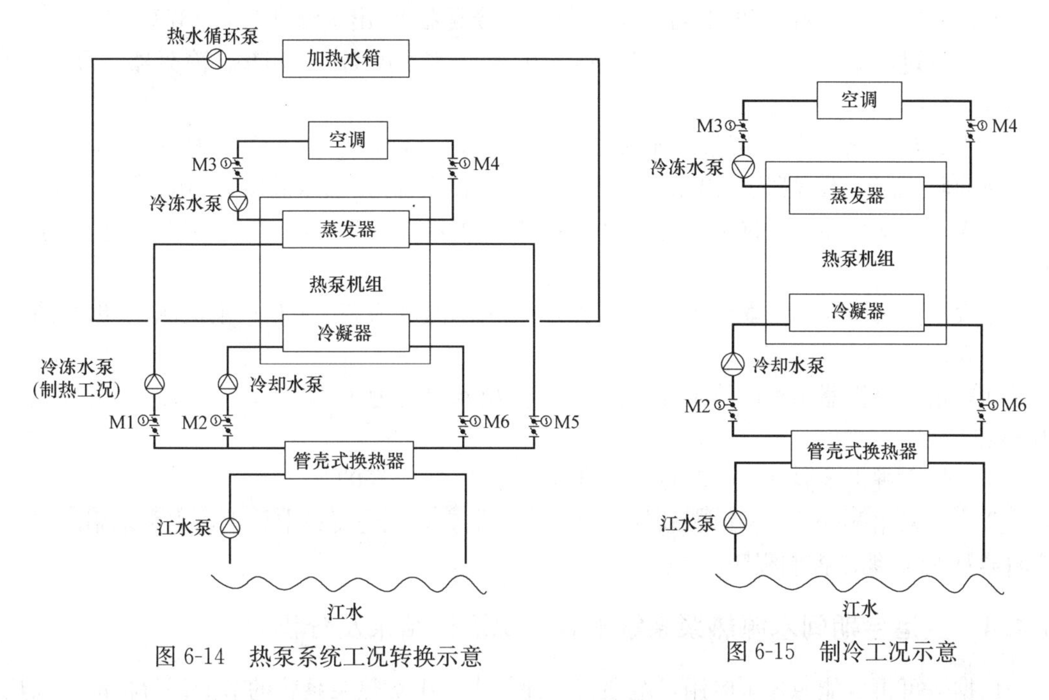

图 6-14 热泵系统工况转换示意

图 6-15 制冷工况示意

(2) 热回收工况：水源热泵机组吸收建筑物中的热量，释放到生活热水中，因而在为空调系统提供冷水的同时，也为生活热水提供热量。热泵系统热回收工况示意图如图 6-16所示。

(3) 制热工况：水源热泵机组将江水源中的热量提取出来，用以加热生活热水，制取用户需要的生活热水。热泵系统制热工况示意图如图 6-17 所示。

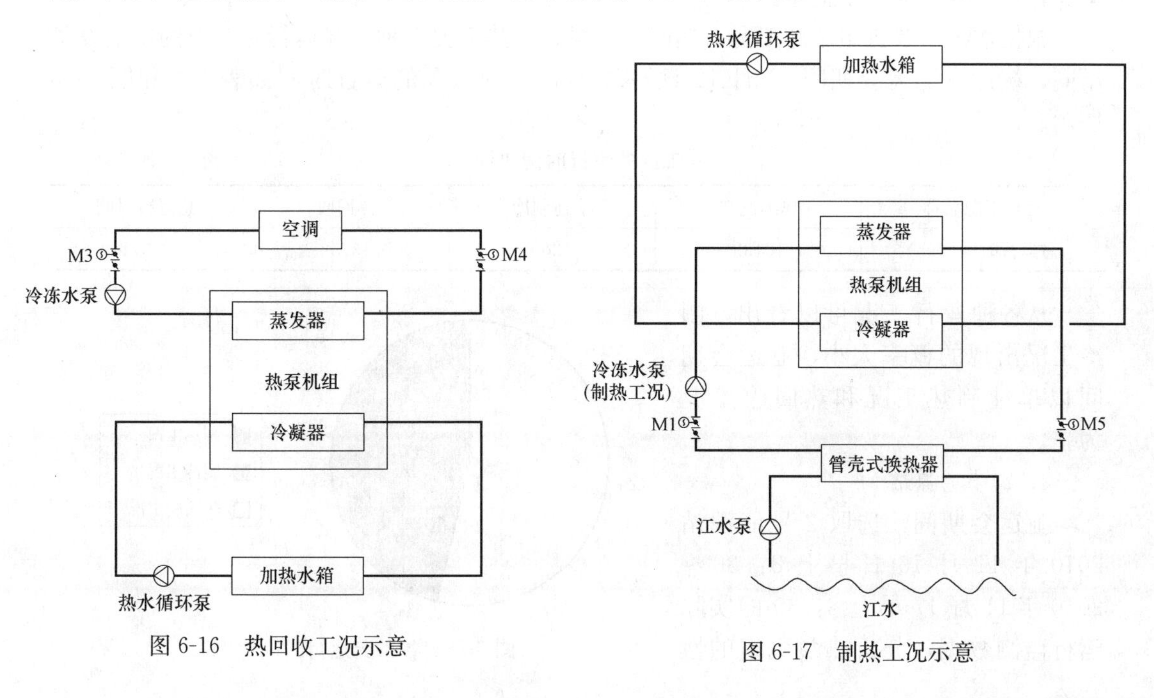

图 6-16 热回收工况示意

图 6-17 制热工况示意

冷热源系统设计计算温度参数：

制冷工况：蒸发器进/出水温度为 14/6℃；冷凝器进/出水温度为 32/37℃。

夏季及过渡季（赛时）制热工况：蒸发器进/出水温度为 23/15℃；冷凝器进/出水温度为 50/55℃。

冬季制热工况：蒸发器进/出水温度为 13/8℃；冷凝器进/出水温度为 50/55℃。

热回收工况：蒸发器进/出水温度为 14/6℃；冷凝器进/出水温度为 50/55℃。

地表水热交换器夏季排热工况：地表水侧进/出水温度为 30/35℃；主机侧进/出水温度为 37/32℃。

地表水热交换器夏季取热工况：江水侧进/出水温度为 35/30℃；主机侧进/出水温度为 23/15℃。

地表水热交换器冬季取热工况：江水侧进/出水温度为 15/10℃；主机侧进/出水温度为 8/13℃。

生活热水进出水温度：生活热水侧进/出水温度为 55/50℃。

亚运村采用 FameView 组态软件对整个热水供应系统进行集中管理，主要采用西门子控制器及 PLC 编制控制程序。

6.4.4　亚运会期间水源热泵系统能效状况测试结果及分析

依据《可再生能源建筑应用示范项目测评导则》中对热泵系统的节能评价标准，以热泵机组的制冷性能系数、制热性能系数，热泵系统能效比作为评估热泵机组及热泵系统的标准。

在亚运会期间考虑到安保问题，用电设备的耗电量是依靠物业管理人员每天抄表记录的数据，在测试数据的分析中，鉴于提供的数据的特殊性，无论系统中开启的机组数量是多少，均将其看成一个整体。

根据水源热泵机组制冷工况、热回收工况、制热工况三种工况运行时对应的用电设备不同，统计在亚运会期间 11 月 12 日～27 日，三种工况的运行时间如表 6-4 和图 6-18 所示。

工况的运行时间统计　　**表 6-4**

运行工况名称	单纯制热	单纯制冷	热回收	总运行时间
总运行时间(min)	10139	1200	13032	24371

从各种运行工况可以看出，制冷工况出现的概率太小，亚运会期间以单纯制热工况和热回收工况为主。

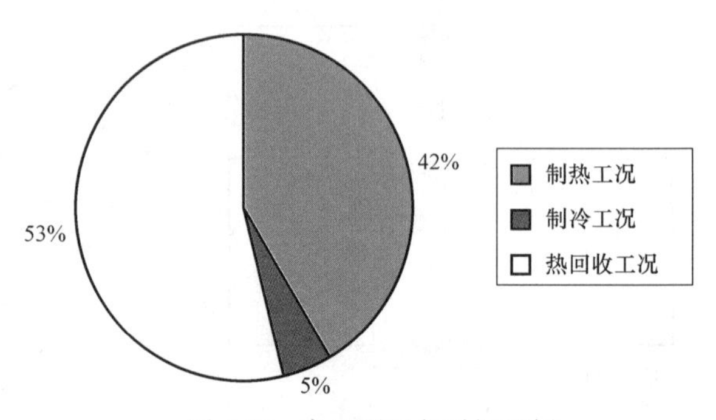

图 6-18　各工况运行时间比例

1. 2 号能源站

亚运会期间，选取 2 号能源站 2010 年 11 月 15 日早上 8：30～2010 年 11 月 17 早上 8：30 的实际运行监测数据，分析热泵机组的性能系数，在该段时间内，各时间段的运行工况如下：

11 月 15 日 8：30～11 月 15 日 10：00：制热工况，冷却水泵开启 BL-6，BL-7；

11 月 15 日 10：17～11 月 15 日 24：00：热回收工况，冷冻水泵开启 BL-1，BL-2；

11 月 16 日 0：00～11 月 16 日 3：20：制热工况，冷冻水泵开启 BL-3，BL-7；

11 月 16 日 3：21～11 月 16 日 8：38：制热工况，开启冷却水泵 BL-5，BL-7；

11 月 16 日 8：43～11 月 16 日 22：47：热回收工况，开启冷冻水泵 BL-2，BL-3；

11 月 16 日 22：51～11 月 17 日 8：30：制热工况，开启冷却水泵 BL-5，BL-7。

在各种工况下，主要设备的启停由值班人员依据个人爱好及热水供应情况随机启停，无规律可循，对各设备情况不做详细分析，以下分析均以整体为研究对象，如制热工况下开启 2 台热泵机组，则将该 2 台机组作为一个整体来研究。

江水供回水温度如图 6-19 所示。

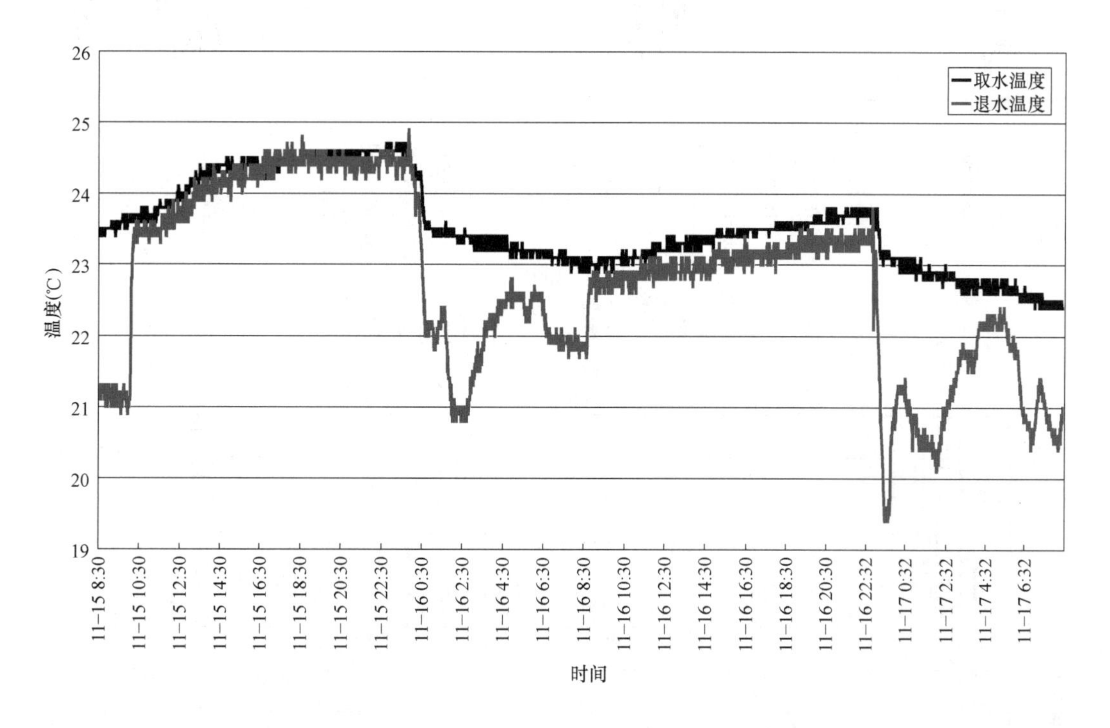

图 6-19 江水供回水温度分布

冷却水供回水温度如图 6-20 所示。

冷冻水温度情况如图 6-21 所示。

根据图 6-21 可知，冷冻水供水温度在 14℃左右，冷冻水回水温度显示为 30℃以上，这与实际不相符合，所以认为测量冷冻水供水温度的温度传感器出现问题，为使分析顺利进行，考虑到各热泵机组的冻水进出口均设置温度测点，且各热泵机组及对应冷冻水泵型号均相同，可将运行时间内运行机组的冷冻水出口温度取的平均值做为冷冻水供水温度，调整后当系统处于热回收状态时，供回水温度情况如图 6-22 和图 6-23 所示。

可见热回收工况下系统冷冻水供/回水温度在 7/16℃左右。

热泵机组冷凝器侧供回水温度分布如图 6-24 所示。

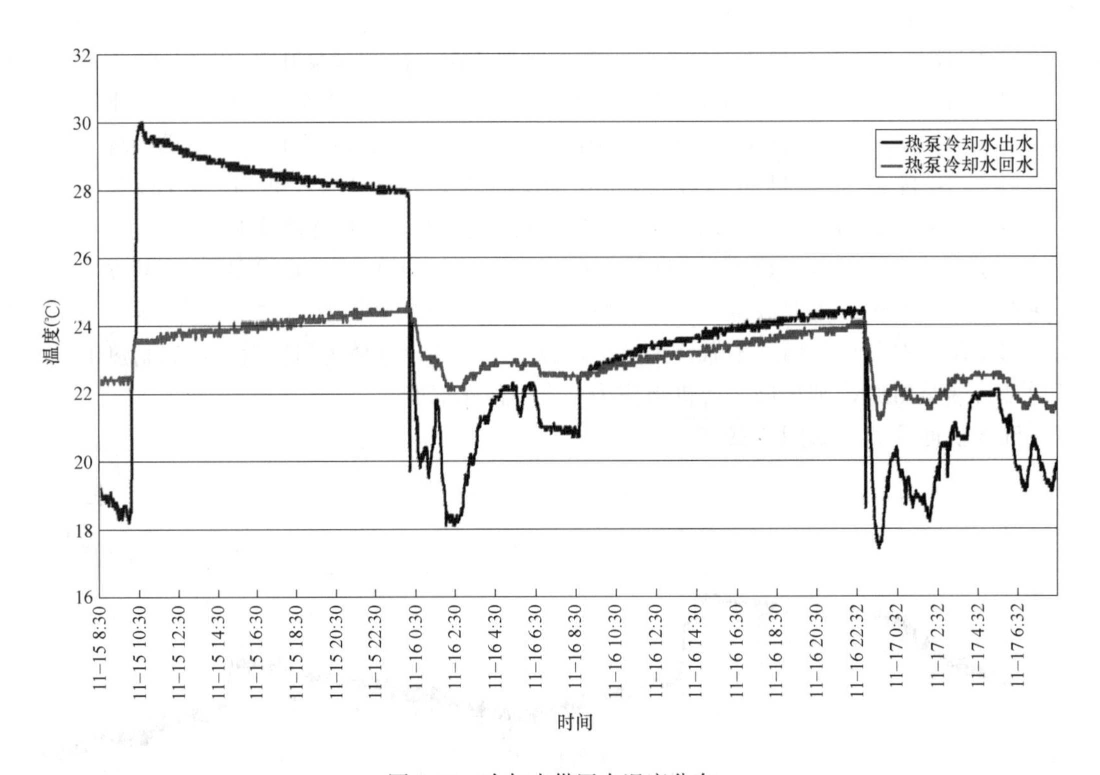

图 6-20　冷却水供回水温度分布

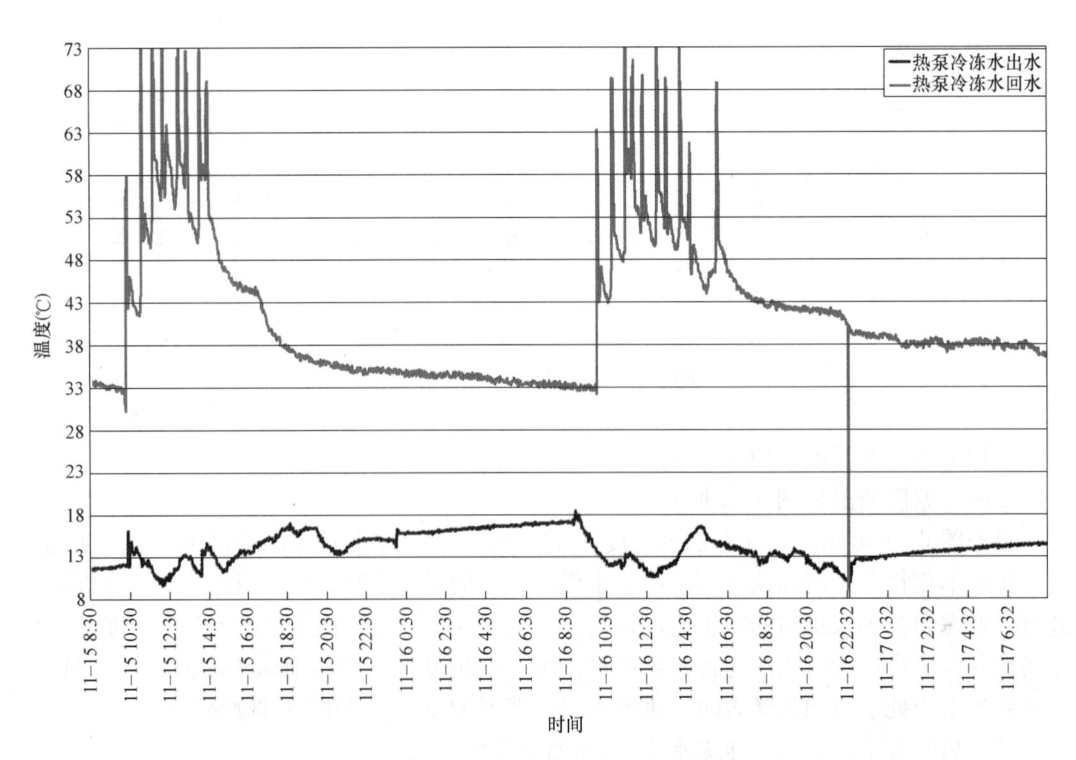

图 6-21　冷冻水供回水温度分布

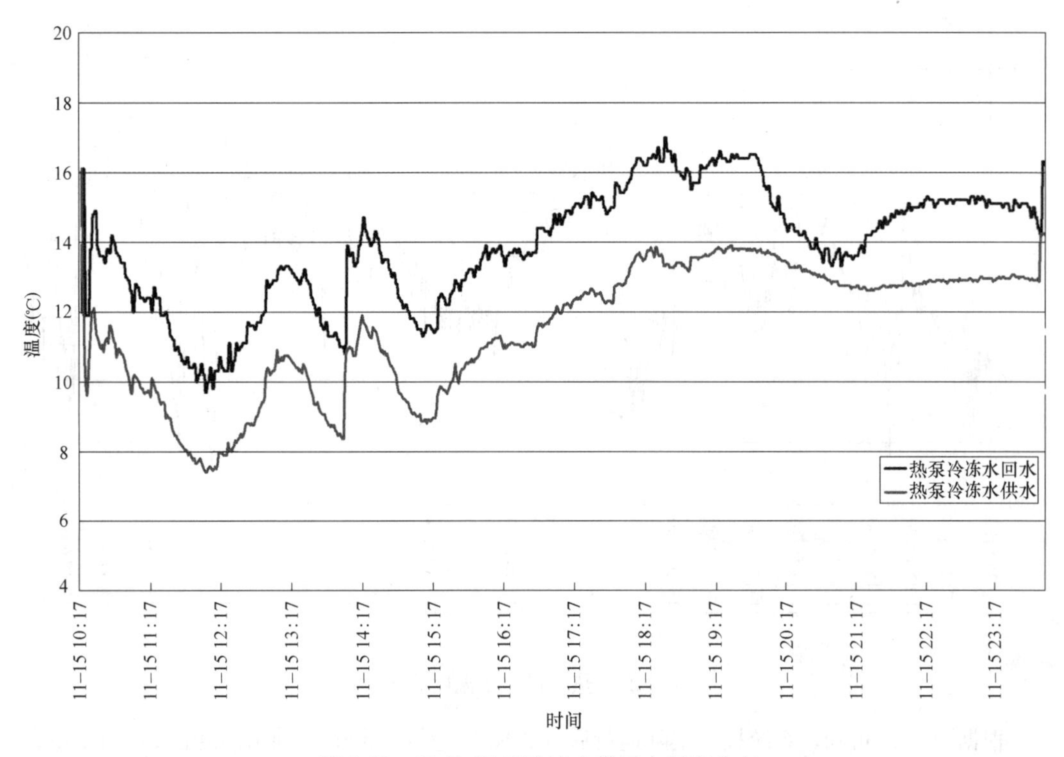

图 6-22 11 月 15 日冷冻水供回水温度分布

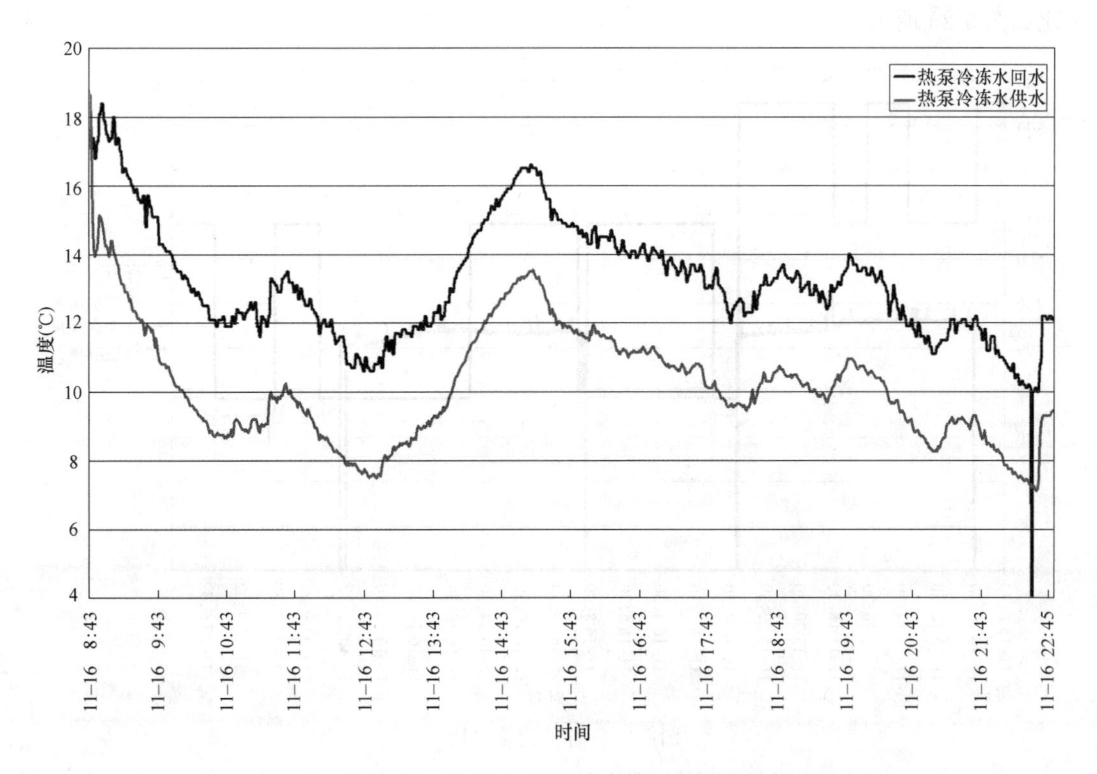

图 6-23 11 月 16 日冷冻水供回水温度分布

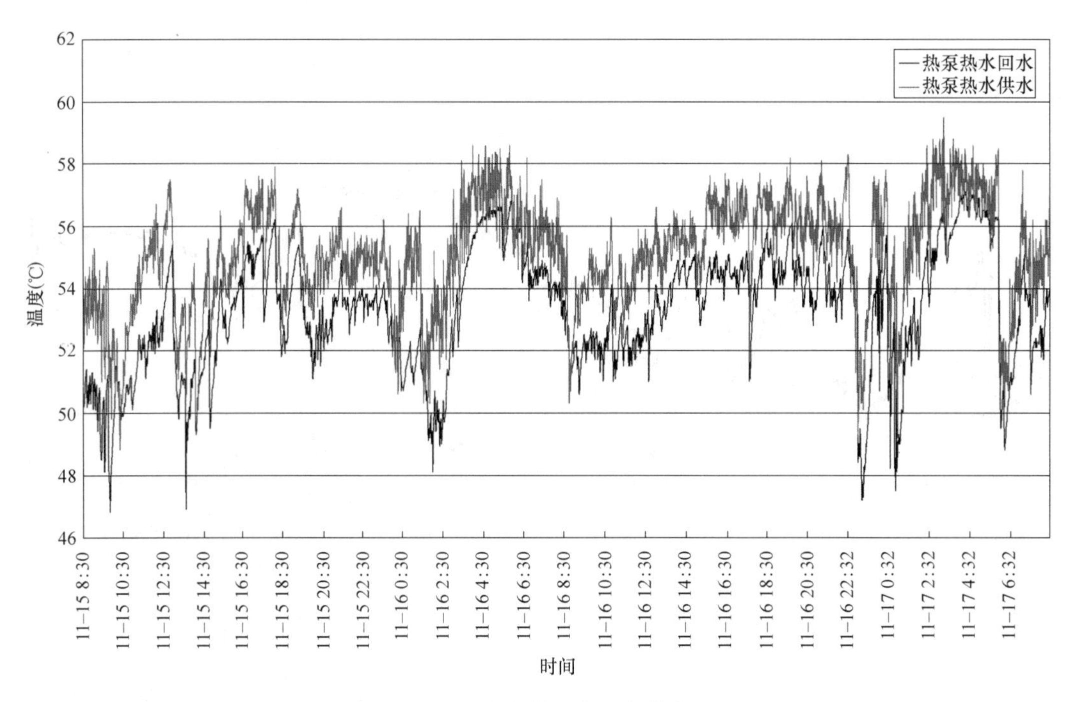

图 6-24　热水供回水温度分布

根据图 6-24 可知，系统投入实际运行后，热泵机组冷凝器侧供/回水温度在 51/54℃左右。

将江水流量、冷却水流量、冷冻水流量、热水流量（热泵机组冷凝器侧）的数据进行对比如图 6-25 所示。

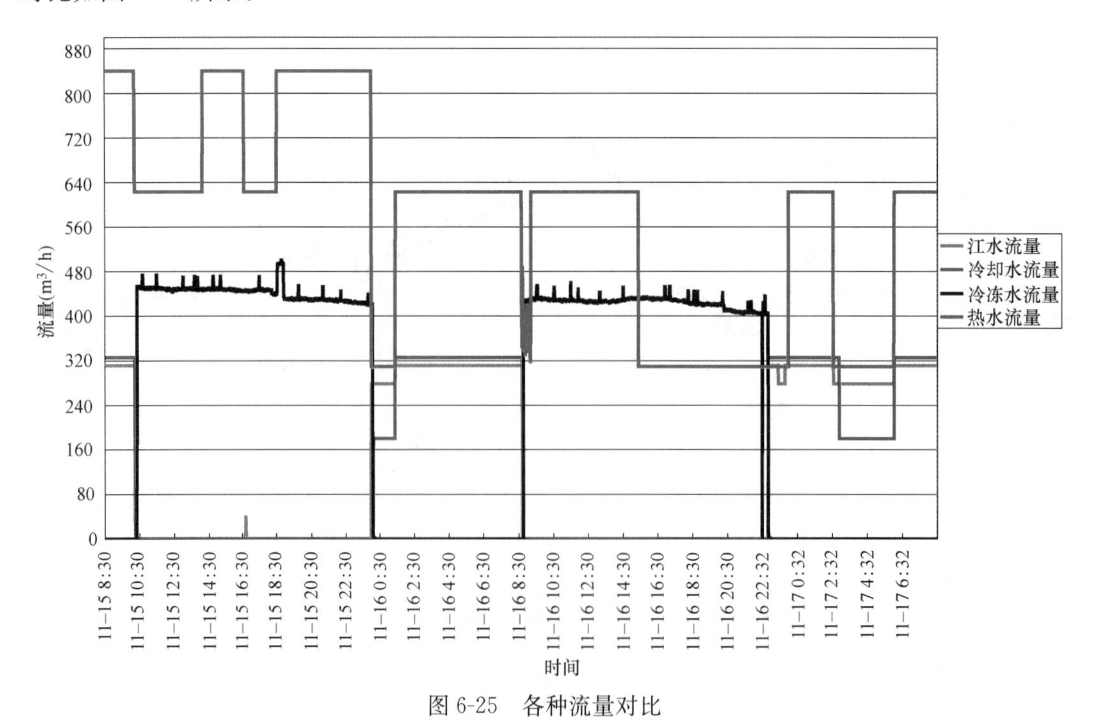

图 6-25　各种流量对比

在 11 月 15 日～17 日两天内，计算江水带走的冷量、水源热泵机组制热量、水源热泵机组制热性能系数 COP_{H}、水源热泵系统制热能效比 COP_{SH}、水源热泵机组的制冷性能系数 COP_{L}、水源热泵系统制冷能效比 COP_{SL}。

制热工况下江水带走冷量：$Q_1=\sum C\cdot m\cdot \Delta t_i\cdot 60=39741442\text{kJ}$；

制热工况下热泵机组制冷量：$Q_2=\sum C\cdot m\cdot \Delta t_i\cdot 60=51429410\text{kJ}$；

热回收工况下热泵机组制冷量：$Q_3=\sum C\cdot m\cdot \Delta t_i\cdot 60=135318040\text{kJ}$；

热泵机组的总制冷量：$Q_4=Q_2+Q_3=186747450\text{kJ}$；

热泵机组制热量：$Q=\sum C\cdot m\cdot \Delta t_i\cdot 60=212538476\text{kJ}$。

实际监测热泵机组耗电量：RB-1：4871.9kWh；RB-2：4126.5kWh；RB-3：6612.7kWh；RB-4：26.7kWh。

（1）热泵机组制冷性能系数 COP_{L}：

$$COP_{L}=\frac{Q_L}{N_i}=\frac{186747450}{(4871.9+4126.5+6612.7+26.7)\times 3600}=3.32$$

（2）热泵机组制热性能系数 COP_{H}：

$$COP_{H}=\frac{212538476}{(4871.9+4126.5+6612.7+26.7)\times 3600}=3.78$$

（3）热泵系统制热能效比 COP_{SH}、制冷能效比 COP_{SL}：

11 月 15 日～17 日按照低压进线进行计算得出 2 号能源站总耗电量为 23374kWh，其他用电设备（包括通风、照明、电动阀、电容补偿、直流屏）的耗电量为 623.97kWh，因而热泵机组以及与热泵系统相关的所有水泵的耗电量推断为 22750.03kWh。

$$COP_{SL}=\frac{186747450}{22750.03\times 3600}=2.28$$

$$COP_{SH}=\frac{212538476}{22750.03\times 3600}=2.60$$

2. 3 号能源站

亚运会期间，选取 3 号能源站 11 月 11 日 8：30～11 月 14 日早上 8：30 这段时间的数据进行分析水源热泵机组的性能系数。可计算出水源热泵机组制热量、水源热泵机组制热性能系数 COP_{H}。由于 3 号能源站参数报表中没有冷冻水供回水温度、冷冻水流量的数据，所以没有计算热泵机组的制冷量。

热泵机组的制热量：$Q=\sum C\cdot m\cdot \Delta t_i\cdot 60=166554338\text{kJ}$。

实际监测各热泵机组耗电量：RB-1：8401kWh；RB-2：3916.3kWh；RB-3：1757kWh

合计：14074.3kWh，即 $14074.3\times 3600=50667480\text{kJ}$。

（1）热泵机组制热性能系数 COP_{H}：

$$COP_{H}=\frac{166554338}{(8401+3916.3+1757)\times 3600}=3.29$$

（2）热泵机组制热能效比 COP_{SH}

11 月 11 日至 11 月 14 日 3 号能源站总耗电量为 25287kWh，热泵机组总耗电量为 14074.3kWh，3 号能源站热水直接供应媒体村，低区热水供水泵 AP3-2 总耗电量为 668.57kWh，高区热水供水泵 AP3-1 总耗电量为 522.03kWh，生活热水供水泵 AP3-5 总耗电量为 0.45kWh，即 3 号能源站除输送至用户的水泵能耗外，其他用电设备（包括通风、照明、电动阀、电容补偿、直流屏）耗电量为 3538.74kWh，因而热泵机组以及与热泵系统相关的所有水泵的耗电量为 21748.26kWh。

$$COP_{SH}=\frac{166554338}{21748.26\times3600}=2.127$$

6.4.5　亚残运会测试结果及分析

1. 2 号能源站

测试时间：2010 年 12 月 11 日 16：35～16：50。

根据四种情况，将 2 号能源站热泵机组性能系数汇总见表 6-5。

不同工况下热泵机组的性能系数　　**表 6-5**

2 号能源站				
参数	热回收工况		制热制冷工况	
	一台热泵机组	两台热泵机组	一台热泵机组	两台热泵机组
热泵机组制冷量(kJ)	数据不全	1079704	428424	963020.00
热泵机组制热量(kJ)	—	1291648	597935	1527951.00
热泵机组耗电量(kWh)	—	123.4	59.5	110.90
热泵机组制冷量(kW)	—	1199.67	476.03	1070.02
热泵机组制热量(kW)	—	1435.16	664.37	1697.72
设计情况	制冷量为 1310kW，制热量为 1492kW			
平均负荷率(%)-制冷	—	45.79%	36.34%	40.84%
平均负荷率(%)-制热	—	48.10%	44.53%	56.89%
制冷综合 *COP*	—	2.43	2.70	2.41
制热综合 *COP*	—	2.90	4.40	3.82
综合性能系数	—	5.33		

根据表 6-5 可知，2 号能源站热泵机组平均制冷性能系数在 2.41～2.70 之间，平均制热性能系数在 2.90～4.40 之间，热回收工况下的综合性能系数为 5.33。随着热泵机组平均负荷率的增加，平均制热性能系数有增大的趋势。

2. 3 号能源站

测试时间：2010 年 12 月 11 日 16：19～18：29。

3 号能源站热泵机组性能系数见表 6-6。

不同工况下热泵机组的性能系数　　**表 6-6**

3 号能源站				
参数	热回收工况		制热制冷工况	
	一台热泵机组	两台热泵机组	一台热泵机组	两台热泵机组
热泵机组制冷量(kJ)	109505.4	481216.79	321729.15	1164987.60
热泵机组制热量(kJ)	166747.28	487304	333431.75	1386169.16
热泵机组耗电量(kWh)	17.4	45.8	21.9	87.70
热泵机组制冷量(kW)	121.67	534.68	357.48	1294.43
热泵机组制热量(kW)	185.17	541.45	396.94	1540.19

续表

3号能源站				
参数	热回收工况		制热制冷工况	
	一台热泵机组	两台热泵机组	一台热泵机组	两台热泵机组
设计情况	制冷量为1365kW，制热量为1569.3kW			
平均负荷率(%)-制冷	8.91%	19.59%	26.19%	47.42%
平均负荷率(%)-制热	11.8%	17.25%	25.29%	49.07%
制冷综合 *COP*	1.75	2.92	4.08	3.69
制热综合 *COP*	2.66	2.96	4.23	4.39
综合性能系数	4.43	5.84	—	—

根据表6-6可知，3号能源站热泵机组平均制冷性能系数在1.75～4.08之间，平均制热性能系数在2.66～4.39之间，热回收工况下的综合性能系数在4.33～5.84之间。随着热泵机组平均负荷率的增加，平均制热性能系数有增大的趋势。

6.4.6 小结

通过分析在不同测试阶段热泵机组的制冷性能系数、制热性能系数以及热泵系统的综合能效比得出，2号能源站的水源热泵机组制热性能系数在3.78～4.4之间，制冷性能系数为5.33；3号能源站的水源热泵机组制热性能系数在3.29～4.39之间，制冷性能系数在4.41～6.56之间；亚运城水源热泵机组的制热性能系数在3.29～4.4之间，制冷性能系数在4.41～6.56之间。

亚运村的太阳能热水系统，采用水源热泵作为辅助热源，有效地弥补了太阳能的间歇性和不稳定性，因此太阳能-水源热泵热水系统同时具备单一的太阳能热水系统和单一的水源热泵热水系统的优点。

广州地处珠江流域，珠江水量丰富，全年水温变化较小，流量稳定，冬暖夏凉。珠江水全年温度在16.7℃以上，水温最低出现在1月，1～4月、10～11月广州地区气温较低，热水需求量较大，这段时间内珠江水平均温度高于室外空气干球温度，且珠江水温与空气温度比较稳定，波动小，全年水温在15～33℃之间。通过测试，亚运会期间热泵机组制热系数均在3.2以上，亚运城水源热泵系统可同时供应空调冷冻水和生活热水，具有较高的综合能效比。如12月11日测试期间，在热回收工况下，在机组还未达到最佳运行状态时，热泵机组的综合能效比分别达到4.41和5.88。同时，在亚运会期间的生活热水供应的热水温度和流量均能满足使用要求，系统供应能力大于亚运会期间的需求，在能源供给量上有较大富余量，满足今后规划发展的需要，因此，亚运城采用水源热泵系统较安全合理。

6.5 媒体村热水供水管网性能测试

6.5.1 测试目的

(1) 测试供水管网起端与用户末端间的温降值；

（2）计算低、高区供水管网热量损失值；

（3）对热损失实测值与理论计算值进行比较；

（4）提出测试中发现的问题并给予合理的建议。

6.5.2　测试时间与地点

在亚运会开幕前期及亚运会赛时，对媒体村生活热水低区、高区供回水管网系统进行监测。

6.5.3　测试方案

（1）亚运会开幕前期，测试团队对媒体村管廊部分管段进行了温度、流量的监测。在高区管廊段始起端、末端各放置 1 个温度记录仪，并利用超声波流量计对该管段进行流量监测。所用温度记录仪由中国建筑科学研究院研制，温度测量精度为±0.5℃（－10～85℃时），使用前均已进行校正。所用流量计型号为 FLEXIM-FLUXUS ADM 6725，该流量计是利用超声波信号采用传输时间法测量液体流量，通过综合的微处理器控制整个测量周期，利用统计信号处理技术消除干扰信号。

（2）在实际热水系统供应过程中，各个楼栋的用水是不均匀的，因此本次测试时间主要为亚运会赛时期间，共安装了 7 个温度记录仪（安装位置见图 6-26），时间间隔设置为 1min，对其管网各点进行温度检测。由于热水供水总管出管廊后直接埋地，无法直接在干管上安装仪器，所以选择离设定的测试节点最近的楼栋进行仪器安装，认为该楼入户管始端供水温度近似等于该节点的供水温度（如图 6-26 中的测试节点②，在离②点最近的 S14 栋 A 单元一层管井低区热水供水管道上安装温度记录仪，近似认为该点温度与②点温度相等）。

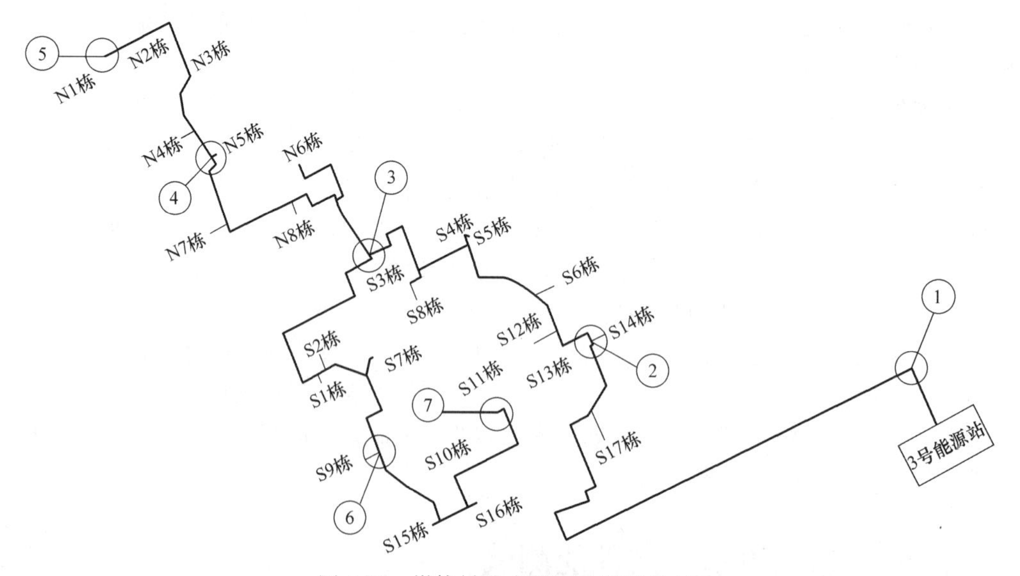

图 6-26　媒体村热水管网温度测点布置

6.5.4　媒体村热水供水管网温降实测结果及分析

（1）亚运会前期对管廊长度约 294m 的管段进行温度测试，得到该管段起端点与末端点的温度值及温降情况，如图 6-27 所示。

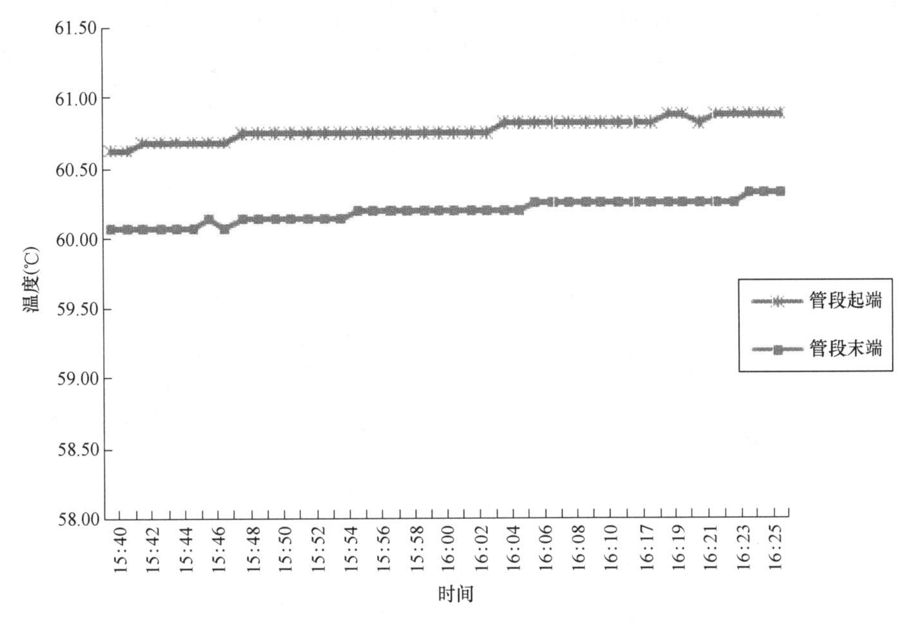

图 6-27 管廊管段起、末端温度测试曲线

在测试期间该管段的流量值约为 1.5～4.0L/s，由图 6-27 可以看出，管段的温降值在 0.57℃左右，单位长度温降平均约为 0.00194℃/m。

(2) 通过对采集到的亚运会期间媒体村低区供水系统所布温度测点 15d 的温度值，计算得到管网从能源站出水，途径 2 条管线分别到达北区、南区最末端 N1 栋、S11 栋的温降（以 11 月 13 日为例进行计算），如图 6-28 所示。

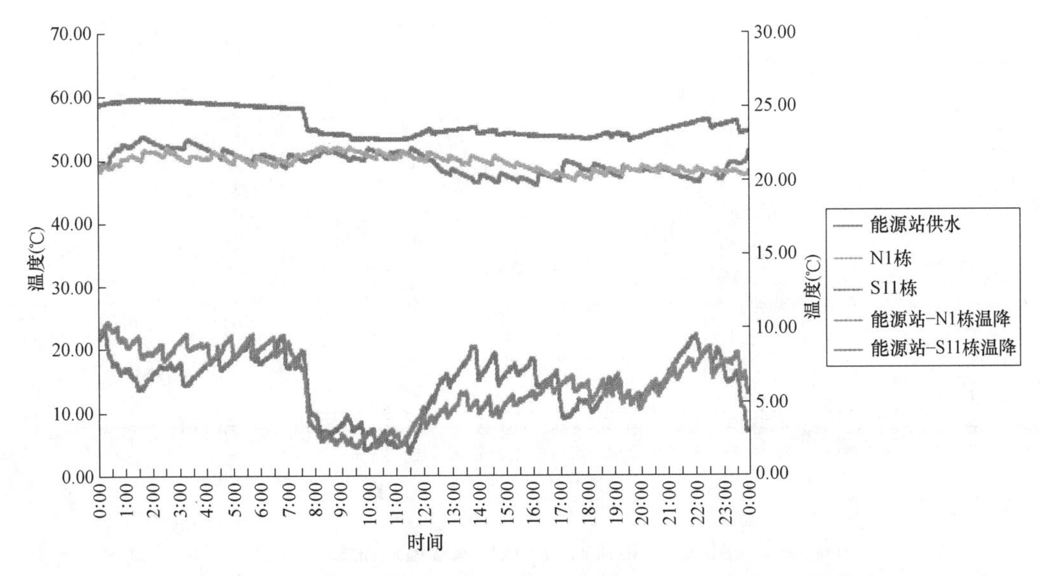

图 6-28 11 月 13 日媒体村低区供水管网起端、末端温度及温降曲线

由 6-28 图可以看出，8：00～11：00 为 N1 栋、S11 栋用水时段，能源站供水至北区

最末端 N1 栋的温降平均为 2.84℃，至南区最末端 S11 栋的温降平均为 2.52℃；其他无用水时段能源站至北区 N1 栋温差平均为 8.13℃，至南区 S11 栋温差平均为 8.68℃。对供水首端、北区末端、南区末端进行连续 15d 的数据实时监测，如图 6-29 和图 6-30 所示。

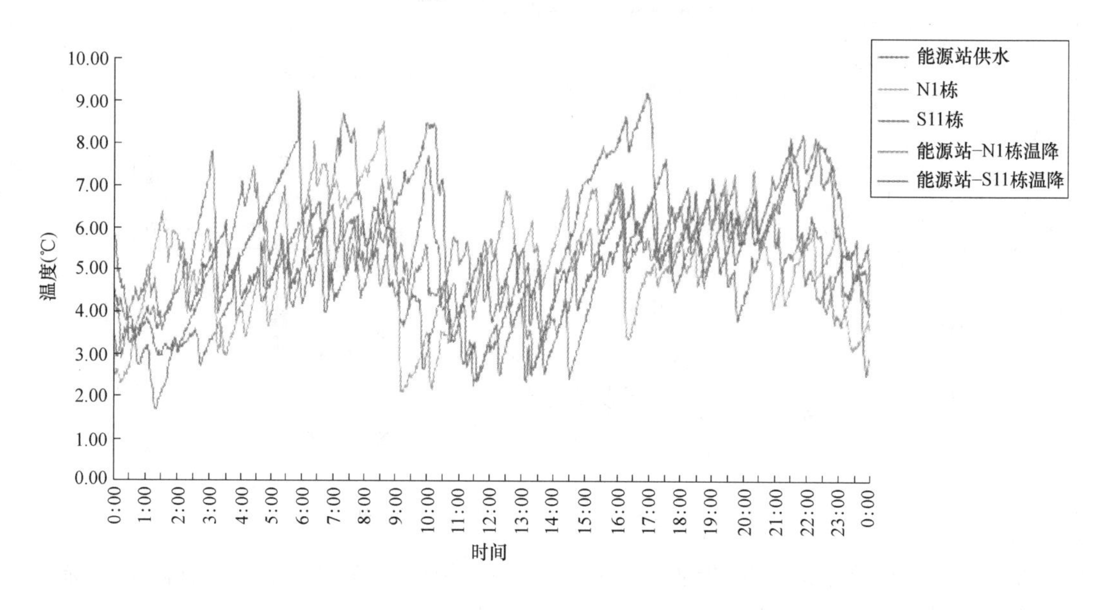

图 6-29　能源站——北区末端温差曲线

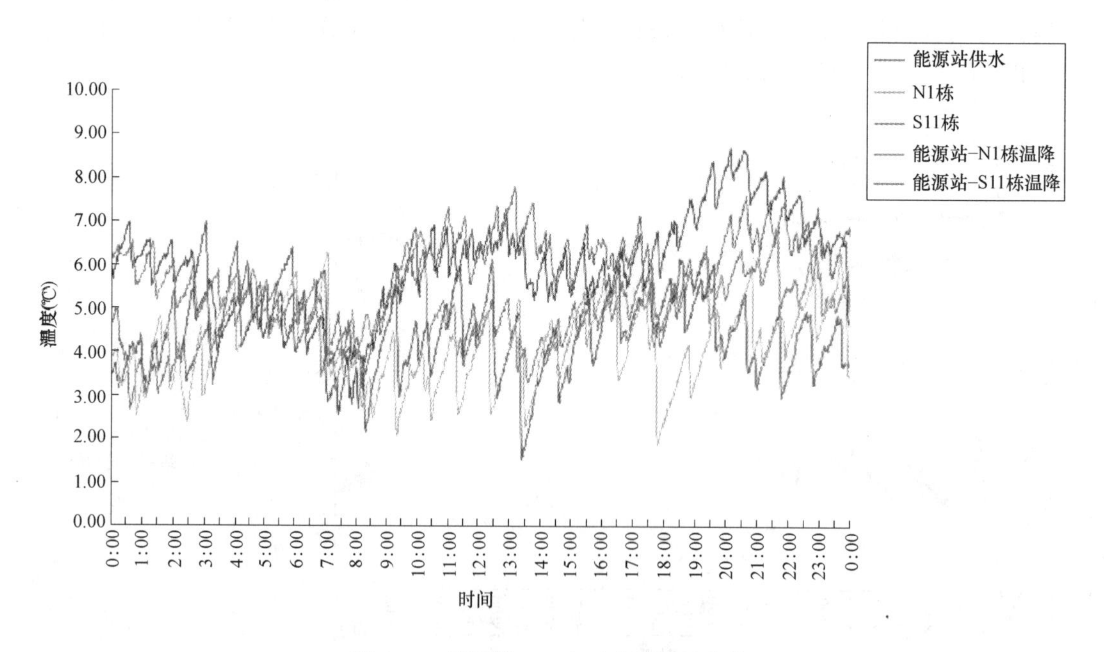

图 6-30　能源站——南区末端温差曲线

注：由于数据量较大，因此只选取其中 5 天的温差数据作图。

由图 6-29 和图 6-30 可以看出每天首末端的温降变化规律。测试期间，能源站供水温度一般为 52～56℃，能源站至北区最末端和南区最末端管网温降均在 2～9℃左右（包含高峰用水时段及无人用水时段），首先可以确定北区末端 N1 栋和南区末端 S11 栋的 45℃温控阀没有故障，温差均在 10℃以内，此外还可看出，最低温差在 1.5～2℃左右，说明由能源站供至北区、南区末端的温降值在用水高峰时段在 1.5～2℃范围内。

根据《建筑给水排水设计规范》GB 50015—2003“2009 年版”（以下简称《规范》）中规定：“热水供应系统中，锅炉或水加热器的出水温度与配水点的最低水温的温度差，建筑小区不得大于 12℃”。由以上数据可以看出，媒体村低区供水管网温降满足规范要求。

6.5.5 媒体村热水供水管网热量损失测试分析

按《建筑给水排水设计手册》（第二版）及《工业设备及管道绝热工程设计规范》GB 50264—97的热损失公式计算，管道保温层表面热散失理论计算公式为：

$$q=\frac{\pi(t_1-t_0)}{\frac{1}{2\lambda}\ln\frac{D}{d}+\frac{1}{\alpha_1 D}}$$

式中 q——管道的单位长度热损失，W/m；

D——保温层外径，m；

d——管道外径，m；

λ——保温层导热系数，W/(m·℃)，本系统均采用硬聚氨酯泡沫塑料，λ 取 0.031W/(m·℃)；

t_1——管道外表面温度，℃；

t_0——周围空气温度，℃；

α_1——保温层外表面放热系数，W/(m²·℃)，$\alpha_1=11.6$W/(m²·℃)。

则

$$Q=q\cdot L\cdot t$$

式中 Q——总热损失，J；

L——管段长度，m。

由于温度数据为 1min 记录一次，故 t 取 60s。

1. 热损失实测值与理论计算值的对比

实际测量中，热损失应为：

$$Q=cm\Delta t$$

其中，$m=q_0\cdot t$，q_0为流量，取记录间隔为 1min，则 $t=60$s。

由图 6-31 可以得到 15：40～16：26 该管段热损失实测值为 $Q_1=17.53$MJ。通过理论计算得该管段热损失理论值为 $Q_2=9.92$MJ，比实测值小 43%，说明实测值大于理论计算。在实际工程中，由于工程的复杂性，保温材料的选择、管道保温的施工安装的等因素，均可能造成更多的热量损失，实测数据符合工程实际状况。

2. 保温层散热量随流量的变化关系

该管网系统保温材料导热系数 λ 理论值取 0.031W/(m·℃)。通过理论公式中代实测值推出保温材料导热系数的实测值。

由图 6-32 可以看出，随着流量的增大，其保温层导热系数变大，管内介质通过管壁

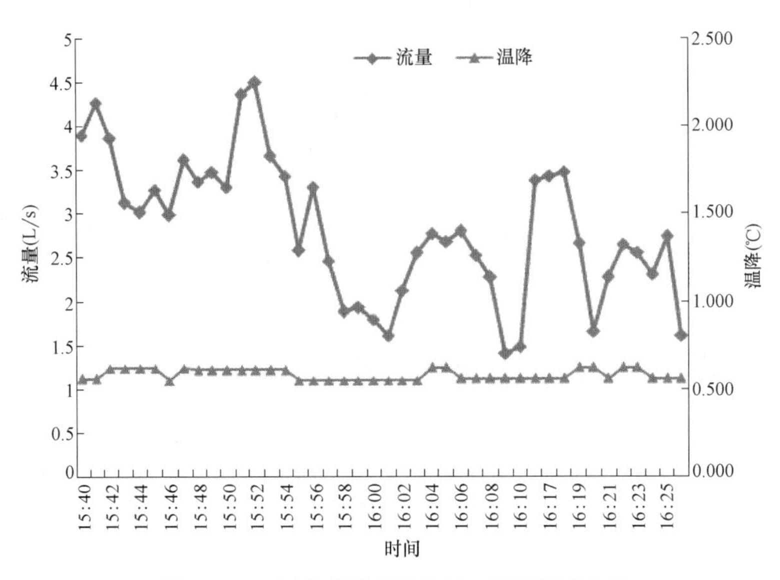

图 6-31　亚运前管廊管段流量、温度测试曲线

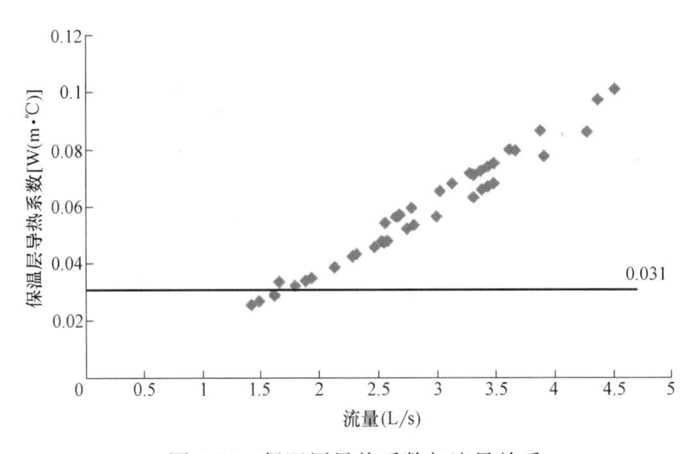

图 6-32　保温层导热系数与流量关系

向外传导的热量随之增大，即管外壁温度升高，热损失变大。经分析，主要是由于流量越大，单位时间通过的水量越多、水温越高，根据《规范》中对导热系数的定义，随着温度的升高，保温材料的导热系数随之增大，故呈现出流量越大，导热系数越大的规律。

3. 媒体村低区供水管网热损失与日耗热量的关系

通过对亚运会期间媒体村低区供水管网各测点的温度监测，利用理论计算公式计算每日低区管网热损失量，并利用所统计的每日用水量计算媒体村赛时的实际日耗热量，比较热损失占日耗热量的比例及两者的相关关系。

以 11 月 14 日为例进行全天各管段热损失计算见表 6-7。

由表 6-7 可得，11 月 14 日媒体村低区热水供水管网总热损失为 1732. 2MJ。通过监测总冷水补水水表及水箱容积变化可知，该日实际共消耗了 303m^3 的高质水，平均供水温度为 55℃，冷水温度为 22℃，则 11 月 14 日媒体村全天总耗热量为：

$$W_{\text{日}}=cm\Delta t=4.2\times1.0\times303\times(55-22)=41995.8\text{MJ}$$

11 月 14 日媒体村低区热水供水管网各管段热损失计算表

（该日周围空气平均温度为 23℃）　　**表 6-7**

管段	管径 DN(mm)	管道外径 d(mm)	保温层外径 D(mm)	保温层导热系数 λ [W(m·℃)]	管道外表面平均温度 t_1(℃)	保温层外表面放热系数 a_1[W(m²·℃)]	管长 L(m)	热损失 Q(MJ)
1～2	150	159	242.2	0.031	52.33	11.6	550.18	613.62
2～3	150	159	242.2	0.031	50.15	11.6	277.68	286.64
3～4	150	159	242.2	0.031	49.47	11.6	219.87	221.27
4～5	100	108	213	0.031	48.78	11.6	172.40	106.28
3～6	150	159	242.2	0.031	49.81	11.6	282.55	288.06
6～7	150	159	242.2	0.031	49.02	11.6	218.65	216.33
总计							1721.33	1732.2

因此，11 月 14 日媒体村低区供水管网热损失约占全天总耗热量的 4.12%。高区供水管网与低区供水管网同程布置，但部分管段管径不同，若在温度相同的情况下，高区供水管网热损失约为低区管网热损失的 0.94 倍，所以 11 月 14 日媒体村日总热损失为 3358.46MJ，约占该日总耗热量的 7.99%。通过连续 14d 对温度及用水量的监测，得到供水管网热损失与日耗热量的关系如图 6-33 所示。

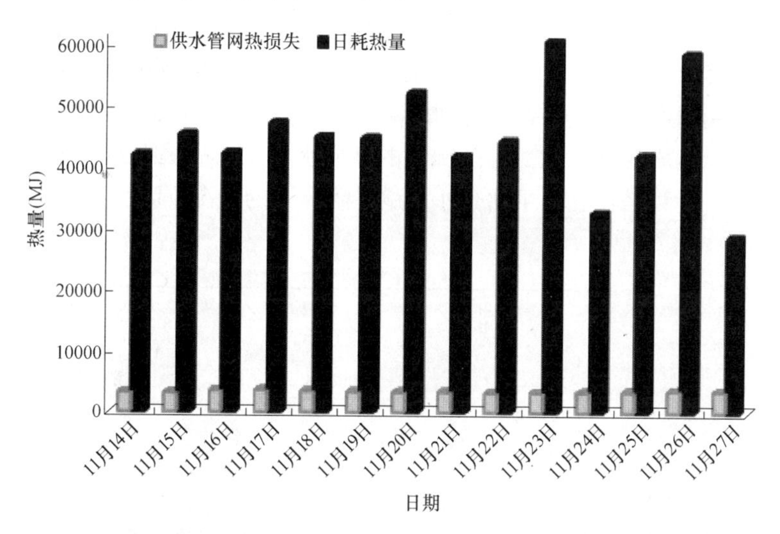

图 6-33　媒体村热水系统供水管网热损失与日耗热量关系

由图 6-33 可以看出，由于每日用水量不同，所以日耗热量也不同，但每日供水管网热量损失基本相同，平均约占日耗热量的 8%左右。

4. 建议

对于庞大的亚运城热水系统管网来说，热水在管道输送过程中的热损失还是不可忽视的。通过计算得出，管网越长，热损失越大。因此，缩短管道长度可以有效降低管网热损量；各时刻用户用水量及管段流量的不同也会对热损失量造成影响；其次，在设计及施工时应对管网进行合理性分析，选用高效管道保温材料，提高施工安装质量，避免管道因漏水、保温层密封不严而造成多余的热量损失；再次，在运行初、中期有很长一段时间入住率不高，总用水量较小，可采用定时供应热水的运行机制，可有效降低管网热损失，可大幅度降低热水运行成本，从而实现更加经济、节能、合理的热水管网系统。

6.6　亚运会期间运动员村用水量实测及分析

6.6.1　测试目的

（1）获取亚运会赛时运动员村的实际入住人数、热水总用水量、供水压力及减压阀工作情况；

（2）计算得到运动员村赛时热水耗热量；

（3）结合《规范》，对运动员村的用水规律进行分析，为今后的设计提供参考。

6.6.2　测试时间与地点

在亚运会期间（2010 年 11 月 13 日～27 日），对亚运城运动员村能源站、二级站以及太阳能房进行测试。

6.6.3　用水量测试方案

运动员村设置二级站、2 号能源站、太阳能集热站，生活热水由太阳能集热站和 2 号能源站提供给二级站，再由二级站的供水泵分区供给用户末端，从用户末端的生活热水回水直接回到 2 号能源站水箱，系统流程如图 6-34 所示。二级站无补水，运动员村的热水系统补水由太阳能高质水补水和 2 号能源站的高质水补水，故根据水量平衡分析运动员村的日用水量情况。计算是在忽略生活热水“跑冒滴漏”的情况下，从理论上进行的。

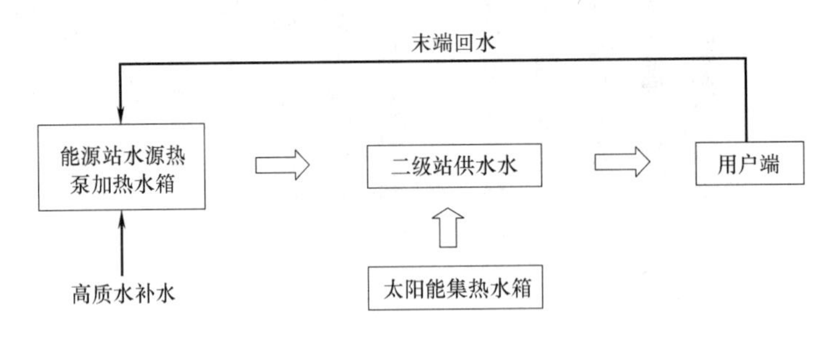

图 6-34　运动员村热水供应示意

测试中的部分数据是楼宇自动化控制软件提供的，具体参数包括：水箱温度、水箱水位、水箱容量。由于 2 号能源站的高质水补水表没有远程传送功能，所以只能依靠人工记录。在亚运会期间考虑到安保问题，2 号能源站的高质水补水量、太阳能集热站的高质水补水量和运动员村的人数均是依靠广州大学城能源物业管理公司人员每天记录的数据。同时，在亚运会赛时对运动员村 4 区 46 栋进行了供水压力的监测。

6.6.4　用水量及供水压力测试结果

分析计算中所使用的参数包括水箱液位、水箱容量及高质水补水表读数等，其中水箱液位、水箱容量由能源站杰控软件控制系统进行数据采集，能源站高质水补水表读数依靠人工记录，太阳能集热系统的产水量通过太阳能系统集热水箱液位的变化量进行计算。

1. 能源站水箱水量变化及高质水补水表读数统计

2 号能源站的水箱总水量的变化如图 6-35 所示。

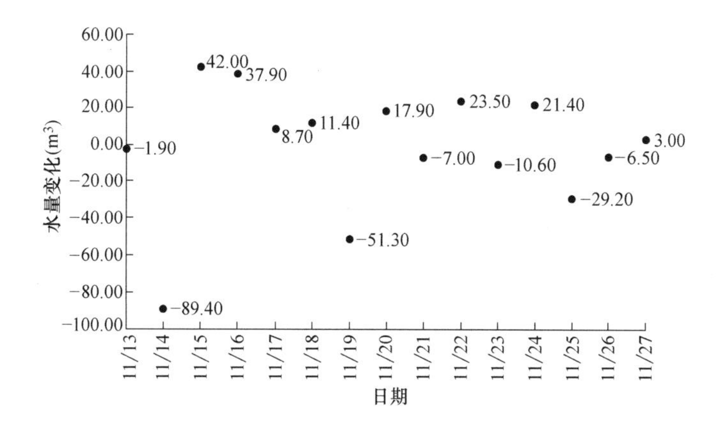

图 6-35　2 号能源站水箱水量日变化量

注：图中正值表示该天的水箱存水量相对于前一天增加，负值表示该天的水箱存水量相对于前一天减少。

根据每天运行管理人员抄写的高质水水表读数，整理得到 2 号能源站每天高质水补水量如图 6-36 所示。

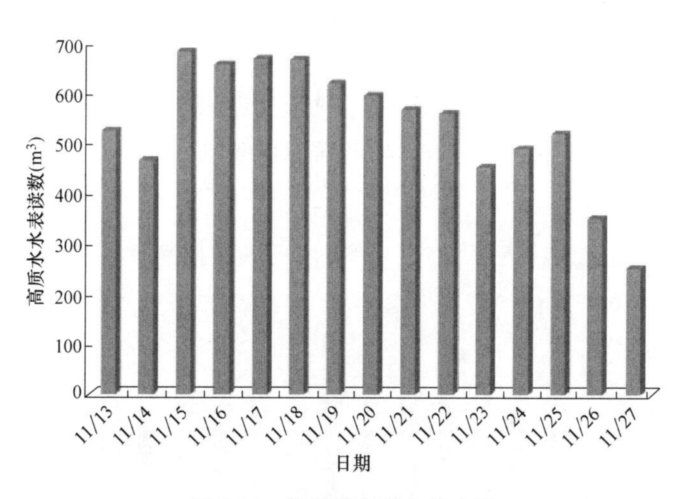

图 6-36　能源站高质水补水量

2. 二级站水箱水量变化统计

二级站水箱水量日变化量如图 6-37 所示。

3. 太阳能集热系统产水量统计

太阳能集热站向二级站放水量如图 6-38 所示。

4. 运动员村日总用水量

上述各项水量汇总得到亚运会期间运动员村四个区的日总用水量，如图 6-39 所示。

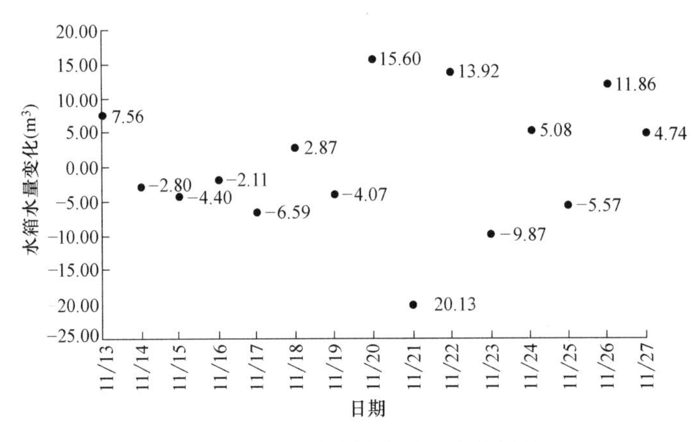

图 6-37　各二级站水箱水量日变化量之和

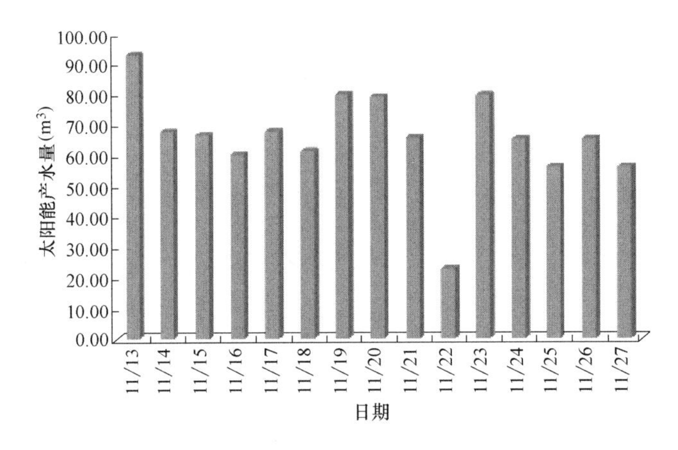

图 6-38　太阳能系统日产水量

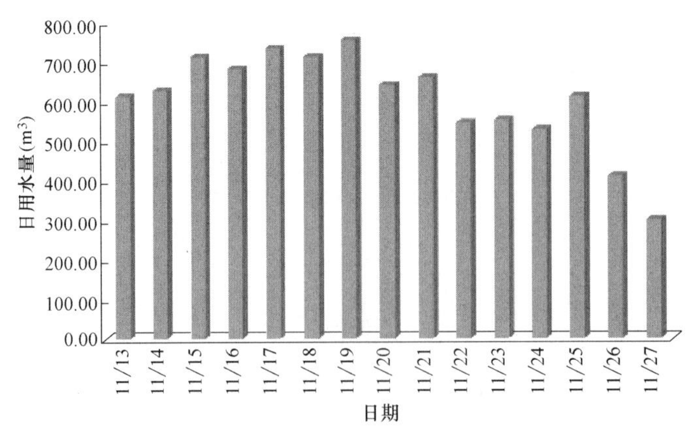

图 6-39　运动员村日总用水量

亚运会期间，运动员村日总用水量约为 300.8～754.32m^3，平均约为 605.52m^3。

5. 运动员村入住人数统计

根据每天统计的运动员村入住人数，但统计的人数只是入住的运动员人数，并不包括每栋楼及公共服务区的服务管理人员，运动员村每天入住人数如图 6-40 所示。

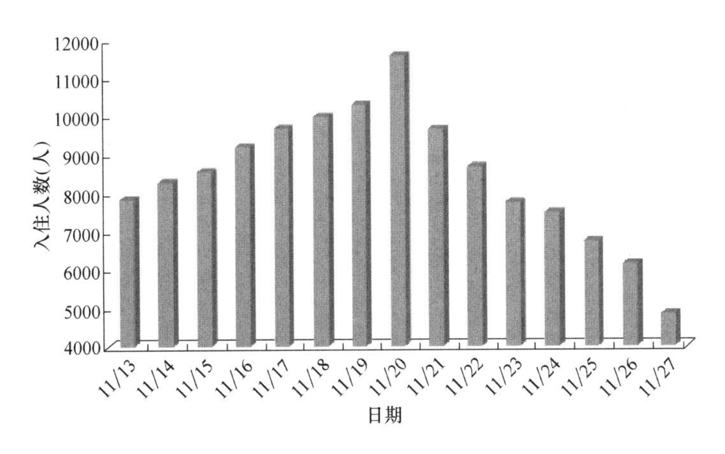

图 6-40　亚运期间运动员村入住人数

6. 运动员村人均日用水量计算

根据运动员村入住人数及日用水量可求得人均日用水量如图 6-41 所示。

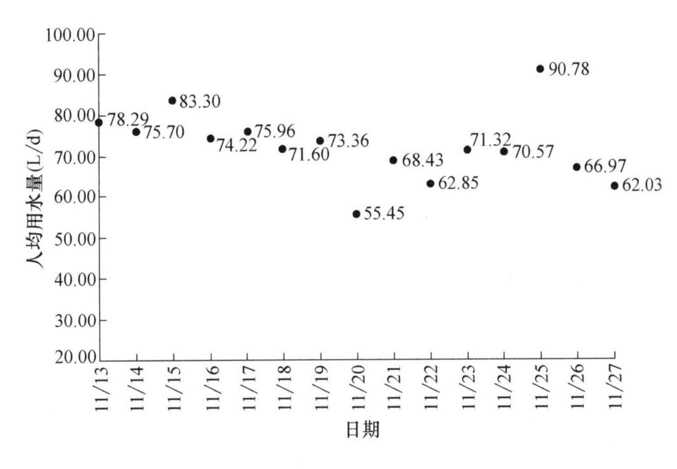

图 6-41　亚运会期间运动员村日人均用水量

运动员村设计入住人数为 14700 人，由图 6-40 和图 6-41 可以看出，亚运会期间运动员村入住人数在 4849～11557 人范围内，约为设计值的 33%～78%；日人均生活热水用水量在 55.45～90.78L/(d·人) 之间，平均日用水量约为 72.06L/(d·人)。11 月 20 日入住人数最多，约为 11557 人，为设计入住人数的 78%左右，该日人均用水量为 55.45L/(d·人)。

7. 减压后的压力

通过对 4 区 46 栋二层的压力表监测，11 月 15 日上户减压阀阀前压力为 0.69MPa，阀后压力为 0.28MPa，下户减压阀阀前压力为 0.64MPa，阀后压力为 0.48MPa；11 月 16 日上户减压阀阀前压力为 0.64MPa，阀后压力为 0.29MPa；下户减压阀阀前压力为 0.63MPa，阀后压力为 0.57MPa。可以看出，同层不同户经减压阀后的压力有所不同，根据《规范》中要求的“居住建筑入户管给水压力不应大于 0.35MPa”，该栋二层部分用户端减压阀阀后压力大于 0.35MPa，需要对减压阀进行调整。

6.6.5　耗热量计算

1. 二级站供水温度

为计算运动员村日耗热量，在亚运会期间对各个二级站供水温度进行了连续的监测及数据采集，由于数据量较大，现只选取 2 天的数据为例，如图 6-42 所示。

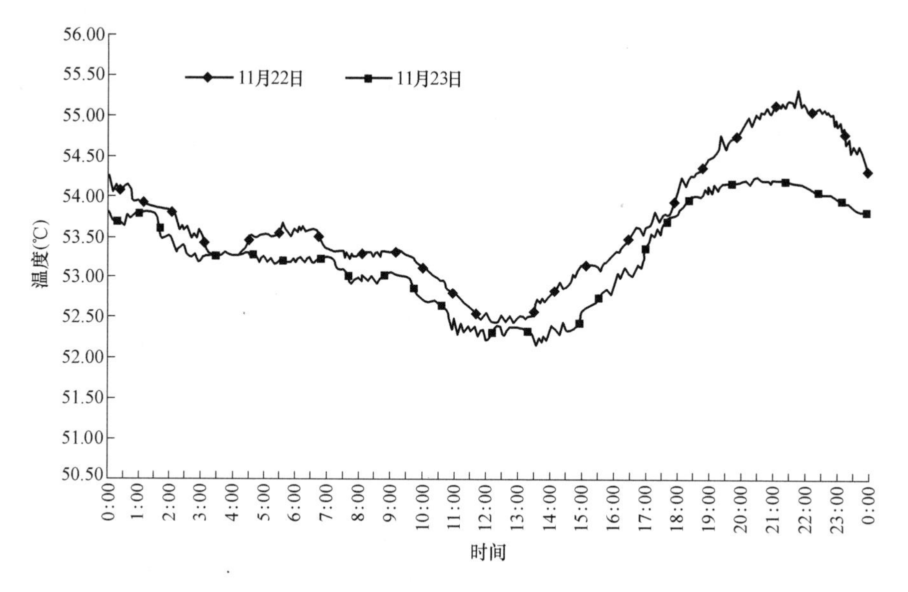

图 6-42　二级站供水温度实时变化

通过亚运会期间二级站供水温度的监测数据可以确定，供水温度为 52～55℃，平均供水温度约为 53.5℃，故用该值作为亚运会期间用户实际日热水耗热量计算中的温度取值。

2. 运动员村日总耗热量及人均日耗热量

根据亚运会期间运动员村日用水量、入住人数、热水供水温度、冷水温度的数据监测，可以计算出实际每日的热水耗热量及人均日耗热量，见表 6-8。

运动员村热水日耗热量和人均日耗热量　　　　**表 6-8**

日期	用户用水量(m^3)	日耗热量(kJ/d)	人均耗热量[kJ/(d·人)]
11 月 13 日	612.39	81018592	10358
11 月 14 日	626.24	82851578	10015
11 月 15 日	711.27	94100816	11020
11 月 16 日	681.84	90207902	9819
11 月 17 日	734.02	97110760	10050
11 月 18 日	713.38	94379516	9473
11 月 19 日	754.32	99796414	9706
11 月 20 日	640.83	84782097	7336
11 月 21 日	660.17	87340445	9053

续表

日期	用户用水量(m^3)	日耗热量(kJ/d)	人均耗热量[kJ/(d·人)]
11月22日	544.78	72074196	8315
11月23日	552.39	73081458	9436
11月24日	528.08	69865622	9337
11月25日	611.19	80861052	12010
11月26日	411.14	54394345	8860
11月27日	300.80	39795956	8207
平均值	605.52	80110716	9533

注：热水温度取53.5℃，冷水温度取22℃。

通过表6-8可以看出，亚运期间运动员村日耗热量在39795956～99796414kJ/d范围内，平均约为80110716kJ/d，人均日耗热量约为7336～12010kJ/(d·人)，平均约为9533kJ/(d·人)。

6.6.6 运动员村用水规律分析

1. 用水定额分析

根据《建筑给水排水设计规范（2009年版）》GB 50015—2003以下简称《规范》，目前对大型体育赛事运动员居住区赛时最高日人均热水用水定额没有明确的定义。由于运动员赛时用水规律与普通住宅用水规律有所不同，每当运动员完成比赛或训练回到房间、晚上休息前以及早上起床后都有可能会出现用水高峰，一般为考虑保障运动员用水量充足、供水安全等因素可能会选择偏大的设计值，若按用水定额较高的宾馆、客房进行设计，即最高日用水定额为120～160L/(d·人)。

通过对亚运会期间运动员村四个区的总人数、总用水量及人均用水量的计算统计发现，亚运会赛时每日运动员人均用水量为55.45～90.78L/(d·人)，平均值约为72.06L/(d·人)，最高值在90L/(d·人）左右。由于亚运会期间供水温度在为52～55℃，而《规范》中的用水定额按60℃进行设计，通过折算得到亚运会期间运动员村60℃热水日人均用水量约为49.44～80.94L/(d·人)，平均值约为64.26L/(d·人)，最高值在80L/(d·人)左右。可以看出，与宾馆客房的用水定额还是有一定距离的，若按宾馆设计则会造成设计值偏大，至少偏高约50%，造成较高的投资。综上分析，虽然运动员的用水习惯与普通住宅用户有所不同，但其日人均用水量及最高日人均用水量依然在《规范》中要求的住宅最高日用水定额范围内，说明若按照住宅标准60～100L/(d·人）或酒店式公寓的标准80～100L/(d·人）设计，完全可以满足赛时的用水要求。

2. 耗热量分析

《规范》中定义住宅、宾馆等建筑的集中热水供应系统日耗热量通过热水用水定额、用水人数、热水温度、冷水温度进行计算。该工程热水设计温度为55℃，冷水温度取22℃，若按宾馆设计则用水定额取120L/(d·人)，用水人数按85%入住率进行计算可得日耗热量约为197920800kJ/d，人均耗热量约为16632kJ/(d·人)。而通过实际监测计算得出，亚运会期间最高日耗热量约为99796414kJ/d，人均最高日耗热量约为12010kJ/(d·人)。可以看出，设计日耗热量比实际日耗热量偏高接近2倍，人均日耗热量比实际偏高 38%左右，如此设计会造成部分能源的浪费。

3. 入住率与日人均用水量的关系

通过入住人数和人均日用水量的分析可以发现一个明显的规律，即随着入住人数的增多，日用水量并没有成比例增加，人均用水量反而呈现一个下降趋势，如图 6-43 所示。

分析认为出现这种趋势的主要原因可能是：一方面，随着入住人数的增多，卫生器具的使用概率会有所增加，但每人每次使用卫生器具的时间可能会缩短，1 个房间如果从 1 人入住增至 2 人甚至 4 人的时候，由于人数变多，每人使用卫生器具的时间减少，故人均用水量可能出现降低的趋势；另一方面，随着总用水人数增大，连续使用热水的时间延长，无效调温放水的量减少。

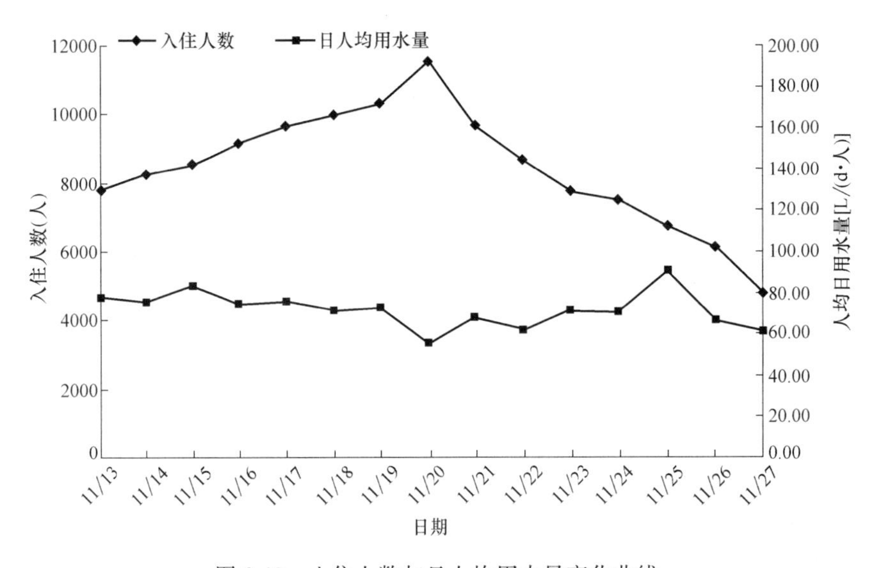

图 6-43　入住人数与日人均用水量变化曲线

6.7　亚运城太阳能与水源热泵热水系统的问题及优化措施

亚运城太阳能与水源热泵集中生活热水系统作为一个整体，不仅需要高质量的太阳能集热器、集热水箱、循环系统、监测设备及水源热泵系统等硬件设施，还需要设计、施工、工况控制以及运行管理等各个环节的密切配合、优化运行，才能尽可能地提高太阳能系统的集热效率，最大限度地发挥出系统可再生能源的节能优势，形成较高的能效比。通过本次现场测试研究，发现该太阳能集热系统的集热效率还有很大的提升空间。

6.7.1　系统的问题

本次监测是针对实际工程且又是亚运会这种国际重大赛事展开的，由于现场条件的限制，给此次监测带具有一定的难度，很多监测数据还有待进一步分析和完善。太阳能集热系统中任何一个参数设定不合理，都将影响整个系统的集热效率。例如，集热水箱每次放水量假如按照设计要求的全部放空（$3m^3$），而不是按实际运行条件，每次放水量在 $1m^3$ 左右，即使每日放水次数减少，集热效率必然将大幅度提高，而且还会更加节电。

通过监测亚残运会运动员村太阳能集热系统的集热性能，发现系统集热效率偏低的原因主要有以下几点：(1) 集热水箱放水温度偏高；(2) 每次循环集热初始水温偏高；(3) 水箱放水水位偏低；(4) 水箱补水水位偏高；(5) 水箱放、补水自控系统设置不合理；(6) 部分循环泵运行模式有差异；(7) 部分水箱保温不好。

由于处于亚运会期间，为保障亚运会用水，水源热泵系统更多地采用人工控制，自控系统并没有充分发挥作用，而且水源热泵系统在亚运会期间每日均处于常开阶段，造成过多的能耗。水源热泵系统为运动员村热水系统主要的能耗部分，因此水源热泵机组和水泵的能耗是水源热泵系统节能的关键，初步分析认为：目前的系统运行模式有很大的节能潜力。

部分配套软件设施的不完善；测点数量不够；部分测点测得的数据传输后与真实数据产生了较大偏差；数据的导出模式不够合理等，都需要今后进一步进行完善。

6.7.2 太阳能与水源热泵系统运行效率影响因素

1. 太阳辐照量对太阳能集热系统集热效率的影响

太阳能集热系统集热效率高低的影响因子包括：太阳辐照量、集热水箱初始水温、集热水箱补水水位、集热器集热面积、集热水箱容积和集热水箱放水温度、循环泵启停控制条件等多个因素。

众所周知，太阳辐照条件好，集热量会增大。因此，针对亚运期间运动员村不同辐照条件下，对太阳能集热系统的集热效率进行研究。

选择亚运会期间集热效率＞30％的几栋运行较好的太阳能集热系统进行分析，由图6-44可知，随着太阳能累计辐照量的增加，集热效率呈上升趋势。但是，并不是随着辐照量一直增大，集热效率也会一直增加，集热器有集热上限，随着辐照量继续上升，集热效率会出现下降趋势。因此可以推断，集热效率与集热量存在上升上限，超过该限度，集热效率便不会继续上升。

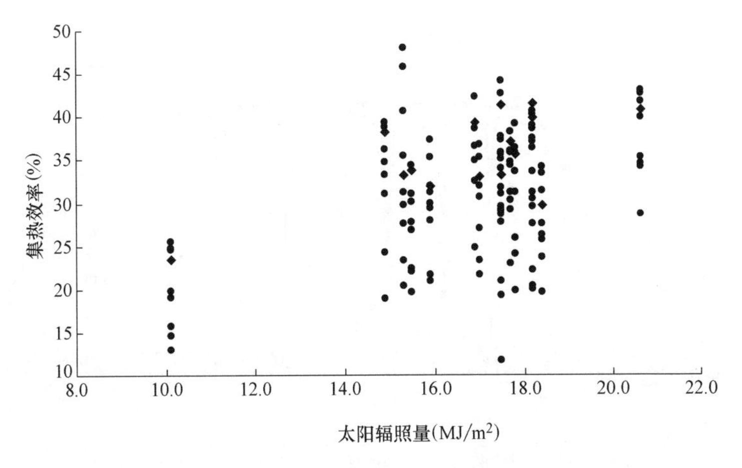

图 6-44 亚运会期间 14 个太阳能集热系统实测集热效率与辐照量关系

2. 水箱定温放水控制温度对集热效率的影响

(1) 集热效率与集热水箱控制放水温度的关系

由上文所述，运动员村太阳能集热系统集热水箱设计定温放水温度为 60℃，通过监测发现亚运会期间系统集热效率普遍偏低，影响因素之一有可能是系统放水温度设置偏高所致，因此在亚残运会期间通过调整放水温度，监测不同放水温度下太阳能集热系统日有用得热量与集热效率的变化，分析不同条件下适合的放水温度。

亚残运会期间总共调控四种放水温度，分别是 45℃，50℃，55℃，60℃，在测试中发现由于改变控制放水温度导致部分太阳能集热系统放水出现不稳定，例如：2 区 19 栋在 11 月 17 日设定的是 50℃放水，但实际中前 3 次是 50℃放水，最后一次是 60℃放水，如图 6-45 所示。

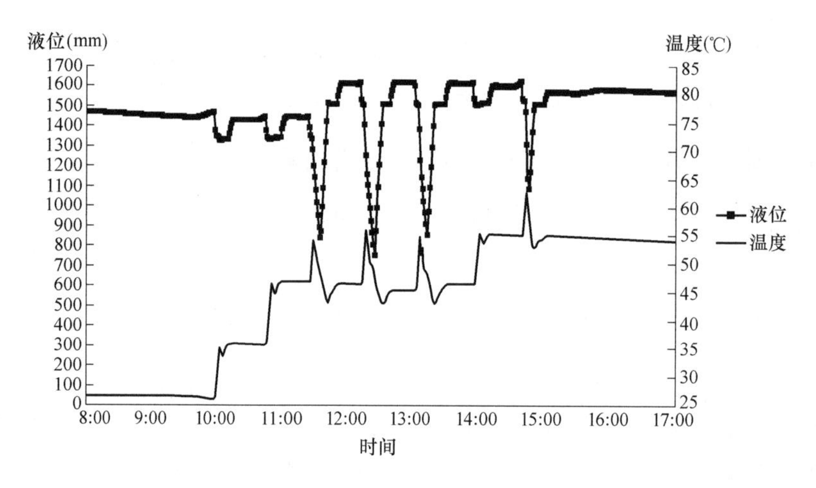

图 6-45　亚残运会期间 55℃放水温度、液位曲线

注：时间：12 月 17 日；楼号：2 区 19 栋；放水温度：55℃。

放水温度的提升会直接导致放水次数的减少，进而集热量会降低，图 6-46 所示为 2 区 19 栋在 12 月 18 日的放水液位、温度变化曲线图，可以看出 2 区 19 栋在 55℃的放水温

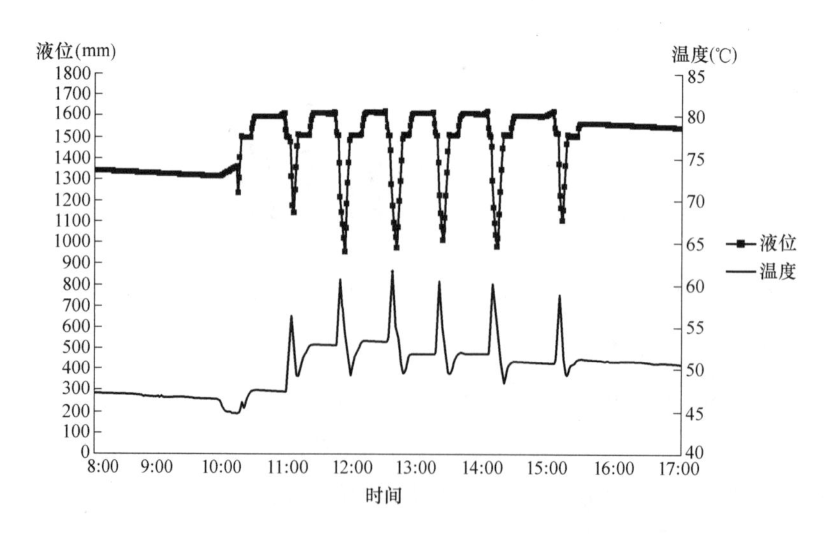

图 6-46　亚残运会期间 55℃正常放水温度、液位曲线

注：时间：12 月 18 日；楼号：2 区 19 栋；放水温度：55℃。

度下，放水次数为 6 次；可以确定的是随着放水温度的降低，放水次数应该增加，且 12 月 17 日与 12 月 18 日两天的辐照量分别为 20.6MJ/m^2 和 19.2MJ/m^2，辐照量相近。由此可以推断出，如果放水温度不变，12 月 17 日 2 区 19 栋放水次数应当≥6 次。

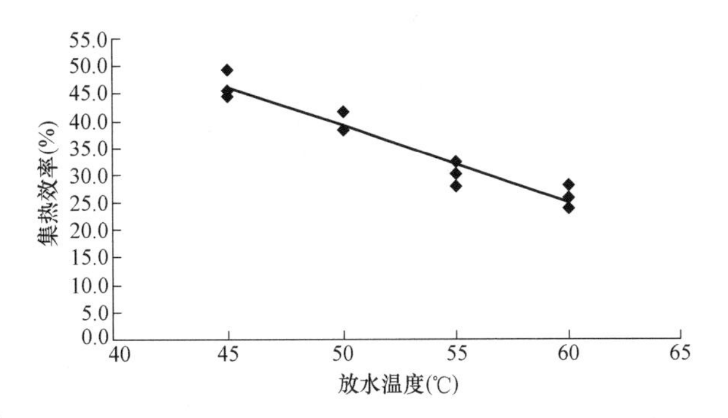

图 6-47 不同集热水箱控制放水温度下集热效率变化曲线

通过上述方法将其他放水温度变化导致放水次数不正常的太阳能集热系统进行修正后，得到较为准确的太阳能集热系统在亚残运会期间不同放水温度下的有用得热量与集热效率，筛选出四种放水温度下的日有用得热量、标态下日有用得热量与集热效率，如图 6-47 和图 6-48 所示。

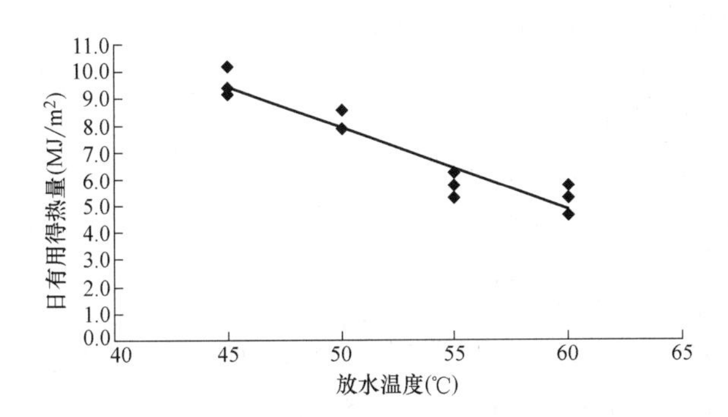

图 6-48 不同集热水箱控制放水温度下日有用得热量变化曲线

随着集热水箱控制放水温度的降低，放水次数逐渐增加。从图 6-47与图 6-48 的趋势线可见，随着集热水箱控制放水温度的升高，日有用得热量与集热效率呈下降趋势。运动员村太阳能集热系统采用 60℃定温放水，若将集热水箱控制放水温度降为 55℃，可以提高系统集热量约 10.2 %，提高集热效率约 15.6 %。

（2）不同辐照条件下集热效率与集热水箱控制放水温度的关系

亚残运会期间，12 月 13 日累计太阳辐照量为 9.9MJ/m^2，12 月 17 日累计太阳辐照量为 20.6 MJ/m^2，12 月 18 日累计太阳辐照量为 19.2 MJ/m^2。将 12 月 13 日的测试数据作为低辐照条件下的测试结果，将 12 月 17 日与 12 月 18 日的测试数据作为高辐照条件下的测试结果进行研究，分析不同辐照天气条件下，不同放水温度太阳能集热效率的关系，如图 6-49 和图 6-50 所示。

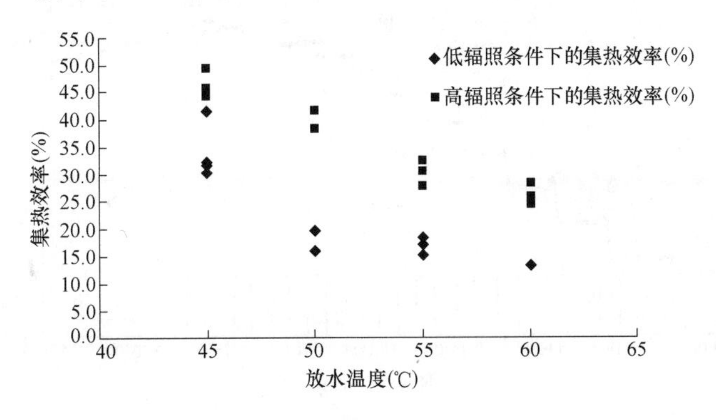

图 6-49 高、低辐照条件下系统集热效率

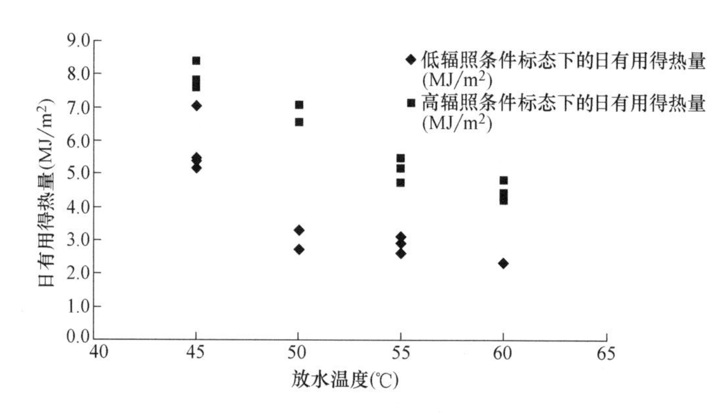

图 6-50　高、低辐照条件下系统标态下日有用得热量

从图 6-49 可见，不论是在高辐照条件下还是在低辐照条件下，随着集热水箱放水温度的降低，集热效率与标态下日有用得热量均呈现增加趋势。在高辐照条件下，集热水箱控制放水温度从 60℃降低至 45℃时，标态下日有用得热量可提高约 4.3MJ/m²，集热效率可提高约 30%；在低辐照条件下，集热水箱控制放水温度从 60℃降低至 45℃时，标态下日有用得热量可提高约 4.76MJ/m²，集热效率可提高约 25%。

从图 6-50 可见，高辐照条件下降低集热水箱放水温度，集热效率增加的速率比低辐照条件下集热效率增加得快。同样在图 6-50 中可知，随着放水温度的降低，系统标态下日有用得热量在高辐照条件下比在低辐照条件下的增速更快。

（3）不同温升条件下单位集热量耗能差异分析

监测中发现，3 区 27 栋与 3 区 31 栋在 11 月 17 日、11 月 18 日两天可能由于控制故障导致集热至 80℃左右还未放水。对这种特殊工况进行研究，将这两个集热系统在 11 月 17 日和 11 月 18 日两天内的水箱液位、水箱温度、水泵启停控制综合分析，观察不同集热时段的集热量、耗电量差异。这两个太阳能集热系统初始水温为 40℃左右，选择升温 10℃为一个时段，因此将整个集热过程分为 4 个阶段，分别是 40～50℃，50～60℃，60～70℃，70～80℃，图 6-51 和图 6-52 所示为 3 区 27 栋与 3 区 31 栋在 11 月 17 日、11 月 18 日两天的水箱液位、温度、水泵启停曲线图。

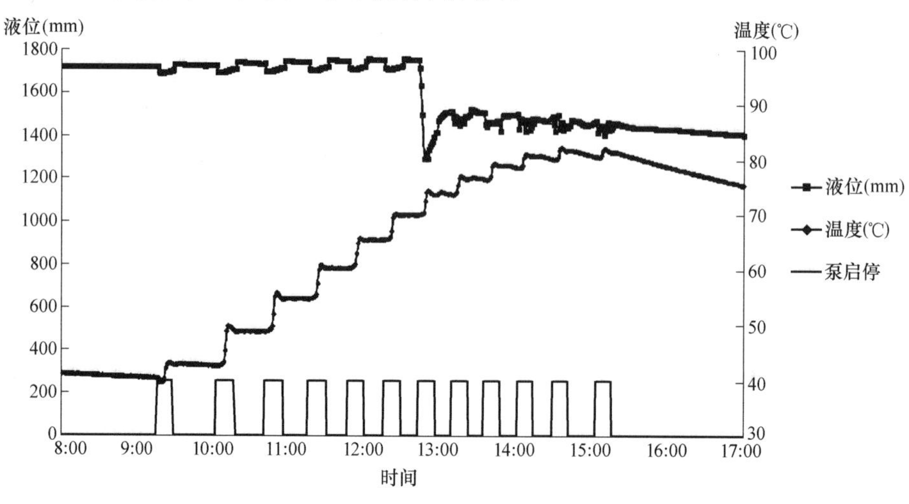

图 6-51　11 月 17 日 3 区 27 栋液位、温度、水泵启停曲线

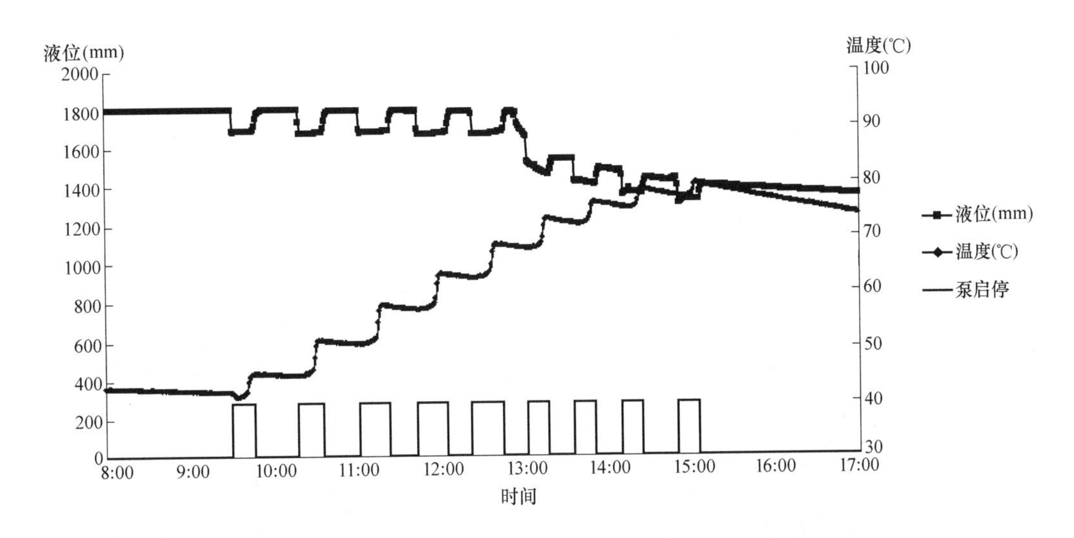

图 6-52 11 月 17 日 3 区 31 栋液位、温度、水泵启停曲线

筛选监测得到的不同温升集热时间与不同温升耗电的数据，如图 6-53 和图 6-54 所示。从图 6-53 可以发现，将水箱中的水从 40℃加热至 50℃的平均集热时间约为 0.44h，而将水从 70℃加热至 80℃的平均集热时间约为 0.92h，约前者的 2.09 倍。在相同温差（10℃）下，随着集热温度的提升，循环泵集热的时间就越长。

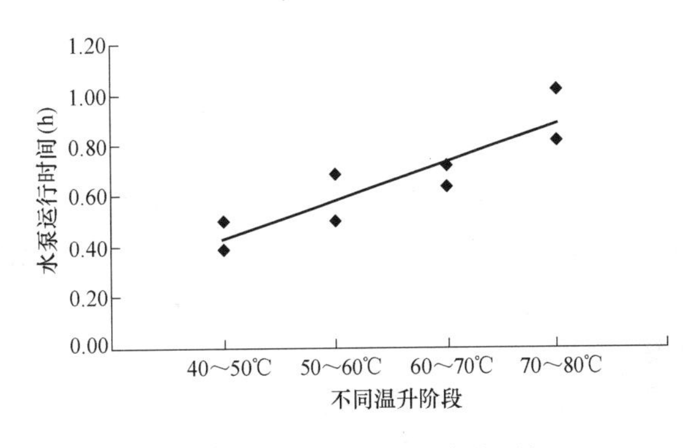

图 6-53 不同温升阶段集热时间

（4）不同温升条件下耗电量差异分析

从图 6-54 可以发现，将水箱中的水从 40℃加热至 50℃的平均耗电量约为 1.3399kWh，而将水从 70℃加热至 80℃平均耗电量约为 2.8075kWh，约为前者的 2.1 倍。在相同温差（10℃）下，随着集热温度的提升，需要消耗的电量就越大。

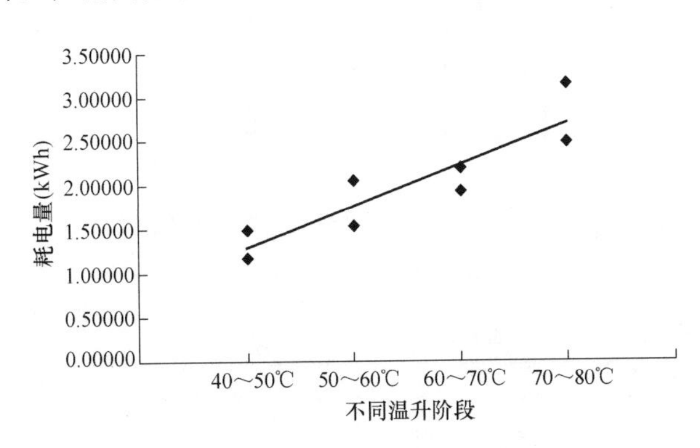

图 6-54 不同温升阶段循环泵耗电量

综上所述，降低集热水箱放水温度，可提高日有用得热量与集热效率、减少集热时间并降低电耗。

3. 循环泵不同运行工况对集热效率的影响

（1）水泵运行工况监测

亚运会、亚残运会开幕期间，通过在现场人工读取记录、拍摄太阳能集热系统水泵的三相电压、电流数据（见图 6-55），将采集的多组数据取平均得到三相电压均值分别为：$\overline{U_1}=221.6\text{V}$，$\overline{U_2}=221.7\text{V}$，$\overline{U_3}=221.7\text{V}$。同理，计算得到水泵正常运行时的三相电流均值为：$\overline{I_1}=2.977\text{A}$，$\overline{I_2}=2.994\text{A}$，$\overline{I_3}=2.852\text{A}$。

图 6-55　现场拍摄的一组水泵运行中三相电压与三相电流

水泵在启动时电流会出现瞬间增大趋势，根据格兰富水泵厂家技术人员提供的经验参数，启泵电流一般为正常运行电流的 4～6 倍，经计算，亚运城太阳能循环水泵启泵电流约为：$\overline{I_1}=14.883\text{A}$，$\overline{I_2}=14.968\text{A}$，$\overline{I_3}=14.258\text{A}$。当采用三角形连接时，启泵时间为瞬时≤1s。

(2) 循环泵耗电情况分析

通过上述监测方法，对亚运城运动员村正常运行的 14 个太阳能集热系统水泵运行情况进行了 16d 的监测，得到每个太阳能集热系统实际运行中每日的耗电量。

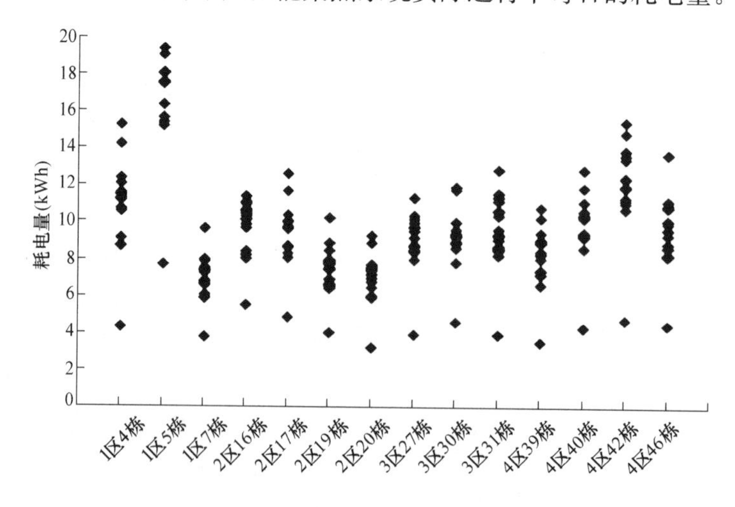

图 6-56　各太阳能集热系统耗电量

图 6-56 中反映的是亚运期间 14 个太阳能集热系统每栋每日的耗电量，各个太阳能集热系统日耗电量最低的为 11 月 22 日，由于当天辐照条件不佳，循环泵启泵次数减少，因此耗电量最低，见图中最低一行即耗电量≤5kWh 的散点。

由图 6-57 可见，每日均有一个点的耗电量远高于其他点，经过分析发现这些特殊点均为 1 区 5 栋每日的耗电量。经分析，1 区 5 栋太阳能循环水泵的运行工况是连续运行，水泵处于长时间开启状态，因此耗电量较高。另外，循环水泵间歇运行的 4 区 42 栋耗电量也高于其他温控启停循环泵的耗电量。

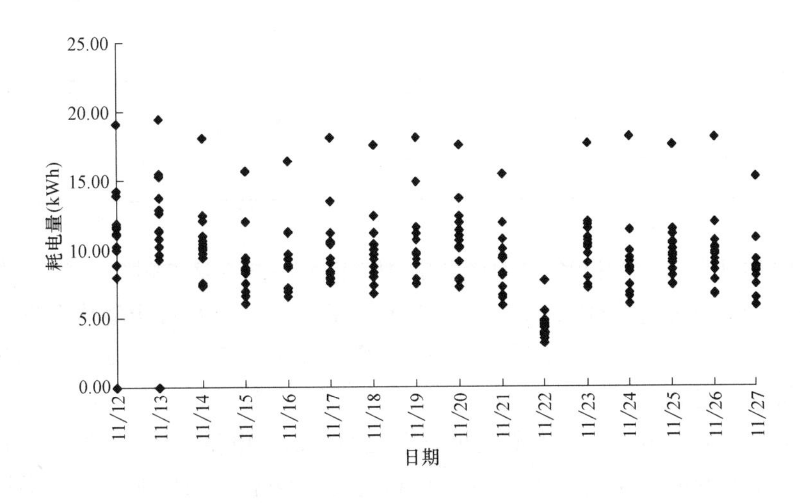

图 6-57 太阳能集热系统每日耗电量

运动员村 14 个太阳能集热系统在亚运会开幕的 16d 中，平均每栋每日耗电量约为 9.62kWh，若除去 1 区 5 栋和 4 区 32 栋两个水泵运行工况特殊的泵耗，其余几个太阳能集热系统每栋平均日耗电量约为 8.81kWh。运动员村太阳能集热系统平均日总耗电量约为 134.67kWh。11 月 22 日由于天气不佳、辐照量偏低，导致的水泵开启次数减少，若除去该日耗电量，其余几天水泵正常开启次数情况下，系统平均日总耗电量约为 139.48kWh。

（3）太阳能循环水泵耗电量与有用得热量的关系

结合亚运会期间监测的运动员村太阳能集热系统集热量，分析太阳能循环水泵耗电量与有用得热量的关系。

通过测试得到亚运会期间每栋太阳能集热系统每日的集热量与耗电量。将亚运会期间 14 个太阳能集热系统每日的集热量与耗电量累加后得到表 6-9。

各楼太阳能集热系统集热量、耗电量实测结果 **表 6-9**

楼　号	集热量(MJ)	耗电量(kWh)
1 区 4 栋	5546.2	160.15
1 区 5 栋	12708.8	250.66
1 区 7 栋	13469.1	102.83
2 区 16 栋	11663.5	144.68

续表

楼　　号	集热量(MJ)	耗电量(kWh)
2 区 17 栋	12827.8	139.53
2 区 19 栋	19540.1	111.32
2 区 20 栋	16555.2	103.96
3 区 27 栋	11467.0	134.53
3 区 30 栋	8437.6	128.83
3 区 31 栋	10138.8	142.48
4 区 39 栋	19252.0	120.31
4 区 40 栋	13275.9	145.23
4 区 42 栋	17236.7	179.54
4 区 46 栋	11606.2	139.92

注：时间：2010 年 11 月 13 日～27 日，共计 15 天。

运动员村共设 16 个太阳能集热系统，其中 1 区 6 栋与 3 区 28 栋在亚运会期间未能正常运行。据统计，亚运会开幕的 15d 中，运行正常的 14 个太阳能集热系统总集热量为 183724.9MJ。若运行中出现故障的几个集热系统可以正常运行，运动员村太阳能集热系统的集热量将大幅提高。

从亚运会期间运动员村各个太阳能集热系统的累积耗电量柱状图可知，1 区 5 栋耗电量最高，达到 250.66kWh，原因是 1 区 5 栋运行中不按温控启停泵，启泵后不停泵，直至全天集热结束，但是从系统总集热量柱状图看，1 区 5 栋累积日有用得热量并未优于其他水泵正常启停的系统。水泵间歇正常启停的 4 区 42 栋耗电量仅次于 1 区 5 栋，总耗电量达 179.54kWh，其他几个太阳能集热系统水泵由温差控制启停工况下的耗电量基本稳定，平均耗电量为 131.15kWh。

为更加直观地分析各个太阳能集热系统的集热量与耗电量之间的关系，利用实测的集热量与耗电量数据计算得到单位集热量能耗，如图 6-58 所示。

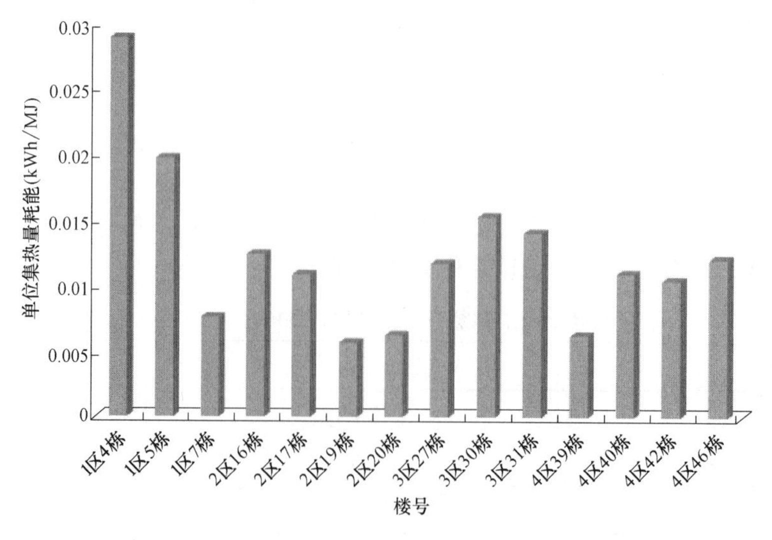

图 6-58　亚运期间各楼太阳能集热系统单位集热量能耗

通过计算得到的单位集热量能耗，可知太阳能集热系统每产生 1MJ 能量时所消耗的电量。单位集热量能耗最大的为 1 区 4 栋、1 区 5 栋与 3 区 30 栋。原因是这几栋楼的控制系统出现故障导致放水量极低，水箱还有漏水现象，导致集热量偏低，放水时间短，启泵频繁，水泵运行时间长，耗电量较大，且偶尔会出现高温不放水的现象。

除去几天未正常运行的太阳能集热系统，计算其余正常运行的太阳能集热系统的单位集热量能耗，得到平均单位集热量耗能为 0.00917kWh/MJ。

通过上述测试分析，相比于不加控制的水泵长时间连续运行，在温差控制启停工况下，太阳能集热系统的单位集热量能耗减少。

（4）1 区 5 栋循环泵连续运行与正常启泵工况下太阳能集热系统能耗差异比较

为进一步对比分析 1 区 5 栋与其他正常运行工况下集热系统的耗电情况，从运动员村 14 个太阳能集热系统中选出与 1 区 5 栋日有用得热量与集热面积相似的 4 区 46 栋作对比，从表 6-10 中可以看出两者的集热面积也较为相近，因此分析这两栋集热面积相近、集热量相似系统每日的耗电量的差异。

1 区 5 栋与 4 区 46 栋集热面积 **表 6-10**

楼　号	集热模块个数	轮廓面积(m^2)	采光面积(m^2)
1 区 5 栋	44	308.9	185.68
4 区 46 栋	48	337.0	202.56

在排除了集热面积与集热量等因素的影响后，图 6-59 显示了 1 区 5 栋与 4 区 46 栋每日耗电量的差异。大致可以看出，4 区 46 栋每日的耗电量约为 1 区 5 栋每日耗电量的一半左右，也就是说在集热面积与集热量相似的条件下，由温差控制水泵启停的集热系统比水泵长时间启动进行集热的系统节电约 30%～50%。

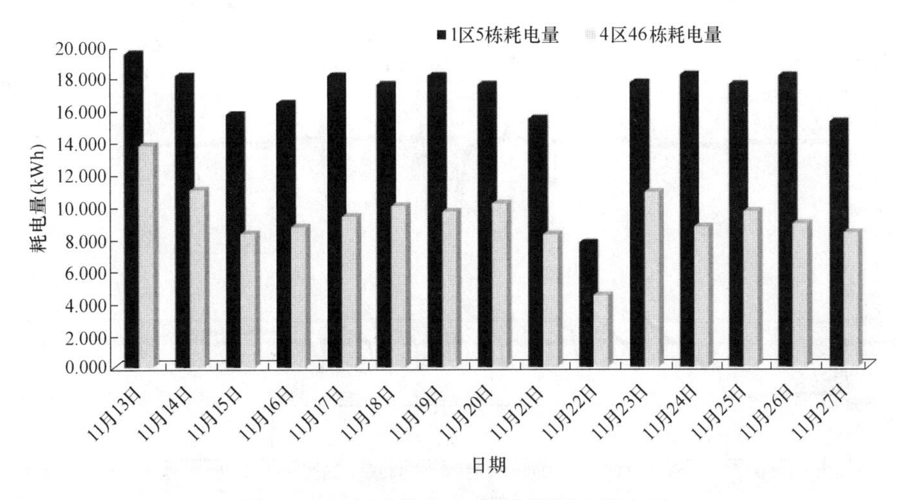

图 6-59　1 区 5 栋与 4 区 46 栋每日耗电量

（5）循环泵连续运行工况与温控运行工况下集热量比较

为进一步研究水泵连续运行工况与温控运行工况下集热量之间的差异，从运动员村 14 个太阳能集热系统中选取集热面积与 1 区 5 栋相同的 2 区 20 栋作对比。排除了集热面积因素的影响，对比实测的每个太阳能系统每日的集热量，如图 6-60 所示。

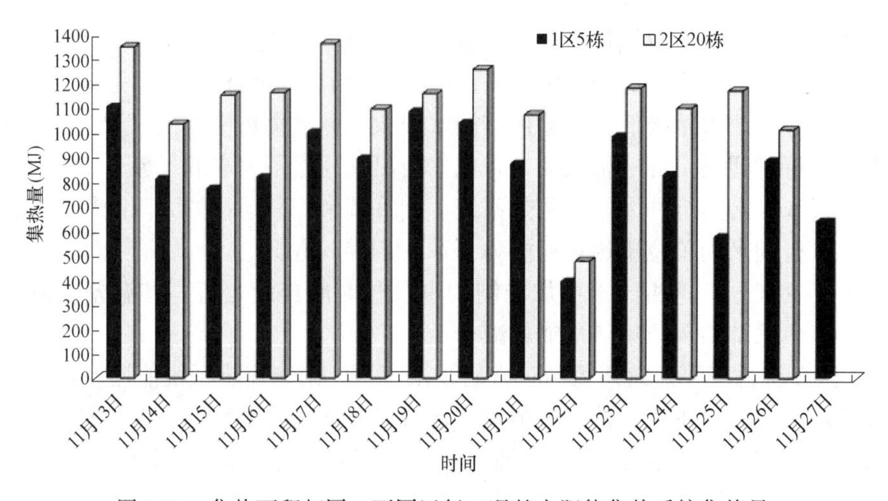

图 6-60　集热面积相同、不同运行工况的太阳能集热系统集热量

分析图 6-60 可以发现，1 区 5 栋每日的集热量为 2 区 20 栋的 65%～80%，可以看出采用水泵连续运行工况的太阳能集热系统不仅比温差控制运行的太阳能集热系统耗电量大，而且由于集热系统在无太阳时会散失热量导致集热量少。因此，循环泵连续运行工况不宜采用。

（6）连续运行工况与间歇运行工况比较

为了综合分析循环泵各种工况下系统集热与耗能情况，选择亚运会期间太阳辐照正常的一天，保证在辐照量相同的情况下，选取运动员村不同循环泵运行工况下的太阳能集热系统，比较其单位能耗集热量差异，比较得到最优循环泵控制工况，为今后太阳能集热系统设置循环水泵运行工况提供依据。

图 6-61～图 6-63 分别为 11 月 19 日运动员村 1 区 5 栋、4 区 42 栋与 2 区 20 栋集热水箱温度、液位、水泵启停曲线图。

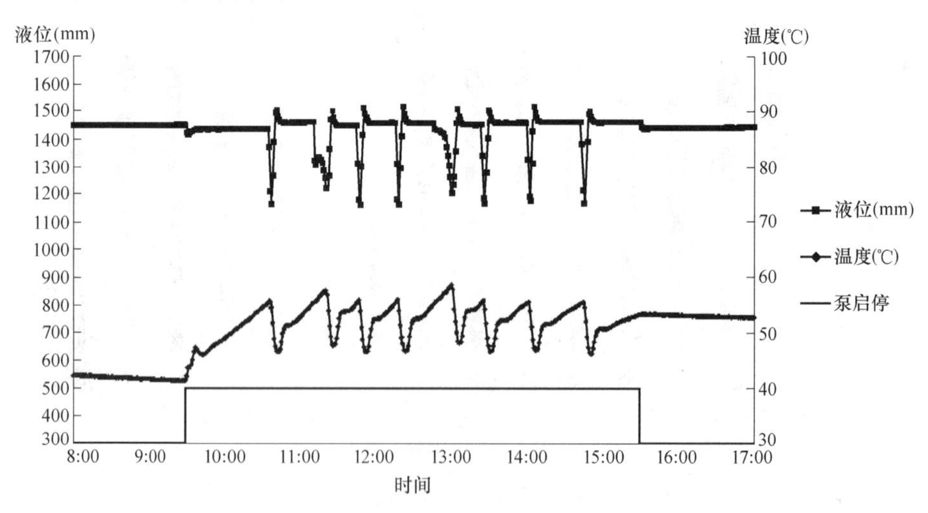

图 6-61　11 月 19 日 1 区 5 栋温度、液位、水泵启停随时间变化关系

注：图中泵启停线位于 30℃为停泵，40℃为启泵。

分析上面三种工况下太阳能集热系统 11 月 19 日的集热量与耗电量测试结果，为了排除各个太阳能集热系统集热面积不同对集热量产生的影响，选取系统每平方米得热量进行

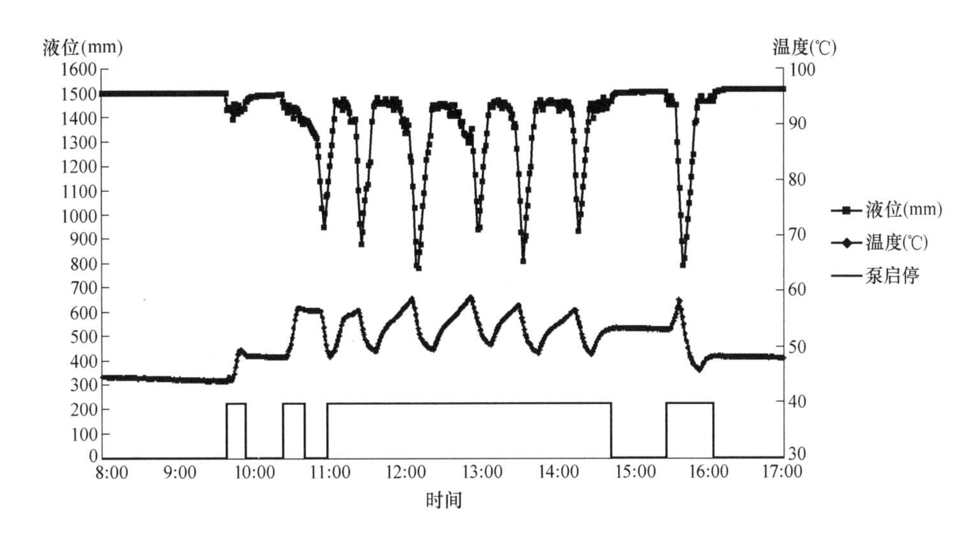

图 6-62 11 月 19 日 4 区 42 栋温度、液位、水泵启停随时间变化关系

注：图中泵启停线位于 30℃为停泵，40℃为启泵。

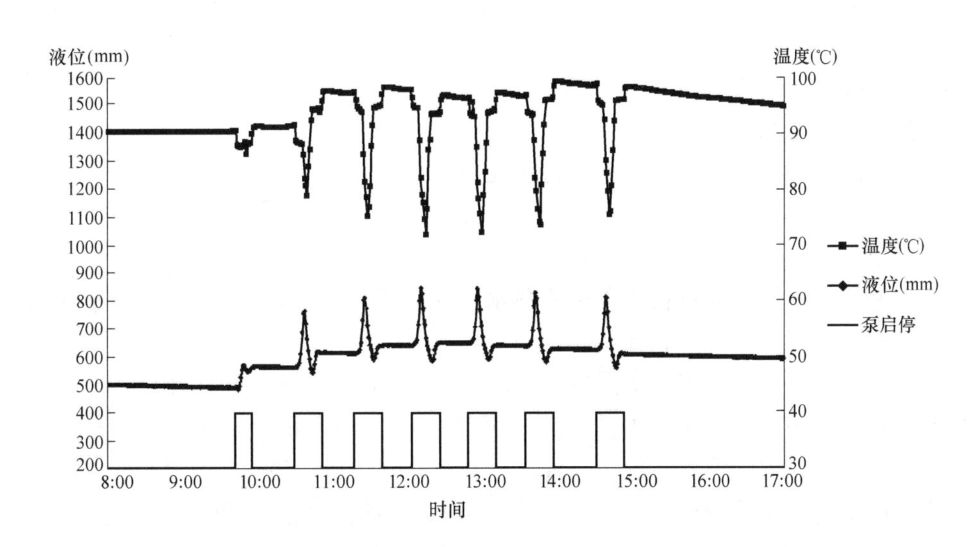

图 6-63 11 月 19 日 2 区 20 栋温度、液位、水泵启停随时间变化关系

注：图中泵启停线位于 30℃为停泵，40℃为启泵

比较后，得到各工况单位能耗集热量，除去几栋运行有问题的集热系统，得到正常运行的太阳能集热系统单位能耗集热量如图 6-64 所示。

上述正常运行的集热系统在 11 月 19 日一天的单位面积集热量没有很大的差别，平均单位面积集热量约为 6.3MJ/m^2；而耗电量差异较大，最高的耗电量的最低的耗电量多了 10.63kWh，是最低耗电量的 2.4 倍左右。因此，集热系统单位能耗集热量的差异主要来自于耗电量的差异。循环水泵长时间开启的 1 区 5 栋相比其他几栋水泵按温控启停的太阳能集热系统，制备相同的热能，耗电量却增加了几倍，经济上不合理，且浪费了电能，不环保。

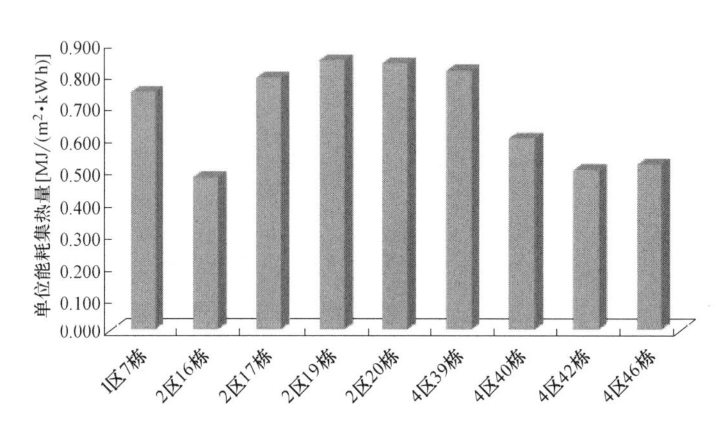

图 6-64　11 月 19 日正常运行的太阳能集热系统单位能耗下单位面积集热量

对于水泵间歇运行的 4 区 42 栋，集热系统单位能耗集热量虽然与其他正常运行的系统相差不大，但是也未发现其优势，且间歇启停水泵对控制方面有一定的要求，其影响还需进一步研究。综合上述各种因素可知，水泵按照温差控制启停是较理想的一种运行工况，系统单位能耗集热量与单位集热量能耗都优于水泵连续运行和间歇运行这两种运行工况。

4. 液位控制（放水量）对集热效率的影响

（1）按放水液位分析

亚运会期间运动员村太阳能系统运行工况与设计工况不同，其自控系统设置一定的放水液位和补水液位，并不是将水箱完全放空再补满水箱，而按这种方式运行时集热水箱液位控制对太阳能集热系统集热量与集热效率影响较大。液位控制主要分为放水液位控制和补水液位控制。亚运城运动员村太阳能集热水箱的高度为 2.0m，实际运行中放水液位控制在 1500mm 上下，补水液位设定为 1200mm，当水位低于 1200mm 时，水箱处于边放边补阶段，一般放水至 1000mm，水温低于 58℃，放水停止，补水继续补至初始液位。因此，实际运行过程中，集热系统每次放水量约为 $1m^3$，而水箱容积为 $3m^3$，有效容积为 $2.5m^3$ 左右。因此，实际放水工况下，放水量减少，制热量、集热效率降低。针对以上问题，研究按照最优液位控制放水工况下，计算该太阳能集热系统集热量与集热效率。

最优工况下，集热水箱放水液位可设为距水箱顶部 100mm（要保证补水阀与进水口的安装），距水箱底部 1900mm；补水水位可设为距水箱底部 200mm（要保证最低水位以上，防止循环水泵吸入空气）。集热水箱有效容积为 $2.55m^3$。

（2）放水高度与放水次数

为比较不同放水高度下的放水次数变化，总结实测得到的亚运会开幕 16d 期间，运动员村 14 个太阳能集热系统的各种放水液位变化与放水次数的关系，剔除个别由于天气或系统控制故障等原因导致的特殊点后，得到图 6-65。

亚运会期间太阳能集热系统的放水液位差变化范围为 200～1100mm，放水次数在 3～11 次之间，基本上随着放水液位差的增加，集热系统的放水次数呈现减少的趋势。

（3）按放水量分析

集热水箱容积为 $3.0m^3$，水箱尺寸为 1.0m×1.5m×2.0m（H）。设计上每次放水需

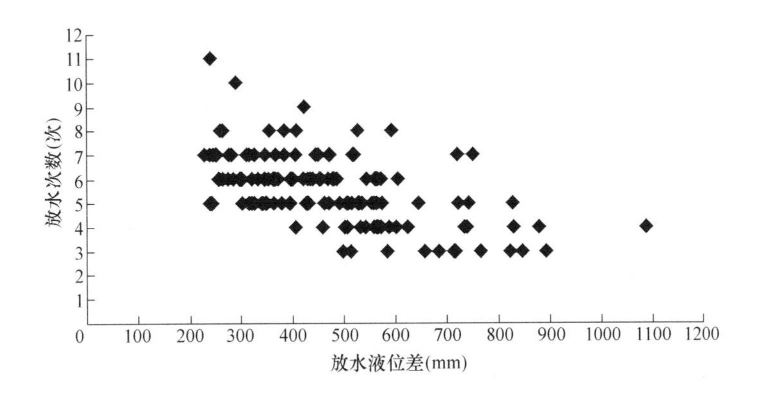

图 6-65 放水液位差与放水次数关系图

要将水箱内的热水全部放至贮热水箱。实际运行中，系统采用了边放边补的放水控制工况，集热水箱每次放水量约为 1.0m³。

为更好地体现设计工况，并验证初始水温越低，太阳能集热系统效率越高的结论，调整集热水箱液位控制，改变放水量，从实际运行工况放水量 1.0m³ 到设计工况放水量 3.0m³，分析系统集热效率与集热水箱放水量的关系，如图 6-66 所示。

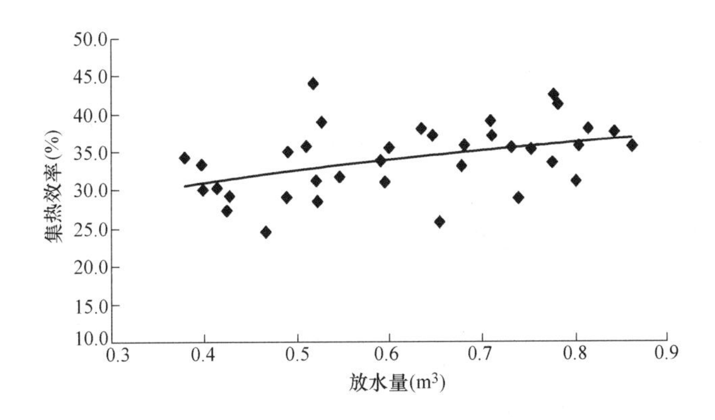

图 6-66 放水量与集热效率的关系

为排除天气及辐照量的差异带来的影响，选取辐照量相近的 4 天，分析实测得到的运动员村 14 个正常运行的太阳能集热系统不同放水量与集热效率的关系，如图 6-66 所示，随着集热水箱放水量的增加，系统集热效率大致呈上升趋势。

为了更加明显地观察集热水箱控制液位差增加后，太阳能集热系统的变化趋势，将图 6-66 的趋势线做延伸后得到图 6-67。

由图 6-67 可见，当放水量从 0.4m³ 提高至 0.8m³ 时，集热效率从 30%增加至 35%，也就是说当集热水箱放水量提高 0.4m³ 时，集热效率大致可以提高 5%。如假设放水高度差与集热效率呈对数相关趋势，如图 6-67 所示，将放水量增至设计条件的 3m³ 时，集热效率可以达到《规范》要求的≥45%。

集热水箱放水量增加，每次补入冷水量也相应增加，每次集热初始水温降低，因此集热效率自然显著增加。

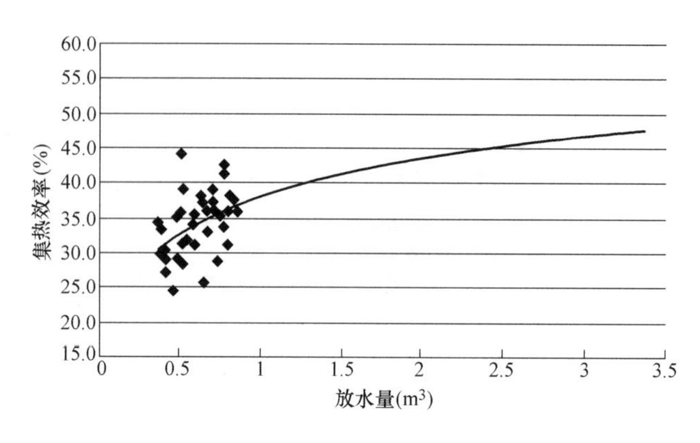

图 6-67　放水量与集热效率趋势

5. 太阳能与水源热泵耦合测试

（1）耦合工况测试

以运动员村为例，计算太阳能与水源热泵的贡献率。亚运会期间，运动员村数据统计相对完整（见表 6-11），太阳能集热系统运行基本正常。

亚运期间运动员村每日太阳能保证率　　　　**表 6-11**

时间＼参数	太阳能供水量（kJ）	太阳能供热量（kJ）	用户需要水量（t）	用户需要热量（kJ）	太阳能保证率（%）	水源热泵贡献率（%）
11 月 13 日	93.05	14850780	612.39	72017064	20.62	79.38
11 月 14 日	68.036	10858545.6	626.24	73645824	14.74	85.26
11 月 15 日	66.866	10671813.6	711.27	83645352	12.76	87.24
11 月 16 日	60.637	9677665.2	691.84	81360384	11.89	88.11
11 月 17 日	68.132	10873867.2	734.02	86320752	12.60	87.40
11 月 18 日	61.642	9838063.2	713.38	83893488	11.73	88.27
11 月 19 日	79.95	12760020	754.32	88708032	14.38	85.62
11 月 20 日	79.331	12661227.6	640.83	75361608	16.80	83.20
11 月 21 日	66.036	10539345.6	660.17	77635992	13.58	86.42
11 月 22 日	23.197	3702241.2	544.78	64066128	5.78	94.22
11 月 23 日	79.917	12754753.2	552.39	64961064	19.63	80.37
11 月 24 日	65.562	10463695.2	528.08	62102208	16.85	83.15
11 月 25 日	56.421	9004791.6	611.19	71875944	12.53	87.47
11 月 26 日	65.503	10454278.8	411.14	48350064	21.62	78.38
11 月 27 日	56.54	9023784	500.8	58894080	15.32	84.68

通过计算得到亚运会期间（11 月 13 日～11 月 27 日）运动员村太阳能集热系统每日的供水量与供热量，除去 11 月 22 日由于天气原因导致系统放水量与集热量偏低的一组数据，其他几天系统太阳能保证率在 10%～20%之间，平均太阳能保证率约为 15.36%；平均水源热泵贡献率约为 84.64%。其中 11 月 13 日和 26 日保证率较高，11 月 13 日太阳能

保证率约为 20.62%；水源热泵贡献率约为 79.38%，11 月 26 日太阳能保证率约为 21.62%；水源热泵贡献率约为 78.38% 。

（2）运动员村太阳能保证率的分析

运动员村太阳能保证率设计为 40%，是按照已建住宅赛后普通住宅用热水量进行计算的，赛后已建住宅理论使用人数为 12000 人，设计计算人数考虑 85%的入住率，计算人数为 10200 人，平均日人均用水量标准为 50L/(人·d)，平均日用水量为 $510m^3/d$，与运动员村运动会期间实际用热水量（$610m^3/d$），基本吻合，表 6-11 中亚运会期间实测太阳光保证率平均值只有 15.36%，其值较低的原因如下：

1）由于工程施工工期较紧，施工安装及调试未完全到位，其中有 2 栋建筑的太阳能集热器未能投入使用，未投入使用的集热器面积约占总面积的 12.5%。

2）为保证太阳能热水的温度，将屋面太阳能热水的放水温度设在 60℃，导致放水量减少；由于调试不完善，屋面集热水箱放水水位与补水管阀门补水时间未能满足设计要求，导致放水量减少约 50%，同时造成太阳能热水循环起始水温偏高，降低太阳能集热效率。

根据理论分析和赛后调整控制系统和改善运行管理，运动员村太阳能保证率可以满足 40%的设计要求。

6.7.3 优化集热水箱放水量与太阳能集热效率的关系

1. 优化方法

影响太阳能集热系统的因素有很多，前文已经分析过，包括辐照量、集热水箱放水温度、集热水箱放水量（放、补水液位）、循环泵启停控制条件等。若将各个影响因素综合考虑，情况较复杂，各影响因素对集热效率的综合影响不易定量分析，而且由于亚运城太阳能集热系统设辅助热源水源热泵，因此若改变太阳能部分的放水温度，水源热泵部分的放水温度也要改变，这样两部分供水汇合至二级站后，才能保证供给用户的用水温度。因此，综合考虑各影响因素后，决定通过改变集热水箱放水量对亚运城太阳能集热系统进行优化。

如前所述，亚运会期间运动员村太阳能集热系统在实际运行中，每次放水量约为 $1m^3$，这就导致每次集热初始水温高、集热时间长、耗电多，因而集热效率低。优化方法为模拟设计工况放水：每次放水量为 2.55～$3m^3$（说明：设计工况每次放水量为 $3m^3$，但是考虑到循环泵设计启泵条件为集热器与集热水箱内温差≥8℃，为防止水箱内水放空后水泵空转，因此留出保护水位高度后放水量为约 $2.55m^3$）。放水量与放水次数存在一定的关系，通过优化每次放水量可以推算得到优化的放水次数，然后便可以对太阳能集热系统每日的集热量、集热效率进行优化了。

2. 优化后的集热性能

选取亚运会期间辐照正常的 11 月 19 日对运动员村 4 个区的 16 个太阳能集热系统进行优化，11 月 19 日累计辐照量为 $17.5MJ/m^2$，当天的平均环境温度为 21.5℃，平均环境风速为 2.6m/s，均属于正常范围。

考虑到运动员村太阳能集热系统集热器采光面积相差较大，但是集热水箱容积却相同，因此集热效果大不相同，将各太阳能集热系统按照集热器采光面积分为三类，分别进行优化。

针对 200～250m² 、150～200m² 两类采光面积的太阳能集热系统，分别作放水量与放水次数关系图，如图 6-68～图 6-71 所示。

图 6-68 是集热器采光面积为 200～250m² 的太阳能集热系统的放水量与放水次数的数据统计图。可见，随着放水量的增加，放水次数逐渐减少。

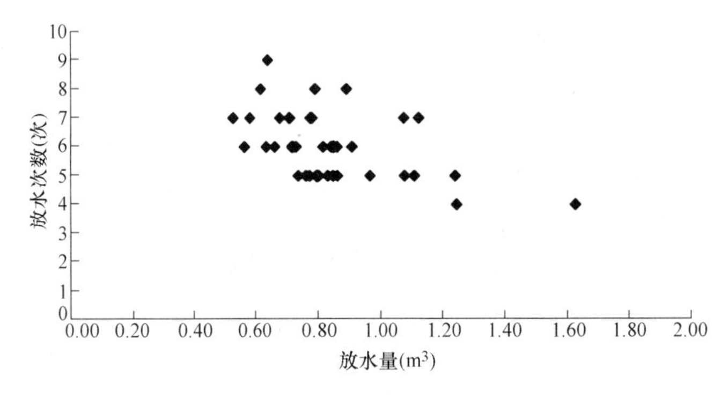

图 6-68　采光面积为 200～250m² 的太阳能集热系统放水量与放水次数关系

图 6-69 为放水量与放水次数趋势图，可见集热器采光面积为 200～250m² 的太阳能集热系统当放水量为 2.55～3m³ 时，放水次数约为 4 次。

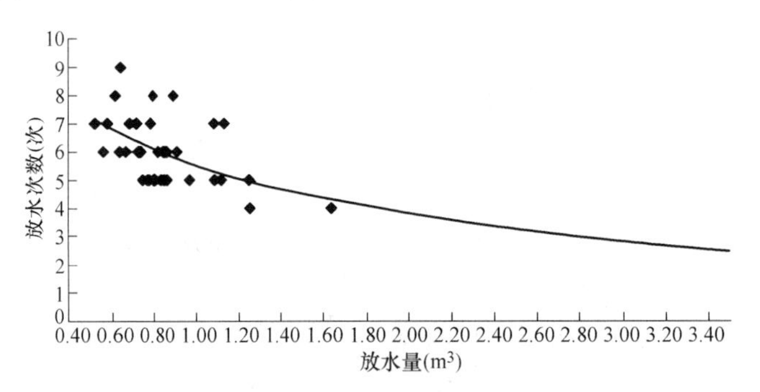

图 6-69　采光面积为 200～250m² 的太阳能集热系统放水量与放水次数对数趋势

图 6-70 是集热器采光面积为 150～200m² 的太阳能集热系统的放水量与放水次数的数据统计图。可见同样随着放水量的增加，放水次数逐渐减少。

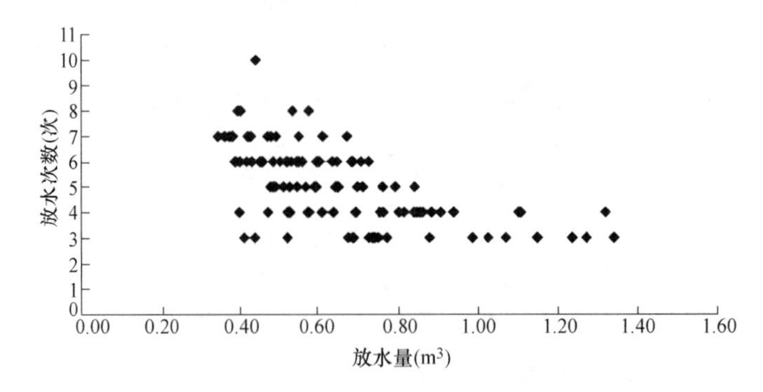

图 6-70　采光面积为 150～200m² 的太阳能集热系统放水量与放水次数关系

图 6-71 为放水量与放水次数趋势图，集热器采光面积为 150～200m^2 的太阳能集热系统，当放水量≥1m^3 时，放水次数基本保持在 3 次左右；当放水量为 2.55～3m^3 时，放水次数为 1 次。

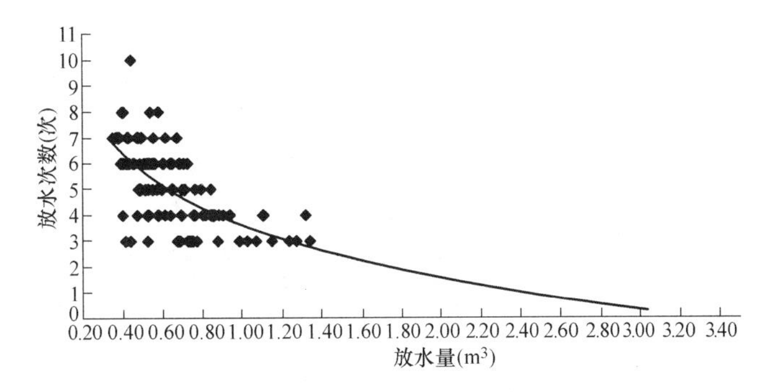

图 6-71 采光面积为 150～200m^2 的太阳能集热系统放水量与放水次数对数趋势

3 区 28 栋的太阳能系统在亚运期间未开启，其采光面积为 282.74m^2，根据对采光面积 150～200m^2 与 200～250m^2 的太阳能集热系统放水次数的推算，3 区 28 栋的太阳能系统每日集热的放水次数在 4.5～5 次左右。

选取亚运会期间运行正常的运动员村 4 个区的 16 个太阳能集热系统与亚运会期间辐照正常的一天（11 月 19 日）的监测数据进行优化，该日累计辐照量为 17.5MJ/m^2，当天的平均环境温度为 21.5℃，平均环境风速为 2.6m/s，均属于正常范围。

（1）放水量为 2.55m^3

由图 6-72 和图 6-73 可以看出，通过对放水量进行优化后，14 个太阳能集热系统的日有用得热量、集热效率和放水量比实测值均有提升。14 个太阳能集热系统平均集热效率达到 43%，相比实测的 14 个太阳能集热系统平均集热效率（35%），提高了 10%左右。集热效率≥35%的，占总数的 100%；集热效率≥40%的，占总数的 75%；集热效率≥45%的，占总数的 37.5%。

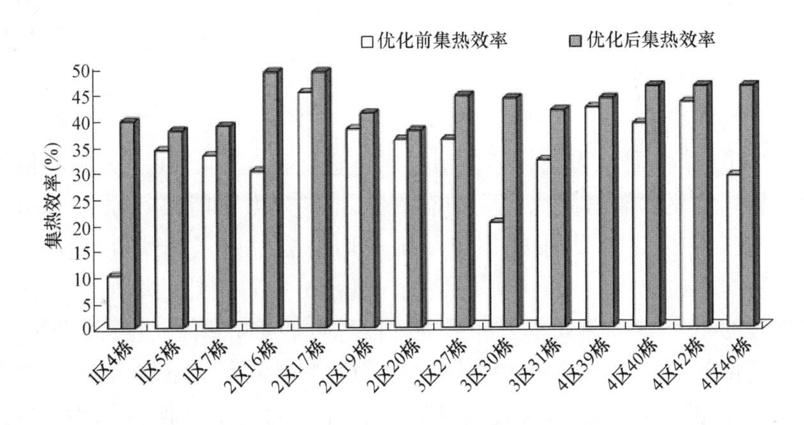

图 6-72 优化前后集热效率对比

另外，在优化计算过程中，系统集热结束后集热水箱内水温按系统每次补水后水箱水温为 24℃进行计算，这样计算得到的每日集热量是偏于保守的。因此，当优化系统每次

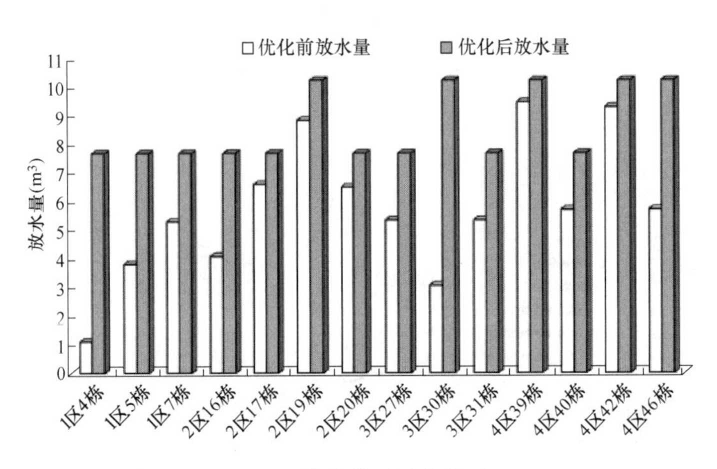

图 6-73　优化前后放水量对比

放水量为 2.55m³ 时，集热效率还要高。

计算得到亚运会期间用户用水量均值为 619.52m³，以这个用水量作为一个标准，带入表 6-12 计算得到优化每次放水量为 2.55m³ 时太阳能保证率与水源热泵贡献率。

辐照量为 17.5MJ/m²、优化放水量为 2.55m³ 时的太阳能保证率　　表 6-12

测试条件	太阳能放水量（m³）	太阳能供热量（kJ）	用户需水量（m³）	用户需要热量（kJ）	太阳能保证率（%）	水源热泵贡献率（%）
11 月 19 日实测结果	79.95	12760020	754.32	88708032	14.38	85.62
每次放水量为 2.55m³	140.25	22383900	619.52	72855866	30.72	69.28

按照上述优化条件，假设运动员村 16 个太阳能集热系统均正常运行，则每日日有用得热量约为 22475.1 MJ，每日放水量约为 140.25m³。优化后太阳能保证率为 30.72%，水源热泵的贡献率为 69.28%。

（2）放水量为 3m³

由图 6-74 和图 6-75 可以看出，通过对放水量进行优化后，14 个太阳能集热系统的日有用得热量、集热效率和放水量比实测均有提升。14 个太阳能集热系统平均集热效率达到 50.3%，相比实测的 14 个太阳能集热系统平均集热效率（35%），提高了 15%左右。集热效率≥45%的，占总数的 100%，均满足《规范》中对集热效率的要求；集热效率≥50%的，占总数的 50%；集热效率≥55%的，占总数的 12.5%。

按照上述优化条件，假设运动员村 16 个太阳能集热系统均正常运行，则每日日有用得热量约为 26334 MJ，每日放水量约为 165m³。优化后太阳能保证率为 36.14%（见表 6-13），水源热泵的贡献率为 63.86%。

通过优化太阳能集热水箱放水量，系统日有用得热量与集热效率显著提升，当放水量从实际运行工况的 1m³ 提高至 3m³ 左右时，太阳能保证率从 14.38% 提升至 36.14% 左右。

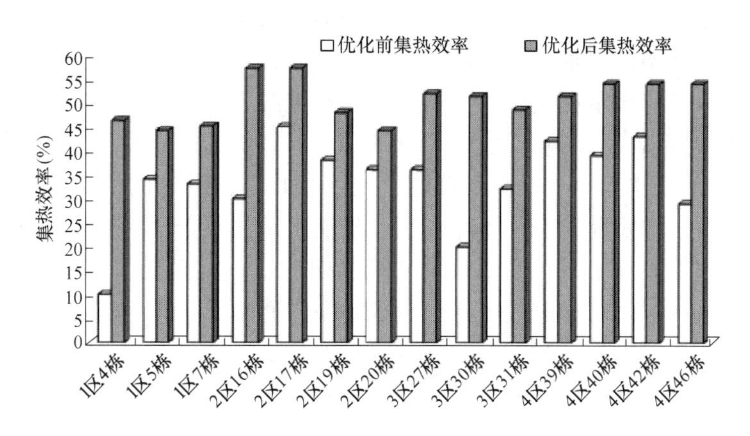

图 6-74 优化前后集热效率对比

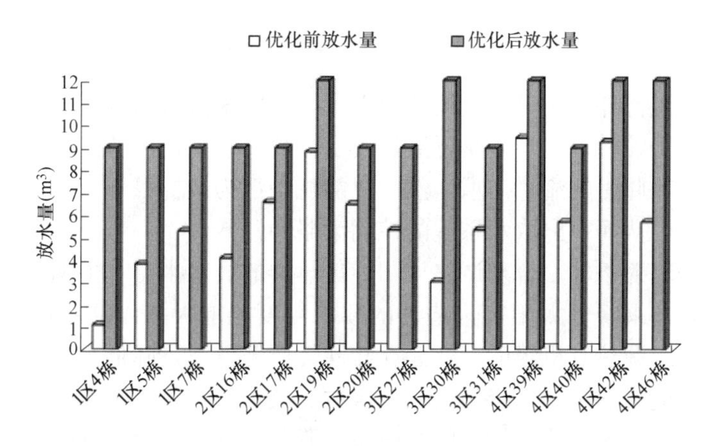

图 6-75 优化前后放水量对比

辐照量为 17.5MJ/m²，优化放水量为 3m³ 时太阳能保证率 **表 6-13**

测试条件	太阳能放水量（m^3）	太阳能供热量（kJ）	用户需水量（m^3）	用户需要热量（kJ）	太阳能保证率（%）	水源热泵贡献率（%）
实测结果	79.95	12760020	754.32	88708032	14.38	85.62
每次放水量为 $3m^3$	165	26334000	619.52	72855866	36.14	63.86

优化放水量的实质是降低集热初始温度，从而提高集热量与集热效率。

6.7.4 水源热泵系统优化及控制方式

水源热泵机组和水泵的能耗是水源热泵系统节能的关键，在该项目中，室外的气象参数、用户负荷、江水的水温是逐时变化的，从而使进入热泵机组的流量和水温及需要热泵向热水系统提供的制热量都是时刻变化的，江水水温、取水量和太阳能放水温度等参数的变化影响机组和水泵的能效，从而间接影响整个系统的全年能耗。

（1）合理利用江水水温。掌握地表水的水温变化规律是实施地表水水源热泵系统的前提。对于水源热泵系统而言，江水温度是不可控的。根据美国制冷学会 ARI320 标准，开式系统水源热泵对水温的要求是 5～38℃，在水温为 10～22℃下运行时，水源热泵系统能效比较高。工作人员应该掌握实际取水所在地的水体温度情况，得出热泵系统的换热量与水体温度的变化关系。广州珠江水温全年在 15～33℃之间，尽量利用最佳温度范围（10～22℃之间）的江水换热，提高系统能效比。在此范围以外的情况下通过调节冷却水的流量，使机组在正常负荷状态下工作。为了控制水源热泵与江水换热时的蒸发温度或冷凝温度，可以通过控制江水泵的取水流量来控制换热量，从而控制蒸发温度或冷凝温度。当需要控制温度升高时，可通过变频器控制江水泵转速降低，减小取水流量；反之，当需要控制温度降低时，可通过变频器控制江水泵转速增低，增大取水流量。

（2）采用水泵变频及台数控制策略，使得取水水量根据系统实际负荷而改变。目前亚运村水源热泵的取水系统为定流量系统，定流量系统水泵的频率不变，但当机组处于部分负荷时，取水量不变，取水温差减小，机组的能效比降低，造成能源浪费。将取水系统改为变流量系统，江水泵采用变频调节，当取水量随着负荷的降低而减少时，江水泵耗电量也相应降低。

除了水泵变频运行外，还可通过改变台数来实现取水流量的改变。因冬季和夏季所需流量相差较大，对于某些工程冬夏季可通过改变台数实现系统的节能。另外，可通过空调运行状况的负荷计算此时的流量需求，然后以能耗最低为最优目标，得出机组和取水系统的最优参数和配置，从而得出取水系统的控制策略。

（3）根据室外辐射条件，合理调整太阳能集热器的放水水温。根据太阳能与水源热泵系统的耦合理念，如果降低太阳能集垫器的放水温度能增大太阳能系统向二级站的放水量，会相应地减小水源热泵机组的能耗。在相同辐照条件下，降低太阳能集热器的放水温度，能够增大太阳能集热站向二级站的放水次数、放水量，降低水源热泵系统向二级站的放水量，提高太阳能系统向热水系统的供热量，降低水源热泵系统向热水系统的供热量，这样可以直接降低热泵机组及其相关水泵的耗电量，达到系统节能的目的。

6.7.5　太阳能与水源热泵联合应用优化策略

太阳能与水源热泵联合应用热水系统是一个整体，分别提升两部分能效的同时，还需要相互配合的协调优化，才能得到可行性强、互补性高的优化策略。

1. 灵活调整太阳能集热系统与水源热泵系统各自的放水温度

根据天气条件与用户用热负荷量的高低，灵活调整太阳能集热系统与水源热泵系统的供水温度，以达到最佳的节能效果。例如在辐照不充足的条件下，或者热水负荷量大的条件下，及时降低太阳能集热系统的放水温度，可以减少太阳能循环水泵的无用循环能耗，热水温度不能满足的部分，可以通过调整水源热泵机组的放水温度来平衡。

2. 依据负荷量合理设定制热量

亚运城水源热泵系统的选型采用“以热定冷”的设计原则，即先确定生活热水的供热量，再根据总热量合理确定供冷范围的冷负荷总量。亚运会期间，水源热泵机组负荷量不能满足应用要求，大部分时间处于低负荷运行状态，平均负荷率（制冷/制热）一般为 30%～60%。随着热泵机组平均负荷率的增加，热泵机组平均制热性能系数有增大的趋势。因此，只有当机组基本处于满负荷运行时，才能最大限度地增加系统的能效比。建议根据系统实际负荷情况，选择适合的机组型号，才能在保证机组高效运行的同时，节能降耗。

3. 提高系统的自动化程度，保持系统运行性能的稳定性

太阳能与水源热泵联合应用热水系统设置了自动控制系统，自控系统的精确性、可靠性决定了系统能否高效、安全运行。控制系统应做到使整个系统运行安全、可靠、灵活，达到最大的节能效果。控制系统的准确性、可靠性是整个太阳能热水系统是否成功运行的关键。系统中使用的控制元件应质量可靠、性能优良、抗老化、使用寿命长，应有国家质检部门出具的控制功能、控制精度、电气安全等性能参数的质量检测报告。另外，在运行中要保证自控系统的使用，很多工程虽然安装了自控系统，但是还是依靠人工操作，会导致操控的延时性与滞后性，不利于整个系统精确、稳定地运行。建议保障好自控系统的运行，定期进行精度的校核与稳定性的验证。

第7章　亚运城太阳能与水源热泵热水系统工程总结与分析

从2010年亚运会花落羊城那一刻起，“环保先行”的理念就为这届盛会定下浓浓的绿色基调。亚运城配套同步实施9大节能、环保新技术，包括真空垃圾收集系统、雨水收集再生利用系统、太阳能-水源热泵系统、综合管沟、数字化智能家居、三维虚拟现实仿真系统等节能环保新技术。其中，太阳能-水源热泵系统是核心技术之一，并列入2008年度国家建筑可再生能源节能示范项目，获得国家专项节能资金支持。在亚运会、亚残会期间，太阳能-水源热泵项目高质量地完成了运动会热水供应的需求，项目融入绿色示范、低碳实践的理念，表达我们对城市的关注、对“以人为本”生态住宅的关注。工程项目的实施得到各国运动员、政府官员、新闻媒体的广泛好评。亚运会、亚残会期间，我们组织了专业团队对该项目进行了全面跟踪测试。该项目于2011年4月顺利通过了由住房和城乡建设部、广东省住房和城乡建设厅组织的建筑可再生能源节能示范项目的验收，得到与会专家的一致好评和肯定。

亚运城太阳能及水源热泵综合利用工程作为亚运城重大技术专项进行单独设计、单独施工，没有成熟经验可以借鉴，该工程不仅成功利用了新能源，也同时引入了新的设计理念，采用了许多新技术、新方法。这样的大型工程在国内不多，大型工程的实际运行数据以及工况分析更是空白。因此，有必要对该工程的实际运行工况进行全面监测和深入的分析研究，发现问题、总结经验，以便提高对这种大型建筑工程节能技术的掌控能力，提高大规模太阳能与水源热泵集中冷热源系统设计水平，以促进建筑节能减排技术的进步，促进可再生能源的利用。设计中以三个村落住宅建筑为基体，兼顾赛时、赛后工况，坚持技术先进、实施可行、经济合理的技术原则，充分利用当地太阳能和地表水资源，在满足赛时需求的同时，充分体现赛后节能的最大化。太阳能-水源热泵在广州亚运城的成功应用，不但响应了绿色亚运的理念，更为太阳能、热泵在将来的发展，提供了一个更为广阔的平台。中国建筑设计研究院技术团队从2008年至2011年，完成了技术研究、工程设计、施工安装、亚运保障、实地测试等各阶段工作，为反映该项目的技术设计过程和成果，从技术层面进行了较为深入的总结，包括太阳能设计关键参数的分析与取值；太阳能与建筑一体化；住宅集中热水能耗分析与优化设计；住宅各不同用途能耗分析；水源热泵设计关键技术分析；亚运会期间太阳能-水源热泵项目实地检测与测试分析等，全面诠释了亚运城太阳能-水源热泵的关键技术。

7.1　太阳能集热系统关键技术参数分析与取值

7.1.1　设计参数的选取

1. 冷水温度与环境温度

冷热水温度取值对大型太阳能工程集热器总面积影响较大，应认真对待。集热面积计算公式中集热器平均集热效率、太阳辐照量等均为年平均值，因此水的初始温度（冷水温度）也应为年平均温度，而不是以当地最冷月平均水温资料确定。《建筑给水排水设计规范》（下称《规范》）的规定目的是确定最大设计耗热量负荷，用于在最不利状况下确保热源、设备、管网等的安全。太阳能热利用一般均有辅助热源，太阳能没有必要按最不利工况进行设计。每日的最低气温一般为夜间，而太阳能工作均在日出时间，气温迅速回升，相应地表水温度也随之上升；水箱补满水在室内，接近室内温度，因此，太阳能计算冷水温度不应按最冷月平均水温资料确定。

亚运城自来水为地表水源，供水温度与大气温度变化相一致，可根据年平均气温的气象资料取得，依据相关资料，该系统冷水温度取年平均气温（22℃）。

2. 热水温度与热水日均用水量标准

一般而言，热水日均用水量可按热水最高日用水定额的50%计算，此时水温按60℃计算。按此方法计算的热水日均用水量是一个固定值，作为用水量的估算是可以的，但作为耗热量的精细计算是不够的，因为每年四季器具终端用水温度有差异，用水量也有差异，对广州地区而言，这种差异性更为明显。大型集中太阳能热水系统需要耗热量的精细计算。

因此，该项目采用热水用水比例数确定年日均用水量的方法，综合考虑了不同季节水温的变化、用水量的变化，更符合实际运行工况，推荐作为节能、节水精细设计计算的方法，采用热水用水比例数确定年日均用水量（55℃）为43L/(d·人)，综合考虑各种因素，该项目年日均用水量取值为45L/(d·人)。

3. 入住率

计算集热器总面积需要计算热水总耗热量，因此需要总使用人数；住宅总使用人数是较难确切确定的。目前，一般太阳能热水用量按住宅户数与每户人数、用水量标准乘积计算，计算值偏大。

住宅人数目前按每户3～4人的确定方法是一种简单的估算方法，对太阳能精细计算误差较大。一般大型商业居住社区建设周期较长（3～5年或更长），由于建设初期配套设施不完善、现代城市居民拥有多处住房、夜间娱乐、工作、出差等多种原因，大型商业居住社区实际入住率（指一日内同时在社区内居住的人数与设计居住人数的比值）较低，准确的数据有赖于社会专业组织的统计资料。该项目引入住宅入住率的设计概念，用以计算住宅的实际日用水量、耗热量，力求使计算结果接近实际状况。该项目太阳能相关计算按实际入住率为70%，目的是降低太阳能集热系统热水总需求量，减少集热器总面积，使太阳能系统物尽其用、经济技术性能最佳化。

4. 太阳能保证率

太阳能保证率本质上是一个经济指标，在理论上太阳能可以有较高的保证率，但不经济；由于生活热水与太阳能资源呈负相关关系，夏天用热少，但太阳能较好。因此，盲目提高保证率，在夏季晴热天气，产生的太阳能热量过多，不仅不能有效被利用，还会造成集热器过热、升压、爆管等问题，影响集热器的寿命。

太阳能保证率应根据工程特点、投资状况、气候特点和太阳能资源综合考虑，绝不是越大越好。某大型生态示范城，规划文件要求太阳能热水系统太阳能保证率为80%，经详细分析计算，太阳能提供的热量与生活热水用热量关系如图 7-1 所示。

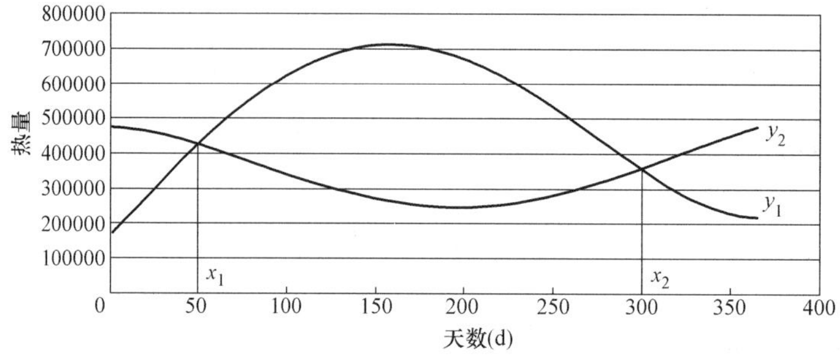

图 7-1　太阳能提供的热量与生活热水用热量关系（保证率为 80%）

注：y_1——太阳能系统提供的能量；y_2——生活热水需热量。

计算表明，按太阳能保证率为 80%设置的太阳能系统产热量大于用热量的时间约为 250d（占全年时间的 68%），全年太阳能系统产热量的 50%无法得到利用，换言之，按太阳能保证率为 80%设置太阳能集热系统是不合理的，太阳能集热面积过大，将造成不必要的投资浪费。

据此，该项目充分考虑广州地区的热水用水特点，并结合当地逐月太阳能辐照量、冷水水温等气象条件，进行了逐月平均日热水用水量、太阳能集热量、水源热泵加热量的平衡计算。计算表明，广州地区当太阳能按 40%的保证率、入住率较低时（50%～60%），在不考虑管网热损失下，6～9 月份基本不用水源热泵补热，可最大化地发挥太阳能集热器的制热能力，平衡关系如图 7-2 所示。

综上所述，该项目太阳能保证率设计为 40%，一是符合《规范》规定的广州地区技术参数要求；二是满足国家节能示范项目申报书的要求；三是符合该项目使用要求和经济投资估算的要求。

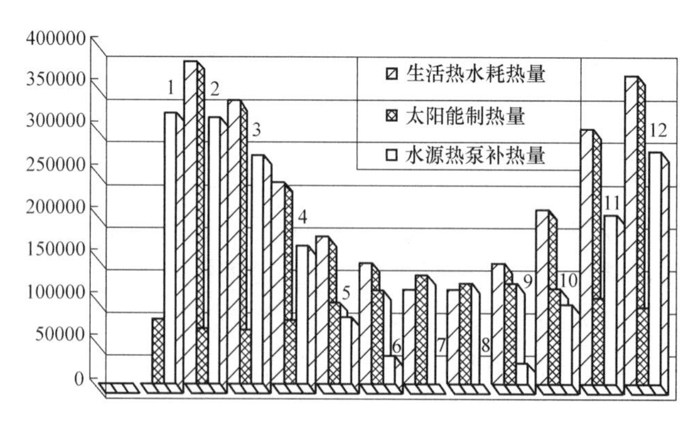

图 7-2　亚运城日热水耗热量、太阳能制热量、水源热泵制热量平衡

5. 集热器效率

(1) 集热器瞬时效率

集热器瞬时效率曲线和瞬时效率曲线方程主要反映集热器本身的短时（瞬时）集热性能。国家太阳能热水器质量监督检验中心检测（以下简称“检验中心”）一般提供基于总面积、采光面积的瞬时效率曲线和瞬时效率曲线方程。

对平板式集热器而言，由于其结构形式单一，集热器总面积、轮廓面积、集热器采光面积相差不大，基于总面积、采光面积的瞬时效率差异较小。

对于真空管集热器而言，由于其真空管采光面积、集热器总面积存在较大的差异性，根据相关产品的实测数据，同一产品基于集热器采光面积的瞬时集热效率高达 70%～80%，而基于集热器总面积的瞬时集热效率只有 45%～50%。由于真空管集热器种类繁多，产品差异性较大，因此集热器瞬时集热效率、集热器年平均集热效率存在较大差异，应用中应注意区分。

（2）集热器年平均集热效率

集热器平均集热效率是指在一时间段内的集热器平均集热效率；相关资料规定年或月集热器平均集热效率取值 0.25～0.50，在其他条件均相同的前提下，最高限值是最低限值的 2 倍，取值的随意性较大。相关资料的集热器平均集热效率取 0.40～0.50，但没有区分平板集热器、真空管集热器在不同地区的差异性，因此仍不完善。

集热器全年平均集热效率资料中要求按企业实际测试数值确定，据调查目前阶段这是不可能的，一方面国家没有这样的实验室；另一方面没有一家企业从经济上能够承受做到进行全年测试。

（3）该项目集热器平均集热效率计算

1）进行归化温差计算，计算公式如下：

$$T_i=(t_\mathrm{i}-t_\mathrm{a})/G$$

式中 T_i——归化温差；

t_i——集热器工质进口温度；

t_a——环境或周围空气温度；

G——总日射辐照度。

其中，该项目采用多水箱集热系统，则有

$$t_\mathrm{i}=\frac{t_\mathrm{L}}{3}+\frac{2[f(t_\mathrm{end}-t_\mathrm{L})+t_\mathrm{L}]}{3}=22/3+2[0.4\ (55-22)+22]/3=30.8℃$$

式中 t_end——集热系统热水温度（贮水箱终止温度，取值 55℃）；

t_L——集热器进口温度（冷水温度，本项目按年平均气温取值 22℃）；

f——太阳能保证率。

2）总日射辐照度 G 的计算

广州站累年各月平均日照时数以 7 月平均日照时数 201.9h 最大，次大的是 10 月的 181.8h；3 月的 62.4h 最小，次小的是 4 月的 65.1h；累年逐月的平均日照时数变化规律如图 7-3 所示。日照时数不仅与太阳辐射有关，而且与一日中的云量多少有关，但总体而言，以下半年居多，这与上半年常出现连阴雨及锋面降水以致长时间无日照有关系。

广州年日照时数为：1687.4h（设计手册资料），与广州的年平均日照时数为 1627.9h（气象资料统计）基本吻合。总日射辐照度 G 的计算与每天平均日照时数关系重大，如何取值将直接影响计算结果，气象资料提供的数据是按照日历天数进行平均日照时数计算的；而太阳能集热只在晴天日照下工作，因此太阳能相关计算应按实际晴天天数平均日照时数计算，这一点没有引起业界注意，相关资料、手册计算也未能说清楚，在此提出不同观点供同行参考。广州地区年降雨日数较多，两种不同计算方式相差较大，因此对南方多

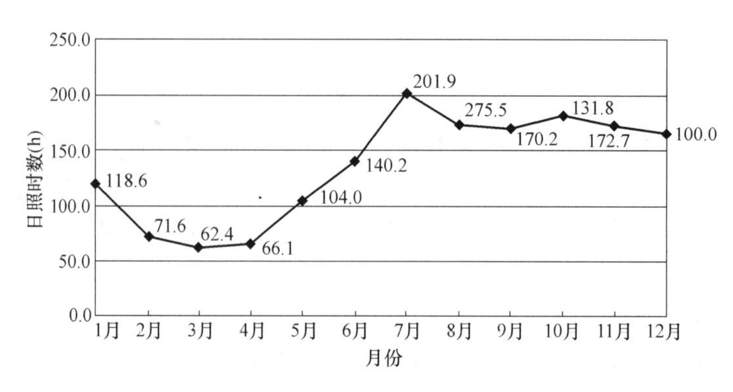

图 7-3 广州累年月平均日照时数分布

雨地区的太阳能平均日照时数计算应扣除降雨日数。广州年日照天数（扣除降雨天数）为 253.5d。

按照实际晴天天数，年平均日的日照时数约为：1687.4/253.5=6.66h。

按照日历天数，年平均日的日照时数约为：1687.4/365=4.62h。

总日射辐照度 G 的计算公式：

$$G=J_T/(S_Y\times 3.6)$$

式中 J_T——年平均日辐照量，kJ/m^2；

S_Y——日照时间，h；

$$G=11660/(6.66\times 3.6)=486W/m^2$$

则：$T_i=(30.8-22)/486=0.018$；对应的平板式集热器年平均集热效率约为 65%。

如果采用日历天数，年平均日的日照时数为：$[S_Y]=4.62h$。

$$[G]=11660/(4.62\times 3.6)=701W/m^2。$$

$[T_i]=(30.8-22)/701=0.0125$；对应的平板式集热器年平均集热效率超过 70%，这显然不尽合理。

3）广州地区逐月气温、日照、太阳能集热器归化温差、集热效率计算表

为精确计算太阳能集热器归化温差、集热效率等相关设计参数，根据广州地区的气象资料和相关设计资料，进行了逐月数据的计算，进而求得年平均数，以求取得精细计算的结果，尽量减少不同季节时空变换造成的影响。由于广州地区气温较高，归化温差偏小，年平均集热效率偏高是符合技术逻辑的，但广州地区频繁降雨，不同季节日照时数变化较大，即使采用实际晴天天数年平均日照时数仍然存在较大的误差，不能准确计算归化温差。因此，该项目结合广州市气候资料，按每月实际晴天天数计算月平均日归化温差和月平均日集热效率，相关计算见表 7-1。

计算表明，广州地区平板型集热器年平均集热效率 $\eta_{cd}=0.654$，超过相关规范的规定值。就太阳能制备生活热水的集热性能而言，广州地区采用平板型集热器比采用真空管集热器具有明显的优势；虽然各月日照时数、太阳辐照量等气象数据不同，但月平均日归化温差和月平均日集热效率变化不大。

该项目单组平板型集热器年平均集热效率 $\eta_{cd}=0.654$；单组真空管集热器年平均集热效率 $\eta_{cd}=0.480$。

广州地区逐月气温、日照、太阳能集热器归化温差、集热效率计算表　　表 7-1

	资料来源 日期	1月	2月	3月	4月	5月	6月	7月	8月	9月	10月	11月	12月	平均值
平均最高气温（℃）	1961～1990年	18.3	18.4	21.6	25.5	29.4	31.3	32.7	32.6	31.4	28.6	24.4	20.5	26.23
平均气温（℃）	1961～1990年	13.3	14.3	17.7	21.9	25.6	27.3	28.5	28.3	27.1	24	19.4	15	21.87
平均最低气温（℃）	1961～1990年	9.8	11.3	14.9	19.1	22.7	24.5	25.3	25.2	23.8	20.5	15.7	11.1	18.66
降雨量（mm）	1961～1990年	43.2	64.8	85.3	181.9	283.6	257.7	227.6	220.6	172.4	79.3	42.1	23.5	140.17
降雨日数（d）	1961～1990年	4.7	7.3	10	11.6	14.4	15.4	12	12.8	9.8	5	3.6	2.9	9.13
日平均日照（h）	1961～1990年	4.3	2.7	2.4	2.6	4.1	5	7.1	6.4	6.2	6.2	5.9	5.4	4.86
晴天日照天数（扣除雨天）（d）	计算值	25.3	20.7	21	18.4	15.6	14.6	19	18.2	20.2	26	26.4	28.1	21.13
月日照时间（h）	设计手册资料	122.3	73.9	64.5	67.6	108.4	145.6	209.4	180.3	176.6	188.3	178.8	171.7	140.62
晴天日平均日照（h）	计算值	4.83	3.57	3.07	3.67	6.95	9.97	11.02	9.91	8.74	7.24	6.77	6.11	6.82
温度 t_i（℃）	计算值	24.42	25.15	27.65	30.73	33.44	34.69	35.57	35.42	34.54	32.27	28.89	25.67	30.7
日均辐照量（kJ/m^2）	设计手册资料	8857	7611	7393	8712	11160	12841	14931	13895	13794	13113	11796	10528	11219
日射辐照度 G（W/m^2）	计算值	508.95	592.2	668.62	658.7	446.13	357.67	376.33	389.61	438.28	502.95	483.8	478.61	491.82
归化温度 T_i（℃）	计算值	0.022	0.018	0.015	0.13	0.018	0.021	0.019	0.018	0.017	0.016	0.02	0.022	0.018
平板型集热器平均热效率（基于总面积）	计算值	0.64	0.65	0.67	0.67	0.66	0.65	0.65	0.65	0.66	0.65	0.65	0.64	0.654
U形真空管集热器平均热效率（基于总面积）	计算值	0.47	0.48	0.49	0.49	0.48	0.48	0.48	0.48	0.48	0.48	0.48	0.47	0.48

需要说明的是，不应因为上述的计算结果就判断平板型集热器优于真空管集热器，评判集热器优劣的指标、参数繁多。就太阳能制备生活热水（50～60℃）的集热性能而言，

广州地区采用平板型集热器具有优势。在同样气象条件下，当制备更高温度的热水时，平板型集热器的热效率下降明显，这主要由平板型集热器结构决定，平板型集热板保温性差，由集热器散热导致的热量损失与热水跟环境温差成正比，集热器热效率变化见表7-2，不同地区平板型集热器的热效率差异性更大。

不同水箱温度平板型集热器的平均热效率变化　　表7-2

项　目	55℃	65℃	75℃	85℃	水温为55～85℃热效率下降率
平板型集热器平均热效率（基于总面积）	0.654	0.634	0.614	0.595	9%
U形真空管集热器平均热效率（基于总面积）	0.480	0.471	0.461	0.452	5.8%

6. 系统性能评定指标

（1）q17 指标

相关资料规定了太阳能热性能的检验和评定方法，规定日太阳辐照量为17 MJ/m^2 时，太阳热水系统单位轮廓采光面积的日有效得热量指标——q17 指标，用于评定集中太阳热水系统热效率的高低。对于贮水箱内的水被加热后的设计温度不高于60℃的系统，直接系统 q17 指标≥7.0MJ/m^2，相当于系统热效率＝7/17＝41%。q17 指标基于集热器轮廓面积，不同集热器轮廓面积差异性较大，而“检测中心”检验中的关键热能数据并未基于集热器轮廓面积计算，因此在使用中十分不方便，希望相关部门统一主要参数的基础标准和参照标准。

（2）系统效率

集热系统效率的定义：

系统效率＝太阳能集热系统有效得热量/太阳能对轮廓面积累计的辐射热量

需要说明的是，太阳能集热系统有效得热量应扣除集热系统的管道损失、泵耗等所有无效损耗。而 q17 指标中的得热量没有扣除太阳能循环泵的能耗，对大型太阳能集热系统，系统配水阻力直接影响循环泵的能耗，因此应扣除此部分能耗，才能更准确地评价太阳能集热器、集热系统的优劣。

该项目规定屋面集热系统效率≥45%，理由如下：相关资料的 q17 指标规定相当于系统效率不小于41%，国家标准是最基本的要求，如此重要的工程应采用优秀的产品和技术，因此规定系统效率≥45%。

7.2　广州亚运城与北京、广州、上海等地住宅能耗的对比分析

7.2.1　生活热水系统

生活热水年耗能计算公式：

$$Q=\rho\times V\times c\times(t_r-t_l)\div 1000 \quad (7\text{-}1)$$
$$V=v\times n\times i$$

式中 Q——每户生活热水年耗能总量，kJ；

ρ——热水密度，取 $0.983\times10^3\text{kg/m}^3$；

c——水的比热，$c=4.187\text{kJ/(kg}\cdot℃)$；

t_r——热水温度，根据资料热水用水定温，取 60℃；

t_l——地表水年平均温度，广州地区取 22℃；上海地区取 15℃，北京地区取 10℃；

V——每户年生活热水总用量，L/年；

v——每人每天平均生活热水量，根据《规范》中热水用水定额，取 40L/(人·d)[若采用集中热水可按 60L/(人·d)]；

n——户人均数，取 3.39 人；

i——年天数，取 365d。

生活热水年用水量为：61867.5 L/户。

广州亚运城采用集中热水系统，每户每日平均管网热损失为 2kWh。全年能耗比无集中热水供应系统普通住宅增加 730kWh。

生活热水年能耗计算结果如表 7-3 和图 7-4 所示。

生活热水年能耗 **表 7-3**

地区		生活热水年能耗(kJ/户)	折算后(kWh/户)
广州	普通	7.74×10^6	2151.1
	亚运城	9.84×10^6	2735.1
上海		9.2×10^6	2555.5
北京		1.02×10^7	2822.3

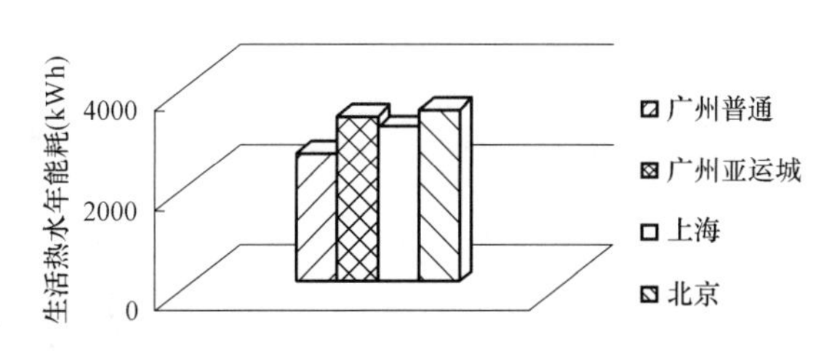

图 7-4 三个城市生活热水年能耗

7.2.2 采暖

广州、上海、北京所处地区跨度大，能耗有明显的不同，广州处于炎热地区，冬季不需要采暖；上海属于冬冷夏热地区，采暖时间短，且基本无集中供热；北京处于寒冷地区，冬季需要采暖，多为集中供热。

上海市无集中供热，没有法定供热时间的强制规定。北京市法定供热时间为当年 11 月 15 日至次年 3 月 15 日，因气候情况对居民用户启动供热时间为不早于 11 月 1 日，结束供热时间为不迟于 3 月 31 日，采暖期为 4 个月。

根据我国普通住宅户型的实际状况，分别选取建筑面积为 $70m^2$，$90m^2$，$120m^2$ 三类典型户型作为计算分析对象。

房间朝向坐北朝南，建筑围护结构采用软件推荐参考建筑标准外墙，窗户采用双层标准外窗。

$70m^2$ 户型为两室一厅：主卧、次卧、客厅、厨房、卫生间。

$90m^2$ 户型为三室一厅：主卧、次卧、客卧、客厅、厨房、卫生间。

$120m^2$ 户型为三室一厅：主卧、次卧、客卧、客厅、书房、厨房、卫生间。

根据以上条件，使用 DEST-H 软件对该户型进行热负荷模拟。模拟时间段全年（1～365d），自动添加建筑通风，考虑阳光遮挡，考虑天空背景辐射，模拟精细度以小时为单位。进行全年总计 8759h 的逐小时热负荷能耗分析。房间用途及人员热扰动均采用 DEST-H 软件提供的推荐数值，分析结果采用全年累加结果，如表 7-4 和图 7-5 所示。

采暖能耗综合结果（单位：kWh）　　表 7-4

地　区	$70m^2$	$90m^2$	$120m^2$
广州	0	0	0
上海	1074.8	2579.9	4130.5
北京	3082.42	6070.96	9774.2

7.2.3　制冷

我国居民住宅中空调主要采用分体式空调。近年来，随着人们生活水平的不断提高，我国住宅空调数量快速增加。根据国家统计局相关统计数据，1995～2004 年我国城乡住宅空调拥有量变化趋势如图 7-6 所示。

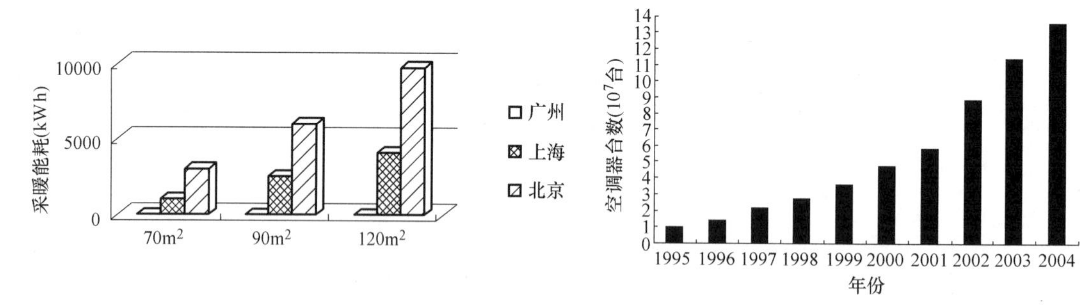

图 7-5　三个城市采暖能耗

图 7-6　1995～2004 年我国住宅空调拥有量变化趋势

10 年间我国居民住宅空调总量增加了 13.3 倍，平均年增加率达到 35%。截止到 2004 年底，全国居民住宅空调总量达到 1.36 亿台，其中城镇居民住宅中空调量达 1.27 亿台。目前广州、上海、北京等地城镇居民平均每户空调已经接近 2 台。

住宅户型与采暖计算对象完全一致。客厅和主卧室各设置一台空调，室内空调设定温度为 26℃。住宅空调均为间歇运行，其能耗的影响因素很多，不仅与建筑热工状况和当地气候条件有关，而且与空调设置和使用情况、通风状况、居民的个性化等众多因素有关，其详细计算分析的工作量和难度都很大。但从统计学角度看，我国城镇居民建筑空调有明显的规律可循，计算如下：

我国城镇住宅空调能耗简化计算公式：

$$e_1=\frac{(0.2181t_{wp}^2-7.1379t_{wp}+60.406)x_a EER}{2.5} \tag{7-2}$$

$$e_b=\frac{(0.3128t_{wp}^2-12.238t_{wp}+120.6)x_a EER}{2.5} \tag{7-3}$$

$$E=e_b S_b n_b+e_1 S_1 n_1 (70m^2户型) \tag{7-4}$$

$$E=e_b S_b n_b+e_1 S_1 n_1+e_b S_a n_b (90m^2户型) \tag{7-5}$$

$$E=e_b S_b n_b+e_1 S_1 n_1+e_b S_a n_b (120m^2户型) \tag{7-6}$$

式中 e_1——空调季客厅单位使用面积的空调耗电量指标，kWh/m²；

t_{wp}——空调季（6 月 1 日～9 月 1 日）室外平均温度，根据新的典型气象年逐时气象数据，北京为 25.6℃，上海为 26.3℃，广州为 28.0℃；

x_a——空调的开机率，取 0.75；

EER——分体空调的额定能效比，广州：客厅为 2.04，卧室为 2.20；上海：客厅为 2.14，卧室为 2.21；北京：客厅为 2.13，卧室为 2.24。

e_b——空调季主卧室单位使用面积的空调耗电量指标，kWh/m²；

E——空调季每户空调耗电总量，kWh；

S_b——主卧室使用面积，m²；

n_b——每户卧室设置空调的台数，取 1；

S_1——客厅使用面积，m²；

n_1——每户客厅设置空调的台数，取 1；

S_a——客卧、次卧使用面积，m²。

计算结果如表 7-5 和图 7-7 所示。

空调能耗计算结果 **表 7-5**

户型面积	地区	e_1 (kWh/m²)	e_b (kWh/m²)	E(kWh)
70m²	广州	19.30	15.29	509.39
	上海	15.07	10.01	370.74
	北京	13.17	8.27	317.26
90m²	广州	19.30	15.29	646.96
	上海	15.07	10.01	460.83
	北京	13.17	8.27	391.69
120m²	广州	19.30	15.29	894.58
	上海	15.07	10.01	636.79
	北京	13.17	8.27	541.21

7.2.4 电器

随着人们生活水平的提高，家用电器的种类及数量越来越多，选取家庭普遍使用的电器，家用电器的使用地区差异不大，作为同一标准能耗计算对象详细如下：

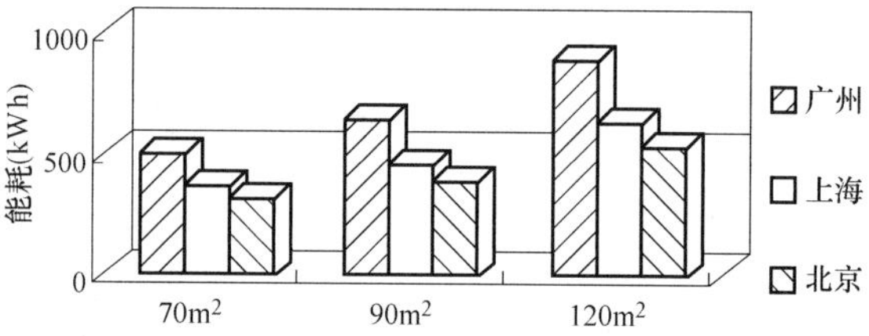

1. 照明灯具

照明灯具年耗电量计算公式：

$$P_1 = p_1 \times s_1 \times K \times i \div 1000 \quad (7\text{-}7)$$

式中　P_1——每户照明年耗电总量，kWh；

p_1——灯具功率，不同面积户型采用不同系数，具体数值参照住宅建筑照度标准；

s_1——每天灯具使用时间，从晚上6点到11点，取5h/d；

K——灯具同时使用系数，取0.5；

i——一年中的天数，取365d。

图7-7　三地全年冷能耗

2. 电视机

电视机年耗电量计算公式：

$$P_2 = p_2 \times s_2 \times i \times n \div 1000 \quad (7\text{-}8)$$

式中　P_2——每户电视机年耗电总量，kWh；

p_2——电视机功率，由于种类繁多，根据用电常识取100W；

s_2——每天电视机使用时间，从晚上6点到11点，取5h/d；

i——一年中的天数，取365d；

n——每户电视机台数。

3. 电脑

电脑年耗电量计算公式：

$$P_3 = p_3 \times s_3 \times i \div 1000 \quad (7\text{-}9)$$

式中　P_3——每户电脑年耗电总量，kWh；

p_3——家用电脑型号种类不同，功率范围为180～500W，取300W；

s_3——每天电脑使用时间，4h/d；

i——一年中的天数，取365d。

4. 冰箱

冰箱年耗电量计算公式：

$$P_4 = p_4 \times i \quad (7\text{-}10)$$

式中　P_4——每户冰箱年耗电总量，kWh；

p_4——家用冰箱每天耗电量0.85～1.7kWh/d，取1kWh/d；

i——一年中的天数，取365d。

5. 洗衣机

洗衣机年耗电量计算公式：

$$P_5 = p_5 \times s_5 \times i' \div 1000 \quad (7\text{-}11)$$

式中　P_5——每户洗衣机年耗电总量，kWh；

p_5——家用洗衣机功率，根据用电常识取230W；

s_5——每天洗衣机使用时间，0.5h/d；

i'——一年中的使用天数，取120d。

6. 炊事

炊事年耗电量计算公式：

$$P_6 = p_6 \times i \tag{7-12}$$

式中 P_6——每户炊事年耗电总量，kWh；

p_6——每天炊事耗电量，根据用电常识，取微波炉0.16kWh/d，电水壶0.1kWh/d，电饭煲0.16kWh/d，抽油烟机0.075kWh/d；

i——一年中的天数，取365d。

综合计算结果如表7-6所示。

电器用电量计算结果（单位：kWh） **表7-6**

户型面积	照明灯具	电视机	电脑	冰箱	洗衣机	炊事	综合
$70m^2$	442.6	182.5	438	365	13.8	180.7	1622.6
$90m^2$	752.8	365	438	365	13.8	180.7	2115.3
$120m^2$	1026.6	365	438	365	13.8	180.7	2389.1

7.2.5 炊事燃气消耗

按中国城市燃气协会的调查数据，全国平均每户家庭每月炊事用气约为$20m^3$，平均全年每户家庭炊事用气约为$240m^3$。

每立方米天然气燃烧热值为36.22MJ。

全年每户家庭炊事用气量计算结果如表7-7所示。

全年每户家庭炊事用气量 **表7-7**

地　区	标准家庭用气量(MJ)	换算热能耗(kWh)
全国	8692.8	2414.7

7.2.6 综合比较分析

1. 广州地区普通户型全年综合能耗（见表7-8和图7-8～图7-10）。

广州地区普通户型全年综合能耗（单位：kWh） **表7-8**

户型面积	地区:广州(普通户型)					
	能耗种类	燃气	供暖	制冷	生活热水	电器(各类)
$70m^2$		2414.7	0.0	509.4	2151.1	1622.6
	总和	6697.8				
	所占百分比(%)	36.1	0.0	7.6	32.1	24.2
$90m^2$		2414.7	0.0	647.0	2151.1	2115.3
	总和	7328.1				
	所占百分比(%)	33	0.0	8.8	29.4	28.9

续表

户型面积	地区:广州(普通户型)					
	能耗种类	燃气	供暖	制冷	生活热水	电器(各类)
120m²		2414.7	0.0	894.6	2151.1	2389.1
	总和	7849.5				
	所占百分比(%)	30.8	0.0	11.4	27.4	30.4

注：生活热水为局部热水供应系统。

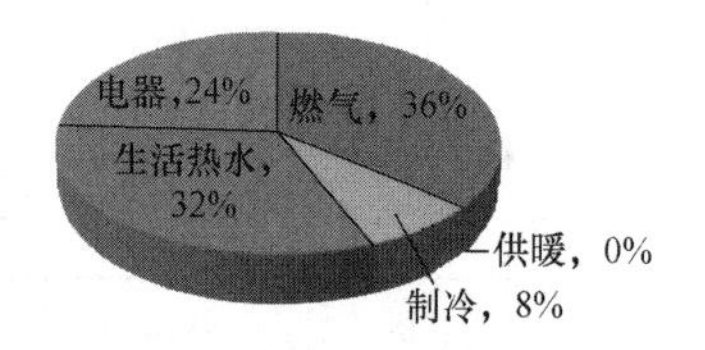

图 7-8　广州地区 70m² 户型建筑能耗分析

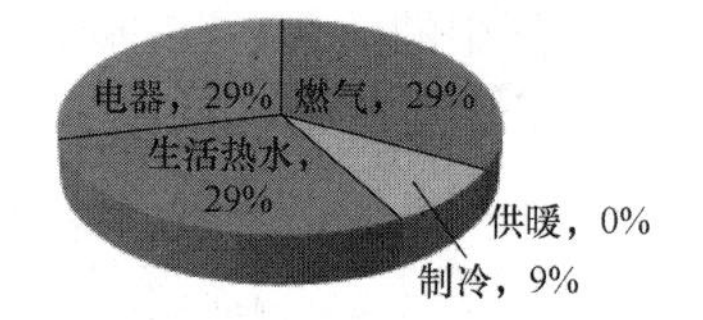

图 7-9　广州地区 90m² 户型建筑能耗分析

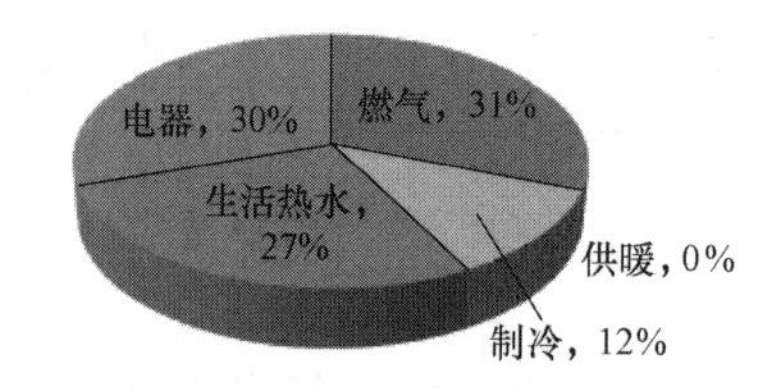

图 7-10　广州地区 120m² 户型建筑能耗分析

2. 广州地区亚运城住宅户型全年综合能耗（见表 7-9 和图 7-11～图 7-13）。

广州地区亚运城住宅户型全年综合能耗（单位：kWh）　　表 7-9

户型面积	地区:广州(亚运城住宅)					
	能耗种类	燃气	供暖	制冷	生活热水	电器(各类)
70m²		2414.7	0.0	509.4	2735.1	1622.6
	总和	7965.6				
	所占百分比(%)	33.2	0.0	7.0	37.6	22.3
90m²		2414.7	0.0	647.0	2735.1	2115.3
	总和	8595.9				
	所占百分比(%)	30.5	0.0	8.2	34.6	26.7
120m²		2414.7	0.0	894.6	2735.1	2389.1
	总和	9117.3				
	所占百分比(%)	28.6	0.0	10.6	32.4	28.3

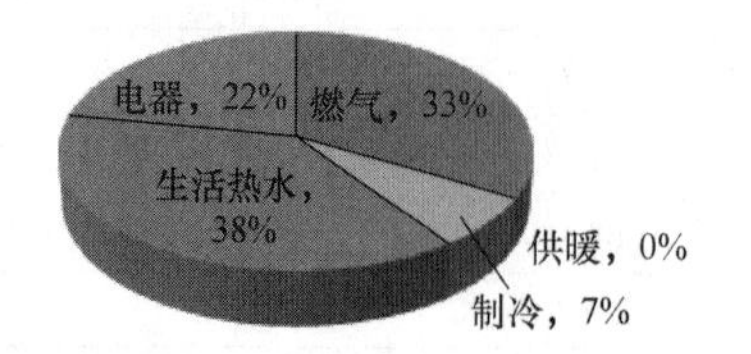

图 7-11　广州亚运城 70m² 户型建筑能耗分析

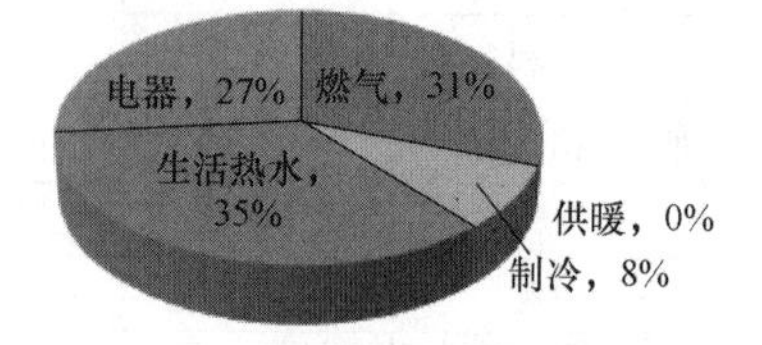

图 7-12　广州亚运城 90m² 户型建筑能耗分析

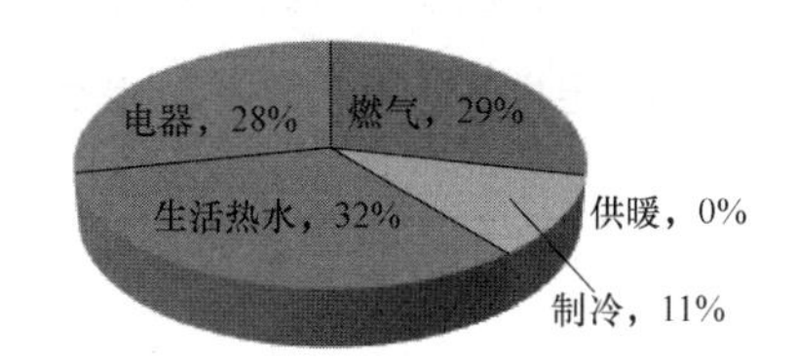

图 7-13 广州亚运城 120m² 户型建筑能耗分析

3. 上海地区普通住宅户型全年综合能耗（见表 7-10 和图 7-14～图 7-16）。

上海地区普通住宅户型全年综合能耗（单位：kWh） **表 7-10**

户型面积	地区:上海					
70m²	能耗种类	燃气	供暖	制冷	生活热水	电器(各类)
		2414.7	1074.8	370.7	2555.5	1622.6
	总和	8038.3				
	所占百分比(%)	30.0	13.4	4.6	31.8	20.2
90m²		2414.7	2579.9	460.8	2555.5	2115.3
	总和	10126.2				
	所占百分比(%)	23.8	25.5	4.6	25.2	20.9
120m²		2414.7	4130.5	636.8	2555.5	2389.1
	总和	12126.6				
	所占百分比(%)	19.9	34.1	5.3	21.1	19.7

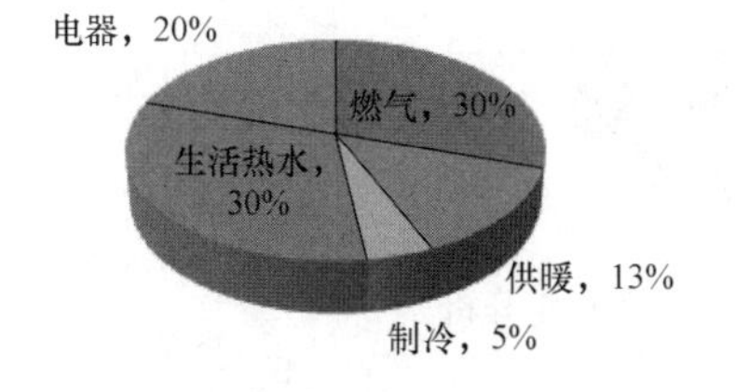

图 7-14 上海地区 70m² 户型建筑能耗分析

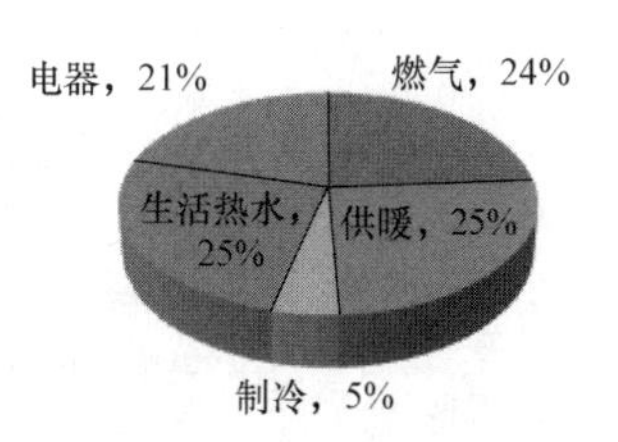

图 7-15 上海地区 90m² 户型建筑能耗分析

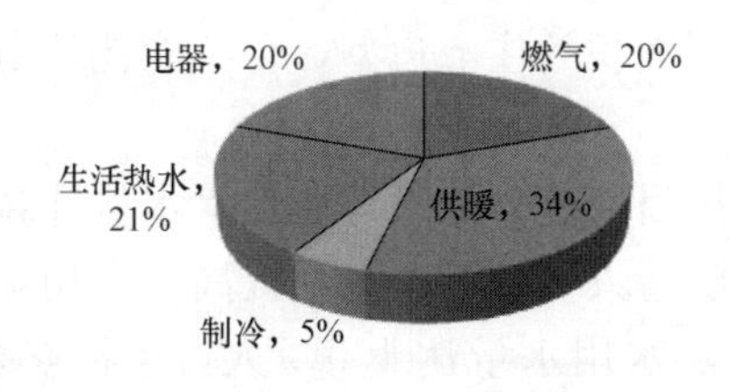

图 7-16 上海地区 120m² 户型建筑能耗分析

4. 北京地区普通住宅户型全年综合能耗（见表7-11和图7-17～图7-19）。

北京地区普通住宅户型全年综合能耗（单位：kWh） **表7-11**

户型面积	地区:北京					
	能耗种类	燃气	供暖	制冷	生活热水	电器(各类)
$70m^2$		2414.7	3082.42	317.3	2822.3	1622.6
	总和	10259.3				
	所占百分比(%)	23.5	30.0	3.1	27.5	15.8
$90m^2$		2414.7	6070.96	391.8	2822.3	2115.3
	总和	13815.1				
	所占百分比(%)	17.5	43.9	2.8	20.4	15.3
$120m^2$		2414.7	9774.2	541.2	2822.3	2389.1
	总和	17941.5				
	所占百分比(%)	13.5	54.5	3.0	15.7	13.3

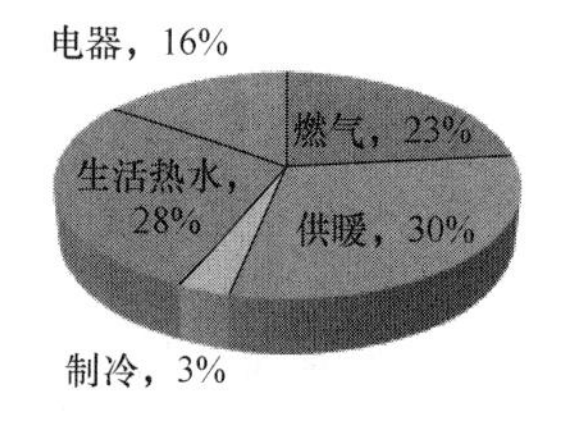

图7-17 北京地区$70m^2$户型建筑能耗分析

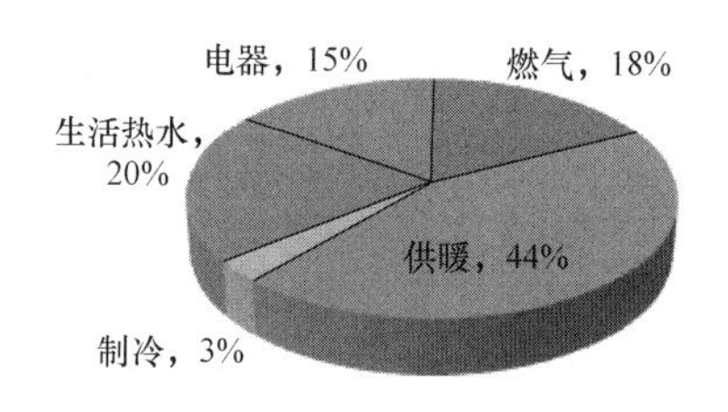

图7-18 北京地区$90m^2$户型建筑能耗分析

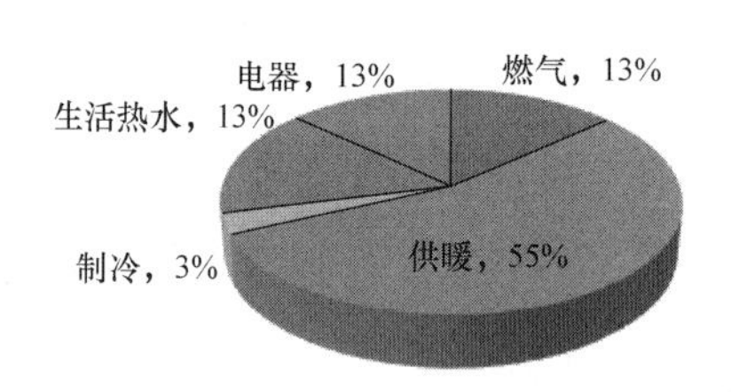

图7-19 北京地区$120m^2$户型建筑能耗分析

7.2.7 小结

通过上述分析比较，可以得出以下结论：

(1) 由于气候的影响，相同面积的住宅户型，全年能耗从南向北依次递增，生活热水所占能耗比例逐渐下降。

(2) 普通住宅生活热水，按目前统计的人均用热水水量计算，在除采暖外不同使用功能能耗分项中所占最大比例；随着人们生活水平的提高，人均生活用热水量逐年增加，根据日本的统计资料，日本人均热水用水量达100L/人，生活热水的能耗比例将进一步增加。因此，生活热水的节能不容忽视。采用太阳能或热泵等节能设备制备生活热水，具有显著的节能效果。

（3）当采用集中热水系统时，由于户外管网的无效能耗较大，南方不采暖地区全年集中热水系统能耗占住宅总运行能耗的比例接近40%，广州亚运城生活热水占建筑总能耗的32%～38%，由此可见，该系统采用太阳能-水源热泵新能源的重要性。

7.3 热水管网设计特点及热损失分析

7.3.1 亚运城热水系统管网能耗分析

亚运城赛时已建住宅共计8078户，赛后规划总住宅户数约18000户。亚运城户均热水管网能耗指标计算如表7-12所示。赛后计算户均热水管网能耗指标约56W，是比较合理的技术指标，表中能耗指标仅计算住宅平均日热水能耗，考虑到配套学校、宾馆、餐饮等服务设施的热水用水量，户均热水管网能耗指标还会有所下降。但表中数据仅为理论计算值，受材料质量、安装质量等多方面影响，实际管道能耗比计算值增加约20%。

亚运城热水系统不同工况能耗分析表 **表7-12**

序号	工况	住宅人数（人）	日均用水定额［L/(人·d)］	日均冷水温度（℃）	热水供水温度（℃）	日均热水耗热量（kW）	日均室内管网热损失（kW）	日均室外管网热损失（kW）	日均管网总热损失（kW）	管网能耗所占比例	每户负担管网能耗指标（W）
1	赛时理论计算	26800	120	22	55	111084	7665	9335	15455	0.14	80
2	赛时既有建筑赛后工况	25750	45	22	55	37800	7665	9335	15455	0.41	80
3	赛后全部住宅工况	57600	45	22	55	84556	15527	11287	24377	0.29	56

注：1. 每户能耗指标是指每户住宅分担的室内外热水管网（不包括户内支管）平均时耗热量；
2. 按住宅入住率为85%，24h连续运行供热水；
3. 亚运城赛时集中热水按日水量指标120L/(人·d)进行设计；比赛期间实测日均用水量指标约75L/(人·d)；亚运城赛后集中热水按日均水量指标45L/(人·d)，热水供水温度为55℃，住宅每户人数为3.2人。

表7-12为亚运城赛时工况、既有建筑赛后工况、赛后规划总建筑面积工况的系统能耗分析。亚运会赛时为特殊使用条件下的工况，系统设计核心是确保赛时的供水安全性。由于赛时时间较短，工况不具有持续性，因此系统能耗指标的测算以赛后常态运行参数作为分析依据。

赛时户均热水管网能耗指标偏高的分析：

（1）原设计3号能源站位于媒体中心地块内，为保证该地块用地的完整性，3号能源站移至升旗广场；且由于媒体村均为高层建筑，屋面难以设置太阳能集热器，媒体村的太阳能集中设在媒体中心屋面，因此媒体村没有设置二级站，采取一级能源站直接供水，供回水管线较长。

（2）运动员村单体设计采取了每单元热水管道进出入户，造成运动员村热水管线增加约25%，管线热损失较大。

(3) 能源站和相关市政道路上的热水管道均按保证赛时工况指标进行设计，相应管网的管径偏大，热损失较大。

上述指标是按平均日用水指标为45L/(人·d) 测算，当日用水量增大、热水日总耗热量增加时，管网损耗所占比例将会明显降低；在入住人数或工程建设未能满足设计工况时，采取定时供应可大幅度降低管网能耗。

7.3.2　热水管网能耗的影响因素分析

1. 环境温度

在满足热水温度需求的前提下，适当降低热水温度，可以节省大量能源，对减少热损失、提高经济效益有重要意义。埋地管道周围土壤温度场是由自然条件和管道温度共同作用的复合温度场。埋地管道土壤温度场不仅受热水管道温度的影响，而且受大气温度季节性变化的影响，管道土壤温度场实际上是随时间变化的非周期性非稳态温度场。在不同气候条件下，外界环境的温度、风速等因素变化较大，这些因素引起土壤表面对大气对流换热系数发生改变，影响管道周围土壤温度场的变化。夏季气温升高，风速较小，对流换热系数也较小，管道散热量明显减少；冬季气温偏低，风速较大，对流换热系数明显增大，使管道散热量大增。该项目地处华南地区，年平均气温为22℃，室外热水管道均埋地敷设，土壤温度场相对稳定，有利于管道保温。

2. 保温材料

在环境温度、工作状态稳定的前提下，管道散热量与保温构造的复合导热系数成正比，保温材料的导热系数越低、保温层越厚，保温效果越好；室温管道保温受条件限制，只能做直埋保温或管沟敷设，目前直埋管道保温技术已较成熟，保温层一般采用聚氨酯，保护层则采用高密度聚乙烯套管、树脂玻璃钢、钢管等，聚氨酯直埋保温管在直埋深度约为1m的管道里，每100m降温为0.1℃ 。聚氨酯直埋保温管与室外管沟敷设相比，具有造价低、保温效果好、施工方便等优点；直埋保温管具有防腐、防潮、防水的功能，亚运城项目基地潮湿、地下水位较高、腐蚀性较大，直埋保温管技术可以克服上述缺点。

3. 管道长度

在环境温度、工作状态、保温构造已定的前提下，管道长度是管道散热量的决定性因素。住宅集中热水除满足热水的及时性、稳定性、舒适性的要求外，每户还有严格的计量要求，由于热水回水的技术特点，使热水计量成为一大技术难点，目前可行的技术方案是在水表后热水不再循环，为满足相关规范热水出水时间的要求，水表后热水管道长度控制在10m左右为宜，但工程现实难以满足这一要求。因为一般住宅立管集中设置在楼梯间公共管井内，水表集中设置，水表至末端用水点超过15m，大户型可达25～30m。为满足规范的热水出水时间的要求，可采取的其他技术措施有：

(1) 设置多个立管、多块水表：在技术上可满足规范的出水时间要求，但增加了管道数量，造成“户均管网能耗指标”大增，从节能和经济层面是不合适的。以该项目运动员村住宅为例，运动员村住宅不同立管数量的能耗比较见表7-13；运动员村住宅室内不同立管数量、不同水表数量的能耗比较见表7-14。

运动员村住宅不同立管数量的能耗比较 **表 7-13**

序号	竖向分区	立管数量	供水管径(mm)	单位长度热损失(W)	供水管道长度(m)	供水管道热损失(W)	回水管径(mm)	单位长度热损失(W)	回水管道长度(m)	供水管道热损失(W)	室内管道热损失合计(W)	每户室内管网负担热损失量(W)	每户室外管网负担热损失量(W)	每户室内外合计管网负担热损失量(W)
1	1个区	1处立管	50	9.66	50	483	32	7.27	50	363.5	846.5	33	50	8
2		2处立管	40	8.24	100	824	25	6.4	100	640	1464	56	50	10
3	2个区	1处立管	40	8.24	75	618	25	6.4	75	480	1098	42	75	12
4		2处立管	40	8.24	150	1236	25	6.4	150	960	2196	84	75	15

注：1处立管指每单元双立管设在公共楼梯管井内，每户一个水表；
2处立管指每户单元内设两处单立管，每户两个水表。

运动员村住宅不同立管数量、不同水表数量能耗比较 **表 7-14**

序号	项目	户内支管热损失指标(W)	户内支管长度(m)	户内支管无效水容积(L)	户内支管每日无效水量(L)	户内支管每日无效放水热损失(W)	户内支管运行时间(小时)	户内支管每日热损失量(W)	每户分担户外管网小时散热指标(W/m)	每户户外管道运行时间(小时)	户内户外管道每日热损失量(W)	每户每日热损失量合计(W)	每户每日热损比例关系
1	竖向1区单表	15	12	3.8	7.5	263	0.5	90	80	24	1992	2345	1
2	竖向1区双表	15	4	1.3	2.5	88	0.5	30	106	24	2544	2662	1.14
3	竖向2区单表	15	12	3.8	7.5	263	0.5	90	117	24	2808	3161	1.35
4	竖向2区双表	15	4	1.3	2.5	88	0.5	30	159	24	3816	3934	1.68

注：1. 运动员村住宅为典型的1梯2户住宅；
2. 相关计算未包括住宅卫生间内接器具的小支管；
3. 户内支管热损失指标按埋设在地面垫层内塑料管计算，从水表至用水末端温降为1℃。

计算表明，类似15层左右的住宅集中热水系统，即使竖向按一个分区，采用两处立管时室内外管网户均能耗指标达到106W；如果采用竖向2分区、采用两处立管时，“管网户均能耗指标”为159W，已远超过1个分区、1处立管户均80W的能耗指标，运行成本将十分昂贵，对节能十分不利。另一方面，户内采用双水表时，增加立管造成直接投资的大幅提高，同时增加了管井面积、水表布置困难、抄表管理困难等隐性成本；竖向按两个分区时，单表系统每户热损失增加约30%，双表系统每户热损失增加约50%。

表7-14详细计算了每户负担的室内外管网综合热损失，包括户内支管埋设在地面垫层内的热损失；因热水温度下降，支管内无效放水的热损失；楼内外热水供回水管道热损失。计算表明，采用每户一表、集中设置在户外管井内是每户综合热损失最小的技术方案，采用每户双表系统综合热损失增加约15%。

（2）支管采用电伴热：由于电伴热需要保温层，住宅垫层厚度无法满足埋设带保温层的热水管道，因此支管采用电伴热只能在吊顶内附设，将造成二次装修的复杂性。能耗方面，每户入户管道按DN20管道长度12m计，单位长度散热量约6W/m，每户户内增加管道热损失约72W，仅此一项已超过合理的能耗指标，因此在住宅内支管采用电伴热的做法只适用于特殊要求的工程，而一般工程实践中业主难以承受，是不可取的。

根据以上分析，住宅集中热水管道应在合理控制供水压力的条件下尽量减少竖向分区、减少立管数量。在目前阶段，每户一表、集中设置在户外管井内仍然是现实可行的技术方案，个别大户型的确存在热水出水时间偏长的问题，但住宅用水不同于宾馆等场所，住宅用热水不仅仅用于洗浴，还可用于洗菜、洗衣等多种用途，初始不能达标的热水可通过受水器暂存作为它用，以弥补这方面的损失，在水费管理方面也可适当给予优惠。

4. 供配水管径

管径的大小对管道散热量具有直接的影响，管径越大，散热量越大，该项目室内不同管道热损失见表7-15。

室内不同管径管道散热量　　表7-15

序号	管径（mm）	外径（m）	导热系数［W/(m·K)］	保温厚度（mm）	介质温度 T_0(℃)	环境温度 T(℃)	绝热层外径 D_o（mm）	绝热层内径 D_i（mm）	单位散热量 W/m
1	150	159	0.043	50.00	50.00	22.00	259	159	14.64
2	100	108	0.043	50.00	50.00	22.00	208	108	10.94
3	80	89	0.043	40.00	50.00	22.00	169	89	11.04
4	70	76	0.043	40.00	50.00	22.00	156	76	9.86
5	50	57	0.043	30.00	50.00	22.00	117	57	9.66
6	40	45	0.043	30.00	50.00	22.00	105	45	8.24
7	32	37	0.043	30.00	50.00	22.00	97	37	7.27
8	25	30	0.043	30.00	50.00	22.00	90	30	6.40
9	20	25	0.043	30.00	50.00	22.00	85	25	5.77

影响管径的主要因素是设计秒流量和管道流速，住宅热水设计秒流量采用概率法计算，与用水量定额、使用人数存在一定的关联关系，合理降低用水定额和使用人数可减小供水管径；但宾馆等公共居住类设计秒流量计算与水量定额、使用人数基本没有关系，而宾馆常年入住率不高，根据设计秒流量计算的管径偏大，管网热损失较大，不利于节能。因此，建议热水管网采用较高的设计流速，户内支管为0.8～1.0m/s；建筑物内立管、干管为1.2～1.5m/s；室外或地下室内主干管宜为1.5～2.0m/s。热水设计秒流量在使用中出现的时段很短，即使个别时段用水量较大，管网短时高流速除高级宾馆等对噪声影响要求较高的建筑外，是可以接受的，这样运行可达到节能的目的。

7.3.3　热水管网设计优化

1. 合理控制户均热水管网能耗指标是保证住宅集中热水系统经济合理性的关键

“户均热水管网能耗指标”是指每户住宅分担的室内外热水管网（不包括户内支管）平均耗热量。生活热水具有日耗能量较小、长年连续性使用、年累计耗能较大等技术特点。资料表明，住宅热水全年能耗占住宅总能耗的30%，因此生活热水的节能应引起足够重视。由于全日制集中热水系统需要满足热水的及时性、稳定性、舒适性的要求，管网全天均需保持适宜的温度，因此管网的能耗较大。如果不合理控制管网的能耗（无效能耗），势必造成能耗高、运行费用大，热水价格高涨，用户难以承受。根据亚运城设计经验与理论分析表明，“户能耗指标”平均小时散热量合理数值控制在60～80W为宜，折算成每户平均日管网能耗指标为1440～1920W，并不宜超过每户住宅平均日热水能耗的30%。

2. 应尽量减少住宅热水系统竖向分区

住宅设置集中热水具有入住率不高、计量收费难、热水管线较长等特殊的技术难度，为合理控制系统的能耗指标，应尽量减少住宅热水系统竖向分区，减少室内外管网，降低一次性投资、减少管网能耗。

应特别指出的是，对于高层住宅，一般6～7层为一个竖向区，室外供回水管道亦按此布置，管网热损失巨大，“户均热水管网能耗指标”远超过60～80W，造成较大能源浪费，应引起设计界高度重视。即设计阶段一定要考虑投资、运行管理的经济因素，充分保障系统的节能性、经济合理性。

3. 开式热水系统应合理控制热水回水量（详参第7.4.5节）

7.4 大型集中生活热水系统几个值得重视的问题

7.4.1 太阳能热水集中供应系统应采用最高日和平均日两个热水定额设计

太阳能热水集中供应系统由集热系统和热水供应系统构成。集热系统的设施包括集热器、集热水箱、集热循环泵等。热水供应系统的设施包括辅助热源加热、供热水箱（罐）、热水循环泵等。这些设施的大小几乎都与设计水量或热水定额有关，热水定额的选取直接影响太阳能热水集中供应系统的规模、造价、供水安全性、系统的经济性。

亚运城的太阳能热水集中供应系统按赛时和赛后两种工况设计。在亚运会比赛期间，运动员村、媒体村、技术官员村的功能是提供住宿，用水性质类似于宾馆。在赛后，这些建筑将作为商品住宅向社会出售，其功能转化为住宅，用水性质为住宅。这两种设计工况，日用水量是不一样的。

太阳能热水辅助热源及热水供应系统的设计工况按最高日用水量设计，并且取赛时和赛后两个水量的最大值。赛时的热水定额取120L/(d·人)(60℃)，赛后住宅的热水定额取90L/(d·人)(60℃)。

太阳能集热系统的设计工况根据赛后住宅平均日用水量设计，热水定额取45L/(d·人)(60℃)，为最高日的50%。

比赛期间在对该热水系统进行测试时，对运动员村热水用水量做了粗略的统计，其结果是运动员人均日用水量约为64 L/(d·人)(60℃，其中分摊了服务管理人员用水)，约为设计最高日用水定额的53%。

根据该工程的实践可得到如下观点：

（1）太阳能集热系统和热水供应系统应该分别选取不同的热水定额，集热系统的热水定额应按平均日选取，热水供应系统的热水定额按最高日选取。集热系统用水标准根据最高日定额按一定比例折减。折减系数可取0.5～0.6。建议《建筑给水排水设计规范》和《居住小区集中热水供应技术规程》中太阳能集热系统的热水定额按最高日热水定额下限取值的规定进行修改。

（2）太阳能集热加热系统的利用，追求的首要目标是节能的经济效益。系统满负荷运行的时间比例越多，则系统的利用率越高，投资回收期越短。集热器设计用水量取得越低，则用户实际用水超出设计水量的机会越大，太阳能满负荷运行的时间越长，投资回收期越短。然而，太阳能设备的规模过小，虽然回收期很短，但太阳能资源又未被充分合理利用。综合平衡之后，设计用水量应按平时经常出现的数值选用，这样可使集热加热部分得到较充分的利用。对于超出设置流量的用水时间，启动辅助热源补充不足部分。

在设计具体工程时，太阳能集热系统的用水标准可按如下方法选定：首先按照规范选定热水供应系统的最高日用水定额，再根据该定额取0.5～0.6的折减系数换算出太阳能集热系统的热水用量定额。

7.4.2　开式系统室外热水管道应同时考虑适用和节能

该项目在平面上划分了3个供水区域，分别对应3个辅助加热能源站室。3个区域的室内热水管网有的竖向不分区，有的分为2个区。尽管室内分区方式不一致，但3个区各自的室外热水管网的循环回水管设置都是一致的，即都只设一条回水管，且就近回到能源站室，连接到开式的加热水箱上。室内有2个竖向分区的热水回水管，通过减压平衡控制，汇入室外的同一条回水管中。每个室内系统循环回水的形成和控制，都由回水出户管上的温控限流阀完成。通过实测和亚运会赛事的考验，室内用水点的水温都达到了设计要求和使用者要求。

上述循环回水设置方式具有如下优势：

第一，比室外热水管道同程布置减少大量的室外埋地管道，这一方面减少了管道、器材和施工费用，另一方面还减少了系统的热损失。

按照同程布置方式，室外循环回水管道的长度有2个能源站区要增加1倍，1个能源站区要增加2倍。该工程埋地热水管道的造价在每米数百元。

根据国家标准图给出的散热计算方法对该项目的热水系统散热进行计算，在最高日用水工况，管网的散热损失约占用热量的15%，而在平均日用水工况，散热损失比例将上升到30%左右。

可见，减少循环回水埋地管道的长度，对于减少系统的造价和节约能耗，都是非常重要的。

第二，解决了大型开式热水循环系统不采用同程布置而保证循环效果的难题。该项目中，每个供水区域中含有十几栋甚至几十栋住宅，建筑有高有低，并且建筑形状各异、复杂多样。对于每栋建筑内部，热水系统都基本能够实现管道同程布置。然而，当这些建筑的热水系统在室外并联到一个供水总管道和一个回水总管道之后，各建筑之间都管道同程的设想就无法实现了，即使室外回水管道严格按同程布置。因为有的建筑在室内的管道短，有的建筑在室内的管道长，这些长短不一使得整个系统的同程布置无法实现。

根据该工程的实践可得到如下观点：

建筑小区中各栋建筑的形状和高度不可能都一致，其集中热水供应系统难以实现同程布置，也没有必要去追求室外管道同程布置。从节省投资和能耗的角度出发，室外热水管道包括回水管道，应走尽量短的路线和机房连接。循环回水的均匀分布应采用其他手段进行控制。

7.4.3 热泵作太阳能热水辅助热源宜和空调供冷联用

1. 辅助热源热泵和空调供冷联用

亚运城太阳能热水系统的辅助热源由公共建筑集中空调系统的江水源热泵供给，加热能力按最高日用水量设计。由于空调系统的制冷功率远大于生活热水的制热功率，所以其中一部分热泵设计为制冷制热供应联用，可同时制备生活热水和为空调系统制冷。当太阳能充足、热水温度足够、不需要辅助热源启动时，热泵则只为空调系统供冷；当不需要空调制冷时，热泵则只制备生活热水；当空调制冷和热水制备同时需要时，则热泵制冷排出的热量用于制备生活热水。

上述江水源热泵作为太阳能热水辅助热源和空调制冷联用，具有以下优势：第一，这些热泵尽管由于冷热联用而导致单独制冷或制热时效率会有所降低，但是当太阳能加热不足启动辅助热源、加热和制冷同时进行时，热泵的节能效率得到叠加。第二，太阳能加热足够不需要辅助热源时，热泵仍然运行，向空调系统供冷。这样，热泵虽然是辅助热源，但仍然能长时间高效运行，设施得以充分利用，取得较高的节能总量。对于广州这样空调期长的地区尤其如此。第三，由于冷热联用热泵机组的投资回收期缩短。

2. 热泵专门作太阳能热水的辅助热源经济性差

太阳能热水辅助热源的另一个考虑方案是单独设置江水源热泵，不和空调系统联用，这样的设置在实际工程中已不少见。这种配置中，热泵的总运行时间将大为减少，其能力得不到充分发挥。作为节能设施，其投资回收期将延长，甚至超出合理范围。

热泵辅助热源的制热能力应按最高日100%热水用量配置，该工程太阳能集热系统的规模按平均日用水40%的保证率设置，辅助热源的制热功率约是太阳能制热功率的5倍，其规模远大于太阳能设备。但是，太阳能设备几乎可供应40%的年用热量，而辅助热源供应约60%的年用热量。辅助热源热泵的配置功率是太阳能设施的5倍，而供热量仅是太阳能设施的1.2倍，如果热泵作为辅助热源不和空调制冷联用，则热泵的节能收益将远逊于太阳能设施，失去节能的合理性。目前，单独设置热泵作为太阳能热水辅助热源的工程，实际上都面临着这样的问题。

热泵专门作太阳能热水的辅助热源经济性差，不值得推广。

7.4.4 集中热水供应的平面分区应考虑低入住率因素

亚运城太阳能集热系统的供热保证率为40%，另外约60%的热水由辅助热源供应。辅助加热集中在3个能源站中。辅助热源加热的热水通过直埋管道输送到众多的二级站站室的热水箱中，再用变频泵加压经室外直埋管道供应到各栋建筑的用户。辅助热源加热供水方案的主要特点是加热相对集中，热水供水泵房相对分散设置。

3个江水源热泵能源站是制备生活热水和空调制冷两个专业共用的机房，其设置位置和数量需要两专业协调。从生活热水供应的角度考虑，其数量设置多些有利，可减小能源站过大的供水区域。供水区域减小有利于赛后转换为住宅使用时，对较低入住率阶段的适应性或灵活调度运行。实施方案中，这种适应灵活运行的需求通过设置多个二级站得到了体现。

二级站站室均匀地分散设置在运动员村、媒体村中，每个站室负担就近住宅的热水供应。当入住率较低，有些住宅不需要热水或运行费用难以接受时，有以下措施应对：

（1）对于不需要热水的住宅，可关闭相应的二级站。二级站不运行，则相应的供水管网的散热损失消失，避免摊高其他供水住宅的热水成本。

（2）屋面太阳能热水加热到55～60℃时才进入二级站热水箱。入住率低又需要供应热水时，太阳能热水温度可满足大部分使用而直接供应，不必集中到能源站室辅助加热，只有阴雨天才需由辅热站室供热。

7.4.5　开式循环回水应严格控制循环水量

各栋建筑的循环回水均通过室外循环回水管道回到相对集中设置的能源站中，排入开式的加热水箱，之后再通过能源站的热水泵输送到二级站，由二级站的热水供水泵加压提升到热水输配管网。循环水每完成一次循环，就经历一次水压的释放和提升。这种循环方式和闭式循环相比无疑加大了耗能量，因此，必须严格控制循环流量和循环次数，以缓解循环能耗的增大的现象。采取的主要措施如下：

（1）加大循环控制阀开启和关闭期间的温度差，减少各栋建筑的循环次数和时间。各栋楼房内的回水出户管道上设有温度控制阀，根据设定的温度开启和关闭。开启后，循环水流动；关闭后，循环停止。常规的控制温差设在5℃左右，该项目加大到8～10℃。

（2）有些工程实例的循环水量计量表明，循环水的累计量远大于热水使用量，甚至高出一个数量级。这多是循环水流发生短路造成的。温控限流阀可避免循环水流短路和超量循环水发生。该项目拟采用自力温控限流阀，但是满足供水卫生要求的限流阀目前为进口产品，价格较高，且该产品不能完全关闭，阀门最小开启时，仍然有1/3的设定流量通过，不适应大型开式系统，因此施工安装过程中被取消，用电磁阀替代。

（3）在进入能源站内的总回水管上设定时电磁阀，用水高峰时段可关闭整个系统的循环，减少循环累计水量。亚运会比赛期间，由于入住率高、用水量大，就实行了在某些时段关闭总回水阀的运行方式。各栋楼房内的循环回水出户管上的温控阀，感温点设置在控制阀阀前（上游）管道上，阀门关闭时，该点的水静止，温度随着时间的延长而持续下降，下降到设定的温度值，控制阀开启，循环开始运行。感温点的水静止时，温度下降速度与管道的散热相关，而与系统的用水量无关。也就是说，只要循环终止一段时间，控制阀就要开启下一次循环，即使是在高峰用水时段完全不需要循环水流动维持配水管道的水温。实际上，只要系统中的用水量超过一定的数值，比如15%最大小时用水量与设计循环流量之和，则系统就足以自行保持所需要的水温，循环就是不必要的，属无效循环量。另外，在后半夜完全没有用水时，循环也是可以关闭的。

目前在水源热泵生活热水和较大型的太阳能热水工程中，循环回水进入底部开式水箱释放压力的做法是很普遍的。这些系统的回水都需要采取一些严格的措施控制循环回水量，以减小循环水的动力能耗和减少回水管网的散热损耗。

7.4.6 集中热水系统应特别关注管网热损失

该工程计算表明，住宅集中热水管网热损失量超过平均日用水热量的30%，相关规范中只是规定了不超过最高日用热量的10%，但最高日用热量在工程中出现的频率极小，而平均日用热量是常态。考虑到入住率等原因，低入住率运行还要小于设计平均日用热量，使得热损失所占比例更高。因此，应严格控制集中供热输配管网的散热损耗，使每户平均负担的这部分耗热损耗不宜超过60W。

集中热水系统减少竖向分区，可有效减少供回水管道，有效减少管网热损失。热水系统合理提高分区压力值、通过设置支管减压等方式保证冷热水压力平衡等做法应受到关注。这类做法较好地解决了冷热水供水分区不同时的压力平衡问题，同时大大减少了管道，节能节材。

7.5 住宅太阳能热水系统设计的特点和难点

7.5.1 住宅热水系统的特点

（1）连续性：随着经济的发展，人们生活标准日益提高，及时洗个热水澡成为住宅功能的基本要求，标准高的家庭需要每天洗澡，许多高档住宅、公寓设计24h热水供应。因此，住宅热水系统不但具有全年365d的连续性特点，也有每天24h热水供应连续性的特点。

（2）负荷变化：对中国普通家庭而言，热水每日用水量日均20～50L/(d·人)，远小于设计规范规定的最高日热水用水量。与采暖、空调负荷相比，生活热水的日负荷量、小时负荷量要小得多，因此具有每日负荷量较小的特点；由于住宅热水系统具有全年365d的连续性，因此具有年负荷量较大的特点，生活热水能耗占住宅能耗的比例较高，具有较大的节能潜力。

对大部分住宅而言，人们日出而作、日落而息，热水负荷集中在18：00～23：00，每天小时变化系数为2～3，因此具有负荷变化大的特点。

（3）及时性：洗浴需要及时得到热水，规范规定热水出水时间小于15s，超过这一时段，心理有不适的感觉，同时这一时段的热水未能得到有效利用，造成水资源的浪费。

（4）舒适性：洗浴需要充足的流量、稳定的压力、适宜的温度 ，这是舒适性的基本要求，特殊的洗浴要求特殊的流量、压力和温度。压力不稳、忽冷忽热均会造成严重的不适感。

（5）计量收费：每户单独计量是基本要求，由于生活热水的特殊性，计量带来了较大的技术复杂性。其一，每户一块水表，设在户外管井内，水表后管线较长，热水出水时间较长，舒适性降低并造成水资源浪费；其二，每户水表设在户内，增加立管数量，管网热损失量大增，运行成本高昂，且抄表进户和维护管理时上下层干扰，降低了住宅的私密性；其三，水表后支管循环难以实施，水力条件不允许、散热量较大，运行成本较大。

7.5.2　高层住宅太阳能热水系统的难点

（1）屋顶面积紧张，太阳能集热器布置困难。随着城市化的突飞猛进，城市用地越来越紧张，城市主体住宅大部分为中高层或超高层建筑，一梯 2 户 20 层住宅的自然面积基本满足布置集热器的要求，由于屋面需要布置烟道、排气道、通气管、建筑造型构件等因素，需要架空才能满足布置要求，相应增加工程难度、增加投资。

（2）热水系统模式选择困难。区域集中热水系统复杂、计量复杂，管网热损失较大，运行成本较高，普通住宅难以承受；中高层住宅分户式热水器只能在阳台或立面安装，但建筑容积率较大，楼间距离较小。以北京为例，20 层左右的楼房，十层以下均存在严重遮挡；华南地区对日照要求较低，楼间距离较小，阳光遮挡更严重，阳台安装热效率较低，且存在维护困难、建筑立面受影响、投资造价较高等缺点。

（3）单元集中热水系统需要合理设计，每个单元设置一组太阳能集热器，通过集中贮热或分户贮热等系统模式供应热水，对普通住宅太阳能热水系统是一种选择。集中水箱贮热模式，存在水箱间较多、投资较大、水压不稳定、计量困难等缺点；集中集热分户贮热系统存在立管布置困难、管网散热量较大、热效率较低等缺点。

7.6　工程技术难点

7.6.1　设计人数与用水量标准的确定

该项目的难点之一是既要满足赛时的高安全可靠性，同时又要合理满足赛后全部使用用户的需要，如何确定赛时、赛后的设计参数和用水量标准成为控制设备容量和造价的关键因素之一。

1. 赛时

亚运会期间运动员、技术官员等相关人员随赛制安排陆续进住，亚运城每日实际入住人员要小于规划数值，为安全计并考虑经济技术的合理性，运动员村、技术官员村、媒体村人数按 90%设计计算；餐厅使用人数按 60%设计计算。实际运行数据表明，最高日运动员人数为设计人数的 75%，原设计的人数值仍偏安全。

赛时设计按宾馆用水量标准的低限值 120L/(d・人)，明显高于住宅的标准，但时变化系数取 2.6，低于宾馆的热水时变化系数。实测表明，亚运会期间，平均日用水量约为 60～70L/(人・d)，由于缺少足够的实测资料，相关数据的确定偏于安全。

2. 赛后

运动会时间较短，更注重的是安全可靠性，该项目以节能为主要目的，因此要合理保证赛时的工程设备赛后常规住宅的使用，该项目基本设计原则之一是将赛时设备满足赛后全部住宅热水量。从人数计算、用水量标准方面进行了大量的调研和分析。

赛后亚运城住宅改为配套完善的中高档居住社区，根据《建筑给水排水设计手册》和《小区集中生活热水供应设计规程》的规定，该项目生活热水采用太阳能和水源热泵制备，系统设有较大容积的热水贮存量，平均日热水用水量定额计算参数按相应热水定额下限取值（热水温度为 60℃），最高日用水量取 90L/(人・d)，入住率按 0.85 计算，用于系统管网、设备选型等设计计算依据，平均日用水定额取 60L/(人·d)，用于太阳能计算的平均日用水量定额为 45L/(人·d)。

7.6.2 亚运城生活热水耗热量与空调负荷的平衡

水源热泵的选型采用“以热定冷”的原则，即通过耗热量确定可供冷范围及其供冷面积；空调季节运行实际按“以冷定热”的工况工作，确定在制冷工况下的热回收量（用于制备生活热水）。

太阳能制热量、居民实际热水用水耗热量、空调实际负荷均为动态变化的变量，三者的平衡匹配只能通过模拟分析计算确定。热水用水耗热量的准确计算是非常关键的，为更好地进行冷热负荷的匹配，合理进行水源热泵机组的配置，设计充分考虑广州地区的热水用水特点，并结合当地逐月太阳能辐照量、冷水水温等气象条件，进行了逐月平均日热水用水量、太阳能集热量、水源热泵加热量的平衡计算，详见图 7-20，按国内大型住宅区实际入住状况，亚运城赛后入住率按 60%计算（见图 7-20）。

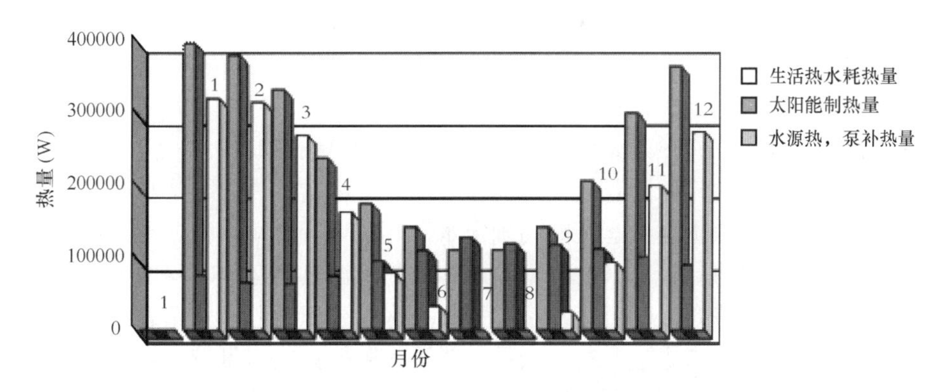

图 7-20 亚运城（入住率为 60%）日热水耗热量、太阳能制热量、水源热泵制热量平衡

该项目核心设备为水源热泵，水源热泵在制冷的同时，还要满足生活热水的制热要求，因此，该项目的难点之二是如何合理确定水源热泵机组的容量和机组选型、匹配关系。水源热泵在冷热联用工况下，制热量以满足全部生活热水的需求作为一个基本原则，在此前提下配置的水源热泵的制冷量要得到充分的利用，合理匹配生活热水耗热量与空调负荷的关系是工程的一个难点。

7.6.3 太阳能集热器选型与集热面积的确定

太阳能集热面积的合理确定，难点在于设计参数的取值，为此该项目根据项目特点和现行技术规范的要求，结合所选用产品的特点，对太阳能热水定额、热水温度、冷水温度、集热器效率、太阳能保证率、入住率等进行了全面细致的分析［详见第 7.1 节］，分析技术的合理性、经济性，既满足技术规范的要求，又要满足国家可再生能源示范项目的要求，还要满足项目高标准建设的要求。

太阳能集热器的选型主要考虑到广州地区的气候特点，在大面积屋面（媒体中心）集中设置平板型集热器，最大限度地发挥平板型集热器在南方地区的优势；住宅屋面需要建设屋顶花园，为满足屋顶花园的建设要求，屋面采用真空管集热器架空水平敷设，为此建筑考虑整体美观的要求，采用钢结构骨架架空，架空层布置集热器，周边设置检修跑道。

真空管集热器的种类较多，传统全玻璃真空管承压低、易爆管造成系统瘫痪；普通U形管阻力较大、容易气堵，造成热效率降低。综合比较采用进口技术的单层玻璃真空管集热器，联集箱内置串并联构造的流道，较好地解决了水力平衡和阻力较大的技术问题。

7.6.4　热水能储存与调配

太阳能、水源热泵均属于利用低密度能源缓慢集热过程，尤其是太阳能热利用属于“靠天吃饭”，白天日出时间收集太阳能资源，但白天热水用水量较少，晚上用水量较大，因此采用热水储存是太阳能热利用的基本技术要求。水源热泵的供热、用热平衡要靠热水储热水箱解决，合理计算水箱容积尤为重要。水源热泵提供空调冷源的运行时间、冷量负荷相对稳定，水源热泵采用全热回收工况，制冷的同时制备所需的热水，由于热水用水负荷变化较大，水源热泵制备的热水水量不可能与生活热水用水量相匹配，需要较大的储存容积来储存热水。工程的难点在于如何合理地确定一级站、二级站水箱容积。

运动员村、媒体村赛时热水用水量明显大于赛后既有建筑热水用水量，为避免投资浪费，太阳能集热器、水源热泵机组等设备的选型按赛后数据计算，赛时的用水可靠性由适当增大贮热水箱容积、增加机组运行的制热量来调节，运动员村的赛时富裕水箱可在赛后拆装后安装在规划住宅二级热站站室内，节约投资，避免投资浪费。

二级站水箱容积的确定原则：按太阳能年平均日产水量作为二级站水箱容积；一级站水箱容积的确定原则：根据空调运行时间确定水源热泵运行时间，根据平均日热水用水量和太阳能全日集热水量进行计算，贮水水箱总容积为水源热泵运行时间内的产热水量和太阳能产热水量之和，并满足平均日用水量。一级站水箱容积为贮水水箱总容积减去太阳能全日集热水量的差值，并考虑适当的富余量。冬季太阳能集热水量较少，夏季太阳能集热水量较多，根据季节天气情况预留太阳能集热水量的容积，保证太阳能制备的热水量有效储存，最大化地利用太阳能。

赛时运动员村用水量较大，由技术官员村调配热水至运动员村；三个能源站之间设计连通管道，可满足能源站之间水量调配，合理确定运行机组台数。

7.6.5　一级能源站及热水管网的合理设计

该项目工程浩大，需要庞大的生活热水管网，合理进行一级能源站和管网设计、控制管网热损失是该项目的重点、难点之一。减少管网长度是控制热损失最重要的技术手段，为此该项目室外设置三个能源站；室内将14层及14层以下均作为一个竖向分区，即技术官员村、运动员村热水为1个竖向分区，媒体村为2个竖向分区，将不同分区的回水合用一个回水管，大幅度减少供回水管的长度，使管网热损失控制在一个合理的指标下。

1. 1号、3号能源站调整设计

太阳能-水源热泵综合利用项目于2008年6月完成设计招投标工作，于2008年7月进行工程设计，此时技术官员村、运动员村、媒体村均已完成相应的建筑及总平面设计，为保证媒体中心地块、技术官员村地块用地的完整性，为日后商业地产的开发创造更好的土地利用条件，体现亚运城土地利用的价值最大化，应建设单位的要求，并结合工程的实际特点，将1号、3号能源站由原设计方案中的位置做出相应调整，即1号能源站由砺江河边移至技术官员村西南角绿化地块内；3号能源站由媒体中心东北角移至升旗迎宾广场地块内（见图7-21）。

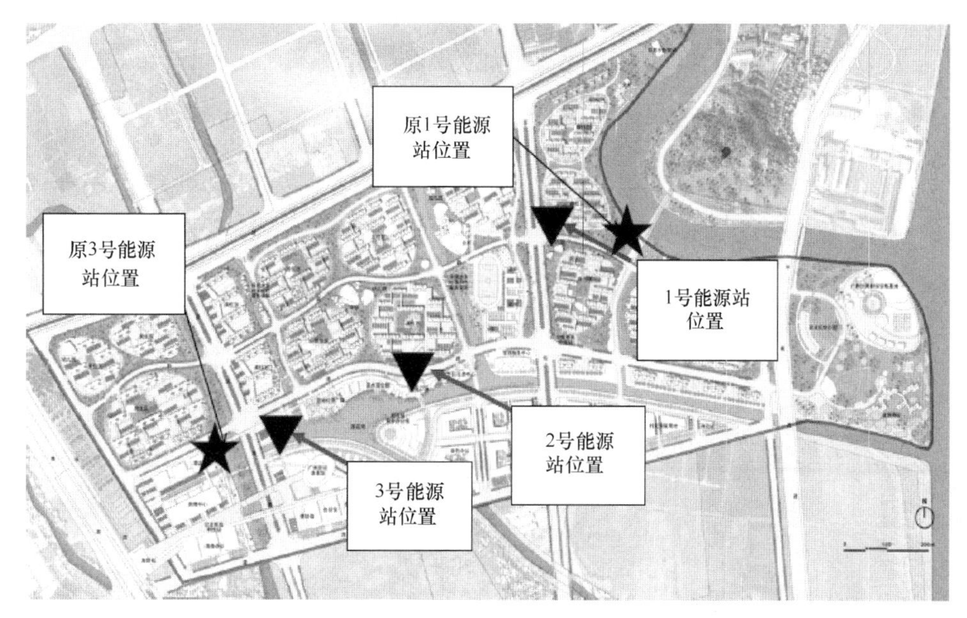

图7-21 能源站位置变化

2. 1号、3号能源站位置调整造成的工程量变化

（1）1号能源站

原设计1号能源站位置靠近砺江河岸，取水退水方便，管线较短，有利于取、退水工程的实施。位置调整后输入管线长度增加约200m，且取水管线为重力流管线，造成取水管线埋深较大，由于地质为淤泥软土土壤，需要进行管线勘察、支护等工程技术措施，投资较大。

（2）3号能源站

原设计3号能源站的位置靠近媒体村，热水管线输送距离较短，位置调整后，由于媒体村热水系统竖向分区的原因，需要4个热水管道进出能源站，造成增加热水管线长度约1200m，投资增加。

3. 热水循环管道的布置形式

（1）热水供水管道由单管制改为双管制

原方案设计拟采用热水供水回水单管制，即供水管道既是供水管道，也是回水管道，相关工程造价也是在此基础上进行的估算。而在该项目正式进行设计时，原单体各设计单位已经按现行规范的要求设计完毕，热水均为双管制，经与建设单位多次沟通，并多次协调相关单体设计单位，为保证建设工期，并按照相关现行规范的要求，设计采用热水供回水双管制，由此造成室外管网长度增加约50%。

（2）运动员村热水管道设计调整

运动员村的每栋楼由2～3个单元组成，原方案设计为每栋楼为一个整体，每栋楼座1个出口出入热水系统。由于单体建筑设计在前，新能源建设在后，基于建设工期以及施工方和设计方之间的协调困难等因素，仍维持每单元出入热水接口，比原方案设计造成管网长度增加约 14700m，以及相应配套的控制部件数量如温控阀等的增加，引起较大的投资变化。

图 7-22 和图 7-23 所示为运动员村 3 区 7 号楼、10 号楼热水管道新、旧方案布置比较图，按新方案设计方案，7 号楼、10 号楼增加约 600m 管道。

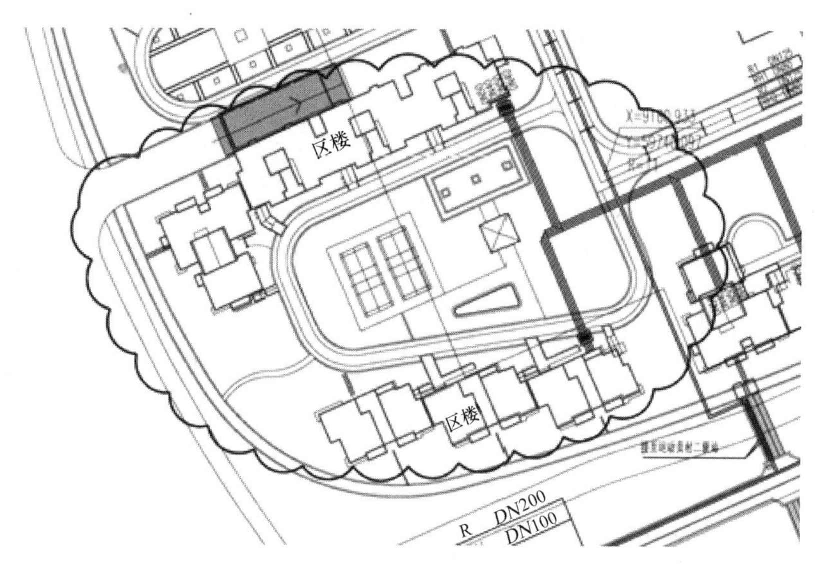

图 7-22　运动员村室外热水系统布置原设计方案

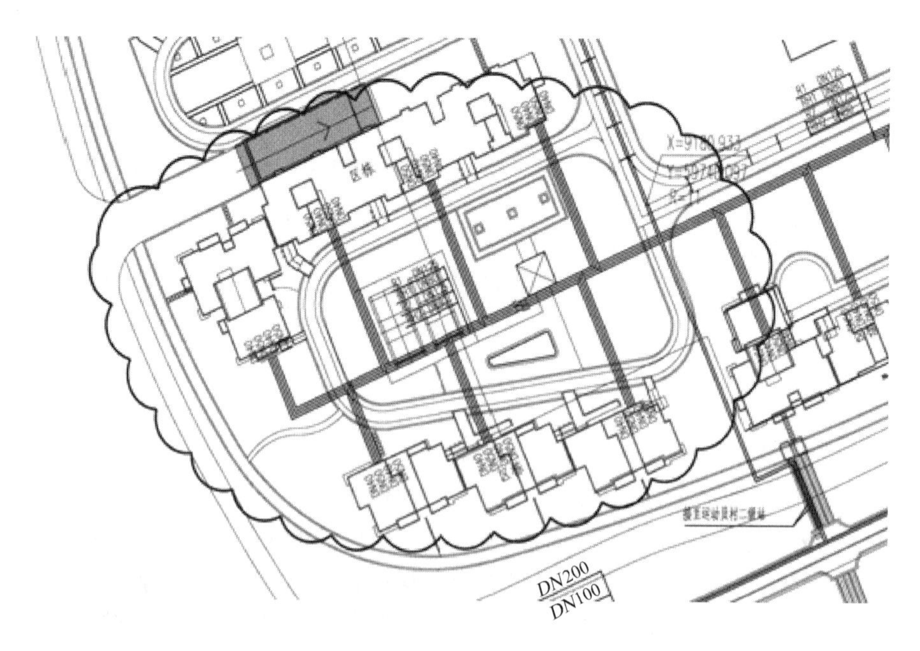

图 7-23　运动员村室外热水系统布置调整后的方案

7.6.6　管道及设备防腐

根据水资源论证报告中的水质含氯度分析，咸潮是海水沿河道自河口向上游上溯，使受海水入侵的河流含盐度增加的发生在河流入海口特定区域的一种水温现象。咸潮上溯的远近、持续时间、含盐度的高低与河流的径流量、涨潮动力有密切关系。每年 4～9 月为雨季，珠江径流量丰富，海水上溯不远，珠江三角洲地区咸潮不明显；每年 10 月至次年 3 月为旱季，珠江径流量减少，咸潮对生产、生活影响显著。特枯年份含氯度为 500mg/L 的咸水线可达西航道、东北江干流的新塘、沙湾睡到的三善滘，外江沥滘水道、浮莲岗水道处在咸潮影响范围内。根据黄埔电厂珠江河水 2004 年全年每隔 1 日实测含氯度资料，黄埔水道含氯度超过 500mg/L 的月份有 6 个月，最高可到 3000～5000mg/L，如图 7-24 所示。

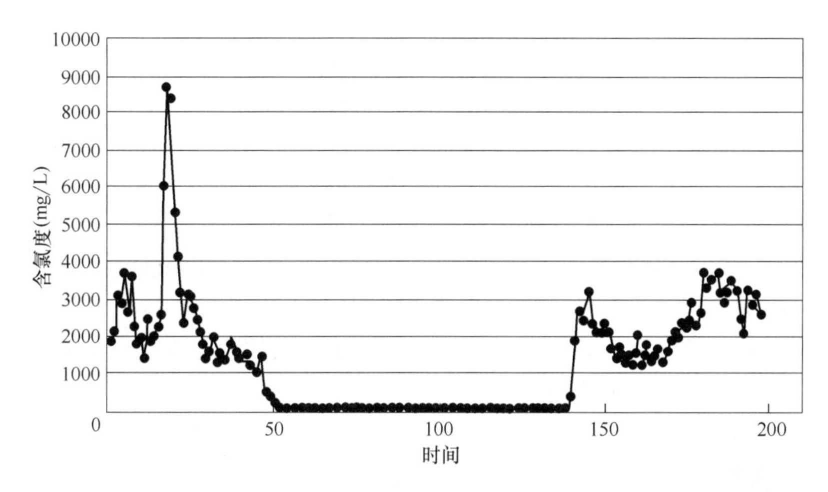

图 7-24 珠江黄浦水道 2004 年含氯度监测结果

由于该项目取水河段来水主要为外江来水量。因此，同样受含氯度影响，需要对水源热泵等站房管道设备采取综合防腐措施。选用管壳式换热器对水源热泵机组及管道进行防腐保护，为工程设计增加了较大的技术复杂性和技术难度。为确定相关设备、管道的材料和防腐工艺，由建设单位组织召开了 3 次专门的技术论证会，邀请了全国相关专家进行论证，对该项目拟采用的钛合金、镍铜合金、海军铜、特种不锈钢进行了深入分析和论证，最终确定的材料和防腐工艺如下：

（1）热交换器形式采用卧式管壳式换热器，换热管材质采用钛合金管 TA2，规格为 ϕ19×1.0mm 光管，管板采用钛复合管板 TA/Q235-B，壳体采用碳钢 Q235-B，每套换热机组采用上下两台换热器并联而成。

（2）与海水直接接触的管道采用钢丝网骨架聚乙烯（PE）管道，特殊部位金属管道采用聚脲喷涂防腐处理。

（3）与海水直接接触的水泵壳体及叶轮采用双相不锈钢。

（4）旋流除砂器、机械过滤器内壁采用聚脲喷涂防腐处理。

7.6.7 设计协调工作量巨大

亚运城太阳能水源热泵项目几乎覆盖了亚运城全部单体建筑物，包括技术官员村、运动员村、媒体村、媒体中心、体育场馆、国际区、中小学、医院等建筑物；其取退水工程覆盖了砺江河和莲花湖。涉及数十家设计单位、施工单位、监理单位；涉及自来水公司、电力、水利、水运、海事、环保等行政主管部门；涉及规划、基坑支护、水资源论证、通航论证等专项技术设计部门。进行了多次的设计协调、沟通、技术论证等复杂的技术配合工作。为此，设计院专门委派设计小组进行现场设计，委派设计代表长期驻扎在建设工地，负责每周设计例会，负责协调处理各种设计技术问题。

7.6.8 设计程序控制严格

由于亚运城是广州亚运会的核心工程，政治意义巨大。该项技术含量高、工程量大，工程难度大、工程建设标准高，建设单位较为重视。为此，建设单位要求设计单位、总承包单位、产品供货单位严格执行相关管理规定，包括：

（1）重大技术、重要材料调整需要召开专门的技术论证会。

（2）严格控制造价，可行性研究估算价格、初步设计概算、施工图预算、竣工决算严格按国家建设程序执行。为此，设计变更只要造成价格增减，随设计变更同步进行预算调整，并列出变更后的造价变化差异，对控制工程造价是强有力的控制手段，同时对设计单位提出了较高的要求和增加了较大的工作量。

（3）严格执行建设单位制定的《设计变更管理办法》、《深化设计管理办法》，对设计技术、设备材料进行严格的程序管理，对传统常规设计的影响较小，由于该项目技术复杂、新技术需要研究和磨合，在设计和施工中增加了较大的工作量，正是有了严格程序管理，才保证了工程质量和工程进度。

7.7 工程创新

7.7.1 太阳能集热系统和水源热泵联用及负荷平衡计算方法

太阳能制备生活热水一般采用常规能源作为辅助能源，该设计采用热泵作为辅助能源，同时提供生活热水和空调冷源，具有创新性。为最优化地配置设备，提高水源热泵全年的*COP*值，需要进行准确的太阳能和水源热泵负荷平衡计算。该设计充分利用广州的自然条件和用水特点，采用月平均日耗热量、太阳能集热量、水源热泵补热量的平衡计算，最大化地提高了太阳能和水源热泵的适配性，热负荷平衡计算方法具有创新性。

7.7.2 太阳能集热面积的计算方法

生活热水的用水量具有较大的波动性，现有规范的用水量计算方法一般满足管网计算、设备选型、保证系统安全性为第一设计原则，因此计算数值偏大。太阳能集热器的用水量标准、集热面积计算方法不能完全套用规范公式，否则极不经济，也不符合实际运行情况。该设计根据广州地区的用水特点和热水用水比例，计算出月平均日用水定额和年平均日用水定额，并结合太阳辐照量、太阳能保证率、太阳能布置形式、集热效率，结合该小区赛时赛后使用的不同特点确定太阳能集热器面积，计算方法具有创新性。

7.7.3 热水循环管网单管供回水、定温循环系统

传统的热水供水、回水管网要求同程布置，双管路系统，在室外布置难度较大，不容

易实现。该设计方案总结实际工程的运行经验，不同竖向分区采用减压阀减压后合用回水管回水，并采用支管温控阀定温回水。单体建筑物每栋住宅设定温控制，保证该建筑的热水循环效果。该系统节省室外管网投资，确保系统热水温度，减少循环泵运行时间，节约能源。热水循环管网单管供回水、定温循环系统具有创新性。

7.7.4　虹吸取水技术

该工程地质条件复杂，属软土地基，传统重力取水方案管道埋深大、投资高。经过多方论证、考察，并经实验验证，采用虹吸取水技术，减少了投资，缩短了工期，有力地保证了工程的进度和施工安全。虹吸取水技术具有创新性。

7.7.5　集中热水系统控制管网热损失指标

传统的集中热水供水、回水管网要求同程布置，双管路系统，管网热损失较大，运行成本较高。该项目提出控制集中热水系统控制管网热损失，采取多种技术措施控制管网长度和散热量，并提出户均管网热损失指标，具有创新性。并对太阳能热水系统、集中热水系统的设计，提高热水系统节能具有重要指导意义，在此基础上，结合相关科研课题，提出了新住宅太阳能利用的设计理念和设计方法。

7.7.6　对集中热水管网进行计算机数据模拟

媒体村热水管网庞大，管道布置复杂，为保证正常使用，专门委托北京工业大学力学实验室进行计算机数据模拟分析，从理论上验证系统水力计算的可行性；计算管网热量损失、温降。根据数据模拟结果指导设计和施工安装，为工程的顺利实施提供了有力保证。理论计算及设计方法具有创新性。

7.7.7　对系统进行实地检测和研究分析

针对该项目展开专项研究分析，申请国家部委科研课题，组成专门的科研小组，对亚运会赛前模拟演练、亚运会和亚残会期间进行实地测试，将测试数据整理分析，并与计算机数据模拟结果进行对比分析，互相验证了数据的趋同性，验证了工程设计的合理性和工程施工的质量可靠性。根据实测结果发现问题，找出原因，并指导现场进行修改完善，进一步提高工程质量，为物业管理提供科学的依据。工程设计管理和研究精神具有创新性。

第 8 章　工程技术与管理

8.1　项目管理特点

该工程属技术创新项目，技术难度较大，工程覆盖面广，几乎涉及全部亚运城在建单体项目，并涉及水利、水运、航道、水资源管理等行政管理单位，综合协调工作量巨大，工期紧、任务重，如何保质保量完成项目建设对工程技术管理提出严峻的考验。

8.1.1　建立科学的计划管理体系

1. 提高认识

计划是项目管理中的首要管理职能，贯穿于工程项目的不同管理层次，工程项目计划是对工程项目实施全部过程，各项任务和资源所做出的统筹安排；项目计划和调度一体化是项目成功的最重要的因素。工程项目的计划管理能否卓有成效，取决于对计划管理工作的认识是否到位。因此，该项目的工程管理把计划管理作为规范项目管理的首要条件。

2. 编制科学

为对太阳能和水源热泵项目实施有效的进度控制，首先必须编制亚运城总控计划，划清亚运城各子项界面分工，统筹协调技术官员村、运动员村、媒体村三大房建子项与该项目的进度安排，然后按项目构成，从总体到局部、逐层进行控制目标分解，形成施工项目总进度计划、单位工程进度计划、分部分项工程进度计划，季度、月（旬）作业计划以保证进度控制目标的落实。

3. 严密组织

为落实和完成计划，需要在组织层面形成严密的组织保证系统。为确保项目按进度实施，从业主方到参建各方，从管理层（项目经理、施工队长、班组长）到作业层，自指挥长、项目经理，到作业班组均需设立专门部门或人员负责检查、统计实际施工进展，对比计划进度及时作出相应的调整。

8.1.2　充分运用全面质量管理方法

全面质量管理方法是通过对计划、执行、检查、处置的不断循环的过程，即 PDCA 循环，持续改进产品和服务的质量的科学管理手段，它同样也适用于建设项目管理水平的改进和提升。该项目的进度计划管理 PDCA 四个过程并非运行一次就完结，而是周而复始地不断进行，直至项目终结，确保了项目进度控制取得实效。

1. 计划编制

首先，编制计划前需对编制计划的前提或假设的可信度作充分讨论及论证。在编制总进度计划时，各方负责人共同参与讨论，对拟订的初步计划进行分析和论证。同时，充分预计为实现预定计划可能产生的技术、质量、安全及施工进度等问题，事先制订方案，确保总进度计划的顺利实施。通过每月的现场计划调度会，根据总控计划、指挥组下达的节点工期计划，初步提出该项目下月生产目标，再根据现场实际情况分析目标的可行性和资源的可调度性，最后下达该项目下月计划目标。

2. 计划执行

计划一旦编制完毕，就必须坚决贯彻落实，绝不允许有丝毫动摇，坚定地维护计划的严肃性和权威性。为此，必须在执行阶段加强跟踪和控制。要在确保总工期目标实现的前提下，对目标逐一分解细化，科学组织、充分调配劳动力、物资、大型施工机械等资源，合理搭接各项作业顺序，尽可能组织全场性流水作业，均衡施工，确保计划目标的实现。对照本月计划，周计划由监理单位根据实际情况分解并下达，日计划是由施工单位项目经理根据周计划负责编制，并交底给各施工员和班组长。

3. 计划检查

在计划实施过程中，一旦发现实际进度与计划进度有偏差，要及时分析偏差产生的原因及对后续工作和总工期的影响。现场通过“二日一报”统计体系，对计划的执行情况进行实时监控，使得项目部能够充分掌握现场实际进度，及时采取措施进行纠偏或预防。与此同时，监理单位通过短信将现场每日生产情况发给业主方主要管理人员，使计划检查充分落到实处。

每周的监理例会对周计划进行检查和总结，通过检查、总结上周完成情况和经验，分析下周注意事项，并对月计划进行比较和预控，得出资源计划并以工作计划形式下达。

4. 计划处置

在查找进度偏差的原因后，必须快速对原进度计划进行调整，制订纠偏措施方案和实施中的技术、组织、经济、合同等方面的保证措施，加强沟通，取得相关单位支持与配合的协调措施，以确保顺利实现进度目标。

8.2 太阳能与水源热泵系统工程施工安全质量管理

项目进入了施工阶段，与其他项目一样，监理、施工、水源热泵主机供货商等单位中标后，亚运城指挥组安排了中标以后的见面会，一方面介绍亚运城其他项目的进展情况，另一方面向中标单位提出了要求，中标单位有了进入一个大家庭的感觉，进入这个家庭，就得严格遵守各项规章制度，各单位都得按照项目管理的要求来完成自己的工作。

8.2.1 项目组织管理

广州市重点公共建设项目管理办公室（简称“重点办”）为亚运城项目专门成立了亚运城指挥组，是重点办在亚运城工地现场管理的延伸机构，负责整个亚运城施工阶段的质量、进度、投资控制和管理。

就该项目而言，由工程组、技术组、造价组的专业工程师组成项目工作小组，负责推动、协调项目的进程。向上对亚运城指挥长负责，对下管理监理单位和施工单位，尤其规范对监理单位的合同管理，充分发挥现场监理机构的技术、组织、协调力量，履行其在项目管理中的义务。

项目工作小组中工程组代表负责该项目与各组团及市政、煤气、自来水、真空垃圾、供电等系统的协调配合，负责太阳能利用和水源热泵系统的质量、安全和进度管理；技术组代表负责施工期间的设计管理、材料设备规格型号性能的审核、材料设备的看样定板以及施工范围和界面的划分；造价组代表负责施工期间的合同造价的控制，包括变更造价的审核、进度款支付的复审等。

工程施工过程接受质安验评组的监督，质安验评组独立于指挥组，直接向重点办负责。质安验评组组织日常的工地巡检，发现质量问题及时发出安全隐患通知书，并督促整改的落实。

该项目设计院派两名设计人员驻现场办公，负责现场设计服务、设计验收和设计联络，在大市政管道施工和室内立管施工中他们都提出了很好的意见。现场设计代表还要审核确定设备材料型号、规格和性能。

广州市建设工程质量监督站和安全监督站均在现场设置了驻场机构，负责对亚运城各项目的质量、安全监督。

审计部门在亚运城建设期内驻场跟踪审计，提出了宝贵的意见，使得重点办进一步提升了管理水平。

广州市质监局在亚运城设置了现场办公点，专门负责工地现场设备材料质量的抽检，使得工程质量在源头得到了控制和把关。

重点办还要求各设计单位、测量队、建设主管部门、防雷检测等单位都要派驻场代表，在建设过程中各负其责。

8.2.2　制度化管理

广州市重点公共建设项目管理办公室以及亚运城建设指挥组建立了十分完善的工程管理制度流程，形成较强的对项目建设的控制力。

安全文明施工管理方面的相关文件有《广州市重点公共建设项目管理办公室建设项目环境管理文明施工标准（试行）》、《广州市重点公共建设项目管理办公室建设项目环境管理规定（试行）》、《广州市重点公共建设项目管理办公室建设项目职业健康安全管理规定》、《广州市重点公共建设项目管理办公室施工现场消防安全管理规定（试行）》、《广州市重点公共建设项目管理办公室工程质量安全实施巡检细则（试行）》、《广州市重点公共建设项目管理办公室建设项目创安全文明施工样板工地细则》、《施工现场监理单位、施工单位“四个统一”要求》、《广州市重点公共建设项目管理办公室安全责任制度》、《临水临电管理办法》等。

对监理单位的管理的相关文件有《广州市重点公共建设项目管理办公室建设项目监理单位综合考评管理规定（试行）》。

对施工单位的管理的相关文件有《广州市重点公共建设项目管理办公室建设项目施工单位综合考评管理规定（试行）》。

对设计管理方面的相关文件有《广州亚运城三类及三类以下设计变更管理办法及实施细则》、《亚运城深化设计管理办法》等。

还有造价控制、施工质量控制、材料质量控制等方面的管理规定和制度。

有了制度关键要看执行，例如合同违约方面，该项目在施工过程中，监理单位、设计单位和施工单位都受到过批评、警告，也受到过表扬，可谓奖罚分明。再例如对进度计划的管理，指挥组有专人发布每月亚运城各项目的建安计划，列有产值、形象进度指标等，月末再检查各项目建安计划的执行情况，并向所有参建单位通报。

8.2.3 太阳能利用和水源热泵系统工程的施工质量管理

1. 乙供材料设备的看样定板

对于乙供的材料设备，重点办有专门的管理规定，首先要进行的是看样定板，即施工单位将拟用于该项目的某种材料设备的实物样品和相关质量证明文件展示出来，由监理单位、设计单位、市质监局、指挥组乙供料管理组长联合对所供材料、设备否为投标品牌，技术标准、规格、型号、系列与投标相比是否发生变化，是否需要重新定价等审查，并签字确认，样板进行封存管理。

根据管理文件及技术质量监督局的要求，该项目总计使用材料设备 109 种（含 2 项甲供)，需要看样定板材料 101 种（含 2 项甲供)，完成看样定板材料 101 种，技术质量监督站质量抽查 25 项，合格 25 项。

2. 样板引路

重点办专门制定了工程样板引路的制度，是指对于关键工序、重要节点要求施工单位现场做出施工样板，由监理和业主各相关部门验收，施工单位随后按照该样板的标准进行大面积施工的制度。根据该项目的特点和样板引路的要求，确定了所有村、区的不同户型的立管、支干管、水表组、及大小市政、综合管沟、太阳能集热器等，均执行样板引路制度，得到监理单位、业主代表、巡检组验收认可后，再进行大面积施工。共实施了样板引路 20 份，中间随时检查、监督质量，严格按样板施工，确保优良。

3. 第三方检测

重点办根据《建设工程质量检测管理办法》(建设部令第 141 号)、《关于实施〈建设工程质量检测管理办法〉有关问题的通知》(建质［2006］25 号）的文件要求，工程建设中涉及地基基础和结构等重要部位质量安全的检测项目，由重点办委托第三方检测机构进行检测，承担地基基础检测、主体结构检测、建筑幕墙检测、钢结构检测、室内环境检测、基坑支护结构工程质量检测、锚杆抗拔试验、基坑支护结构变形监测、建筑物变形观测，检测结果/结论直接对业主负责。

4. 月质安全会议

质安验评部例行的巡查是亚运城建设工程质量的重要监控手段，在立管垂直度、焊接质量、设备保护接地、管道固定及保温施工等施工环节都提出施工质量整改通知书，严格督促施工单位进行整改，并以监理单位签署的整改检查确认单作为对质量进行整改的标志。

质安验评会通报亚运城存在问题的图片、典型案例的介绍是给各参建单位上的一堂质量课，也对太阳能利用和水源热泵系统工程起到了很好的促进作用。

5. 核心材料设备的调研考察

该项目涉及板式换热器 20 多台、水泵 100 多台，水源热泵主机 10 台，还有除砂器、过滤器、球清洁机、定压补水装置、真空泵、各种仪表阀门、控制系统、不锈钢管、CPVC 管材等上百种材料设备，专业性强，非标产品多，项目建设小组专门对其中的核心设备和材料进行现场调研，掌握厂家生产质量保证、产量，确保亚运城项目的按时供货。

6. 设计管理

（1）施工图会审

该项目施工图范围涉及市政、组团单体、能源站单位、亚运医院、综合体育馆、砺江河、莲花湾、主媒体中心等；从专业上又由给水排水、暖通、动力、自动控制、水工、土建等众多专业组成，技术复杂，我们充分重视图纸会审的重要性，督促监理单位投入技术力量，进行了多次施工图会审，将图纸中存在的问题在开工前大部分得到解决，也成为后续设计变更的依据。

（2）深化设计

根据《深化设计管理办法及实施细则》，深化设计是指有相应专项设计资质的单位，在不改变原施工图设计功能和设计标准的前提下，在加工、制作及安装过程中，针对细部节点构造大样或系统接口的处理方面，以提高施工图的可操作性和便于施工为目的，对施工图进行深化、优化和完善，力求确保工程质量、节约投资的技术工作。因此，界定深化设计的范围和内容至关重要，该项目需要深化设计的有室外热水管线的布置、热水支管的水表组、管井内的管道安装、太阳能集热器的安装、能源站内的设备安装、整个自动控制系统、热泵主机的配电、水泵的配电柜等方面，经过我们和监理单位的严密组织，施工单位的努力，最终按计划完成了深化设计。主要深化设计内容及完成单位如表 8-1 所示。

深化设计内容详表　　　**表 8-1**

序号	专业类别	完成时间	审核完成时间	深化设计单位	备注
1	运动员村室内热水图	2009 年 8 月	2009 年 8 月	中信华南(集团)建筑设计院	
2	技术观员村室内热水图	2009 年 8 月	2009 年 8 月	中信华南(集团)建筑设计院	
3	媒体村室内热水图	2009 年 8 月	2009 年 9 月	中信华南(集团)建筑设计院	
4	室外图纸	2009 年 8 月	2009 年 11 月	中信华南(集团)建筑设计院	中建院出变更图
5	能源站图纸	2009 年 11 月	2010 年 04 月	中信华南(集团)建筑设计院	
6	能源站电气			中信华南(集团)建筑设计院	设备厂家深化
7	取水头部	2009 年 11 月	2010 年 01 月	中信华南(集团)建筑设计院	
8	自控图纸	2009 年 11 月	2010 年 04 月	中信华南(集团)建筑设计院	
9	太阳能屋面	2010 年 4 月	2010 年 06 月	中信华南(集团)建筑设计院	设计需出具变更
10	水源热泵主机	2010 年 4 月	2010 年 06 月	烟台顿汉布什	
11	太阳能集热系统	2010 年 7 月	2010 年 08 月	东莞五星	

（3）设计变更及设计服务

在该项目施工过程的设计变更管理中，我们始终坚持科技创新、实事求是、用数据说话、走专家路线，如壳管换热器换热管的材质变更、取水管取水方式的变更、单体建筑内热水供水立管高中低区分区的变更等都取得了较好的效果。

由于取水水质的特殊性，施工单位提出采用耐海水的金属材料换热管，由于造价较高，重点办前期设计部组织了专家论证会，比较了该工程与其他已有的工程案例的相似性，分析了铜材、不锈钢及钛合金各自的优缺点，结合砺江河、莲花湾实测水质参数，就该项变更的必要性进行专家决策，最终采用了钛合金，确保工程合理的使用周期。

原设计媒体村热水供水立管分为高中低区，运动员村热水供水立管分为高低区，我们组织施工单位和设计单位的专题会议，进行水力分析，一致认为媒体村热水供水立管可以只分为高低区，运动员村热水供水立管可以不分高低区，从实际效果来看，节省了大量投资，节省了管材，节省了管井的空间，加快了工程进度。更重要的是减少了管道热损失提高热能利用效率。

水源取水系统根据工程项目的特点，经过多次分析论证，由原重力自灌式取水改为虹吸式取水，为慎重起见，施工单位在现场制作了一个实验系统，十余天的真空度的变化证明，这种方法是可行的，最后的施工方案使水泵吸水管减少了埋深，降低了施工难度，加快了工程进度。

现场设计服务的保证直接影响工程的进度，项目管理常常出现等图施工的现象，该项目的重要性使得重点办对设计服务极为重视，亚运城指挥长亲自主持召开设计院院长的专题会，要求各设计单位采取人员到位，保证出图时间。

该项目也遇到了深化图审核确认、设计变更出图时间滞后的情况，为了快速完成设计变更，不影响施工工期，多次组织设计遗留问题专题会议，对于最后的设计变更攻坚，指挥长亲自动员，把相关单位和专业的设计人员每天关在现场办公室画图，经过了5天的“封闭办公”后，终于解决了太阳能集热器防雷设计问题、室内外热水管径不一致问题、立管温控阀电源、控制及数据线管补充设计等，保证了工程进度和工程质量。

8.2.4 太阳能利用和水源热泵系统工程的施工安全管理

1. 加强安全施工方案的审查

在开工前与质安验评部、监理单位一起分析了该工程的特点，依据施工规范，确定取水头部、主机的吊装、型钢的吊装、太阳能集热器的吊装、能源站大直径管道的吊装、综合管沟内施工作业等为安全重点监控的施工过程，审查施工方案，落实安全交底和现场检查监督作为安全管理的保障。

2. 积极整改、排查隐患

质安验评部例行的巡查是亚运城建设质量和安全的重要监控手段，在管道焊接、高空作业、施工用电、管沟施工等施工环节都提出过安全隐患整改通知书，严格督促施工单位进行整改，并以监理单位签署的整改检查确认单作为对隐患进行排查的标志。

3. 取水头部工程

取水头部工程属水下工程，需做围堰进行桩基础和钢筋混凝土施工，河底淤泥厚度达数米，具有一定的施工难度，加上施工单位经验不足，河水涨潮造成了围堰几次出现险情，工程组代表与监理、施工一起现场监测水位，探查水底淤泥情况，重新调整围堰加固方案，采用钢板桩加固，最终按计划完成了取水头部构筑物的施工。

8.2.5 太阳能利用和水源热泵系统工程的进度管理

亚运城是一项国家级的工程，具有较大国际影响。保证该项目的热水供应、空调供应是基本目标，工程进度管理是指挥组建设者们的重中之重。

1. 计划管理

根据指挥组规定，每月都要求监理单位上报月度统计分析报告，月度进度控制方案，进行月度风险分析，对照每月初指挥组下达的各项目建安计划，发布建安计划执行情况的通报，奖优罚劣，使工程进度始终处于控制当中。

就单个项目而言，日常的进度管理只有指挥组代表1～2名，然而一旦出现进度异常或者影响了关键项目的建设进程，指挥组就会下发“关于项目施工近期工作安排的通知”、“书面警告”、“一般违约”等，实施业主干预。

2. 进度计划中关键线路的保证

壳管式换热器是系统与水源进行冷热交换的关键设备，无论是进度还是系统运行在整个系统中都占据重要地位，再加上换热管材质出现变更，为保证设备及时到场，指挥长亲临换热器厂家督战，了解设备生产和检测实际进度，落实发货日期，最终使壳管换热器按计划到达亚运城施工现场。

到了2010年6月，由赞助商提供的真空管太阳能集热器尚未到货，甚至设备定价、供货合同签署均未完成，厂家甚至还在等待这些环节完成才组织生产，严重影响着组团的整体验收、系统的进度计划，指挥长又亲自与太阳能赞助商谈判，确定设备分批到货的时间和数量，同时积极协调亚组委等相关部门推进商务工作，保证了所有真空管集热器于2010年7月12日全部到达施工现场。

3. 非常时期的赶工措施

2010年4月份，按亚运城总体进度计划，媒体村室外管网和市政道路进度已滞后一个月有余，业主代表率领各监理、施工单位每晚7：30现场集合，开展加班大会战，对管理人员进行点名，对各单位加班工人进行点数，标段及专业协调问题现场立即能得到解决，就是在这15天挑灯夜战的过程中，克服了场地小、工种多、管道埋深受约束、管线障碍多等困难，保证了进度的合理性。

2010年6月30日是水源热泵系统出热水的时间节点，也是整个亚运城从建设向运营转变的一个重要里程碑。从6月10日开始，指挥组全体30余人在指挥长的带领下，每天晚上与成千上万的建设者们一道加班到22：00，进行工程建设最后的冲刺，顺利完成了预定的工作计划。

8.2.6　太阳能利用和水源热泵系统工程施工阶段的造价管理

施工阶段的造价管理主要是在计量支付、变更签证的造价确定与支付等，在这方面有《亚运城建设工程施工合同工程进度款计量支付管理办法及实施细则》、《广州亚运城施工合同进度款支付办理流程》、《广州亚运城建设项目设计变更费用管理办法及实施细则》、《亚运城甲供材料设备计量支付管理办法》等制度作为各参加方在亚运建设过程中执行的依据。

亚运城创建了一套严谨的进度款支付软件系统，将投标清单固化于系统中，任何人、任何原因都不可能出现付款工程量超过清单工程量的现象，即使是施工单位完成了工程变更，也要等变更手续全部完成后，由专人在系统后台改变清单中的工程量，才能支付。

指挥组造价管理人员在审批进度款之前，要到现场核对形象进度，甚至对计量进行抽查复核。

根据指挥组的项目管理规定，要求监理公司每月上报《造价风险分析报告》、《太阳能及水源热泵工程进度款支付的建议报告》，这些数据用于指挥组动态掌握每个项目的造价进展情况。

8.3 项目的运营管理

在我国建设工程项目管理的实践中，因为项目全寿命期管理理念的缺失，项目建设和运营管理脱节，从而造成项目（特别是生产性项目）后期运营困难甚至难以为继的案例并不少见。

建设工程项目全寿命期管理是指从建设工程项目全寿命期的视角，运用集成化管理的思想，将传统管理模式下相对分离的项目策划阶段、建设实施阶段和运营维护阶段在管理目标、管理组织、管理手段等方面进行有机集成，实现项目整体功能的优化和整体价值的提升，达成项目全寿命期目标。

广州亚运城太阳能利用和水源热泵系统建设工程项目，兼顾满足赛时（广州亚运会、亚残运会）生活热水的需求，更关注赛后为未来广州新城核心区生产和供应生活热水和部分空调冷源。在该项目的建设过程中，始终坚持项目全寿命期管理理念，在项目的设计、招投标、现场施工管理、工程验收等各个环节充分考虑和体现项目后续运行管理要求，实现了后期运营管理与前期各阶段的有机结合，为项目平稳可靠运行和可持续发展打下了坚实的基础。

8.3.1 招标阶段对项目运营管理的考量

1. 工程施工总承包服务与运营服务的结合

在工程施工总承包招标策划时，将项目工程施工竣工验收后三年期的运营管理服务纳入工程施工总承包招标范围，要求投标人（允许联合体投标）具备相应的运营管理能力。

2. 对投标人（含联合体投标人，下同）运营管理能力的要求

（1）投标人具有同等规模（供冷供热面积、系统装机容量）类似项目的运营管理业绩。

（2）投标人具备相应的专业技术和管理力量（如暖通、热能、机电、给水排水等主要专业高、中级技术人员等）。

3. 提出了运营管理目标

招标时，除了工程质量目标、职业健康安全管理目标和环境管理目标之外，还明确地提出了运营管理目标，主要包括：

（1）确保该项目达到国家有关的节能标准及国家“可再生能源建筑应用示范项目”的相关工程验收标准要求。

（2）确保系统能满足亚运会赛时需求，赛后在整个合同期处于良好运转状态，满足整个系统的移交标准。

（3）制定合理可行的收费计量体系报政府物价管理部门审核，形成完整的成本费用核算体系，建立完整的财务账目。

（4）制定可靠的系统运转方案，保证整个系统在合同期内处于良好运转状态，供冷、供热水正常，系统高效运转达到设计要求的 *COP* 指标。

8.3.2　工程施工阶段运营管理工作的无缝搭接

在项目工程施工全面开工的同时，运营管理团队即派出了先导组展开运营管理的准备工作。先导组的主要工作包括：

1. 与施工团队一起，参加施工图深化设计工作

深化设计是影响系统运行的决定性阶段，运营团队根据运行管理经验提供专业的建议给设计单位，使项目设计在技术方案和技术细节更加完善；另外，由于该阶段设备投资还刚刚开始，好的建议能给业主节约不必要的投资和降低系统运行费用，这为以后的管理带来方便。该阶段工作有以下几方面：

（1）优化设备的选型。根据运行管理经验提供专业的选型参考，包括自控、主机、计量等各方面，经验丰富的运营团队提供专业的服务。

（2）优化设备布置。如何为以后的方便操作检修布置设备，这对以后的系统的稳定、顺畅运行和降低维护成本非常重要。

2. 参与系统的安装、调试和施工竣工验收

安装阶段是从图纸转化为实际的实施阶段，安装质量的好坏将对系统产生重要影响，这个阶段在以下方面开展工作：

（1）全程跟踪安装过程，及时发现问题。由于该项目是全新的工程，各系统设计安装时应以现场环境和确保系统运行畅顺为原则来进行。合理优化各平面布置，尤其是常操作设备、事故、紧急切换控制设备、运行监控仪器设备等安装后得以与现场运行工艺相符，使得运行起来更具人性化。

（2）配合调试。调试阶段承担两方面的任务：一是让专业技术人员介入调试，发现调试的问题，及时进行优化整改；二是让运行操作人员熟悉系统，为以后运行管理做准备。

（3）建立设备维护体系。及时收集相关设备的资料并归档，组织人员培训学习，建立设备维护体系。

（4）收集系统负荷资料，为亚运会做准备。由于安装调试阶段负责供应组委会人员的供冷、供热需求，及时采集相关数据，了解系统的运行特点、负荷特点，为以后的运行收费做准备。同时，也对亚运会保障方案进行优化。

3. 分析和掌握系统运行特点，构建运营管理组织架构，建立运营管理制度体系

（1）分析赛时、赛后系统运行特点

1）服务对象不同。赛时的服务对象为亚运会参会及服务保障人员；赛后为入住的小业主。

2）任务特点不同。赛时生产供应集中，生产任务大，峰值负荷可能出现超系统设计的情况；赛后用户入住率由低到高将有一个时间过程，用热水和空调相对分散。

3）任务重点不同。赛时的任务重点是保障稳定生产和供应，兼顾成本节能；赛后的任务重点是节能，充分体现国家“可再生能源建筑应用示范项目”的特点。

（2）制定系统运行策略

为在有限的成本投入的基础上，实现系统的效益最大化，运营团队对系统与运行策略及控制相关的功能进行分析，形成以下六种运行策略。在不同的阶段、不同的时期，将根

据供冷、供热负荷的规模、比重以及需求的性质等，综合判断采取不同的运行策略：

1）供热优先、节能第二、供冷第三；2）供热优先、供冷第二、节能第三；3）节能优先、供热第二、供冷第三；4）节能优先、供冷第二、供热第三；5）供冷优先、节能第二、供热第三；6）供冷优先、供热第二、节能第三。

（3）构建运营管理组织架构

该项目充分利用太阳能、水能，并最大限度地采用热回收进行联合供冷供热。其控制采用BAS智能控制系统，其在节能、规模、控制技术的结合上属南方地区第一。为保障该系统的有效运行，在运营管理组织结构中配置了暖通、制冷、热能、电气、自控等主业技术人员和专职安全管理人员，建立了总指挥、运营经理、生产运行管理、材料和后勤保障管理组、能源站运行、应急抢修组等四级共30～40人的组织架构。

（4）建立运营管理制度体系

为规范设备操作和运行管理服务，运营团队分别编制、制定了各种主要设备操作规程、安全管理制度、运行生产管理制度、日常文明和环境管理制度等，形成了保障系统安全稳定运行的制度体系。

8.3.3 赛时阶段运营管理

1. 赛时需求特点及运行策略

（1）赛时供冷供热需求

广州亚运会和亚残运会分别在11月和12月的中下旬举行，根据广州地区的气候特征，赛时冷、热负荷均比较大，且比较均衡，冷、热系统都需要投入运行；作为亚洲最重要的体育赛事，亚运城接待的人数将达到数万，且开、闭幕式当天将出现极端尖峰负荷。因此，对系统运行的安全性、舒适性、高效性提出了非常高的要求，各设备及各系统运行工况均需达到100%的完好，生产与运行必须保持平稳。

（2）赛时系统运行策略

根据以上分析，赛事系统运行采取“供热优先、供冷第二、节能第三”的策略。

2. 赛时增加特别保障增援队伍

除前述运营管理架构人员外，赛时增加了20人的运行保障增援组，包括专业工程技术和抢修人员以及外语翻译人员。工程技术人员具有丰富的大型工程实践工作经验，熟悉各种系统的设计、安装工艺，抢修人员均为维修技术骨干，技术过硬、作风过硬，具有丰富的抢修经验；翻译人员外语翻译水平较高，能清晰地接听投诉内容，善于与客户建立有效的沟通。

3. 制定并演练开、闭幕式专项运行方案

亚运会、亚残会开幕式、闭幕式当天，因为参赛运动员、教练员、技术官员、媒体报道人员以及保障服务人员等近万人统一行动，用热需求在一个不长的时间段里出现极端尖峰负荷，这对系统的生产和供应能力、对运行服务保障能力都无疑是严峻的考验。为此，运营团队针对性地制定了开闭幕式专项运行方案。

根据设计文件，正常情况下系统的1号、2号、3号能源站生产的热水供应不同的区域，1号能源站服务技术官员村和铁一中；2号能源站服务国际区、运动员村；3号能源站服务媒体村和综合体育馆。因上述区域入住人员类别和数量不同，其用热负荷不相同，甚至造成与相应能源站的生产能力不对应。为预防某个区域供水紧张问题，运营团队制定专项方案，利用系统各能源站间设置的连接管和切换阀门，通过适当的改造，在 3 号站专门设置站间调水供水泵，通过相关阀门切换，实现各能源站之间调水，以满足各个区域的不同用热需求：

（1）1 号能源站往运动员村二级站、铁一中和 3 号能源站调水；

（2）2 号能源站往技术官员村二级站、铁一中和 3 号能源站水箱调水；

（3）3 号能源站往运动员村二级站、铁一中和技术官员村调水。

此外，根据经济运行的需要，还对备用水末端的回水进行调配。

以上方案经过反复演练和修正，保证了开闭幕式当天系统的平稳运行，满足了供热需求。

4. 建立协调和应急处理机制

赛时该项目运行团队作为热水系统服务保障组，纳入了广州亚运城公共服务保障团队。运营团队设立了服务热线，管理人员和服务人员 24 小时值班，以保证故障报告信息的畅通和故障的及时处理。

运营团队根据系统的实际情况，有预见性地建立了供配电系统、水源热泵系统、太阳能系统、给排水系统等 6 大类 13 项应急处理预案。

8.3.4　赛后阶段运营管理

亚运会、亚残会赛前，政府通过公开挂牌方式，向开发商出让亚运城整体项目（含已建成物业和未开发土地，但不包括医院和太阳能水源热泵系统等公共建筑和配套设施项目）。赛后，受让开发商将媒体村、运动员村、技术官员村等三大村落物业向社会发售，亚运城太阳能-水源热泵系统的运营管理也由赛时保障型向经营型转变。

1. 赛后需求特点及系统运行方式

（1）赛后，参赛运动员及相关工作人员逐渐撤离，入驻人员大幅度减少，供热负荷相应大幅度下降。供冷、供热负荷与物业的销售和小业主的入住率密切相关。因此，冷热联供运行工况应按需求进行调整运行，运营工况多种结合；同时，用户主体与赛时发生转变，经营模式转入常态化、规范化。

（2）生产运行方式：根据季节和负荷需求，采用 4 班 3 运转或 3 班 2 运转方式。

（3）节能运营运行策略：赛后系统进入常态运行，运行工况和方式将多样化，根据气候的变化和负荷的需求，贯彻系统节约运行策略。太阳能是最清洁、最廉价的能源，优先利用、充分利用太阳能是该项目节能的关键所在。

1）供热优先、节能第二、供冷第三

该策略适用于供冷要求不高、供热要求比较高的情况，比如春、秋、冬的一般会议或赛事状况，在日常的大负荷时期也适用。

该策略特点如下：在三项功能有冲突时，重点保障供热，在供热保障后实现节能指标，最后满足供冷的要求。

2）供热优先、供冷第二、节能第三

该策略适用于供冷、供热要求均很高、供热相当供冷要求更高的情况，比如春、秋、冬的重要会议或赛事状况（亚运会赛时符合此特点）。

该策略特点如下：在三项功能有冲突时，重点保障供热，在供热保障后保障供冷要求，最后满足节能的要求。

3）节能优先、供热第二、供冷第三

该策略适用于供冷、供热要求均不高的情况，但供热相对比供冷重要的情形，比如春、秋、冬的非赛事/会议状况，在冷热负荷很低，系统运行成本很高时也适用。

该策略特点如下：在三项功能有冲突时，重点保障系统的节能指标，在节能保障后实现供热功能，最后满足供冷的要求。

4）节能优先、供冷第二、供热第三

该策略适用于供冷、供热要求均不高的情况，但供冷相对比供热重要的情形，比如夏天的非赛事/会议状况，在冷热负荷很低，系统运行成本很高时也适用。

该策略特点如下：在三项功能有冲突时，重点保障系统的运行达到节能经济指标，在经济指标达到要求后优先供冷，最后满足供热的要求。

5）供冷优先、节能第二、供热第三

该策略适用于供冷要求很高、供热要求不高的情况，比如夏天的一般会议或赛事状况。

该策略特点如下：在三项功能有冲突时，重点保障供冷的要求，在供冷保障及系统节能运行指标达到要求后满足供热的要求。

6）供冷优先、供热第二、节能第三

该策略适用于供冷供热要求均很高、供冷相当供热要求更高的情况，比如夏天的重要会议或赛事状况。

该策略特点如下：在三项功能有冲突时，重点保障供冷的要求，在供热的要求得到保障后满足供热的要求。在上两项要求均得到满足后实现系统节能运行。

2. 建立客户服务体系

（1）成立客户服务中心

齐全配置设施和专职人员，建立400免费客服热线，编制热水使用手册，配合开发商在小业主收楼时宣传热水系统，并与小业主签订热水供用协议。

（2）建立投诉处理管理机制

本着最快速度、最好质量，最好服务的原则处理各种投诉案件，并做好对每宗投诉案件登记、处理事项、回访追踪改善等记录。

3. 建立经营收费管理体系

（1）分析、测算供冷、供热成本，制定收费标准报政府物价部门核定。

（2）采用预售形式进行收费。

（3）制定收费基本信息档案：包括供应区域档案、用户档案、各类别的收费标准等。

（4）制定收费系统档案：包括预收费信息、月度年度收费信息、预收费记录、实收费记录、欠费记录、补交费记录、收欠补费单据管理等。

（5）做好月度、年度的预收费、实收费、欠费、补交费的统计报表。

（6）做好欠费的追收工作：包括追收工作流程、追收力度、追收措施等。

4. 计费计量管理

（1）建立计量设备的管理制度及档案。

（2）做好计量设备的日常维保。

巡查计量设备的日常运行情况，及时发现、汇报存在的问题，维护和跟踪计量故障处理情况，做到计量设备一对一的运行记录。

自行检测和送有资质的第三方计量检定机构校核、检定，确保所有计量设备的计量精度，尤其是结算计量设备。

附录 1 该项目相关工程图纸

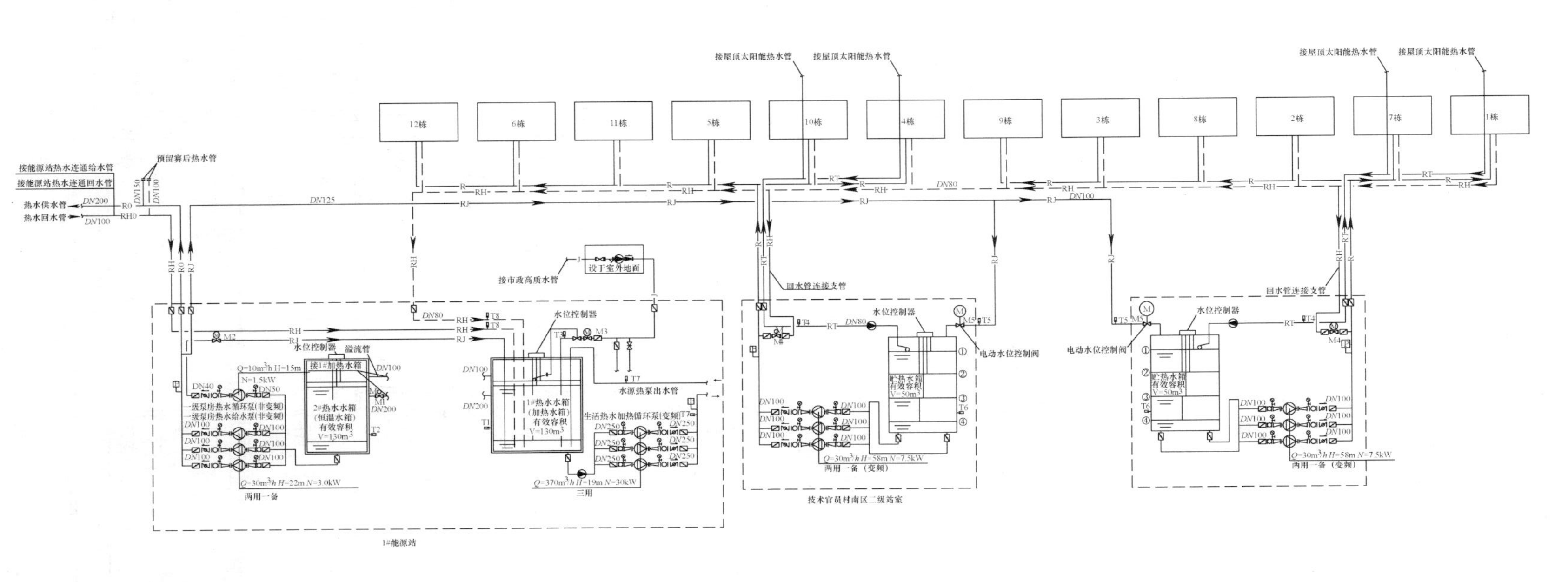

附图 1-1 技术官员村热水系统

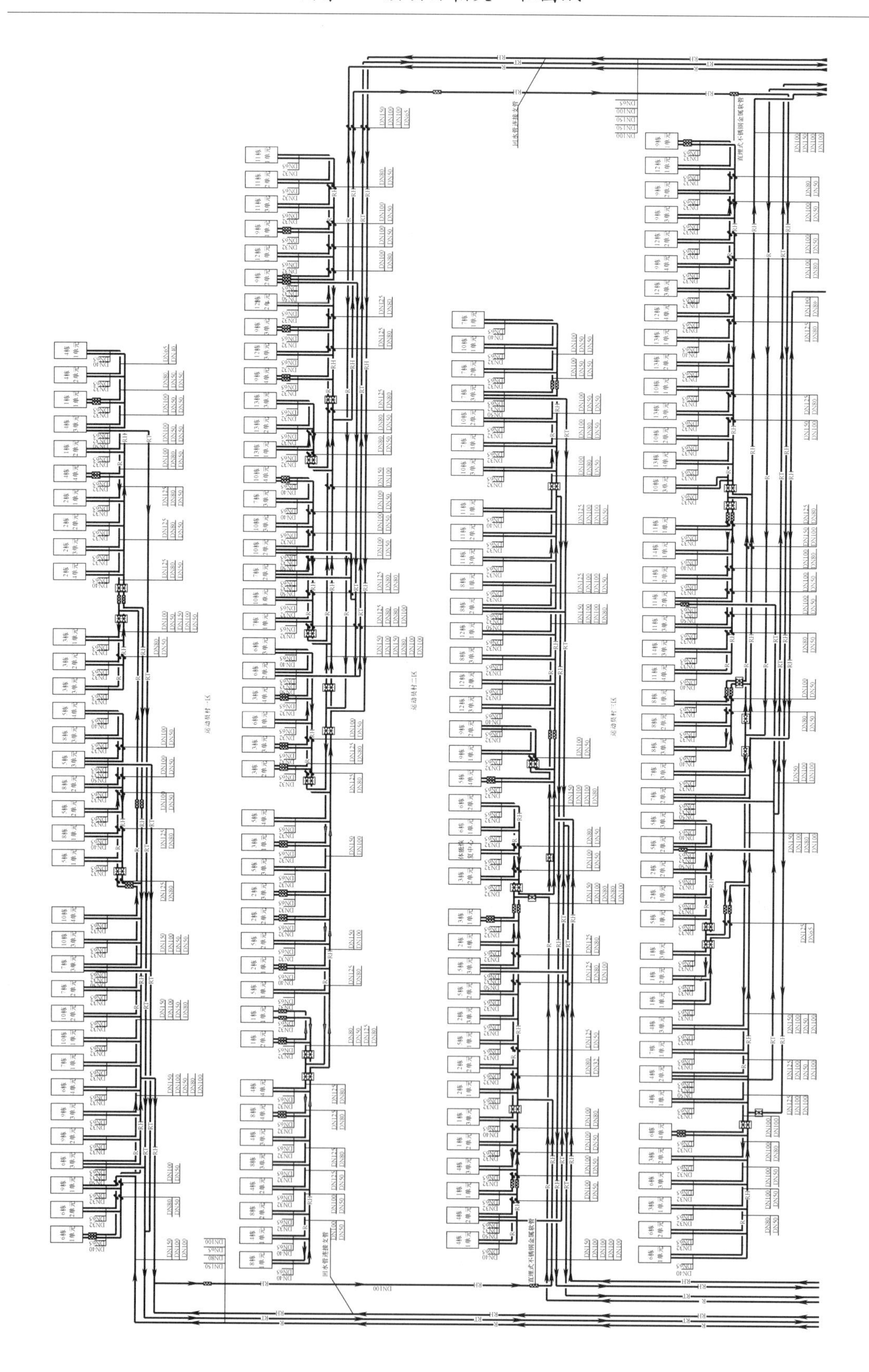

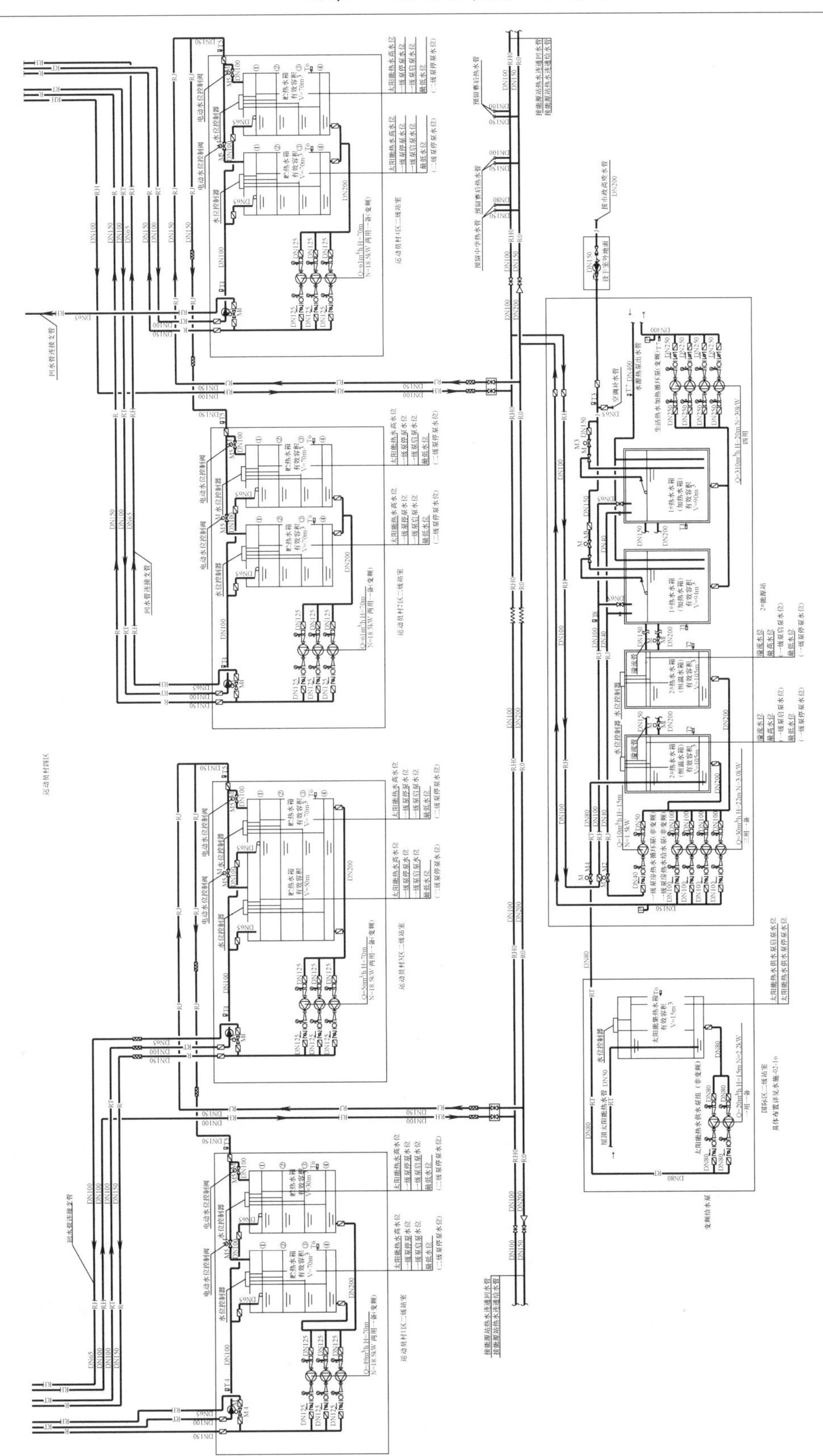

附图 1-2　运动员村热水系统

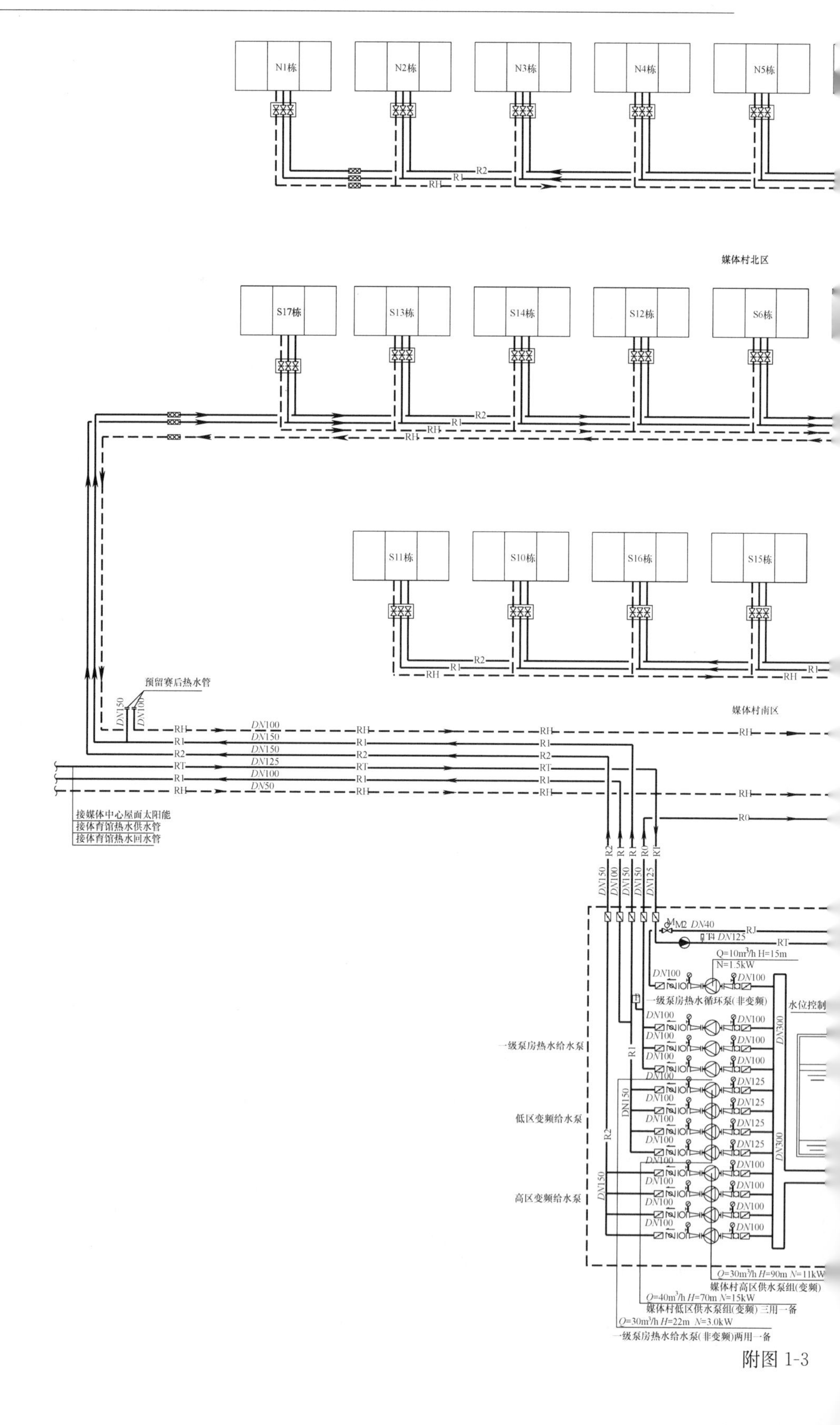
N1栋
N2栋
N3栋
N4栋
N5栋
R2
R1
RH
媒体村北区
S17栋
S13栋
S14栋
S12栋
S6栋
S11栋
S10栋
S16栋
S15栋
媒体村南区
预留赛后热水管
DN150
DN100
DN125
DN50
RT
R0
RJ
DN40
DN300
接媒体中心屋面太阳能
接体育馆热水供水管
接体育馆热水回水管
Q=10m³/h H=15m
N=1.5kW
一级泵房热水循环泵(非变频)
水位控制
一级泵房热水给水泵
低区变频给水泵
高区变频给水泵
Q=30m³/h H=90m N=11kW
媒体村高区供水泵组(变频)
Q=40m³/h H=70m N=15kW
媒体村低区供水泵组(变频) 三用一备
Q=30m³/h H=22m N=3.0kW
一级泵房热水给水泵(非变频)两用一备

附图 1-3

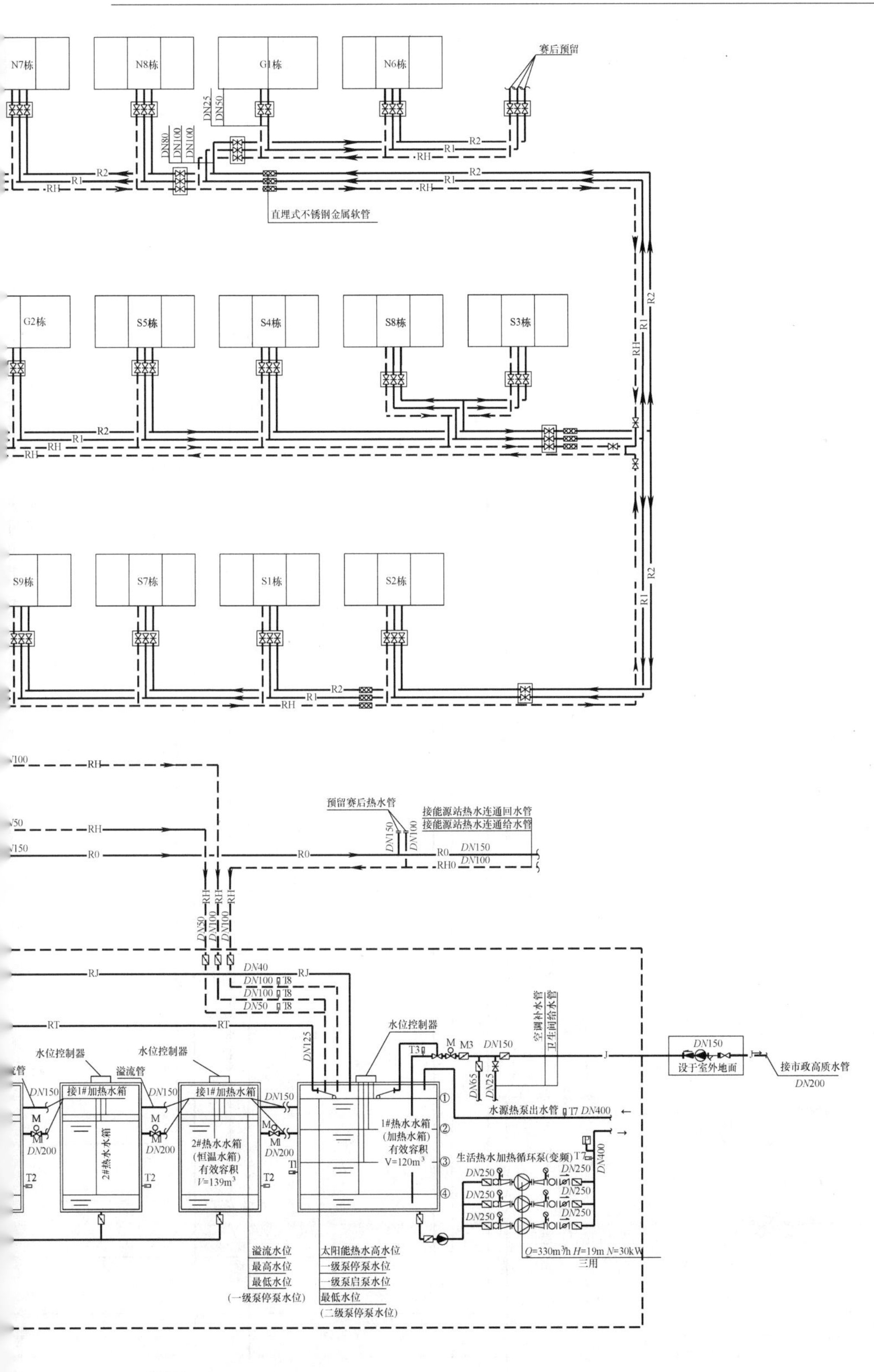

N7栋
N8栋
G1栋
N6栋
赛后预留
DN25
DN50
DN80
DN100
DN100
R2
R1
RH
直埋式不锈钢金属软管
G2栋
S5栋
S4栋
S8栋
S3栋
S9栋
S7栋
S1栋
S2栋
预留赛后热水管
接能源站热水连通回水管
接能源站热水连通给水管
DN150
DN100
R0
RH0
RJ
RT
DN40
DN100
DN50
T8
DN125
水位控制器
溢流管
接1#加热水箱
2#热水水箱
2#热水水箱
(恒温水箱)
有效容积
V=139m3
DN200
T1
T2
T3
M3
DN65
空调补水管
卫生间给水管
DN150
设于室外地面
接市政高质水管
DN200
1#热水水箱
(加热水箱)
有效容积
V=120m3
水源热泵出水管
T7
DN400
生活热水加热循环泵(变频)
DN250
Q=330m³/h H=19m N=30kW
三用
溢流水位
最高水位
最低水位
(一级泵停泵水位)
太阳能热水高水位
一级泵停泵水位
一级泵启泵水位
最低水位
(二级泵停泵水位)
3#能源站

村热水系统

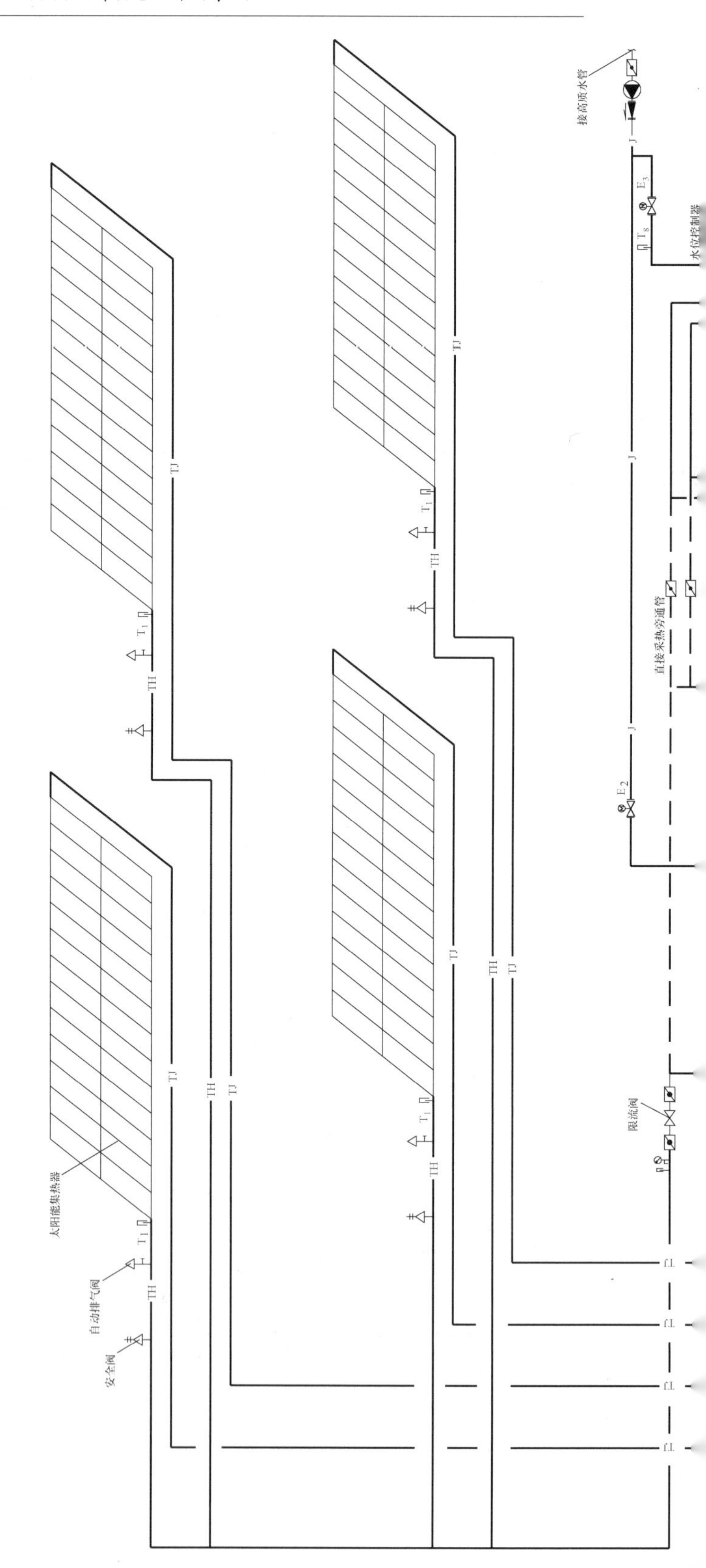
接高质水管
水位控制器
直接采热旁通管
限流阀
太阳能集热器
自动排气阀
安全阀
TJ
TH
J

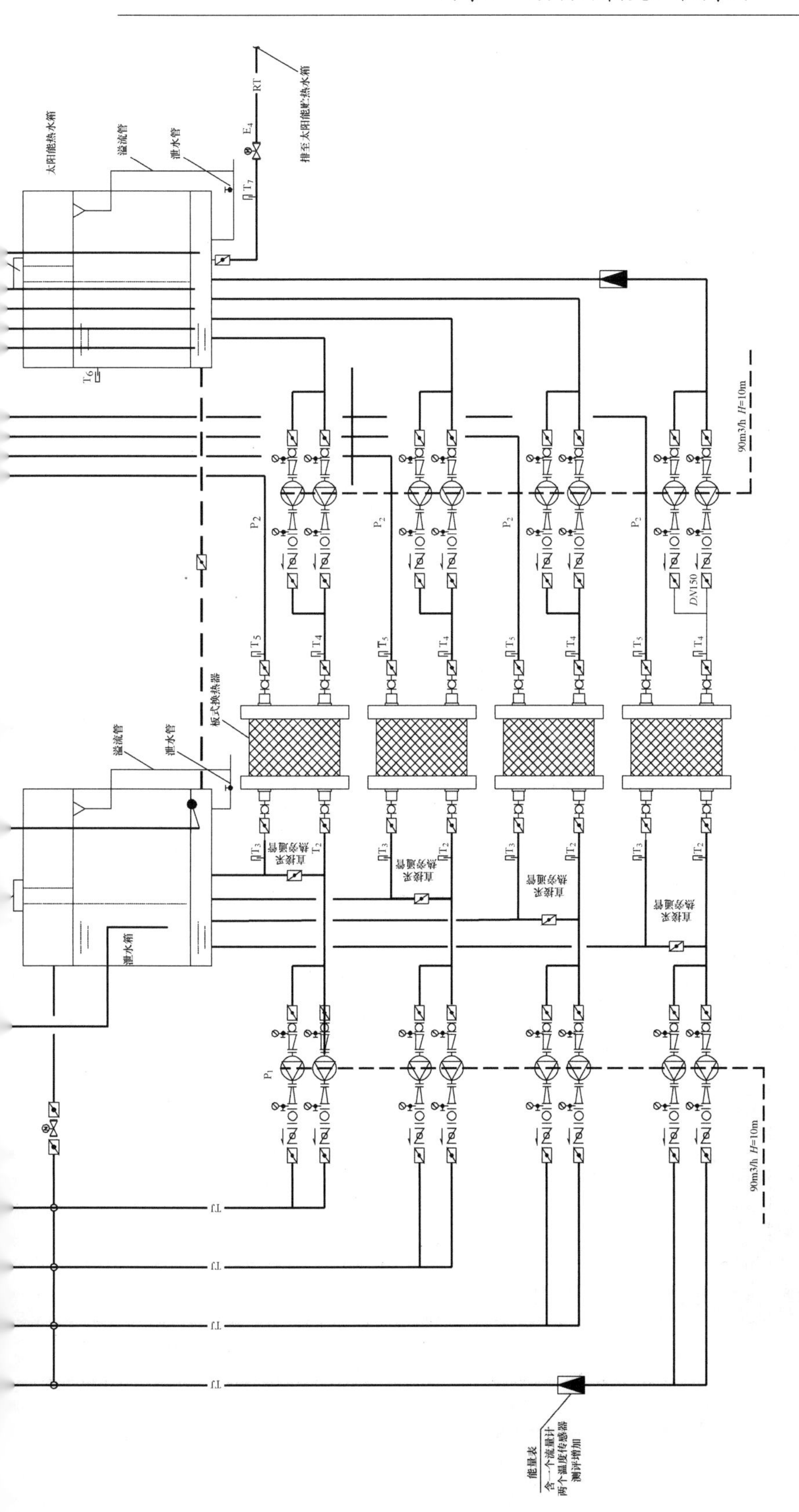

附图 1-4　媒体中心屋顶太阳能系统

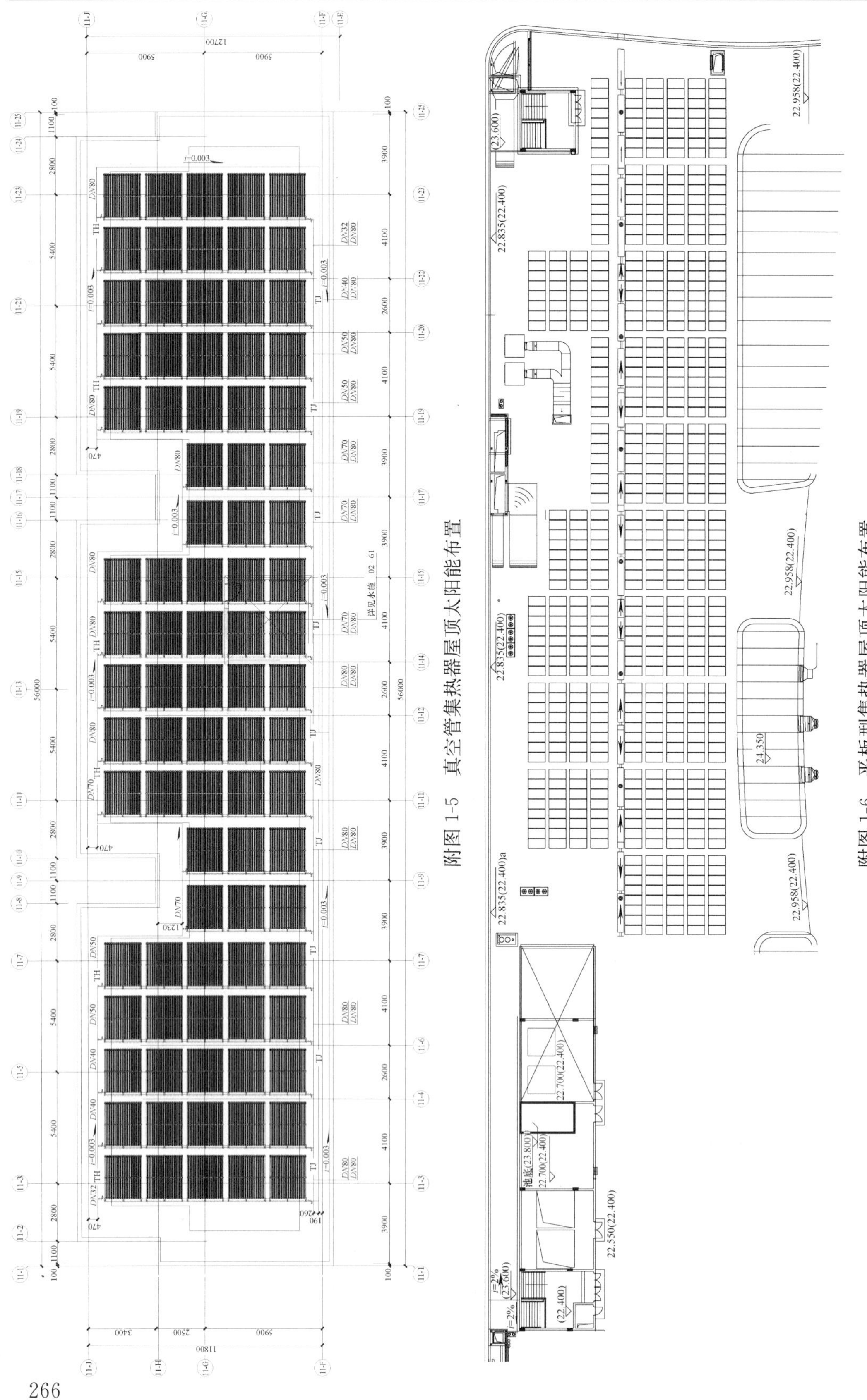

附图 1-5　真空管集热器屋顶太阳能布置

附图 1-6　平板型集热器屋顶太阳能布置

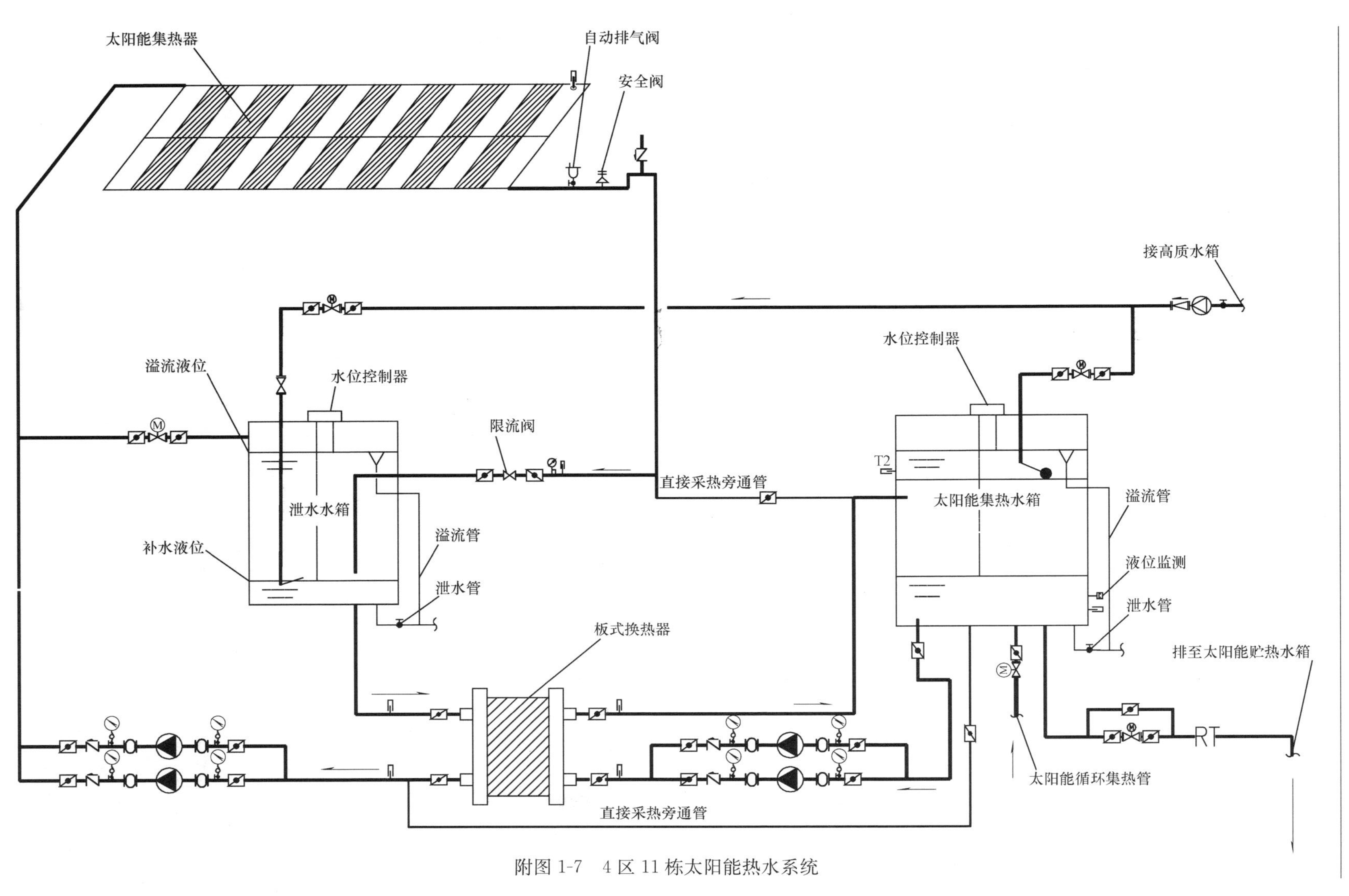

附图 1-7 4 区 11 栋太阳能热水系统

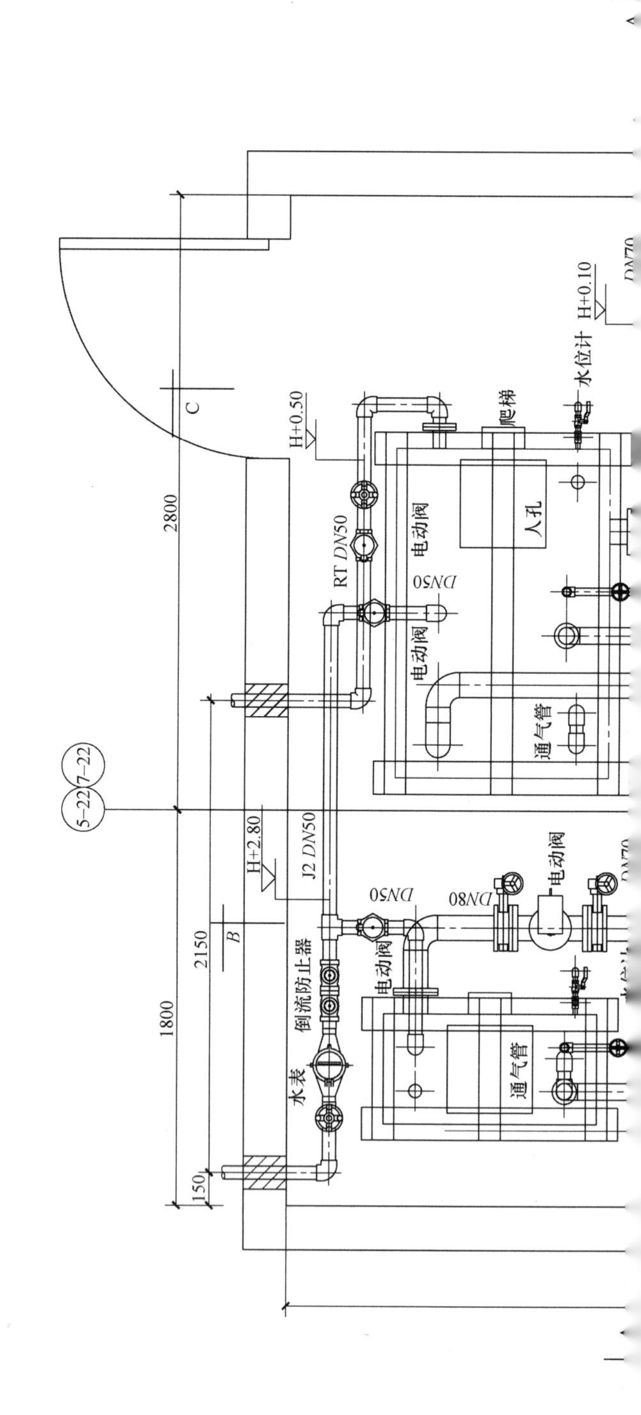
C
2800
H+0.50
RT DN50
电动阀
DN50
电动阀
爬梯
人孔
水位计
H+0.10
通气管
5-22
7-22
H+2.80
J2 DN50
DN50
DN80
电动阀
电动阀
2150
B
1800
倒流防止器
水表
通气管
150

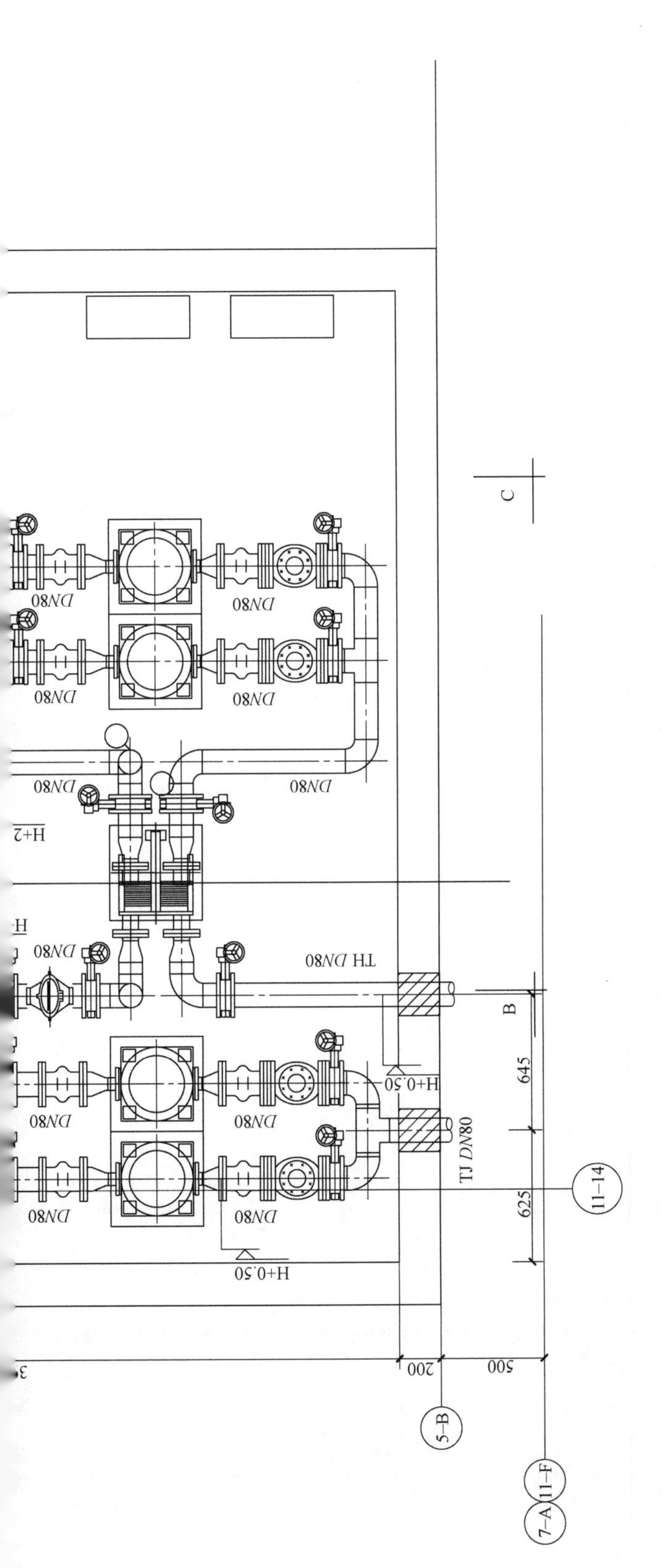

附图1-8　4区5、11栋屋顶热水机房设备平面布置

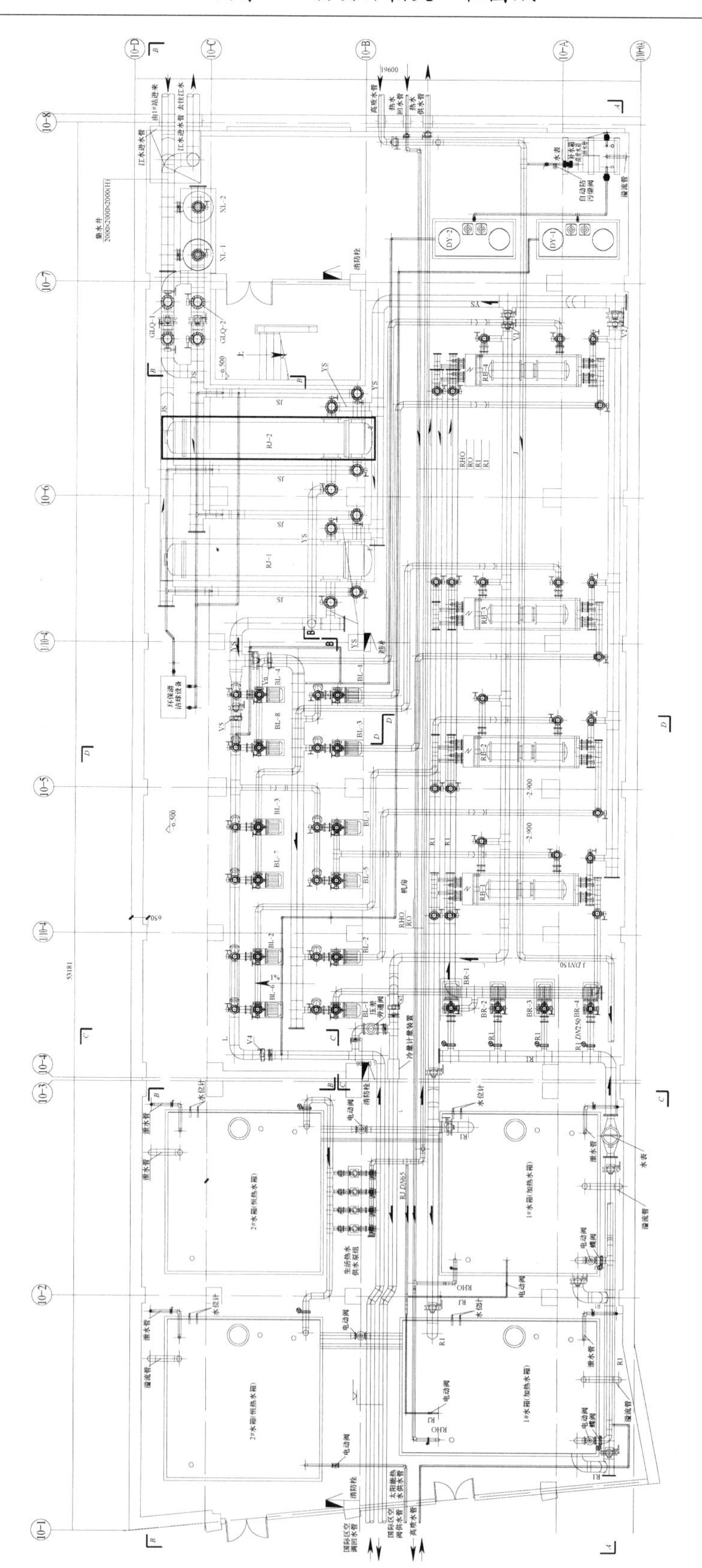

附图1-9　2号能源站设备管道平面

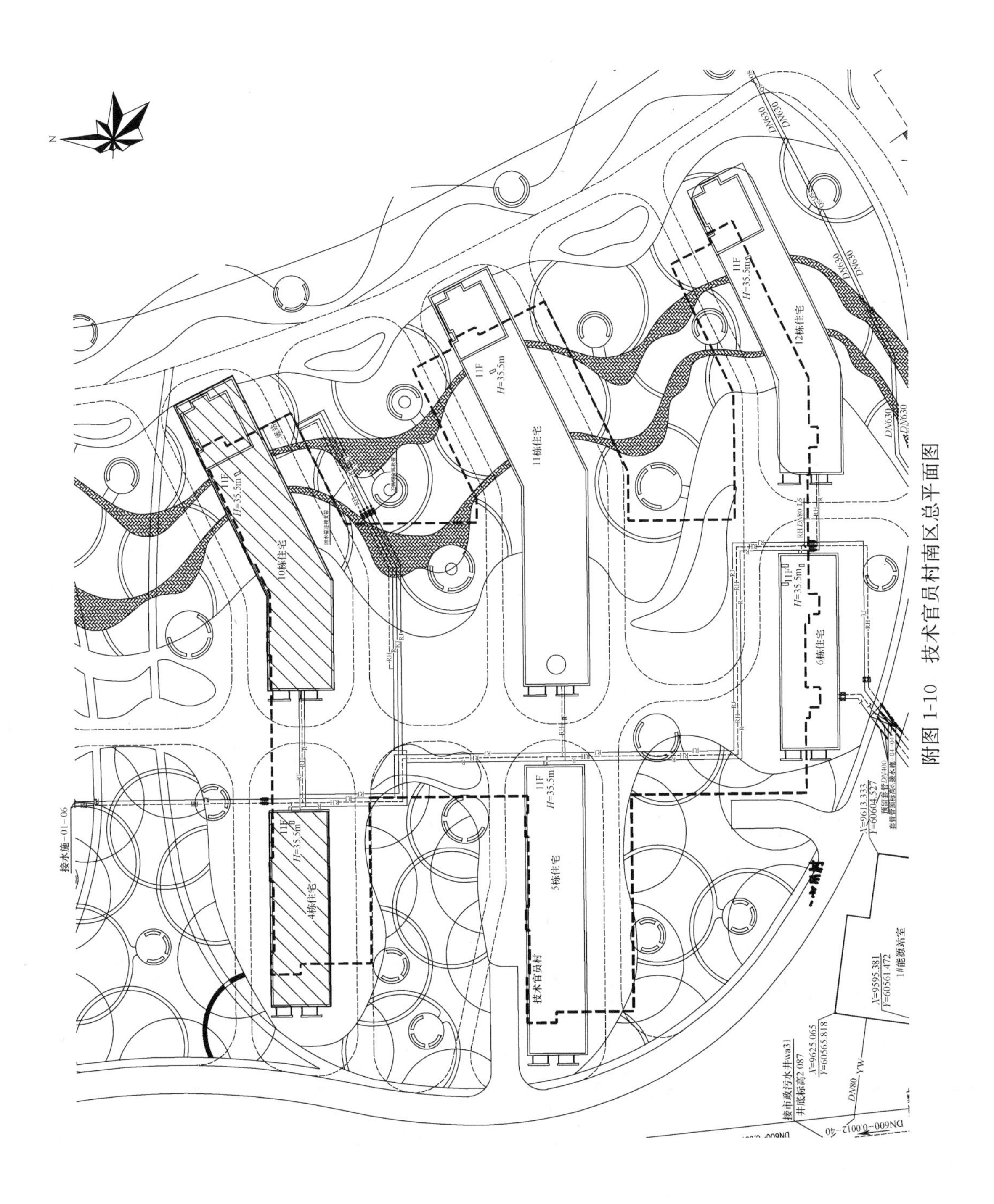

附图1-10　技术官员村南区总平面图

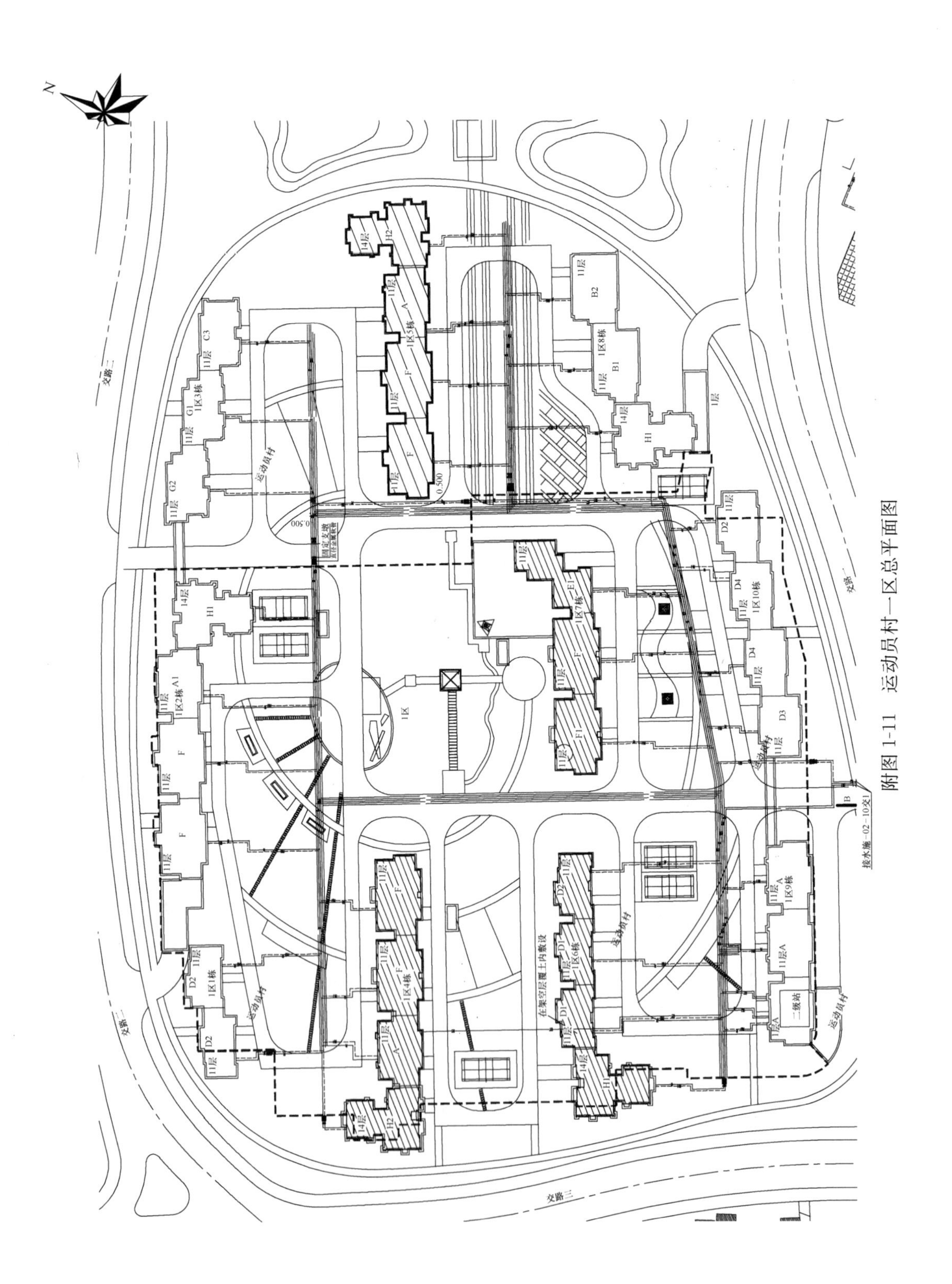

附图 1-11　运动员村一区总平面图

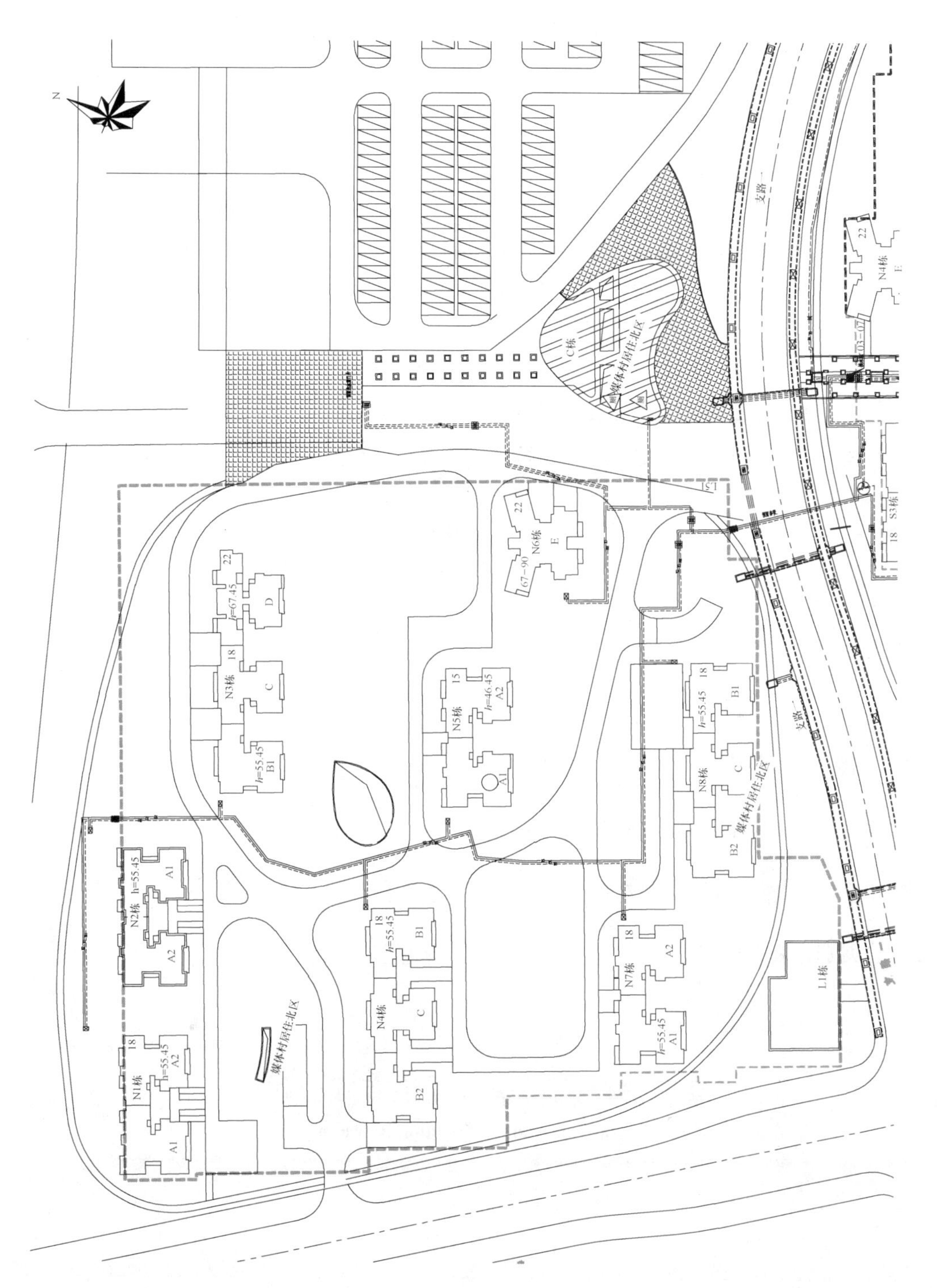

附图 1-12　媒体村北区总平面图

附录2　国家可再生能源建筑应用示范项目测评报告

国　家　民　用　建　筑　能　效　测　评　机　构

National Center of Testing and Evaluation for Energy Efficiency of Civil Buildings

国家可再生能源建筑应用示范项目
测　评　报　告

Test Report

№：KZS-CP-033（SZ）

项目名称：广州市亚运城示范项目

申报单位：广州市重点公共建设项目管理办公室

示范技术：太阳能热水、淡水源热泵

委托单位：住房和城乡建设部

检验类别：委托检验

深圳市建筑科学研究院有限公司

Shenzhen Institute of Building Rescarch

单位地址：深圳市福田区上梅林梅坳三路29号　邮政编码：518049　邮箱：ibrcnergytest@126.com
业务咨询电话：23931863　23931880　23931766　投诉电话：23931891　23931887　传真：23931800

附表1 可再生能源建筑应用示范项目测评指标汇总表

（太阳能热水、淡水源热泵）

项目名称	广州市亚运城示范项目	项目地址	广州市番禺区广州新城
申报单位	广州市重点公共建设项目管理办公室		
建筑类型	新建/公建、住宅	建筑面积	141.52万m^2
示范面积	139.5万m^2	技术类型	太阳能热水、淡水源热泵
序号	测评指标	测评结果	
1	建筑节能率	居住建筑：56.29%，公共建筑：52.92%	
2	实施量（万m^2）	132.80	
3	全年太阳能保证率（%）	40.97	
4	全年常规能源替代量（吨标煤）	3656.9	
5	热泵机组性能系数（COP）	4.35	
6	热泵系统能效比（COPs）	3.51	
7	项目费效比（元/kWh）	5.92	
8	二氧化碳减排量（吨/年）	9032.7	
9	二氧化硫减排量（吨/年）	73.1	
10	烟尘减排量（吨/年）	36.6	
11	年节约费用（万元/年）	365.7	

测评结论：

本项目实施面积为132.80万m^2，略低于申报要求（139.5万m^2）。

☑合格　　　　☐不合格

测评机构（盖章）　　2011年3月23日

批准人：　　　　审核人：　　　　测评人：

说明：

1. 项目名称、项目地址、建筑信息、示范信息由申报单位提供、其真实性由申报单位负责。
2. “建筑类型”指申报项目属于既有/新建和公建/住宅。
3. “建筑面积”指申报项目的总建筑面积。
4. “示范面积”指所申报项目总建筑面积中运用可再生能源技术部分所占面积。
5. “技术类型”指申报项目的具体示范技术，有多项技术时均需填写。
6. “建筑节能率”应填写示范项目达到的具体指标、温和地区、既有建筑、冷热源等项目不作要求。

附录3　相关单位的函件

1. 广州番禺区环境保护局复函

广州市番禺区环境保护局

关于亚运城新能源——太阳能及水源热泵综合利用项目取水工程方案的意见函

广州市重点公共建设项目管理办公室：

转来《关于申请亚运城新能源——太阳能及水源热泵综合利用项目取水工程方案审批的函》已收悉，我局意见为：

一、原则同意该取水工程方案。

二、该项目应委托有资质单位编制环境影响评价报告，并报审批。该项目的环保意见以环评批复意见为准。

二〇〇四年四月二十五日

2. 广州海事局复函

中华人民共和国广州海事局

穗海事函［2008］64号

关于申请亚运城新能源——太阳能及水源热泵综合利用项目取水工程方案审批的复函

广州市重点公共建设项目管理办公室：

你局《关于申请亚运城新能源——太阳能及水源热泵综合利用项目取水工程方案审批的函》（穗重建办［2008］264号）收悉。经研究，函复如下：

一、我局完全支持广州亚运城的建设，并在有关水工项目的审批和现场监管工作中给予大力的支持。

二、你办来函所提及的取水工程项目，如位置处于通航水域，则应由业主单位到我局办理岸线安全使用许可手续，获得我局发出的安全审核意见书后，再由施工单位向我局提出水上水下施工申请，获得水工许可证后，方可进行施工。

三、办理岸线安全使用许可手续时，申请项目应符合的条件和提供材料如下：

（一）具备条件：

1. 工程项目建设书在报送相关部门的同时，业已征求海事管理机构的意见

2. 符合通航安全规范的要求

3. 工程项目符合水域规划要求

4. 工程项目在进行工程预可行性研究，业经通航环境安全技术专家评估（根据项目对通航环境影响的大小确定是否需要编

写《通航环境安全评估报告》)

（二）提交材料

1. 通航水域使用岸线安全性审核申请函；

2.《通航环境安全评估报告》及专家评审意见；

3. 项目建议书；

4. 当地规划主管部门规划用地通知书；

5. 设计单位、论证单位资质认证文书；

6. 有关技术资料和图纸及有关审查会议纪要等有关资料；

7. 委托书（代理人中请时）。

四、请你办在进行有关该项目的水工部分设计、评审、协调等会议时邀请我局派员参加，我局将积极参与，为广州亚运城建设，为广州亚运会成功举办作出应有的贡献。

此复

二〇〇八年五月十三日

3. 广州市航道局复函

广东省广州航道局文件

粤穗航道复［2008］11号

关于亚运城新能源——太阳能及水源热泵综合利用项目取水工程方案审批的复函

广州市重点公共建设项目管理办公室：

贵办《关于申请亚运城新能源——太阳能及水源热泵综合利用项目取水工程方案审批的函》（穗重建办函［2008］263号）收悉。经研究，函复如下：

一、贵办来函在砺江河建设亚运城新能源——太阳能及水源热泵综合利用项目取水工程，砺江河实为我局管辖的石楼河。对该工程的建设，我局表示大力支持的，但工程建设的具体位置应以我局的航道行政审批文件为准。

二、现附航道部门的办事指南及申请书各一份，请贵办按要求准备相关的资料到我局办理审批手续。

此复。

4. 广州市水务局复函

广州市水务局

穗水函［2008］198号

关于申请亚运城新能源——太阳能及水源热泵综合利用项目取水工程方案的复函

广州市重点公共建设项目管理办公室：

贵办《关于申请亚运城新能源——太阳能及水源热泵综合利用项目取水工程方案审批的函》（穗重建办函［20081262］号）收悉。贵办负责建设的取水工程位于砺江河，该河道属于番禺区水利局管辖。根据《广东省河道堤防管理条例》的有关规定，在该河河道管理范围内修建工程设施应到该局办理报批手续。另本项目日取地表水量合计为3.1万立方米，根据《广东省水资源管理条例》的有关规定，日取地表水五万立方米以下的在当地县级水行政主管部门办理取水许可手续。对此，请贵办到番禺区水利局办理本项目有关报批手续。

二〇〇八年五月十二日

5. 广州市番禺区水资源论证报告审查意见函

广州市番禺区水利局

番水函［2009］39号

关于亚运城新能源——太阳能与水源热泵综合利用项目水资源论证报告的审查意见函

广州市重点公共建设项目管理办公室：

贵办送来的《关于申请办理亚运城新能源——太阳能集水源热泵综合利用项目水资源论证报告审查的函》及《亚运城新能源——太阳能与水源热泵综合利用项目水资源论证报告书》收悉，经组织专家评审，修改后的报告书可作为取水申请方面的相关依据。根据论证报告所述，亚运城新能源——太阳能及水源热泵综合利用项目共有3个能源站，1#、2#能源站位于砺江水道，最大日取水量2.92万立方米；3#能源站位于莲花湾（新开挖河涌，由南派涌拓宽改造而成），最大日取水量1.08万立方米。经研究，我局拟初步同意该项目的取水方案。请贵办尽快完善取水申请的相关手续，补充以下申请资料：

一、取水许可申请书；

二、该取水项目与第三者有利害关系时，第三者的承诺书或者其他文件；

三、属于备案项目的，提供有关备案材料。

同时，在取水、退水口的施工建设前，须将其设计及施工方案报我局审批，以完善河道管理范围内建设项目的报建审批手续。

此复。

二〇〇九年一月十五日

（联系人：戴敏，联系电话：34818438）

6. 广州市海事局水工通航安全审查意见函

中华人民共和国广州海事局
水工通航安全
审核意见

穗海事通［2009］31号

广州市重点项目管理办公室：

经审核，广州亚运城太阳能利用和水源热泵工程取水，进水头部建设工程项目，其设计方案符合通航安全规范要求，同意按设计方案进行建设，并请按附件内容落实通航安全技术要求。

附件：1. 水工通航安全技术数据和要求

2. 广州亚运城太阳能利用和水源热泵工程取水，退水头部通航安全评估报告评审会专家组意见。

二〇〇九年一月二十四日

抄送：广州番禺海事处。

广州亚运城新能源——太阳能及水源热泵综合利用项目（取水、退水头部工程）通航安全评估报告评审会专家组意见

广州海事局于2009年1月10日在广州组织召开《广州亚运城新能源——太阳能及水源热泵综合利用项目（取水、退水头部工程）通航安全评估报告》（以下简称《报告》）评审会。参加会议的有广州市重点公共建设管理办公室、广东省航道局、广州市水务局。广州番禺海事处、广州市顺宏疏浚运输有限公司、中国建筑设计研究院、广东省建筑设计研究院、广东省航海学会和特邀专家共21人，会议成立了专家组。

与会专家、代表听取了广州市重点公共建设管理办公室和中国建筑设计研究院对取水、退水头部工程建设、设计基本情况的介绍和《报告》编写单位广东省航海学会的汇报，经与会人员认真细致的讨论，形成专家组意见如下：

一、《报告》内容较全面、资料较刚实，论证方法合理，结论可信，符合交通部海事局有关通航安全评估报告编写要求。

《报告》按与会专家、代表提出的意见进行补充完善后可供该工程设计、施工和通航安全管理方面参考。

二、拟建水源热泵工程取水头：15.6m×6.0m，顶部高程1.825m（珠基），退水头由两根直径为500mm的退水管组成：选址在凹曲河段上，与该内河Ⅶ级的砺江河河段船舶航迹线距离60m，对船舶通航有一定的影响，但只要采取一定的措施，通航安全是有保障的。

三、施工前，应制定科学、合理的施工方案（包括安全应急预案）：与海事部门建立有效联系机制；发布航行通告，做好安全宣传工作；划定施工水域范围，设置施工临时警戒标志；施工机具严格控制在施工范围内作业；施工光源适当遮蔽，减少对过往船舶航行安全的影响。

四、施工完毕，取水、退水头部均应按规范设置譬示标志和防碰撞设施，清除水中碍航物，扫测有关水域水深，资料报备海事等部门。

五、拟建工程所在河段，设有诸多企业、厂码头等水上建筑，业主应与地方政府一起做好有关协调，安置工作。

六、拟建取水，退水头部工程竣工后，业主要制定有关管理规则，维护前沿水域水深，以策该水域船舶通航安全。

七、建议工程弃泥采取陆抛处理，

八、建议业主单位对砺江河有关亚运城配套水工工程建设进行统筹协调，避免工程项目施工相互影响而导致通航安全隐患，确保船舶通航安全。

九、《报告》应补充退水头部断面图及有关高程等资料。

二〇〇九年一月十日

7. 广州市航道局审查意见函

广东省广州航道局文件

粤穗航道［2009］6号

广州亚运城新能源——太阳能及水源热泵综合利用项目航道影响评价报告评审意见的函

广州市重点公共建设项目管理办公室：

2009年1月9日，广东省广州航道局在广州主持召开《广州亚运城新能源——太阳能及水源热泵综合利用项目航道影响评价报告》（以下简称《报告》）评审会。参加会议的有广东省航道局、广东省广州航道局，番禺航道分局、项目建设单位广州市重点公共建设项目管理办公室、项目设计单位中国建筑设计研究院、论证单位广州航道局航道工程与测量队、论证协作单位江西省航务勘察设计院广州分院的代表和专家（名单附后）。与会专家和代表认真听取了建设单位、设计单位对工程项目的介绍和报告编制单位的汇报，并进行了深入讨论和评审。现将专家组评审意见转发给你办，请贵办按照专家的评审意见责成编制单位对《论证报告》进行补充和修改，补充后的《论证报告》及其他资料一并报我局进行行政审批。

二〇〇九年一月十三日

广州亚运城新能源——太阳能及水源热泵综合利用项目航道影响评价报告评审意见

2009年1月9日，广东省广州航道局在广州主持召开《广州亚运城新能源——太阳能及水源热泵综合利用项目航道影响评价报告》（以下简称《报告》）评审会。参加会议的有广东省航道局、广东省广州航道局、番禺航道分局、项目建设单位广州市重点公共建设项目管理办公室，项目设计单位中国建筑设计研究院、论证单位广州航道局航道工程与测量队、论证协作单位江西省航务勘察设计院广州分院的代表和专家（名单附后）。与会专家和代表认真听取了建设单位、设计单位对工程项目的介绍和报告编制单位的汇报，并进行了深入讨论和评审，形成评审意见如下：

一、《报告》资料较为翔实，论证方法正确。《报告》符合有关临河建筑物和取水口的通航标准论证的规定和要求，论证成果合理、结论可靠，《报告》补充完善后可作为相关审批的依据。

二、原则同意设计单位提出的取水口、退水头部的布置设计方案，取水口、退水头部位置详见广州航道局航道工程与测量队2008年12月施测的砺江河（即石楼河）亚运城吸排水口航道测图。

三、建议在取、退水口构筑物上安装柔性防撞设施。

四、要求在取水口、退水口施工期间，为确保来往船舶通航安全，施工单位须按国标《内河通航标志》和航道通航安全的技术要求设置施工临时助航标志，取、退水口建成后须设置永久性专用标志。助航标志具体设置事宜可与当地航道部门联系。

五、建议建设单位将航标设标工程、防撞设施等工程的相关费用在设计概算中预留。

六、论证单位需要补充完善意见如下：

1. 补充枯水期本工程对航道水流影响的分析论证资料。

2. 补充吸水口及其附近水面的下降值计算资料。

3. 补充工程前后河床冲淤变化分析以及需采取的工程措施，并要求工程完工后在一个水文年内至少作一次淤积情况监测。

4. 补充对该水道实际的运输船型、吨位的调查。

5. 报告中关于本工程对航道的影响的一些提法欠缺定量描述，需作补充；另外，对航道功能的一些提法不准确，要按相关依据修改。

二〇〇九年一月九日

附录4　该项目相关照片

附图 4-1　运动员村屋面太阳能集热器

附图 4-2　技术官员村太阳能集热器支架

附图 4-3　技术官员村屋面太阳能集热器

附图 4-4　屋面太阳能集热器（一）

附图 4-5　屋面太阳能集热器（二）

附图 4-6　运动员村

附图 4-7　太阳能热水机房

附图 4-8　平板太阳能集热器布置

附图 4-9　一级能源站循环水泵

附图 4-10　一级能源站水源热泵机组

附图 4-11　一级能源泵壳管式换热器

附图 4-12　一级能源泵旋流除砂器

附图 4-13　一级能源站贮水箱

附图 4-14　一级能源站机房布置

附图 4-15　太阳能机房水箱

附图 4-16　一级能源站配电

参考文献

[1] 中国标准化研究院，北京市太阳能研究所，中国气象科学研究院. GB/T 12936—2007 太阳能热利用术语 [S]. 北京：中国标准出版社，2007.

[2] 清华大学，中国标准化研究院. GB/T 17049—2005 全玻璃真空太阳集热管 [S]. 北京：中国标准出版社，2005.

[3] 中国标准化研究院，国家太阳能热水器质量监督检验中心（北京）等. GB/T 17581—2007 真空管型太阳集热器 [S]. 北京：中国标准出版社，2008.

[4] 中国标准化研究院，国家太阳能热水器质量监督检验中心（北京）等. GB/T 6424—2007 平板型太阳能集热器 [S]. 北京：中国标准出版社，2008.

[5] 国家太阳能热水器质量监督检验中心（北京），中国标准化研究院等. GB/T 4271—2007 太阳能集热器热性能试验方法 [S]. 北京：中国标准出版社，2008.

[6] 中国建筑设计研究院. GB 50364—2005 民用建筑太阳能热水系统应用技术规范 [S]. 北京：中国建筑工业出版社，2006.

[7] 中科院电工研究所. GB/T 18713—2002 太阳热水系统设计、安装及工程验收技术规范 [S]. 北京：中国标准出版社，2008.

[8] 中国农村能源行业协会太阳能热利用专业委员会，中国标准化研究院等. GB/T 20095—2006 太阳热水系统性能评定规范 [S]. 北京：中国标准出版社，2006.

[9] 郑瑞澄. 民用建筑太阳能热水系统工程技术手册 [M]. 北京：化工出版社，2006.

[10] 国家住宅与居住环境工程技术研究中心. 住宅建筑太阳能热水系统整合设计 [M]. 北京：中国建筑工业出版社，2006.

[11] 清华大学建筑节能研究中心. 中国建筑节能年度发展研究报告 2008 [M]. 北京：中国建筑工业出版社，2008.

[12] 清华大学建筑节能研究中心. 中国建筑节能年度发展研究报告 2009 [M]. 北京：中国建筑工业出版社，2009.

[13] 清华大学建筑节能研究中心. 中国建筑节能年度发展研究报告 2010 [M]. 北京：中国建筑工业出版社，2010.